Simon/Homburg
Kundenzufriedenheit

HERMANN SIMON / CHRISTIAN HOMBURG (Hrsg.)

KUNDEN ZUFRIEDENHEIT

KONZEPTE – METHODEN – ERFAHRUNGEN

GABLER

Prof. Dr. Hermann Simon ist Vorsitzender der Geschäftsführung von Prof. Simon & Partner GmbH Strategy & Marketing Consultants in Bonn und Visiting Professor an der London Business School. Davor war er Professor für Betriebswirtschaftslehre und Marketing an der Johannes Gutenberg-Universität Mainz.

Prof Dr. Christian Homburg ist Inhaber des Lehrstuhls für Betriebswirtschaftslehre, insbesondere Marketing, an der Wissenschaftlichen Hochschule für Unternehmensführung (Otto-Beisheim-Hochschule), Koblenz, und Geschäftsführender Gesellschafter der MDC (Management Development & Consulting) Managementberatung an der WHU.

Die Deutsche Bibliothek – CIP-Einheitsaufnahme

Kundenzufriedenheit : Konzepte – Methoden – Erfahrungen /
Hermann Simon / Christian Homburg (Hrsg.). – Wiesbaden :
Gabler, 1995
  ISBN 3-409-13785-8
NE: Simon, Hermann [Hrsg.]

Der Gabler Verlag ist ein Unternehmen der Bertelsmann Fachinformation.

© Betriebswirtschaftlicher Verlag Dr. Th. Gabler GmbH, Wiesbaden 1995
Lektorat: Barbara Roscher

Höchste inhaltliche und technische Qualität unserer Produkte ist unser Ziel. Bei der Produktion und Verbreitung unserer Bücher wollen wir die Umwelt schonen: Dieses Buch ist auf säurefreiem und chlorfrei gebleichtem Papier gedruckt. Die Einschweißfolie besteht aus Polyäthylen und damit aus organischen Grundstoffen, die weder bei der Herstellung noch bei der Verbrennung Schadstoffe freisetzen.

Die Wiedergabe von Gebrauchsnamen, Handelsnamen, Warenbezeichnungen usw. in diesem Werk berechtigt auch ohne besondere Kennzeichnung nicht zu der Annahme, daß solche Namen im Sinne der Warenzeichen- und Markenschutz-Gesetzgebung als frei zu betrachten wären und daher von jedermann benutzt werden dürften.

Druck und Bindung: Lengericher Handelsdruckerei, Lengerich / Westf.
Printed in Germany

ISBN 3-409-13785-8

Vorwort

Kundenzufriedenheit nimmt heute in den Zielsystemen vieler Unternehmen der verschiedensten Branchen eine führende Stelle ein; beträchtliche Ressourcen werden in Programme zur Steigerung der Kundenzufriedenheit investiert. Beispielhaft seien hier das *Customer Focus-Programm* bei ABB, das *Premier Customer Care-Programm* bei BMW of North America sowie die Aktionen von Toyota, die unter dem Namen *The Toyota Touch* zusammengefaßt werden, genannt. Einige Unternehmen wie Nissan und Ford arbeiten sogar darauf hin, zur Jahrtausendwende in ihren Branchen hinsichtlich Kundenzufriedenheit die Nummer eins in Europa bzw. auf der ganzen Welt zu sein. Parallel hierzu vollzieht sich eine rege wissenschaftliche Diskussion, in der Kundenzufriedenheit aus den unterschiedlichsten Blickwinkeln beleuchtet wird.

Mit dem vorliegenden Buch wollen wir, die Herausgeber, den „State of the Art" in Sachen Kundenzufriedenheit dokumentieren. Als Autoren konnten wir renommierte Wissenschaftler und Praktiker aus namhaften Unternehmen gewinnen.

Wir verstehen Kundenzufriedenheit als *Managementherausforderung*: Neben der Frage nach geeigneten Methoden zur Messung von Kundenzufriedenheit stehen insbesondere Instrumente zur Steigerung der Kundenzufriedenheit im Vordergrund. Wir sind der Überzeugung, daß hierzu in allen Phasen des Wertschöpfungsprozesses Ansatzpunkte existieren. Daher befassen sich im Anschluß an den *ersten Teil*, der insbesondere die theoretisch-konzeptionellen Grundlagen zum Verständnis von Kundenzufriedenheit bereitstellt, die Beiträge des *zweiten Teils* mit dem Management von Kundenzufriedenheit in verschiedenen Phasen des Wertschöpfungsprozesses. Diese Phasen reichen von der Produktentwicklung über Beschaffung und Produktion/Logistik bis hin zum Vertrieb.

Verschiedene Instrumente zur Messung der Kundenzufriedenheit sind Gegenstand der Beiträge des *dritten Teils*. Im *vierten Teil* werden ausgewählte Instrumente zur Steigerung der Kundenzufriedenheit dargestellt. Hier geht es zum einen um solche Instrumente, die sich im weiteren Sinn auf das Führungssystem eines Unternehmens beziehen: Programme zur Veränderung der Unternehmenskultur (wie z.B. das Customer Focus-Programm bei ABB), Total Quality Management und das Controlling-System eines Unternehmens. Zum anderen werden Instrumente behandelt, die direkt den Kundenkontakt betreffen, nämlich Kundendienst, Beschwerdemanagement und Kundenbesuche.

Das Buch wird durch eine Reihe von Erfahrungsberichten aus verschiedenen Branchen abgerundet, die im *fünften Teil* zusammengestellt sind. Neben Erfahrungen aus Industriegüter- und Dienstleistungsunternehmen wurden auch die Besonderheiten von Gebrauchsgütern berücksichtigt.

Angesichts der Komplexität unseres Themas kann es nicht überraschen, daß in der Literatur zahlreiche, teilweise divergierende Auffassungen vertreten werden. Als Herausgeber steht man vor der grundsätzlichen Entscheidung, ob die Auswahl der Autoren und Beiträge im Hinblick auf eine spezielle Sichtweise erfolgen soll, oder ob Pluralismus praktiziert werden soll. Wir haben uns für den letztgenannten Weg entschieden. Insbesondere für die *Messung* von Kundenzufriedenheit werden in einzelnen Beiträgen unterschiedliche Methoden empfohlen und veranschaulicht. Es ging uns bewußt nicht darum, *eine* spezielle „Lehrmeinung" darzustellen; vielmehr soll dem Leser die faszinierende Vielfalt des Themenkomplexes Kundenzufriedenheit vermittelt werden.

Das Buch wendet sich gleichermaßen an Praktiker wie Wissenschaftler. Dem Praktiker soll es Kenntnisse und Anregungen für Messung und Management der Kundenzufriedenheit im eigenen Tätigkeitsfeld vermitteln. Der Wissenschaftler soll anhand des Buches in kompakter Form einen Überblick der bisherigen Forschung auf diesem Gebiet erhalten, Anregungen für weitere Untersuchungen finden und einen Eindruck gewinnen, wie in der Praxis mit Kundenzufriedenheit umgegangen wird.

Unser Dank gilt an dieser Stelle insbesondere den Autoren der Beiträge für ihre Bereitschaft, ihr Wissen und ihre Erfahrung mit einem weiten Leserkreis zu teilen. Frau Kerstin Grundheber und Frau Bettina Rudolph gebührt unser Dank für umfassende redaktionelle Unterstützung. Frau Annette Giering und Herr Christian Pflesser haben sich durch eine kritische Durchsicht des druckfertigen Manuskripts Verdienste erworben.

Bonn und Koblenz, im Herbst 1995

Hermann Simon

Christian Homburg

Inhaltsverzeichnis

Erster Teil

Grundlagen zur Kundenzufriedenheit

Zweiter Teil

**Management von Kundenzufriedenheit
in den Phasen des Wertschöpfungsprozesses**

Dritter Teil

Instrumente zur Messung von Kundenzufriedenheit

Vierter Teil

Ausgewählte Instrumente zur Steigerung der Kundenzufriedenheit

Fünfter Teil

Erfahrungen aus ausgewählten Branchen

Abkürzungsverzeichnis

bspw.	=	beispielsweise
bzgl.	=	bezüglich
bzw.	=	beziehungsweise
d.h.	=	das heißt
e.V.	=	eingetragener Verein
et al.	=	et alii (und andere)
etc.	=	et cetera (und so weiter)
evtl.	=	eventuell
ggf.	=	gegebenenfalls
Hrsg.	=	Herausgeber
i.e.S.	=	im engeren Sinne
i.d.R.	=	in der Regel
Kap.	=	Kapitel
Mio.	=	Millionen
Mrd.	=	Milliarden
Nr.	=	Nummer
o.A.	=	ohne Angabe
p.a.	=	pro anno (pro Jahr)
rsp.	=	respektive
S.	=	Seite
sog.	=	sogenannte
to.	=	Tonnen
Tsd.	=	Tausend
u.a.	=	unter anderem
u.ä.	=	und ähnliches
u.E.	=	unseres Erachtens
u.U.	=	unter Umständen
usw.	=	und so weiter
vgl.	=	vergleiche
vs.	=	versus
z.B.	=	zum Beispiel
z.T.	=	zum Teil
z.Zt.	=	zur Zeit

Erster Teil

Grundlagen zur Kundenzufriedenheit

Hermann Simon/Christian Homburg

Kundenzufriedenheit als strategischer Erfolgsfaktor - Einführende Überlegungen

1. Kundenzufriedenheit und langfristiger Erfolg

Zufriedene Kunden kommen und kaufen wieder. Kundenzufriedenheit bildet damit einen der wichtigsten Pfeiler des langfristigen Geschäftserfolgs. Diese Einsicht ist keineswegs neu, sondern gehört seit jeher zum Credo guter Kaufleute. Robert Bosch wird bekanntlich die Aussage „Lieber Geld verlieren als Vertrauen" zugesprochen. Und Henry Ford sagte, er fühle sich persönlich verantwortlich, wenn eines seiner Produkte nicht funktioniere. Der Verkauf eines Autos war für ihn nicht der Abschluß des Geschäftes, sondern der Beginn einer Beziehung. In dem 1929 erschienenen und 1982 neu aufgelegten Werk „Markentechnik" unterscheidet Domizlaff zwischen dem auf einmalige Geschäfte und schnelle Gewinne erpichten „Jahrmarktsverkäufer" und dem „ortsansässigen Kaufherrn". Letzterer sucht „seine Kunden durch Gewinnung ihres Vertrauens zu binden" und versteht „Qualitätsverpflichtung als Voraussetzung eines einträglichen Dauergeschäftes" (Domizlaff 1982, S. 61 und 77). In der jüngeren Zeit hat sich für derartige Dauergeschäfte, bei denen ein Kunde wiederholt beim selben Lieferanten kauft, der Begriff „Geschäftsbeziehung" eingespielt (vgl. Homburg 1995). Neue Begriffe wie „Relationship Marketing" oder „Retention Marketing" („Kundenbindungsmarketing") stellen die andauernde Beziehung zum Kunden in den Mittelpunkt und ziehen große Aufmerksamkeit auf sich (vgl. z.B. Sheth/Parvatiyar 1994). Es versteht sich ohne nähere Begründung, daß Kundenzufriedenheit in diesem gedanklichen Kontext eine herausragende Rolle spielt.

Letztlich trifft Kundenzufriedenheit den Kern des Marketing. Definiert man Marketing im üblichen Sinne als das Bestreben, die Aktivitäten des Unternehmens auf die Bedürfnisse des Kunden auszurichten und diese Bedürfnisse zu befriedigen, so ist hierbei die Zeitdimension zunächst nicht explizit berücksichtigt. Diese Dimension hat jedoch große Bedeutung, da es im Regelfalle nicht um Einmalgeschäfte geht, sondern die langfristige Zufriedenheit des Kunden Gegenstand der Bemühungen des Unternehmens sein sollte. Dies gilt nicht nur, wenn Wiederholungskäufe stattfinden, also eine Geschäftsbeziehung vorliegt. Die langfristige Orientierung kann selbst dann sinnvoll sein, wenn der Kauf des einzelnen Kunden einmaliger Art ist bzw. Käufe nur in sehr weitem zeitlichem Abstand getätigt werden. In solchen Fällen kann die Information über die Erfahrungen mit einem Produkt von Person zu Person oder von Produkt zu Produkt transferiert werden. Die Mund-zu-Mund-Werbung ist ein typischer Weg, auf dem ein derartiger Informationstransfer stattfindet. In ihrer Wirkung ähnlich ist die Generalisierung, bei der Erfahrungen mit einem Produkt eines Herstellers (z.B. einem Pkw von Mercedes-Benz) auf andere Produkte des gleichen Herstellers (z.B. auf Lkws von Mercedes-Benz) übertragen werden. Solche Informationstransfers mögen kausal nicht immer gerechtfertigt sein, sie finden jedoch statt und haben erhebliche Auswirkungen auf das Verhalten von Kunden (vgl. Simon 1985).

Abbildung 1 faßt diese Überlegungen in anschaulicher Form zusammen. Kurzfristiges Ziel der Marketingmaßnahme ist es, einen Verkaufserfolg zu erzielen. Der Verkauf bildet jedoch nur einen ersten Schritt, denn anschließend wird der Kunde das Produkt ver- oder gebrauchen und sich die Frage stellen, ob er mit dem Produkt zufrieden ist oder nicht. Bejaht ein Kunde diese Frage, wird er geneigt sein, das Produkt beim nächsten Kauf wieder zu wählen, es aktiv oder passiv weiter zu empfehlen. Unter Umständen wird er zum Stammkäufer, der konkurrierende Angebote nicht mehr in Erwägung zieht, sondern seine Entscheidung derart vereinfacht, daß er das betreffende Produkt gewohnheitsmäßig auswählt.

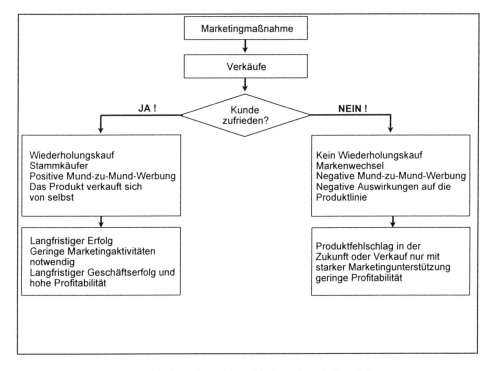

Abbildung 1: Kundenzufriedenheit und langfristiger Geschäftserfolg

In dieser Situation verkauft sich das Produkt quasi „von selbst", es bedarf seitens des Unternehmens keiner großen Verkaufs- und Werbeanstrengungen. Ist umgekehrt der Kunde nicht zufrieden, so wird er zum Markenwechsel neigen, anderen vom Kauf des Produktes abraten und auch sonstige Produkte des selben Unternehmens meiden. Der zukünftige Verkauf des Produktes erfordert vermehrten Marketing- und Werbeaufwand mit der Folge zurückgehender Profitabilität. Insofern entstehen aus unterschiedlicher Kundenzufriedenheit direkte Konsequenzen für die Kosten- und Gewinnsituation eines Unternehmens (vgl. auch Homburg 1994d).

18

Die beiden Alternativen der beschriebenen Kausalkette können plakativ als Erfolgs- bzw. Mißerfolgsweg beschrieben werden. Die Kundenzufriedenheit bildet dabei die entscheidende Weichenstellung. Der Befund aus dem PIMS-Projekt, daß diejenigen Unternehmen, die als Prozentsatz vom Umsatz gemessen weniger für Marketing aufwenden, langfristig profitabler sind (vgl. Buzzell/Gale 1987), steht im Einklang mit dieser Kausalkette. Kundenzufriedenheit ist der Transmissionsriemen zwischen kurzfristigem Verkaufserfolg und langfristigem Geschäftserfolg. Einen Überblick vorhandener empirischer Erkenntnisse über Profitabilitätsauswirkungen von Kundenzufriedenheit vermittelt der Beitrag von Homburg/Rudolph in diesem Band.

2. Wertschöpfung und Kundenzufriedenheit

Die Bausteine der Kundenzufriedenheit liegen in den einzelnen Stufen der Wertschöpfungskette. Es gibt keine Stufe in dieser Kette, die keinen Beitrag zur Kundenzufriedenheit leisten könnte. Andernfalls wäre sie überflüssig und könnte ersatzlos gestrichen werden. Eine entsprechende Überprüfung bildet einen der fundamentalen Ansatzpunkte für das „Reengineering" (vgl. Hammer/Champy 1993).

Allerdings unterscheiden sich die Beiträge der einzelnen Wertschöpfungsstufen zur Kundenzufriedenheit im Hinblick auf ihre Direktheit und Wahrnehmbarkeit. Abbildung 2 ist für die Diskussion dieser Aspekte hilfreich.

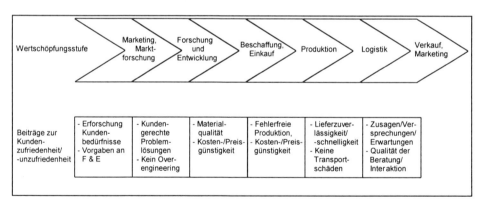

Abbildung 2: Mögliche Beiträge der Wertschöpfungsstufen zur Kundenzufriedenheit

Die Darstellung verdeutlicht, daß die Beeinflussung der Kundenzufriedenheit nicht erst auf der Forschungs- und Entwicklungsstufe, sondern bereits in der vorgeschalteten Phase der Erforschung der Kundenbedürfnisse beginnt. Je besser diese Bedürfnisse ergründet, verstanden und in Produktanforderungen umgesetzt werden, desto größer ist die

Wahrscheinlichkeit, daß ein Produkt entsteht, welches die Kunden zufriedenstellt. In jüngster Zeit haben auf dieser Stufe Probleme des „Target-Pricing" große Aufmerksamkeit auf sich gezogen (vgl. Simon 1995a). Es geht hierbei um die Frage, wieviel ein Kunde für einen bestimmten Nutzen oder ein Leistungsniveau zu zahlen bereit ist. Abhängig von dieser Preisbereitschaft und unter Berücksichtigung der Kosten lassen sich Empfehlungen für die optimale Produktgestaltung ableiten.

Die F&E-Wertschöpfungsstufe bestimmt, inwieweit die konkreten technischen Problemlösungen tatsächlich kundengerecht sind. Hierzu zählen auch Aspekte wie die Wartungsfreundlichkeit, die Bedienbarkeit oder die Erlernbarkeit von Software. Quality Function Deployment - eine Methode, die die Berücksichtigung von Kundenbedürfnissen bei der Produktentwicklung systematisiert - ist Gegenstand des Beitrags von Hauser/Clausing in diesem Band. Beschaffung und Einkauf beeinflussen die Kundenzufriedenheit via Materialauswahl und -qualität und haben zudem über Einkaufspreise und Kosten Einfluß auf die Zufriedenheit des Kunden. Die Auswirkungen in den Wertschöpfungsstufen Produktion und Logistik (hier ist nur die Absatzlogistik explizit aufgeführt) sind vielfacher Art, da sie sowohl das Produkt als auch die Lieferpolitik betreffen.

Verkauf und Marketing spielen - als direkt mit dem Kunden in Beziehung tretende Funktionen - eine herausragende Rolle für die Kundenzufriedenheit. Gleiches gilt für weitere, hier nicht explizit aufgelistete Wertschöpfungsstufen wie Anwendungstechnik, Installation oder Wartung. Diese Funktionen mit direktem Kundenkontakt steuern zum einen die Erwartungen des Kunden. Versteht man Kundenzufriedenheit, wie es üblicherweise und auch in diesem Buch überwiegend getan wird, als Abweichung von Erwartung und tatsächlicher Erfahrung, so wird die kritische Rolle dieser Funktionen evident.

Zum zweiten hängt die Wahrnehmung der Interaktion durch den Kunden vor allem von den direkten Kontakten ab. Homburg (1995) hat empirisch zwei Dimensionen von Kundennähe identifiziert, die erhaltene Leistung (das „Was") und die Interaktion (das „Wie"). Diese Befunde lassen sich auf das Konstrukt der Kundenzufriedenheit übertragen. Beide Dimensionen sind für die Kundenzufriedenheit bedeutsam, sie werden aber unterschiedlich von den Wertschöpfungsstufen beeinflußt. Vereinfacht läßt sich sagen, daß die Interaktionsdimension im wesentlichen von den Funktionen mit direktem Kundenkontakt bestimmt wird. Umgekehrt haben Funktionen ohne direkten Kundenkontakt primär Einfluß auf das Produkt selbst und damit die Leistungsdimension.

Die Unterscheidung nach Leistung und Interaktion verdeutlicht darüber hinaus, daß Kundenzufriedenheit auf beiden Dimensionen sichergestellt sein muß. Nur wenn der Kunde sowohl mit dem „Was" als auch dem „Wie" der Transaktion zufrieden ist, wird seine Gesamtzufriedenheit ein hohes Niveau erreichen.

Zusammenfassend ist festzustellen, daß die Zufriedenheit des Kunden von der Leistungserbringung in allen Wertschöpfungsstufen abhängt. Im zweiten Teil dieses Buches sind daher vier Beiträge zusammengestellt, die das Management von Kundenzufriedenheit in ausgewählten Wertschöpfungsstufen behandeln:

- Hauser/Clausing die Forschung und Entwicklung (F & E),
- Weinke die Beschaffung,
- Wildemann die Produktion/Logistik und
- Ludwig den Bereich Marketing/Vertrieb.

3. Kontaktkette und Kundenzufriedenheit

Im Mittelpunkt der Überlegungen zur Kundenzufriedenheit steht zumeist die Phase nach dem Kauf, da dort Erfahrungen mit dem Produkt gewonnen werden (so wie es auch Abbildung 1 veranschaulicht). Viele, insbesondere komplexe Transaktionen bestehen jedoch aus einer Vielzahl von Kontakten, die jedesmal die Chance bieten, den Kunden zufriedenzustellen oder nicht. Wir sprechen vereinfacht von einer Kontaktkette. Stauss/Seidel gebrauchen in ihrem Beitrag den Begriff „Kundenpfad" in ähnlichem Sinne. Abbildung 3 zeigt schematisch eine derartige Kontaktkette, die mit einem Erstkontakt beginnt und schließlich in einen Wiederkaufkontakt mündet.

Entscheidend ist nun, daß der Kunde diese Kontaktkette in jeder Phase abbrechen kann, falls er dort nicht zufriedengestellt wird. Die folgende Episode beschreibt einen solchen Abbruch nach einem Erstkontakt, mit dem der betreffende Kunde äußerst unzufrieden war. Der Kunde schreibt: „Es ging um den Kauf eines teuren Dienstwagens. Ich kam zum Pförtner, der etwas unwillig meinen Wunsch nach Information über ein neues Auto entgegennahm und mich in eines der Büros wies. Nachdem ich die mir genannte Dame nicht fand, versuchte ich es in einem Nachbarzimmer. Dort gab man mir Material mit der Bemerkung, ich solle mich informieren, um dann gegebenenfalls eine Entscheidung zu treffen. Die Entscheidung habe ich dann umgehend getroffen, nämlich kein Fahrzeug dieser Firma als Dienstwagen zu nehmen." Es sei angemerkt, daß es sich bei dem Käufer um den Vorstandsvorsitzenden eines größeren Unternehmens handelte, der allerdings in Freizeitkleidung zu dem Autohaus ging und sich zunächst nicht identifizierte. Der Vorfall soll nur beispielhaft verdeutlichen, welche gravierenden Auswirkungen die Nichtzufriedenstellung eines Kunden in jeder Phase der Kontaktkette haben kann.

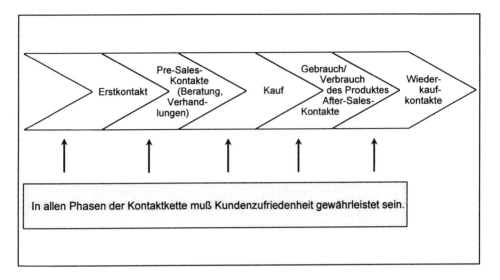

Abbildung 3: Kontaktkette und Kundenzufriedenheit

Die Konsequenz aus diesen Überlegungen muß lauten, daß die Unternehmensleitung alles Mögliche tun sollte, die Kundenzufriedenheit an jedem Kontaktpunkt zu gewährleisten. Treffend werden diese kritischen Kontaktpunkte als „Augenblicke der Wahrheit" bezeichnet. Besonders wichtig sind derartige Abläufe bei Dienstleistungen, da diese häufig eine Vielzahl aufeinanderfolgender Kontakte einschließen. Man denke nur an eine Flugreise oder einen Hotelaufenthalt. Stauss/Seidel beschäftigen sich in ihrem Beitrag eingehend mit diesen Prozeßabläufen. Das Management der Kontaktkette hat für die Kundenzufriedenheit entscheidende Bedeutung.

4. Kundenzufriedenheit und Zeit

Eingangs dieses Beitrages haben wir betont, daß Kundenzufriedenheit eine zeitliche Dimension und einen eher langfristigen Charakter hat. Sie ist das Ergebnis eines Lernprozesses, der nicht beliebig schnell abläuft. Bewährung eines Produktes erfordert Zeit und wiederholte Nutzungsgelegenheiten.

Andererseits sollte aber der kurzfristige Aspekt der Kundenzufriedenheit nicht vernachlässigt werden. Der Kunde muß auch momentan zufrieden sein, um zu einem bestimmten Verhalten geleitet zu werden. So kann etwa die Unzufriedenheit mit dem geforderten Preis dazu führen, daß er vom Kauf des Produktes abgeschreckt wird, obwohl er mit dessen Qualität langfristig zufrieden wäre. Hier tritt eine potentielle Diskrepanz zwischen kurz- und langfristiger Kundenzufriedenheit auf, wie sie in dem französischen

Sprichwort „Le prix s'oublie, la qualité reste" („den Preis vergißt man, die Qualität bleibt") zum Ausdruck kommt. In der Tat macht man als Verbraucher die Erfahrung, daß kurz- und langfristige Zufriedenheit auseinanderklaffen können. Gewöhnlich liegt ein Informationsproblem derart zugrunde, daß sich die Qualität nicht ex ante beurteilen läßt, sondern erst im Laufe des tatsächlichen Gebrauches offenbart. Man spricht deshalb auch von „Erfahrungsgütern". Für den Anbieter beeinhaltet eine potentielle Diskrepanz von kurz- und langfristiger Kundenzufriedenheit Chancen und Gefahren. Er sollte deshalb Sorge tragen, daß er die entsprechenden Informationsprozesse und Verhaltensweisen ergründet und versteht.

Ein weiterer Aspekt des zeitlichen Ablaufes betrifft die Verfestigung von Kundenzufriedenheitsurteilen. Ein gleicher Wert auf einer Zufriedenheitsskala kann unterschiedliche Verfestigungsgrade aufweisen. Ein einmaliges Erlebnis mit einem Produkt führt nicht zu einer hohen Verfestigung des Zufriedenheitsurteils. Je mehr Erfahrungen jedoch hinter einem Urteil stehen, desto stärker ist die Verfestigung und um so schwerer wird es, ein solches Urteil zu korrigieren. Natürlich ist es ideal, wenn eine hohe Kundenzufriedenheit mit hoher Verfestigung einhergeht. Umgekehrt hat man kaum Chancen, Kunden zurückzugewinnen, die unzufrieden sind und deren Urteil gleichzeitig verfestigt ist.

Ziel des Managements der Kundenzufriedenheit sollte es also sein, die Idealkombination von hohem Niveau und starker Verfestigung anzustreben. Geht einmal etwas schief, so sind schnelle korrektive Maßnahmen angezeigt (z.B. ein gutes Beschwerdemanagement), um eine Verfestigung von Unzufriedenheit zu verhindern.

5. Organisation, Führung und Kundenzufriedenheit

5.1 Zielsetzung

Das Management von Kundenzufriedenheit beginnt mit der Setzung entsprechender Ziele und deren Kontrolle. Seit Beginn der neunziger Jahre ist die Zufriedenheit der Kunden zunehmend zum Gegenstand expliziter Zielformulierungen geworden. So propagierte Motorola in den Jahren 1990/91 in einer großangelegten Werbekampagne, Hauptaufgabe des Unternehmens sei die „vollkommene Zufriedenheit unserer Kunden". In ähnlicher Weise hat sich der Computerhersteller COMPAQ im Jahre 1995 das Ziel gesetzt, „die Nr. 1 in Kundenzufriedenheit" zu werden.

Solche globalen Ziele bedürfen der Operationalisierung, um sie meß- und vergleichbar zu machen. Die Beiträge im dritten Teil dieses Buches beschäftigen sich mit derartigen Meßaspekten. Für die Umsetzung sind dann regelmäßige Messungen und, daran anschließend, gezielte Maßnahmen zur Verbesserung der festgestellten Schwächen erforderlich. In diesen Bereichen hat es in den letzten Jahren erhebliche Fortschritte gegeben, die insbesondere aus den USA stammen. So ist etwa im amerikanischen Automobilmarkt die Firma J.D. Power, die ständig Kundenzufriedenheitsstudien durchführt, zu einer Institution mit erheblichem Einfluß geworden. Die Kundenzufriedenheit hat als strategischer Erfolgsfaktor in den USA insofern eine quasi offiziöse Anerkennung gefunden, als sie die wichtigste Komponente für die Erlangung des amerikanischen Qualitätspreises, des sogenannten Baldrige Award, bildet (vgl. den Beitrag von Homburg in diesem Buch).

Nicht zuletzt müssen die Anreizsysteme mit den Zielen in Einklang gebracht werden. In jüngster Zeit sind verstärkt Anstrengungen feststellbar, monetäre Incentives an Kundenzufriedenheitsmessungen zu koppeln (z.B. Holiday Inn, Rank Xerox). Dies gilt sowohl innerhalb der Unternehmen als auch im Verhältnis von Hersteller und Handel (vgl. zum letztgenannten Aspekt auch den Beitrag von Dünzl/Kirylak in diesem Buch). Bei solchen Systemen ist unbedingt darauf zu achten, daß die Meß- und Kontrollverfahren keine Manipulationen zulassen. Besonders interessant erscheint das System der englischen Firma Cable & Wireless, die ihre Verkäufer teilweise danach entlohnt, wie lange Kunden beim Unternehmen bleiben.

5.2 Aufbau- und Ablauforganisation

Formen der Aufbauorganisation, die als besonders kundennah gelten (vgl. z.B. Homburg 1995), tragen tendenziell auch zu hoher Kundenzufriedenheit bei. Hierzu zählen Formen wie Kundenmanagement, bei dem der Kundenmanager die Bedürfnisse des Kunden gegenüber den Funktionen durchsetzt, oder auch Kategoriemanagement, bei dem Kundenbedürfnisse in der Organisation abgebildet werden. Als Beispiel sei „Haarpflege" genannt. Kategoriemanagement faßt alle Produkte, die dieses Bedürfnis betreffen, zusammen und stimmt sie aufeinander ab. Auch regionalisierte bzw. auf bestimmte Segmente ausgerichtete Organisationsstrukturen können zur Steigerung der Kundenzufriedenheit beitragen. Bestehen Interessengegensätze zwischen verschiedenen Wertschöpfungsfunktionen (z.B. F&E vs. Marketing), so lassen sich diese durch multifunktionale Teams, wie sie etwa im Rahmen des „Simultaneous Engineering" üblich sind, angehen.

Eine der großen Unzufriedenheitsquellen ist die organisatorische Teilung des Kunden. Obwohl der Kunde und seine Bedürfnisse unteilbar sind, findet häufig eine organisatorische Separierung statt. So wurden von einem Hersteller der Antriebstechnik Aggregat und Antriebsstrang durch zwei getrennte Sparten geliefert. Bei auftretenden Problemen neigten diese Sparten dazu, der jeweils anderen Sparte die Schuld in die Schuhe zu schieben. Der Kunde wechselte schließlich zu einem Hersteller, der ihm die volle Verantwortung in einer Hand bot.

Ablauforganisatorische Regelungen dürften die Kundenzufriedenheit insgesamt stärker beeinflussen als die Aufbauorganisation. Demgemäß stehen solche Aspekte in den Beiträgen des vierten Teils im Vordergrund. Hier sind zuvorderst die Prozesse zu nennen, die den Kunden direkt betreffen (Verkauf, Abwicklung, Beratung etc.). Kaum weniger wichtig sind zahlreiche spezielle Aspekte, die die Interaktion zwischen dem Unternehmen und seinen Kunden betreffen. Als Beispiel sei das Beschwerdemanagement genannt, zu dem vielfältige Befunde vorliegen und das in dem Artikel von Günter im vierten Teil eine eingehende Behandlung erfährt. Es geht in solchen Prozessen darum, den Informationsfluß in beiden Richtungen möglichst effektiv und effizient zu gestalten. Die moderne Informationstechnologie bietet hierzu immer bessere Möglichkeiten.

Es gibt zahlreiche Befunde, denen zufolge sich nur eine Minderheit der tatsächlich unzufriedenen Kunden beschwert. Auf diese Weise geht dem Unternehmen wertvolle kognitive und emotionale Information verloren. Durch geeignete Maßnahmen (z.B. direkte Hotlines bis in die Produktion, rote Telefone etc.) lassen sich derartige Rückkopplungslücken schließen.

5.3 Führung

Trotz aller organisatorischen Maßnahmen beinhaltet Kundenzufriedenheit ein erhebliches Restelement, das vom Verhalten des einzelnen Mitarbeiters abhängt und insofern nur über Motivation und Identifikation zu steuern ist. Über den objektiven Instrumenteneinsatz hinaus ergibt sich eine Führungsherausforderung, die die inneren Werte der Mitarbeiter betrifft und sich einer vollständigen Meßbarkeit entzieht. Nur wenn sich alle Mitarbeiter mit dem Ziel der Kundenzufriedenheit identifizieren und bereit sind, ihre eigenen Interessen denjenigen der Kunden hintenanzustellen, wird eine effektive Umsetzung gelingen. Die Führung eines Unternehmens muß in dieser Hinsicht enorme Motivations- und Überzeugungsarbeit leisten. Hierbei kann die Herstellung direkter Kontakte zwischen Kunden und Mitarbeitern sehr hilfreich sein, wie McQuarrie in seinem Aufsatz über Kundenbesuche zeigt. Die positive Rückkopplung, die von zufriedenen Kunden auf die Mitarbeiter ausgeht, verdient unter Führungsaspekten besondere Beachtung.

Beharrlichkeit und Ausdauer sind unverzichtbare Voraussetzungen für die nachhaltige Verbesserung der Kundenzufriedenheit. Wie wir mehrfach betont haben, bildet sich eine solide Zufriedenheit erst allmählich im Zeitablauf. Die Erreichung ehrgeiziger Kundenzufriedenheitsziele braucht Zeit. Fahlbusch zieht in seinem Artikel für das Unternehmen Schott nach 1.000 Tagen (das sind fast drei Jahre) eine Zwischenbilanz. Zeiträume von drei bis fünf Jahren erscheinen uns für solche Programme realistisch. Viele der in der Praxis angegangenen Projekte dürften zu kurz angelegt sein und enden folglich in Frustration, da die gesetzten Ziele nicht erreicht werden bzw. nicht lange genug durchgehalten wird.

6. Lohnt sich Kundenzufriedenheit?

Wie alle anderen Aktivitäten des Unternehmens ist auch das Streben nach Kundenzufriedenheit dem ökonomischen Imperativ zu unterwerfen. Sie muß mehr bringen, als sie kostet. Ökonomisches Ziel sollte nicht die Kundenzufriedenheit als solche, sondern muß der Gewinn sein. Die Kundenzufriedenheit ist Mittel zur Steigerung des Gewinns, nicht mehr und nicht weniger.

Selbstverständlich stehen den in Abbildung 1 dargestellten positiven Auswirkungen von Kundenzufriedenheit entsprechende Kostenauswirkungen entgegen. Es versteht sich, daß bei der Abschätzung der Kosten- und Erlöswirkungen große Probleme auftreten. Wird höhere Kundenzufriedenheit durch mehr Freundlichkeit der Mitarbeiter erreicht, so können die Mehrkosten vernachlässigbar sein. Werden hingegen aufwendige Systeme zur Steigerung der Kundenzufriedenheit installiert (z.B. ein höherer Lagerbestand zur Verbesserung der Lieferbereitschaft), so können beträchtliche Mehrkosten anfallen. Noch schwerer sind die Wirkungen auf der Erlösseite zu greifen. Dennoch ist festzustellen, daß es mittlerweile zahlreiche konsistente Befunde gibt, die darauf hindeuten, daß sich Kundenzufriedenheit lohnt. Wir verweisen in diesem Zusammenhang auf den Beitrag von Homburg/Rudolph in diesem Buch. Investitionen in höhere Kundenzufriedenheit sind folglich i.d.R. rentabel. Amerikanischen Untersuchungen zufolge soll auch die Rendite von Beschwerdeabteilungen hoch sein. Günter geht in seinem Artikel auf solche Wirkungen ein. Natürlich muß man vor Generalisierungen warnen, dennoch deuten die vorliegenden Erkenntnisse darauf hin, daß beim heutigen Ausgangsniveau die Grenzerlöse einer Steigerung der Kundenzufriedenheit größer sind als die Grenzkosten. Dieser Befund ist konsistent mit einer entsprechenden Erkenntnis von Homburg (1995) zur Kundennähe.

Dennoch scheinen uns manche Aktionen, in denen von „Customer Enthusiasm", „Customer Delight" oder ähnlichen Superlativen die Rede ist, übertrieben. Geschäftsbeziehungen und -transaktionen behalten auch in Zukunft primär okönomischen Charakter. Der Kunde braucht nicht „enthusiastisch" oder „hocherfreut" zu sein, denn selbst bei einem Produkt von vorzüglicher Qualität wird er sich möglicherweise über den Preis ärgern. Es kommt darauf an, daß er mit der Abschätzung des Nutzens, den er erhält, und des Preises, den er dafür zahlen muß, zufrieden ist. Er sollte die Leistung des Anbieters respektieren und den Preis als angemessen und fair empfinden. Dann wird er wieder kaufen. Denn Kundenzufriedenheit ist - in leichter Abwandlung eines bekannten Spruches - wenn der Kunde und nicht das Produkt zurückkommt.

Christian Homburg/Bettina Rudolph

Theoretische Perspektiven zur Kundenzufriedenheit

Das Konzept der Kundenzufriedenheit nimmt eine zentrale Stellung in der heutigen Marketingtheorie und -praxis ein. Häufig als zentrales Ergebnis marktorientierter Aktivitäten bezeichnet, verbindet die Kundenzufriedenheit unternehmerische Tätigkeit mit Phänomenen wie Beschwerdeverhalten, Einstellungsänderungen, Wiederkaufverhalten und Markenloyalität (vgl. Bearden/Teel 1983, Oliver 1980). Zufriedenheit ist eine wichtige Einflußgröße des Kaufverhaltens. Der Marketingforschung stellt sich daraus die Aufgabe, zu untersuchen, ob Kunden mit angebotenen Leistungen zufrieden oder unzufrieden sind, was gegebenenfalls ihre Unzufriedenheit ausgelöst hat und welche Auswirkungen dies für ihr Verhalten sowie für das Unternehmen hat.

Obwohl die große Bedeutung der Kundenzufriedenheit mittlerweile weitgehend unbestritten ist, besteht kein Konsens hinsichtlich der theoretischen Behandlung des Konstrukts (vgl. Erevelles/Leavitt 1992, Hunt 1977, Kaas/Runow 1984). Vielmehr existiert eine große Zahl divergierender Ansätze zur Konzeptualisierung und Operationalisierung und damit auch zur Messung von Kundenzufriedenheit. Allein in den USA erschienen im Zeitraum von 1975 bis 1990 weit über 700 Veröffentlichungen zum Thema „Kundenzufriedenheit" (vgl. Wilkie 1990). Dieses Kapitel stellt die wichtigsten Theorien zur Kundenzufriedenheit dar und vermittelt dem Leser einen Überblick der wichtigsten Untersuchungen auf diesem Gebiet.

1. Grundlegende verhaltenswissenschaftliche Theorien

Generell wird Kundenzufriedenheit als das Ergebnis eines komplexen psychischen Vergleichsprozesses verstanden (vgl. Hunt 1977, Oliver 1977, 1980, 1993). Der Kunde vergleicht seine wahrgenommenen Erfahrungen nach dem Gebrauch eines Produktes oder einer Dienstleistung, die sogenannte Ist-Leistung, mit den Erwartungen, Wünschen, individuellen Normen oder einem anderen Vergleichsstandard vor der Nutzung (vgl. Day 1984). Wird diese zugrundegelegte Soll-Leistung bestätigt oder übertroffen, entsteht Zufriedenheit beim Kunden. Zufriedenheit wird in diesem Zusammenhang häufig als die emotionale Reaktion auf einen kognitiven Vergleichsprozeß angesehen (vgl. Bateson/Wirtz 1991, Day 1984, Gierl/Höser 1992, Westbrook/Reilly 1983).

Die Erklärungsansätze zum Verständnis des Konstruktes sind in den Verhaltenswissenschaften, insbesondere in der Sozialpsychologie, verwurzelt (vgl. die Überblicke bei Sirgy 1983, Tse/Wilton 1985). Zu nennen sind insbesondere

- die Theorie der kognitiven Dissonanz,
- die Kontrasttheorie,
- die Assimilations-Kontrast Theorie,

– die Zwei Faktoren-Theorie sowie
– die „Comparison Level Theory".

Die ersten drei dieser Theorien versuchen, den Prozeß der Wahrnehmung der Ist-Leistung zu erklären (vgl. hierzu auch Anderson 1973, Oliver 1980, Oliver/DeSarbo 1988, Yi 1989). Die Zwei Faktoren-Theorie bezieht sich auf die Faktorstruktur von Zufriedenheit, während die Comparison Level Theory der Erklärung des Vergleichsstandards im Modell der Kundenzufriedenheit dient. Die beiden letztgenannten Theorien werden erst in einem späteren Abschnitt behandelt, wo sie zur Erläuterung einzelner Elemente des Konstruktes „Kundenzufriedenheit" herangezogen werden.

Kognitive Konzeptionen werden verwendet, um den *Wahrnehmungsprozeß* zu erklären: Werden im Rahmen des Vergleichsprozesses die Erfahrungen anhand eines Vergleichsstandards bewertet, kann die Leistung anders wahrgenommen werden, als sie objektiv ist. Eine der am häufigsten genannten Theorien, die diesen Bestätigungsprozeß zu verstehen hilft, ist die *Theorie der kognitiven Dissonanz*. Im Zusammenhang mit der Kundenzufriedenheit findet sich häufig auch die Bezeichnung *Konsistenztheorie*. Nach Festinger (1957) führt die Nichtbestätigung der Erwartungen zu einem Zustand von Dissonanz oder „psychologischem Unwohlsein". Der Kunde erlebt Inkonsistenzen im Wahrnehmungssystem als psychische Spannungen. Diese wirken aktivierend und führen dazu, daß er versucht, die Inkonsistenzen abzubauen, um sein kognitives Gleichgewicht wieder herzustellen (vgl. Kroeber-Riel 1992, Oshikawa 1968). Bezogen auf eine Diskrepanz zwischen erwarteter und wahrgenommener Leistung bedeutet dies, daß der Kunde versuchen wird, seine psychologische Spannung in folgender Form zu reduzieren: Er verändert die Wahrnehmung des Produktes bzw. der Dienstleistung in Richtung seiner Erwartungen, er paßt sie diesen an (vgl. Anderson 1973 und Cardozo 1965). Hat ein Unternehmen also bereits hohe Erwartungen seitens der Kunden geschaffen, läßt sich aus der Konsistenztheorie folgern, daß auch die Wahrnehmung besonders hoch ausfällt. Das Produkt bzw. die Dienstleistung wird positiver beurteilt, als es bei niedrigen Erwartungen der Fall wäre.

Der *Kontrasttheorie*, die auf Helsons (1964) „Adaptation-Level Theory" basiert, liegt ebenfalls die Annahme zugrunde, daß eine Person nachträglich ihre Wahrnehmung korrigiert, falls die Erwartung nicht mit der Realität (der Ist-Leistung) übereinstimmt. Die Anpassung verläuft hier allerdings genau entgegengesetzt der von der Konsistenztheorie aufgestellten Annahme. Bezogen auf die Kundenzufriedenheit ergeben sich folgende Implikationen: Besteht eine Differenz zwischen der Erwartung und der wahrgenommenen Leistung, wird der Kunde dazu neigen, die Unterschiede zu übertreiben. Ist die objektiv erbrachte Leistung besser als die Erwartung, wird der Kunde die Produktwahrnehmung von seinen Erwartungen wegbewegen und das Produkt bzw. die Dienstleistung besser wahrnehmen, als sie tatsächlich ist. Dies führt zu Zufriedenheit (vgl. Cardozo 1965, Churchill/Surprenant 1982, Oliver 1981).

Die *Assimilations-Kontrast Theorie* nach Sherif/Hovland (1961) vereint die Aussagen der vorangegangenen Theorien. Die Größe der wahrgenommenen Diskrepanz zwischen Soll- und Ist-Leistung bestimmt, welche der beiden Theorien zum Zuge kommt. Weicht die wahrgenommene Produktleistung nur geringfügig von den Erwartungen ab, fällt sie also noch in den Annahmebereich des Kunden, so tendiert er dazu, seine Wahrnehmung an die Erwartung anzugleichen, zu assimilieren (Konsistenztheorie). Geringfügig höhere Erwartungen führen beispielsweise zu einer positiven Bewertung der Produktleistung und zu größerer Zufriedenheit. Überschreitet die Diskrepanz jedoch den Toleranzbereich, setzt der Kontrasteffekt ein. Höhere Erwartungen führen dann zu einer niedrigeren wahrgenommenen Leistung und verstärken die Unzufriedenheit.

2. Alternative Modellierungsrahmen der Kundenzufriedenheit

In der entsprechenden Forschung existieren verschiedene Modellierungsrahmen der Kundenzufriedenheit. Die drei am häufigsten genannten Ansätze sind (vgl. Erevelles/Leavitt 1992, Oliver/DeSarbo 1988, Yi 1989 für Überblicke)

- das „Confirmation/Disconfirmation-Paradigm",
- die „Equity Theory" und
- die Attributionstheorie.

Das *Confirmation/Disconfirmation-Paradigm* (*C/D-Paradigma*) entspricht der gängigen Konzeptualisierung von Kundenzufriedenheit. Hier steht der Prozeß der Bestätigung als vermittelnde Variable zwischen einem pre-konsumptiven Vergleichsstandard sowie der wahrgenommenen Ist-Leistung und der eigentlichen Zufriedenheit. Entsprechend seiner Bedeutung für die Kundenzufriedenheitsforschung wird dem C/D-Paradigma ein eigener Abschnitt gewidmet (vgl. Abschnitt 3).

Die *Equity Theory* (bisweilen auch als *Gerechtigkeits-Paradigma* bezeichnet) basiert ebenfalls auf einem Vergleichsprozeß. Dieser bezieht sich jedoch nicht auf ein Objekt sondern auf eine Austauschsituation: Kunden haben eine Vorstellung von Fairneß und erwarten eine gewisse distributive Gerechtigkeit in Austauschsituationen. Deutlich tritt hier der Bezug zur Arbeit von Homans (1961) zutage, der den Begriff „Distributive Justice" geprägt hat und über einen gerechten Austausch folgende Aussage trifft: „ ... a

man´s rewards in exchange with others should be proportional to his investments"
(Homans 1961, S. 235).

Tabelle 1: Modellierungsrahmen der Kundenzufriedenheit im Überblick

Modellierungs-rahmen	Wichtige Autoren	Primäre Charakteristika des Modellierungsrahmens
C/D-Paradigma	Oliver (1980) Churchill/Surprenant (1982) Bearden/Teel (1983) LaBarbera/Mazursky (1983)	Ein pre-konsumptiver Vergleichs-standard wird durch den Vergleich mit den tatsächlichen Erfahrungen bestätigt bzw. nicht bestätigt, was unmittelbar zur Zufriedenheit bzw. Unzufriedenheit führt.
Equity Theory	Mowen/Growe (1983) Fisk/Young (1985) Oliver/DeSarbo (1988) Oliver/Swan (1989a,b)	Zufriedenheitsurteile basieren auf der Interpretation der Gerechtigkeit bzgl. der in eine Transaktion investierten Kosten und dem Nutzen.
Attributions-theorie	Krishnan/Valle (1979) Richins (1983) Singh (1988) Folkes (1988)	Kunden suchen nach Gründen für den Erfolg bzw. Mißerfolg eines Kaufes und ordnen die Ursachen anhand eines mehrdimensionalen Schemas ein. Ihre Zufriedenheit nach dem Konsum-erlebnis hängt von den ermittelten Ursachen ab.

Basis der Equity Theory ist die Annahme, daß der Kunde seinen eigenen Einsatz in eine Austauschbeziehung und das Ergebnis daraus mit dem Einsatz und dem Ergebnis seines Partners in dieser Beziehung vergleicht. Ebenso vergleicht der Kunde seinen Input und

Output mit dem anderer Kunden. Unter „Einsatz" können sowohl der gezahlte Kaufpreis als auch solche Größen wie Wartezeiten oder beispielsweise Anfahrtkosten subsumiert werden. Unter das „Ergebnis" subsumiert man den Wert der erhaltenen Leistung, den Nutzen sowie die soziale Wirkung. Zufriedenheit entsteht nur dann, wenn die Einsatz/Ergebnis-Verhältnisse als fair empfunden werden bzw. zugunsten des Kunden ausfallen. Ein als ungerecht empfundener Austausch zieht dagegen Unzufriedenheit nach sich (vgl. zu einem Überblick über die Equity Theory Oliver/DeSarbo 1988, Oliver/Swan 1989a, b). Entsprechend ihrer Ausrichtung ist die Equity Theory zur Erklärung der Kundenzufriedenheit besonders interessant, wenn die Zufriedenheit mit einem Partner in einer Transaktion bzw. einer Geschäftsbeziehung im Mittelpunkt des Interesses steht und nicht die Zufriedenheit mit einem isolierten Objekt (vgl. Erevelles/Leavitt 1992).

Die *Attributionstheorie* basiert auf der Arbeit von Kelley (1972) und ist maßgeblich von Weiner (1985) weiterentwickelt worden. Obwohl sie eher in Modelle des Beschwerdeverhaltens als in Modelle der Kundenzufriedenheit eingeflossen ist, haben einige Autoren einen Zusammenhang zwischen Attributen und Zufriedenheitsurteilen feststellen können, so daß die Attributionstheorie an dieser Stelle erwähnt werden sollte (vgl. Folkes 1984, Krishnan/Valle 1979, Richins 1985). Mittelpunkt attributionstheoretischer Überlegungen sind kognitive Prozesse, auf deren Basis Individuen die Ursachen eigenen und fremden Verhaltens ableiten. Der Kunde versucht also, Ergebnisse auf bestimmte Ursachen zurückzuführen. Im Fall der Kundenzufriedenheit führen erfolgreiche und erfolglose Erfahrungen mit Produkten oder Dienstleistungen sowohl zu positiven oder negativen emotionalen Reaktionen als auch zu Schlußfolgerungen bezüglich Ursachen. Hierbei sind drei Dimensionen relevant:

– Ort (intern oder extern) - das Ergebnis wird entweder dem Kunden selbst zugeschrieben (intern) oder dem Anbieter bzw. der Kauf- oder Konsumsituation (extern),
– Stabilität (relativ konstant oder sich von Gelegenheit zu Gelegenheit verändernd) - die Ursache wird entweder als stabil und somit dauerhaft oder als instabil und somit vorübergehend empfunden,
– Kontrollierbarkeit (relativ kontrollierbar oder relativ unkontrollierbar) - die Ursache ist vom Anbieter kontrollierbar oder entzieht sich seiner Kontrolle.

Zufriedenheit scheint hauptsächlich mit dem Ort verbunden zu sein, d.h. je nachdem, wer für den (Miß-)erfolg verantwortlich ist, empfindet der Kunde Zufriedenheit oder Unzufriedenheit (vgl. Oliver/DeSarbo 1988). Die Untersuchungen von Folkes (1984) und Richins (1985) ergaben, daß Zufriedenheit eher mit internen als mit externen Attributen assoziiert wird. Dies bedeutet, daß ein Kunde zufriedener ist, wenn er selbst für die Entscheidung, die zur Zufriedenheit geführt hat, verantwortlich ist, als wenn er sich nicht für diese Entscheidung verantwortlich fühlt. Zusätzlich sind einige Attribute an bestimmte Emotionen gekoppelt; z.B. führen Mißerfolge, die aber vom Hersteller kontrolliert werden könnten, zu Verärgerung des Kunden, während Mißerfolge, die nicht vom Hersteller zu kontrollieren sind, nicht unbedingt Verärgerung und damit auch Unzufriedenheit bedingen müssen.

Tabelle 1 vermittelt abschließend einen kompakten Überblick der drei Modellierungsrahmen der Kundenzufriedenheit und nennt jeweils einige wichtige Vertreter.

3. Das C/D-Paradigma als Basismodell der Kundenzufriedenheit

3.1 Die Modellstruktur

Da das C/D-Paradigma in der theoretischen Diskussion die größte Rolle spielt, soll es ausführlicher dargestellt werden. Im Grundmodell führt der Soll/Ist-Vergleichsprozeß zur Bestätigung oder Nichtbestätigung. Je nach Stärke und Richtung dieser Bestätigung folgt dann direkt eine Reaktion, die als Zufriedenheit bezeichnet wird. Somit ist die Bestätigung bzw. Nichtbestätigung die zentrale Komponente des Kundenzufriedenheitsmodells (daher auch die Bezeichnung „C/D-Paradigma"). Zufriedenheit entsteht durch Entsprechen bzw. Übertreffen der Soll-Leistung, Unzufriedenheit wird durch zu hohe Erwartungen oder eine zu geringe Ist-Leistung oder eine Kombination von beidem hervorgerufen. Abbildung 1 stellt das C/D-Paradigma in seiner Grundstruktur dar.

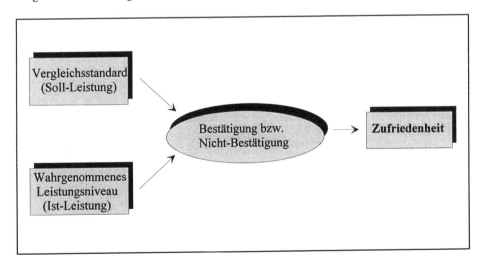

Abbildung 1: Das C/D-Paradigma

3.2 Die einzelnen Modellkomponenten

Während die Grundstruktur des C/D-Paradigmas generell akzeptiert wird, existieren in der Literatur allerdings unterschiedliche Auffassungen bezüglich der zentralen Modellelemente, der Wahl des Vergleichsstandards sowie der Beziehungen zwischen den einzelnen Elementen. Nachfolgend sollen daher die vier grundlegenden Komponenten eines Kundenzufriedenheitsmodells, welches auf dem C/D-Paradigma basiert, differenziert analysiert werden: der Vergleichsstandard (Soll-Komponente), die wahrgenommene Leistung (Ist-Komponente), der Bestätigungsprozeß und die Zufriedenheit selbst.

„Satisfaction is always judged in relation to a standard" (Ölander 1977, S. 412). Der *Vergleichsstandard* ist der vom Individuum als verbindlich erlebte Standard der Zielerreichung. In der Literatur zur Kundenzufriedenheit wird im allgemeinen zwischen fünf verschiedenen Vergleichsstandards differenziert (vgl. für einen diesbezüglichen Überblick Wirtz 1993 sowie Woodruff et al. 1991):

- Erwartungen
- Erfahrungsnormen
- Ideale
- Wahrgenommene Wertedifferenz
- Comparison Level

Das C/D-Paradigma mit *Erwartungen* als Standard (das „Expectation-Disconfirmation Model") hat bis heute die meiste empirische Beachtung gefunden und herrscht auch in theoretischer Hinsicht vor (vgl. hierzu die Arbeiten von Bearden/Teel 1983, Churchill/Surprenant 1982, Oliver 1980, Olson/Dover 1979, Tse/Wilton 1988). Der Gedanke der Erwartungstheorie läßt sich bis zur „Expectancy Theory" von Tolman (1932) zurückverfolgen. In der modernen Marketingliteratur wird Erwartung als Kenntnis der Leistungsfähigkeit bestimmter Produktattribute definiert. Halstead (1992, S.1) stellt in diesem Zusammenhang fest: „Expectations have been conceptualized as consumers' prepurchase beliefs about the overall performance or attribute levels of a product". Quintessenz dieser Aussage ist, daß Erwartungen bereits vor der Erfahrung geformt werden und mit großer Wahrscheinlichkeit das tatsächliche Ergebnis voraussagen.

Ein grundsätzliches Problem von Erwartungen als Vergleichsstandard ist die Tatsache, daß Zufriedenheit bzw. Unzufriedenheit nur dann auftreten kann, wenn sie auf bestimmte Aspekte eines Produktes oder einer Dienstleistung bezogen wird, über die der Kunde schon vor Gebrauch eine Meinung hat. Situationen, in denen der Kunde mit bestimmten Eigenschaften eines Produktes unzufrieden ist, obwohl er sich der Eigenschaft vorher nicht bewußt war, können mit Hilfe dieses Ansatzes kaum erklärt werden. Ebenso müßte der Kunde nach diesem Modell mit einem Produkt oder einer Dienstleistung auch dann zufrieden sein, wenn negative Attribute auftreten - sofern er sie nur erwartet hat.

Als Alternative zu Erwartungen als Vergleichsstandard liegen anderen Untersuchungen *Erfahrungsnormen* zugrunde (vgl. hierzu LaTour/Peat 1979, Woodruff/Cadotte/Jenkins 1987). Im Gegensatz zu Erwartungen, die dem antizipierten Leistungsniveau entsprechen, wird hier die Produktleistung daran gemessen, wie diese nach Ansicht des Kunden sein *sollte*. Die Erfahrungsnormen bauen auf Erfahrungen mit dem gleichen Produkt, ähnlichen Produkten oder mit anderen Produkten der gleichen Klasse auf. Im Gegensatz zum vorher dargestellten „Expectation-Disconfirmation" Modell, welches auf Erwartungen an die „Focal Brand" basiert, werden Erfahrungen mit anderen Marken einbezogen, d.h. die gesamte Breite des Erfahrungsschatzes des Kunden fließt in diesen Vergleichsstandard ein. Auch beim Erstkauf existiert schon eine Vorstellung über den Leistungsstandard eines Produktes/einer Dienstleistung.

Ideale als Standards lassen sich aus den Idealpunkt-Präferenzmodellen herleiten (vgl. Holbrook 1984). Der Kunde fragt sich im Rahmen dieses Modells, was überhaupt möglich ist. Er verwendet das optimal mögliche Leistungsniveau als Vergleichsstandard.

Die *wahrgenommene Wertedifferenz* als Standard beruht auf dem Konzept unterschiedlicher menschlicher Bedürfnisse. Zufriedenheit entspricht einer emotionalen Reaktion auf das Ergebnis eines kognitiven Vergleiches der wahrgenommenen Leistung mit den Wertvorstellungen (Wünschen, Bedürfnissen) der Kunden. Je kleiner die wahrgenommene Differenz zwischen der Leistung und den eigenen Werten, desto besser ist die Bewertung und um so höher fällt die empfundene Zufriedenheit aus. Je größer dagegen die wahrgenommene Wertedifferenz ist, desto größer ist die Unzufriedenheit. Unklar bleibt allerdings, ob auch die positive Übererfüllung der Wertvorstellungen Unzufriedenheit nach sich zieht. Westbrook/Reilly (1983) sprechen sich für die Theorie der wahrgenommenen Wertedifferenz aus und erklären dies wie folgt: Erwartungen verweisen auf Annahmen über zukünftige Ereignisse. Was man jedoch von einem Produkt erwartet, muß nicht immer das sein, was man sich von ihm erhofft bzw. wünscht. So können eine Fehlleistung eines Produktes oder ein unattraktives Design Unzufriedenheit erzeugen, unabhängig davon, welche Erwartungen vorlagen. In der Realität stimmen Erwartungen und Werte jedoch oft überein, da ein Kunde ein Produkt meist so auswählt, daß es mit seiner persönlichen Zielsetzung harmoniert.

LaTour/Peat (1979) schlagen den *Comparison Level* (CL) als Vergleichsstandard vor. Basis ihrer Untersuchungen ist die „Social Exchange Theory" (Soziale Austauschtheorie) von Thibaut/Kelley (1959), die sie in modifizierter Form auf die Kundenzufriedenheit übertragen. Thibaut/Kelley (1959) gehen davon aus, daß jedes Verhalten für die Interaktionspartner einen bestimmten Nutzen und bestimmte Kosten repräsentiert. Das

Ergebnis, das Verhältnis zwischen Kosten und Nutzen einer aktuellen Beziehung also, wird anhand eines Vergleichsmaßstabs (dem CL) gemessen. Dieser entspricht dem Ergebnisniveau, welches eine Person erwartet, und bestimmt mit seiner Lage, ob ein Kunde mit einer Beziehung zufrieden oder unzufrieden ist. Ist das Ergebnis der Beziehung höher als der CL, so entsteht Zufriedenheit, im Falle einer negativen Diskrepanz entsteht Unzufriedenheit. Übertragen auf den modifizierten Ansatz von LaTour/Peat (1979) ist Zufriedenheit eine Funktion der Güte eines Produkts hinsichtlich bestimmter Attribute, wobei der Kunde die Leistung eines jeden Attributes an einem Vergleichsniveau mißt. Gute Leistungsbeurteilung in Relation zum Vergleichsniveau fördert Zufriedenheit aufgrund positiver Bestätigung. Das Vergleichsniveau selbst wird dabei von drei Determinanten bestimmt: den Erfahrungen der Kunden mit ähnlichen Produkten, den Erfahrungen anderer Kunden, die als Referenzperson dienen, und den durch die Situation bedingten Erfahrungen (z.B. durch Werbung der Hersteller). Es ergibt sich allerdings die Frage, ob man den CL als eigenständigen Ansatz behandeln sollte, da in ihn im wesentlichen die gleichen Erfahrungen einfließen, wie sie den Erfahrungsnormen zugrunde liegen.

Es ist durchaus nicht auszuschließen, daß ein Kunde *mehrere* Standards heranzieht, um zu einem Zufriedenheitsurteil zu gelangen. Tse/Wilton (1988) konnten beispielsweise den Einfluß von drei verschiedenen Vergleichsstandards (Equity, Erwartungen und Ideale), die sowohl gleichzeitig als auch sequentiell von den Kunden herangezogen werden können, auf die Bildung von Zufriedenheit empirisch nachweisen. Auch ist anzunehmen, daß Kunden die Höhe des Vergleichsniveaus sowie Typ und Wahrnehmung des Vergleichsstandards über die verschiedenen Kauf- bzw. Konsumsituationen verändern.

Die *Ist-Komponente* findet in der relevanten Literatur meist geringe Aufmerksamkeit. Unter ihr wird die Leistung eines Produktes oder einer Dienstleistung bzw. (bei interaktionstheoretischen Ansätzen) das Ergebnis des Kosten/Nutzen-Vergleichs verstanden. Konzeptionell kann zwischen objektiver und subjektiver (wahrgenommener) Leistung unterschieden werden (vgl. hierzu auch Cadotte/Woodruff/Jenkins 1987, Churchill/Surprenant 1982, Oliver 1980, Tse/Wilton 1988, Wirtz 1993): Während die *objektive Leistung* (die tatsächliche Höhe der Leistung) für alle Kunden gleich ist, variiert die *subjektiv wahrgenommene Leistung* aufgrund der oben dargestellten Wahrnehmungseffekte. Es gibt also ein Niveau an objektiver Leistung für ein Produkt oder eine Dienstleistung, das vom Kunden allerdings immer in Relation zu seinen Erwartungen bzw. Normen oder Werten wahrgenommen wird. Als Folge existieren für ein Objekt mehrere wahrgenommene Leistungsniveaus. In der Regel wird die subjektive Leistung in ein Kundenzufriedenheitsmodell integriert. Entsprechend der Abgrenzung zwischen objektiver und subjektiv wahrgenommener Leistung existieren prinzipiell zwei Formen der Bestätigung, basierend auf der jeweils zugrundegelegten Ist-Leistung.

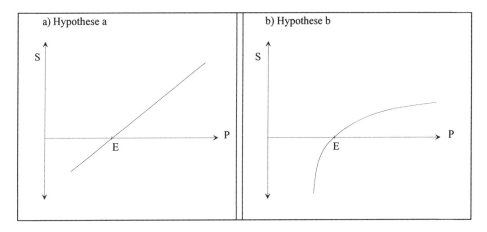

Abbildung 2: Hypothesen zum Bestätigungsprozeß

Bestätigung/Nichtbestätigung wird als die zentrale intervenierende Variable zwischen der Soll- und Ist-Komponente und der Zufriedenheit angesehen (vgl. Oliver/DeSarbo 1988, Olshavsky/Miller 1972, Westbrook 1987). In der Regel wird die Ansicht vertreten, daß Zufriedenheit durch die Richtung der erfahrenen Bestätigung bzw. Nichtbestätigung bestimmt wird (vgl. Bateson/Wirtz 1991, Trawick/Swan 1980). Positive Bestätigung bedeutet, daß die wahrgenommene Leistung gleich dem oder besser als der Vergleichsstandard ist. Dies führt zu Zufriedenheit. Negative Bestätigung bedeutet, daß die wahrgenommene Leistung schlechter als der Vergleichsstandard ist, was zu Unzufriedenheit führt.

Zum Bestätigungsprozeß selbst lassen sich zwei Hypothesen mit folgender formaler Darstellung aufstellen (vgl. Abbildung 2):

Bezeichnet P (Perceived Performance) die wahrgenommene Leistung, E (Expected Performance) die erwartete Leistung und S (Satisfaction) die Zufriedenheit, so gilt

$$S = f\,(P,E).$$

Die Zufriedenheit ist also eine Funktion von P und E. Die beiden Hypothesen unterscheiden sich hinsichtlich der Struktur der Funktion f:

Hypothese a) $S = a \cdot (P\text{-}E)$
Hypothese b) $S = a \cdot \ln (P/E)$

Hypothese a, graphisch in Abbildung 2a dargestellt, sagt also aus, daß positiv und negativ bestätigte Erwartungen (E) einen gleich starken Einfluß auf die Zufriedenheit (S) haben. Dieser Denkansatz liegt auch SERVQUAL zugrunde, einem von Parasura-man/Zeithaml/Berry (1988) entwickelten Instrument zur Messung von wahrgenommener Dienstleistungsqualität (vgl. zu einer kritischen Diskussion von SERVQUAL Hentschel 1990): Mittels einer Doppelskala werden die Erwartungen sowie die erlebte Leistung hinsichtlich fünf Dimensionen der Dienstleistungsqualität erfaßt. Die wahrgenommene Dienstleistungsqualität entspricht dann der Differenz der Ausprägungen beider Skalen.

Im Gegensatz zu Hypothese a trifft Hypothese b, graphisch in Abbildung 2b dargestellt, die Aussage, daß die negativ bestätigte Erwartungen einen größeren Einfluß auf die Höhe der empfundenen Zufriedenheit haben als positiv bestätigte Erwartungen (vgl. Anderson/Sullivan 1993; Day 1977 und Kaas/Runow 1984 stellen sogar fest, daß das Ausmaß von Zufriedenheit nicht mit dem Ausmaß der Bestätigung oder Nichtbestätigung von Erwartungen einhergehen muß). Insbesondere unterstellt Hypothese b ein Sättigungsniveau: Durch Übertreffen der erwarteten Leistung läßt sich nicht eine Zufriedenheit beliebiger Höhe erzielen.

Von einem Großteil der Forscher wird die letzte Variable des Vergleichsprozesses, die *Zufriedenheit*, als einziges bipolares Kontinuum angesehen. Endpole sind Zufriedenheit und Unzufriedenheit. Einzelne Autoren sprechen sich allerdings für Zufriedenheit als mehrfaktorielles Konstrukt aus. Eine Theorie, die sich mit der Dimensionalität von Zufriedenheit auseinandersetzt und häufiger in frühe Arbeiten Eingang fand, ist die *Zwei Faktoren-Theorie* nach Herzberg. Sie wird zwar meist im Zusammenhang mit Arbeitszufriedenheit genannt, Herzberg selbst geht aber davon aus, daß seine Theorie nicht nur im Bereich der Arbeitszufriedenheit anzusiedeln sei, sondern das Zustandekommen von Zufriedenheit und Unzufriedenheit allgemein erklärt (vgl. hierzu Herzberg 1966, Herzberg/Mausner/Snyderman 1959 sowie zur Interpretation von Herzbergs Arbeiten Neuberger 1974). Nach dieser Theorie liegen den beiden Konstrukten Zufriedenheit und Unzufriedenheit auch unterschiedliche Faktoren zugrunde, nämlich Hygiene- und Motivator-Faktoren. Gemäß Herzbergs Theorie löst eine negative Bestätigung der Hygiene-Faktoren Unzufriedenheit aus; positive Bestätigung der Hygiene-Faktoren kann zwar Unzufriedenheit verhindern, aber nicht die Zufriedenheit fördern. Hygiene-Faktoren werden als eine Art Vermeidungsbedürfnisse angesehen, die Unangenehmes verhindern sollen. Auf die positive Bestätigung der Motivator-Faktoren folgt dagegen Zufriedenheit, während eine Nichterfüllung jedoch keine Unzufriedenheit auslöst. Die beiden Arten von Faktoren sind unabhängig voneinander, so daß das Niveau der Zufriedenheit nicht mit einem bestimmten Niveau an Unzufriedenheit zusammenhängt.

Übertragen auf die Kundenzufriedenheit bedeutet dies, daß Zufriedenheit als zweidimensionales Konstrukt aufzufassen wäre. Die Erfüllung von Erwartungen kann bei einigen Produktmerkmalen nur zur „Nichtunzufriedenheit" führen, bei anderen Merkmalen aber zu Zufriedenheit. Die Nichterfüllung der Hygiene-Faktoren hat automatisch die Unzufriedenheit zur Folge, unabhängig vom Grad der Zufriedenheit, die von den Motivator-Faktoren geschaffen wurde. Empirisch konnte Herzbergs Theorie allerdings nicht bestätigt werden, so daß Kundenzufriedenheit im gängigen Verständnis als eindimensionales Konstrukt aufgefaßt wird (vgl. Leavitt 1977, Maddox 1981, Wirtz 1993).

4. Messung von Kundenzufriedenheit

Ansätze zur Messung von Kundenzufriedenheit sind in Abbildung 3 systematisiert (vgl. ähnlich auch Andreasen 1977, Meffert/Bruhn 1981, Lingenfelder/Schneider 1991, Schütze 1992, Standop/Hesse 1985).

Demnach kann man zwischen objektiven und subjektiven Verfahren unterscheiden. *Objektiven Verfahren* liegt die Idee zugrunde, daß Zufriedenheit durch Indikatoren meßbar ist, die eine hohe Korrelation mit der Zufriedenheit aufweisen und nicht durch persönliche subjektive Wahrnehmungen verzerrt werden können (vgl. McNeal 1969, McNeal/Lamb 1979). Ausgehend von der Überlegung, daß Zufriedenheit bzw. Unzufriedenheit zu Kundentreue bzw. Abwanderung führt, stützen sich objektive Verfahren auf Größen wie den Marktanteil, den Gewinn oder den Umsatz. Da diese jedoch nicht nur durch die Kundenzufriedenheit, sondern durch eine Vielzahl weiterer Faktoren beeinflußt werden, ist die Adäquanz objektiver Verfahren zur Messung von Kundenzufriedenheit fraglich. Am validesten dürften noch diejenigen Methoden sein, die mit aggregierten Kaufverhaltensgrößen (wie z.B. Wiederkauf- bzw. Abwanderungsrate) arbeiten. Auch diese Größen unterliegen aber multiplen Einflüssen wie z.B. dem Umfang und der Art der Konkurrenzaktivitäten.

Subjektive Verfahren stellen dagegen auf die Erfassung interindividuell unterschiedlich ausgeprägter psychischer Sachverhalte und damit verbundener Verhaltensweisen ab. Es werden keine direkt beobachtbaren Größen, sondern die vom Kunden subjektiv wahrgenommenen Zufriedenheitswerte ermittelt. Es lassen sich merkmalsorientierte und ereignisorientierte Verfahren unterscheiden (vgl. Nieschlag/Dichtl/Hörschgen 1994). Zu *den ereignisorientierten Verfahren*, welche die Anbieter-Kunde-Interaktion in einzelne Episoden zerlegen, zählt die „Critical Incident Technique" (vgl. hierzu den Beitrag von Stauss/Seidel in diesem Band sowie Stauss/Hentschel 1992b).

Bei den *merkmalsgestützten Verfahren* lassen sich implizite und explizite Methoden unterscheiden. *Implizite Methoden*, die hauptsächlich Beschwerdeanalysen umfassen, setzen ein aktives Beschwerdeverhalten der Kunden voraus. Dies ist in der Realität aber häufig nicht gewährleistet (vgl. den Beitrag von Jung in diesem Band sowie Meffert/Bruhn 1981). Somit ist der Rückschluß auf die Zufriedenheit über die Beschwerdezahl fragwürdig.

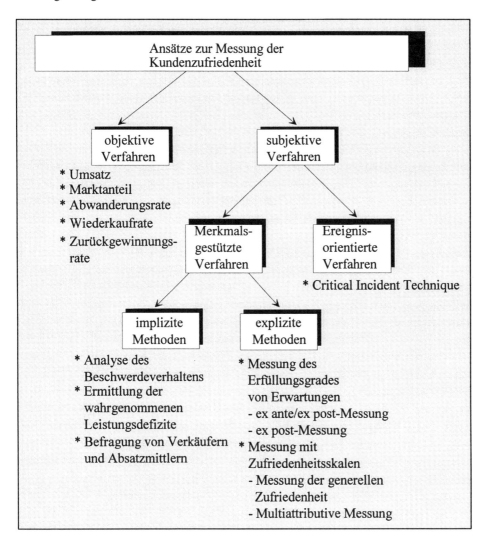

Abbildung 3: Ansätze zur Messung der Kundenzufriedenheit

Die *expliziten Methoden* ermitteln die Zufriedenheit durch Messung des Erfüllungsgrades der Erwartungen oder durch die direkte Erfragung der empfundenen Zufriedenheit. Bei den erstgenannten Ansätzen kann entweder eine ex ante/ex post- oder eine ex post-Messung erfolgen. Im ersten Fall werden die Erwartungen vor dem Kauf und die Erfahrungen nach der Produktnutzung erfragt, um aus der Differenz den Zufriedenheitsgrad abzulesen. Hier wird kritisiert, daß die kognitiv bewertenden Prozesse (Kontrast- bzw.

Konsistenzeffekt) nicht berücksichtigt werden. Daneben ergibt sich ein meßtechnisches Problem: Durch die zweimalige Verwendung der gleichen Meßskala neigt die befragte Person dazu, konsistente Antworten zu geben. Dies bedeutet, daß die gemessene Zufriedenheit wesentlich von der tatsächlich empfundenen Zufriedenheit abweichen kann. Wird zweimal die gleiche Skala genutzt, kann sich auch der sog. „Floor or Ceiling Effect" ergeben. Hat der Kunde seinen Erwartungen bereits die höchstmögliche Bewertung gegeben und wird diese dennoch übertroffen, besteht für ihn keine Möglichkeit, dies durch eine bessere Bewertung der wahrgenommenen Leistung zum Ausdruck zu bringen.

Alternativ zur ex ante/ex post-Messung wird infolgedessen die wahrgenommene Differenz erhoben, indem nach der Produktnutzung gefragt wird, ob die Leistungserfahrungen mit den ursprünglichen Erwartungen übereinstimmen. Vom Erfüllungsgrad der Erwartungen wird dann direkt auf die Zufriedenheit geschlossen (vgl. Swan/Trawick 1981, Yi 1989).

Hierbei kann die Zufriedenheit entweder anhand eindimensionaler Zufriedenheitsskalen als globale Einschätzung gemessen werden oder anhand mehrdimensionaler Messungen, die sich auf die relevanten Einzelaspekte der angebotenen Leistung beziehen. Zur Messung der *generellen Zufriedenheit* finden meist sehr einfache, eindimensionale Ratingskalen Anwendung, auf denen der Kunde den Grad seiner Zufriedenheit angeben kann. Der einfachen Handhabung dieser Methode stehen wesentliche Mängel entgegen: Es werden keine Informationen über einzelne Komponenten der Kundenzufriedenheit erhoben. Differenzierte Diagnosen sind somit nur eingeschränkt durchführbar. Eine genaue Bestimmung derjenigen Leistungsbestandteile, die beim Kunden Zufriedenheit erzeugen, ermöglicht dagegen die *multiattributive Messung*. Diese ist dadurch gekennzeichnet, daß die Zufriedenheit für alle relevanten Einzelaspekte der angebotenen Leistung erhoben werden (vgl. hierzu sowie zur Ermittlung von Gewichtungen der einzelnen Leistungskomponenten den Beitrag von Homburg/Rudolph/Werner in diesem Band).

Tabelle 2 zeigt eine vergleichende Beurteilung der einzelnen Ansätze zur Messung der Kundenzufriedenheit. Die Überlegenheit der multiattributiven Messung ist klar ersichtlich.

Tabelle 2: Vergleichende Beurteilung der Ansätze zur Messung der Kundenzufriedenheit

Methoden \ Eigenschaft	Objektive Verfahren	Subjektive Verfahren		
		Implizite Methoden	Explizite Methoden	
			Eindimensionale Messung	Multiattributive Messung
Nutzung von Sekundärdaten	ja	häufig	nein: spezielle Erhebung notwendig	
Objektivität	hoch	eher niedrig	abhängig vom Erhebungsverfahren	
Validität	niedrig	niedrig	mittel	hoch
Reliabilität	niedrig	niedrig	mittel/hoch	
Differenzierte Analyse von Zufriedenheit	nein	nein	nein	ja
Besondere Merkmale	Zusammenhang Marktdaten und Kundenzufriedenheit nur bedingt gegeben	Nur geringer Anteil unzufriedener Kunden beschwert sich	Einfache Handhabung, geringe Komplexität	Genaue Ermittlung der zufriedenstellenden Leistungsbestandteile möglich

5. Auswirkungen von Kundenzufriedenheit

In den vorangegangenen Abschnitten wurden das psychologische Konstrukt „Kundenzufriedenheit", die Fragen der Messung sowie die damit zusammenhängenden Probleme diskutiert. Die Frage nach den Auswirkungen von Zufriedenheit drängt sich nunmehr auf. In der Literatur zur Kundenzufriedenheit lassen sich mehrere Betrachtungsebenen unterscheiden, sich mit den Auswirkungen von Kundenzufriedenheit zu beschäftigen: das individuelle, das mikroökonomische und das makroökonomische Niveau (vgl. z.B. die Arbeiten von Anderson/Fornell 1994, Anderson/Fornell/Lehmann 1994, Anderson/Sullivan 1993, Fornell 1992). Auf dem individuellen Niveau (auch als transaktionsspezifisches Niveau bezeichnet), in dessen Mittelpunkt die Auswirkungen der Zufriedenheit auf *einzelne* Kunden steht, liegen bereits zahlreiche Forschungsarbeiten vor (vgl. Andreasen 1985, Halstead 1992, Oliver 1980, Singh 1988, Yi 1989).

Abbildung 4 gibt einen Überblick über Verhaltensweisen einzelner Kunden, die als Konsequenz von Zufriedenheit bzw. Unzufriedenheit auftreten können.

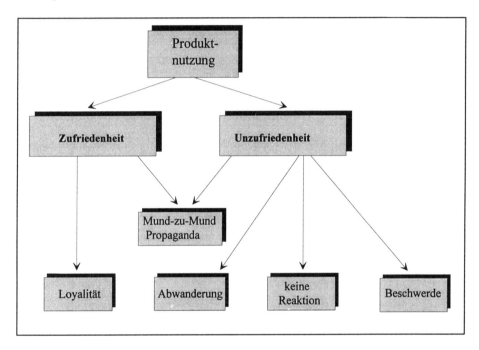

Abbildung 4: Mögliche Reaktionen einzelner Kunden auf Zufriedenheit bzw. Unzufriedenheit

Eine wichtige Konsequenz der Zufriedenheit ist die Loyalität bzw. der Wiederkauf. In der Literatur zur Kundenzufriedenheit werden die Begriffe Loyalität, Markentreue und Wiederkaufabsicht weitgehend synonym verwendet, so daß auch hier keine konzeptionelle Trennung vollzogen werden soll. Im Falle einer hohen Kundenzufriedenheit ist das Fundament für die *Kundenloyalität bzw. den Wiederkauf* geschaffen: Kunden die zufrieden sind, wählen den gleichen Anbieter wieder (vgl. Oliver 1980, Oliver/Swan 1989a, b). Die Arbeiten von Finkelman/Cetlin/Wenner (1992), Finkelman/Goland

46

(1990a), Müller/Riesenbeck (1991) und Oliva/Oliver/MacMillan (1992) legen die Vermutung nahe, daß der Zusammenhang zwischen Kundenzufriedenheit und Loyalität am besten durch eine sattelförmige Funktion beschrieben werden kann, wie sie in Abbildung 5 dargestellt ist. Allerdings sollte hier angemerkt werden, daß Oliva/Oliver/MacMillan (1992) diesen Zusammenhang nur für den Fall niedriger Transaktionskosten und eines geringen Involvement sowie lediglich für den oberen Bereich der Funktion nachweisen konnten. Da auch die übrigen genannten Arbeiten nur begrenzte empirische Fundierung aufweisen, erscheint es angebracht, den funktionalen Zusammenhang in Abbildung 5 als Vermutung und nicht als gesicherte wissenschaftliche Erkenntnis zu bezeichnen.

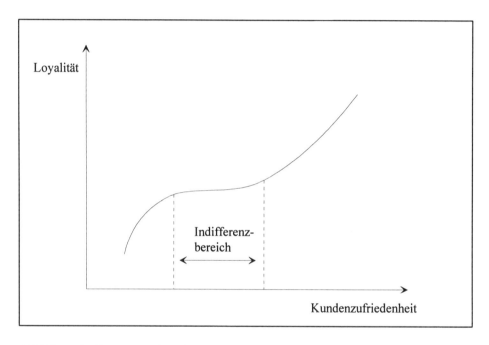

Abbildung 5: Vermuteter funktionaler Zusammenhang zwischen Kundenzufriedenheit und Loyalität

Auch Woodruff/Cadotte/Jenkins (1983) halten die Existenz einer Indifferenzzone für durchaus plausibel und ziehen zur Erklärung dieser die im ersten Abschnitt dargestellten Wahrnehmungstheorien heran. Weitere Forscher, die einen positiven Zusammenhang zwischen Zufriedenheit und Wiederkaufabsichten feststellen konnten, ohne allerdings einen bestimmten funktionalen Zusammenhang zu unterstellen, sind Halstead/Page (1992), LaBarbera/Mazursky (1983), Oliver (1980) sowie Oliver/Swan (1989a, b).

Eine weitere mögliche Reaktion eines unzufriedenen Kunden ist die *Abwanderung bzw. der Markenwechsel*. Sie stellt für den Anbieter die endgültigste Form der Reaktion dar, da sie kaum reversibel ist. Der Anbieter bekommt hier, im Gegensatz zur Beschwerde, nicht die Chance, den Grund der Unzufriedenheit zu erkennen und damit auch nicht die Gelegenheit, ihn zu beseitigen. Die vereinzelten Untersuchungen, die sich mit der Möglichkeit der Abwanderung als Reaktion auf Unzufriedenheit auseinandersetzen, sind dabei zu folgenden Ergebnisse gekommen: Nur ein geringer Teil der Kunden, die Unzufriedenheit empfinden, tut etwas dagegen. Von den zur Verfügung stehenden Handlungsalternativen wählt wiederum ein Großteil die Alternative Abwanderung bzw. Markenwechsel (vgl. Andreasen 1985). Auch Fornell/Wernerfelt (1987) kommen zu ähnlichen Ergebnissen: In Märkten mit hoher Wettbewerbsintensität tendieren die Kunden, die sich nicht beschweren, zur Abwanderung.

Neben der Abwanderung steht demnach noch die Beschwerde als alternative Reaktion auf nicht zufriedenstellende Erlebnisse zur Verfügung. Die Beschäftigung mit dem *Beschwerdeverhalten* geht auf die *Theorie von Hirschman* (1970) zurück. Dieser kritisiert, daß Ökonomen ausschließlich die Abwanderung als effizienten Korrektur- und Kontrollmechanismus zur Steuerung des Marktangebots sehen. In der Analyse einer „schlaffen", Überschüsse produzierenden Wirtschaft konnte Hirschman dieses Bild korrigieren, indem er neben die rein ökonomische Form der Reaktion der Kunden auf Unzufriedenheit eine „politische" Form der Reaktion setzt: den Widerspruch. Dies bedeutet, daß die Kunden nicht nur abwandern, sondern sich auch beschweren können (vgl. Hirschman 1970, Kaas/Runow 1984, Ping 1993, Schütze 1992).

Inzwischen hat das Beschwerdeverhalten unzufriedener Kunden eine sehr starke Beachtung in der relevanten Literatur gefunden (vgl. Prakash 1991, Singh 1988 für Überblicke). Man geht vielfach davon aus, daß die Intensität des Beschwerdeverhaltens direkt proportional zum Ausmaß der Unzufriedenheit ist. Sie ist jedoch auch abhängig von anderen Faktoren wie den Persönlichkeitsmerkmalen der Kunden, der Größe des Problems und dem Wert des Produktes, der Attributwahrnehmung, den Erwartungen bezüglich des Ergebnisses der Beschwerde, den Kosten und dem Produkttyp (vgl. Fornell/Westbrook 1984, Richins 1985, Yi 1989). Aufgrund dieser Variablen wird sich der Kunde entscheiden, ob er bei Auftreten eines nicht zufriedenstellenden Ereignisses den Aufwand der Beschwerdeführung auf sich nimmt, das Problem ignoriert oder abwandert. Die hohe Zahl der genannten Faktoren könnte auch zur Erklärung herangezogen werden, warum sich ein großer Teil der Kunden trotz Unzufriedenheit nicht beschwert (vgl. Andreasen/Best 1977, Andreasen/Manning 1990, Richins 1983).

Im Gegensatz zu den anderen Reaktionsformen tritt der Kunde, der sich beschwert, mit dem Unternehmen selbst in einen Dialog, so daß das Unternehmen quasi eine „zweite Chance" bekommt, durch sein Beschwerdemanagement die Zufriedenheit des Kunden nachhaltig wiederherzustellen. Die Zufriedenheit mit dem Beschwerdeergebnis hängt wiederum von mehreren Faktoren ab: Dem Erfolg der Beschwerde, der Unkompliziertheit der Beschwerdeführung, der Einstellung zu Beschwerden, der Bestätigung der Erwartungen bezüglich des Beschwerdeergebnisses sowie der vorhergehenden Produktunzufriedenheit (vgl. Andreasen/Best 1977, Meffert/Bruhn 1981, Halstead/Dröge/Cooper 1993).

Beschwert sich der Kunde nicht direkt beim Unternehmen, so besteht für ihn eine zusätzliche Möglichkeit, seine Unzufriedenheit zu äußern, die *Mund-zu-Mund Propaganda*. Während sich die Beschwerde und die Abwanderung lediglich auf den einzelnen Kunden beziehen, kann sich die Mund-zu-Mund Propaganda auch auf andere Kunden des Unternehmens auswirken. Ebenso kann auf diesem Wege Zufriedenheit kommuniziert werden. Dies geschieht allerdings meist in einem geringen Ausmaß (vgl. Richins 1983, Westbrook 1987). Die Bedingungen, unter denen eine negative Mund-zu-Mund Propaganda als Reaktion auf Unzufriedenheit wahrscheinlich ist, wurden von Richins (1983) identifiziert: Das Problem ist besonders ernst, die Reaktion auf eine Beschwerde wurde als besonders negativ wahrgenommen oder die Schuld für die Unzufriedenheit lag beim Unternehmen. Die Attributionstheorie läßt sich also offensichtlich heranziehen, um die Reaktion unzufriedener Kunden zu erklären.

Wie am Anfang dieses Abschnitts bereits festgestellt, existieren bei der Beschäftigung mit den Auswirkungen der Zufriedenheit noch zwei weitere Ebenen: das mikro- und das makroökonomische Niveau. Im ersten Fall handelt es sich um Arbeiten, die sich mit den Auswirkungen von Kundenzufriedenheit auf der Ebene einzelner Unternehmen befassen; im zweiten Fall geht es um die Auswirkungen der Zufriedenheit auf Branchen oder ganze Volkswirtschaften. Allerdings ist dieses Gebiet noch relativ unerforscht.

Erste Ergebnisse deuten darauf hin, daß die Kundenzufriedenheit die Profitabilität eines Unternehmens positiv beeinflußt (vgl. Anderson/Fornell 1994). Untersuchungen, die sich mit diesem Themenkomplex auseinandersetzen, stammen von Anderson/Sullivan (1993) und Anderson/Fornell/Lehmann (1994), die auf die Existenz der Wirkungskette von wahrgenommener Qualität über Kundenzufriedenheit zur Profitabilität hinweisen (vgl. auch Rust/Zahorik 1993, die die Beziehung zwischen Kundenzufriedenheit und Profitabilität empirisch nachweisen konnten). Von einigen Autoren wird diese Wirkungskette über den Einfluß von mediären Variablen erklärt: So werden als Auswirkungen hoher Kundenzufriedenheit eine höhere Kundenbindungsdauer, reduzierte Preiselastizität, positive Abgrenzung von der Konkurrenz, geringere Kosten für zukünftige Transaktionen, geringere Kosten der Neukundengewinnung und eine bessere Firmenreputation genannt (vgl. Fornell 1992, sowie zur genaueren Begründung der einzelnen Auswirkungen Anderson/Fornell/Lehmann 1994).

Zweiter Teil

Management von Kundenzufriedenheit in den Phasen des Wertschöpfungsprozesses

John R. Hauser/Don Clausing

Wenn die Stimme des Kunden bis in die Produktion vordringen soll

© 1988 by the President and Fellows of Harvard College, ursprünglich veröffentlicht in „Harvard Business Review" Nr. 3, Mai/Juni 1988, unter dem Titel „The House of Quality"; Übersetzung: Dr. Horst Georg Koblitz; weiter veröffentlicht in „HAVARDmanager" Nr. 4, 1988, unter dem Titel „Wenn die Stimme des Kunden bis in die Produktion vordringen soll".

1. Einleitung

Langfristig resultiert der Erfolg eines Unternehmens aus der überlegenen Qualität seiner Produkte oder Dienstleistungen gegenüber dem Wettbewerb. Viele Unternehmensleitungen meinen freilich noch immer, Qualität lasse sich vor allem durch strenge Kontrollen gewährleisten. Falsch - der wirkungsvollere Ansatz besteht darin, Qualität von vornherein, vom Entwurfstadium an, konsequent in die Produkte einzubauen. Die Japaner haben das beispielhaft vorexerziert. Für die Aufgabe Qualitätssicherung nahmen sie nicht nur die Fertigung, sondern das ganze Unternehmen in die Pflicht - vom Marktingbereich über F&E, Beschaffung und Fertigung bis zum Kundendienst. Kernstück dieses radikalen Qualitätsdenkens bildet die Einsicht, daß Produktqualität zwar auch objektiv gemessen werden kann, letztlich aber der Kunden über Produktakzeptanz und mithin Markterfolg entscheidet. Daher wurde unbedingte Kundenorientierung die Grundlage japanischer Qualitätsanalysen. Eine besonders ausgefeilte Technik der Qualitätssicherung stellt „Quality Function Deployment" (QFD) dar: Über eine Kette von Tabellen und Diagrammen werden hierbei Qualitätseinschätzungen der Kunden gezielt in Produkteigenschaften und diese wiederum in bestimmte Anforderungen an Produktion und Montage übertragen.

Digital Equipment, Hewlett-Packard, AT&T sowie ITT haben damit begonnen, Ford und General Motors verwenden es bereits - allein bei Ford gibt es inzwischen mehr als 50 Anwendungsfelder. Gemeint ist das grundlegende Managementinstrument zur Qualitätssicherung, die Technik des „House of Quality", bekannt geworden unter der Bezeichnung Quality Function Deployment (QFD). Sie wurde erstmals 1972 auf der Werft von Mitsubishi Heavy Industries in Kobe praktiziert. Toyota und seine Zulieferer haben sie dann auf vielfältige Weise weiterentwickelt. Inzwischen setzt eine große Zahl japanischer Hersteller diese Technik erfolgreich ein, Unternehmen in der Unterhaltungselektronik und Haustechnik ebenso wie in den Bereichen Bekleidung, Schaltkreise, synthetisches Gummi, landwirtschaftliche und Baumaschinen. Japanische Entwerfer nutzen sie sogar beim Projektieren von Schwimmhallen, Ladeninneneinrichtungen und Wohnungsausstattungen.

Quality Function Deployment besteht aus einem System aufeinander abgestimmter Planungs- und Kommunikationsprozeduren. Mit seiner Hilfe sollen alle Fähigkeiten innerhalb eines Unternehmens koordiniert und dem Ziel unterworfen werden, Produkte zu entwerfen, zu fertigen und zu vermarkten, die Kunden zu kaufen wünschen - jetzt und auf Dauer. Der Bau des House of Quality basiert auf einer Grundüberzeugung: Produkte sollten so gestaltet sein, daß sie den Wünschen und dem Geschmack der Kunden entsprechen. Daher müssen Produktgestalter, Marketingfachleute und die Mitarbeiter in der Fertigung eng zusammenarbeiten, und zwar schon von dem Augenblick an, wo eine Produktidee zum ersten Mal Gestalt annimmt.

Das House of Quality besteht aus einer Art von konzeptioneller Übersichtskarte, die die Wege aufzeigt, über die funktionsübergreifende Planungs- und Informationsaustauschprozesse laufen. Mitarbeiter mit unterschiedlichen Problemen und Kompetenzen können anhand dieser Karte im Rahmen der Produktgestaltung Prioritäten herausarbeiten.

2. Was Produktgestaltung so erschwert

Auf die verschiedenen Dimensionen dessen, was Kunden unter Qualität verstehen, hat David Garvin hingewiesen. In dieser Vielfalt liegt die größte Herausforderung für Hersteller: Sie müssen Produkte entwickeln, die (mehr oder weniger) all diesen Qualitätsdimensionen entsprechen (vgl. Garvin 1988). Schließlich bedeutet strategisches Qualitätsmanagement eben mehr als den Kunden lediglich Reparaturen zu ersparen. Es bedeutet, daß die Unternehmen aus den Erfahrungen der Kunden lernen und versuchen, die Kundenwünsche mit dem in Einklang zu bringen, was die Ingenieure sinnvoll entwickeln können.

Vor der industriellen Revolution bestand zwischen Produzenten und Kunden ein recht enges Verhältnis, und Marketing, Technik und Herstellung lagen beim Produzenten in einer Hand. Brauchte zum Beispiel ein Ritter eine neue Rüstung, so sprach er unmittelbar mit dem Waffenschmied, und dieser berücksichtigte bei seiner Arbeit die besonderen Wünsche seines Kunden. Beide Seiten diskutierten die Materialfrage - Platten- oder Kettenpanzerung - und Einzelheiten wie vielleicht die, ob das Material stärker kanneliert werden sollte, damit es eine höhere Biegsamkeit bekam. Alsdann machte sich der Schmied ans Werk. Zur größeren Festigkeit der Eisenplatten - weiß der Himmel wieso - kühlte er sie im Urin eines Ziegenbocks. Um die Rüstung rechtzeitig fertigzustellen, stand er mit dem ersten Hahnenschrei auf und entzündete das Schmiedefeuer, damit es bis mittags genügend Hitze entwickeln konnte.

Heute ähneln die verschiedenen betrieblichen Teilbereiche eher eigenständigen Unternehmen im Unternehmen: Die Marketingfachleute haben ihre Domäne, die Ingenieure die ihre. Gewiß, Kundenbefragungen mögen ihren Weg auch auf die Tische der Produktgestalter finden, und Vorschläge aus der F&E Abteilung mögen auch bei den Technikern in der Fertigung landen. Für gewöhnlich aber bleiben die einzelnen Unternehmensbereiche miteinander unverbunden. Daraus resultiert vielfach ein ebenso kostenträchtiges wie auch entmutigendes Klima, unter dem die Produktqualität und die Qualität des Fertigungsprozesses leiden.

Die Führungskräfte in den Chefetagen lernen indes mehr und mehr, daß der Einsatz interfunktioneller Teams der Produktgestaltung zugute kommt. Aber angenommen, das Topmanagement hat die führenden Leute aus Marketing, Konstruktion und Fertigung tatsächlich zusammengebracht, worüber sollten diese Leute dann konkret miteinander sprechen? Wie lassen sich ihre Treffen so gestalten, daß nicht bloß Binsenwahrheiten ausgetauscht werden? Genau das ist der Punkt, wo die Technik des House of Quality ihren erheblichen Nutzen unter Beweis stellen kann.

Nehmen wir den Fall eines amerikanischen Sportwagens. Bei ihm war der Hebel für die Handbremse links zwischen Sitz und Tür angebracht, die einfache Lösung eines technischen Problems. Sie bedeutete für Fahrerinnen mit Rock freilich, daß sie das Ein- und Aussteigen nicht gerade elegant bewältigen konnten. Selbst wenn die Bremse immer einwandfrei funktionieren sollte, konnte das die Kundinnen des Wagens schon zufriedenstellen?

Ein anderes Beispiel: Die Wagen von Toyota gehörten beim Rostschutz eine Weile zu den schlechtesten der Welt. Nachdem Konstruktion und Fertigung in wechselseitiger Abstimmung eine ganze Reihe von Maßnahmen zur Beseitigung des Übels trafen, zählen Toyota-Autos inzwischen in puncto Rostschutz zu den besten in der Welt. Die Konzentration auf eine ernstzunehmende Kundenklage führte zu einem vollen Erfolg. Was hatte Toyota unternommen? Im Zuge einer unerbittlichen Qualitätsanalyse mit Hilfe der House-of-Quality-Methode zerlegten die Konstrukteure das Qualtätsmerkmal „Haltbarkeit der Karosserie" in 53 Einzelposten, die alles und jedes abdeckten, vom Klima bis zu den verschiedenen Arten der Beanspruchung im Fahrbetrieb. Sie trugen Kundenbeurteilungen zusammen und experimentierten mit beinahe jedem Detail des Fertigungsablaufs, vom Eintauchvorgang über die Temperatursteuerung bis zur Zusammensetzung der Lackbeschichtung. Alle Entscheidungen über Metallbleche, Beschichtungsmaterialien und Brenntemperaturen beim Lackieren wurden unter dem Aspekt Rostschutz getroffen, der für Kunden eine so herausragende Bedeutung hat.

Heutzutage können Unternehmen dank ausgeklügelter Marketingtechniken die Meinungen der Kunden über Produkte mit bemerkenswerter Genauigkeit messen, über die Zeit hinweg verfolgen und vergleichen. Allen Unternehmen eröffnen sich so Chancen, über die Qualität ihrer Produkte zu konkurrieren. Und sie machen die Erfahrung, daß sich die Kosten einer qualitativ hochwertigen Gestaltung rechnen. Hersteller sind dadurch in der Lage, die Zeitspanne vor einer Markteinführung abzukürzen, so wie sie sich das Herumbasteln an dem Produkt nach der Einführung ersparen können - wenn sie nur gleich auf die Kundenbedürfnisse achten und nach diesen Bedürfnissen ihre Produkte in einem Prozeß gestalten, an dem alle relevanten Unternehmensbereiche mitwirken.

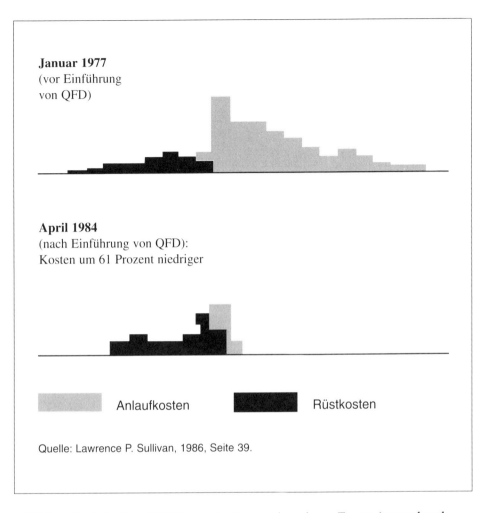

Abbildung 1: Anlauf- und Rüstkosten im Karosseriewerk von Toyota (vor und nach QFD)

Abbildung 1 vergleicht die Anlauf- und Rüstkosten, die im Karosseriewerk von Toyota in den Jahren 1977 und 1984 anfielen, das eine Mal vor Einführung von QFD, das andere Mal, nachdem QFD bereits regelmäßig angewandt wurde. Deutlich sind die durch rechtzeitige House-of-Quality-Treffen erreichte Kostenreduzierungen zu sehen - sie betrugen mehr als 60 Prozent. Abbildung 2 unterstreicht diese Erfahrung. Hier findet sich die Anzahl der Konstruktionsänderungen eines japanischen Autobauers mit QFD einem amerikanischen Hersteller gegenübergestellt, der QFD nicht einsetzt. Bei den Japanern stand die Konstruktion im wesentlichen fest, bevor der erste Wagen („Job No. 2") das Montageband verließ; das US-Unternehmen war noch Monate später damit beschäftigt, die Konstruktion abzurunden.

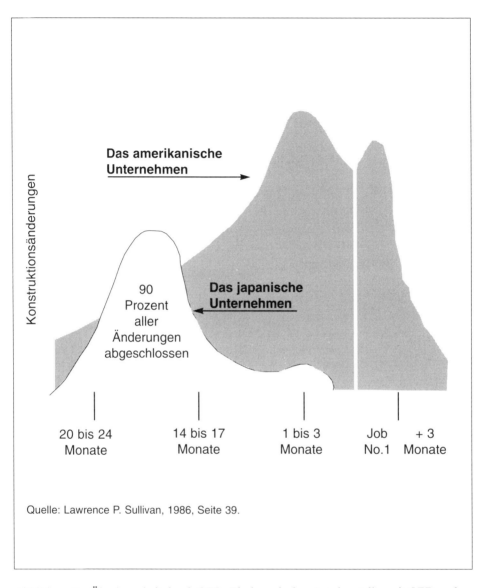

Quelle: Lawrence P. Sullivan, 1986, Seite 39.

Abbildung 2: Überlegenheit durch QFD: Ein japanischer Autohersteller mit QFD und ein US-Hersteller ohne QFD im Vergleich

3. Der Bau des House of Quality

An dieser Technik der Qualitätssicherung ist nichts Geheimnisvolles, und besonders schwierig zu handhaben ist sie auch nicht. Es bedarf lediglich am Anfang einer gewissen Mühe, um mit ihren Regeln vertraut zu werden. Dann erschließen sich rasch die Vorzüge. Das Auge kann über den Hausbau wandern, so wie es das bei einer Straßen- oder Seekarte tun würde. Wir sind schon Anwendungsfällen begegnet, wo alles anfing mit den mehr als 100 kundenwichtigen Produkteigenschaften und den mehr als 130 technischen Konstruktionsmerkmalen. Der Ausschnitt aus einer Nebenkarte (einem Subdiagramm) des gesamten Kartenwerks - in unserem Beispiel geht es um eine Autotür - scheint gut geeignet, um das Grundkonzept zu veranschaulichen. Wie dieses Teileelement entwickelt und schließlich in den kompletten Bau des House of Quality eingefügt wird, soll Schritt für Schritt gezeigt werden.

Was wünschen die Kunden? Der Bau des House of Quality beginnt ausdrücklich bei den Kunden. Welche Qualitätsansprüche - hier kundenwichtige Merkmale (KM) genannt - stellen Kunden an Produkte bzw. deren diverse Funktionselemente? Abbildung 3 führt einige der Qualitätsmerkmale auf, die Kunden bei einer Autotür erwarten; typischerweise kommen in solchen Anwendungsfällen zwischen 30 bis 100 KM zusammen. Zum Beispiel sollte eine Autotür nach Kundenansicht „leicht zu schließen" sein oder „am Berg nicht zuschlagen", „regensicher" sein oder „keine (oder nur wenige) Fahrgeräusche" durchlassen. Einige japanische Hersteller postieren ihre Wagen einfach an öffentlichen Plätzen und ermuntern potentielle Kunden zu einer genauen Inspektion, während Mitglieder der Konstruktionsabteilung fleißig notieren, was die Leute so äußern. Natürlich ist das nur ein möglicher Einstieg, der eine methodischere Marktforschung nicht ersetzten soll, bei der Zielgruppen untersucht, eingehende Befragungen vorgenommen und weitere Instrumente angewandt werden.

Häufig werden die ermittelten KM zu Bündeln geschnürt, die dann jeweils ein übergreifendes Kundeninteresse verkörpern, so wie „Öffnen/Schließen" oder „Isolierung". Die Rostschutz-Analyse von Toyota stützte sich auf acht dieser Bündel, und nach diesen wurden die Wagen im ganzen bis hin zur Karosserie im besonderen durchgeprüft. Gewöhnlich gruppieren die Projektteams die KM einvernehmlich zu Bündeln. Aber einige Unternehmen experimentieren auch mit neuesten Forschungsmethoden, indem sie die Merkmalseingruppierungen direkt nach Kundenreaktionen vornehmen (und damit Diskussionen bei den Teamzusammenkünften umgehen).

Im allgemeinen werden KM in kundeneigenen Worten ausgedrückt. Erfahrene Anwender der House-of-Quality-Technik bemühen sich darum, die Ausdrucksweise der Kunden und sogar deren wörtliche Aussagen beizubehalten - in dem Wissen, daß diese Formulierungen von allen Teammitgliedern gleichzeitig interpretiert werden, von den Produktplanern und Konstrukteuren ebenso wie von den Fertigungstechnikern und Verkäufern. Sicherlich wirft das die Frage der Auslegung auf: Was meint denn ein Kunden wirklich mit den Worten „leise" oder „leicht"? Außerdem kann es natürlich vorkommen, daß die Interpretationen der Produktgestalter wenig mit den tatsächlichen Kundenmeinungen zu tun haben, was die Teams vielleicht dazu verführt, sich mit Problemen herumzuschlagen, die den Kunden gleichgültig sind.

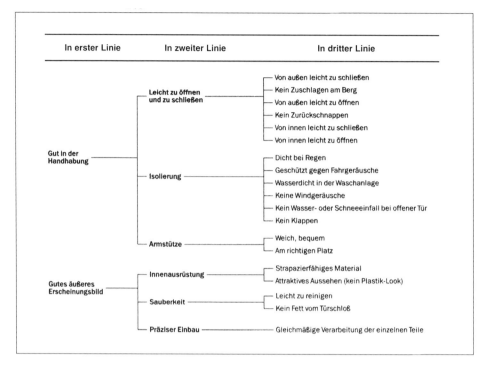

Abbildung 3: Wesentliche Qualitätsmerkmale bei einer Autotür aus Sicht der Kunden

Übrigens, nicht alle Kunden sind am Ende auch tatsächliche Autobenutzer. Die Liste der KM bezüglich der Tür kann deshalb noch weitere Eigenschaften umfassen, etwa Sicherheitsanforderungen staatlicher Behörden, („sicher bei einem seitlichen Aufprall"), Bedürfnisse von Wiederverkäufern („leicht auszustellen"), die Erfordernisse von Werkstätten („montage- und wartungsfreundlich") usw.

Sind alle Kundenpräferenzen von gleicher Bedeutung? Stellen wir uns eine gute Autotür vor, eine Tür, die sich leicht schließen läßt und deren elektronisch bedienbare Scheibe schnell versenkt werden kann. Ein Problem gibt es dennoch. Schnellgängigkeit der Scheibe erfordert einen größeren Motor, der die Tür schwerer macht und demzufolge vielleicht schlechter schließbar. Machmal kann eine Lösung gefunden werden, die allen Ansprüchen gerecht wird. Meist müssen die Konstrukteure aber einen Vorteil gegen einen anderen abwägen.

Bündel von Merkmalen	Kundenwichtige Merkmale	Relative Bedeutung
Wagentür läßt sich leicht öffnen und schließen	Von außen leicht zu schließen	7
	Kein Zuschlagen am Berg	5
.	.	
.	.	
.	.	
Isolierung	Regendicht	3
	Keine Fahrgeräusche	2
.	.	
.	.	
.	.	
	Eine vollständige Liste ergibt	**100 Prozent**

Abbildung 4: Die relative Bedeutung kundenwichtiger Qualitätsmerkmale

Um der Stimme des Kunden bei solchen Überlegungen Gehör zu verschaffen, sieht das House of Quality vor, daß die relative Bedeutung der Merkmale aus Kundensicht gemessen wird. Die Gewichtung gründet auf Kundenbefragungen und direkten Erfahrungen, die einige Teammitglieder mit Kunden haben. Manche innovative Unternehmen verwenden statistische Methoden, in die Kunden ihre Präferenzen in bezug auf gegebene und hypothetische Produkte einbringen können. Andere Unternehmen nutzen Methoden zur Entdeckung „offenbarter Präferenzen", die die Bedürfnisse der Abnehmer aus ihrem Kaufverhalten sowie aus ihren Äußerungen ableiten. Dieser Ansatz ist zwar aufwendiger, liefert aber auch die zuverlässigeren Informationen. Die Gewichtungen jedes Merkmals oder Merkmalbündels werden üblicherweise in Prozentwerten dargestellt, wobei sich alle Gewichtungen zu 100 Prozent addieren (vgl. Abbildung 4).

Bringt das Aufspüren der Kundenbefürfnisse einen Wettbewerbsvorteil? Unternehmen, die der Konkurrenz standhalten oder diese übertreffen wollen, müssen zuerst ihre relative Wettbewerbsposition kennen. Daher wird die Aufstellung der gewichteten Merkmale um eine Liste der Kundenurteile über Konkurrenzprodukte ergänzt, in unserem Beispiel also um vergleichende Urteile über die „eigene Wagentür" und die Türen anderer Autohersteller (vgl. Abbildung 5).

Bündel von Merkmalen	Kundenwichtige Merkmale	Relative Bedeutung	Kundenschätzungen Am Schlechtesten ... Am Besten
Wagentür läßt sich leicht öffnen und schließen	Von außen leicht zu schließen	7	1 2 3 4 5
	Kein Zuschlagen am Berg	5	
Isolierung	Regendicht	3	
	Keine Fahrgeräusche	2	

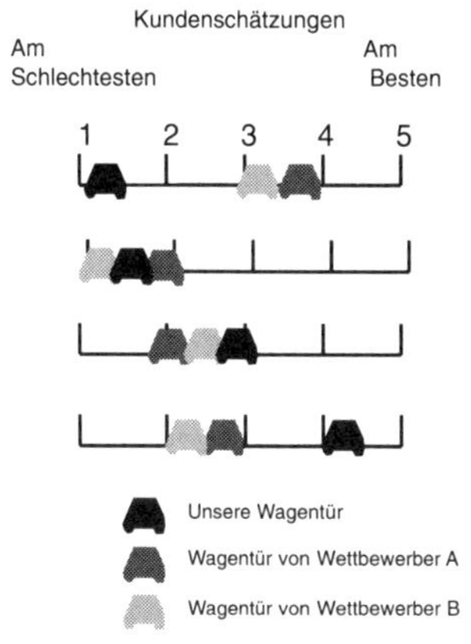

Unsere Wagentür
Wagentür von Wettbewerber A
Wagentür von Wettbewerber B

Abbildung 5: Die Beurteilung von Konkurrenzerzeugnissen durch die Kunden

Idealerweise beruhen diese Einschätzungen auf methodischen Kundenbefragungen. Falls unterschiedliche Käuferschichten die konkurrierenden Erzeugnisse unterschiedlich bewerten - Kunden von Luxusklassewagen zum Beispiel urteilen anders als die von Mittelklassewagen -, so können die Mitglieder des Produktplanungsteams für jedes Segment gesondert Einschätzungen erheben lassen.

Der Vergleich von Konkurrenzprodukten kann selbstverständlich Hinweise auf mögliche Verbesserungen liefern. Hinsichtlich des „Zuschlagens am Berg" schneiden in unserem Beispiel alle drei Wagen schlecht ab, so daß hier eine konstruktive Verbesserung von Vorteil wäre. Hinsichtlich des „Fahrgeräusch"-Merkmals ergibt sich, daß das eigene Auto bereits einen Vorsprung hat, den es zu behaupten gilt.

Marketingexperten werden in der rechten Seite von Abbildung 5 eine „Wahrnehmungskarte" (Perceptual Map) erkennen. Solche Karten basieren auf Bündeln kundenwichtiger Merkmale und dienen häufig dazu, die strategische Positionierung eines Produkts oder einer Produktfamilie zu ermitteln. Dieser Teil des House of Quality stellt also eine natürliche Verbindung zwischen Produktkonzeption und strategischer Vision des Unternehmens her.

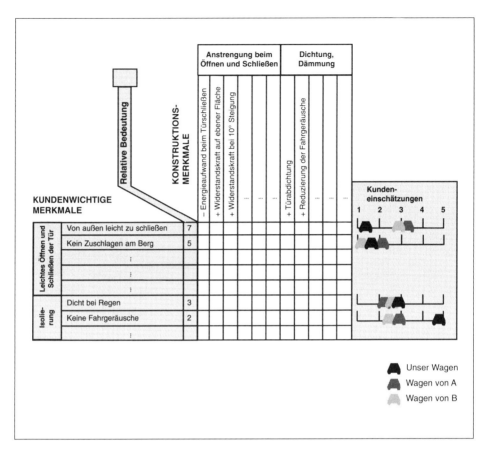

Abbildung 6: Konstruktionsmerkmale weisen den Weg zu Produktveränderungen

Wie lassen sich Produktveränderungen erreichen? Aufgabe des Marketing ist es, uns zu sagen, *was* zu tun ist, Aufgabe der technischen Entwicklung, uns zu sagen, *wie* das geschehen kann. Daher müssen wir das Produkt nun auch in der Sprache der Ingenieure beschreiben. An der Giebelseite des House of Quality stellt das Entwicklungsteam darum jene technischen Konstruktionsmerkmale (TKM) vor, die wahrscheinlich eines oder mehrere kundenwichtige Merkmale beeinflussen (vgl. Abbildung 6). Das Minuszeichen vor dem Merkmal „Energieaufwand beim Türschließen" bedeutet, daß die Ingenieure hoffen, diesen Aufwand verringern zu können. Falls ein normales Konstruktionsmerkmal keinen Bezug zu einem der KM hat, kann es für die TKM-Liste überflüssig sein; denkbar ist aber auch, daß das Team ein kundenwichtiges Kriterium einfach übersehen hat.

Jedes TKM kann mehr als ein KM betreffen. Die Witterungsbeständigkeit der Türab-dichtung zum Beispiel hat mit drei der vier in Abbildung 6 ausgewiesenen kundenwich-tigen Merkmale zu tun.

Konstruktionsmerkmale sollten das Produkt in meßbaren Größen beschreiben und zu-gleich unmittelbar mit den Kundenwahrnehmungen zu tun haben. Das Gewicht der Tür wird vom Kunden *gefühlt* und ist deshalb ein erhebliches Konstruktionsmerkmal. Im Gegensatz dazu ist die Blechstärke bei der Tür ein Merkmal, das kaum direkt wahrge-nommen wird. Es tangiert den Kunden nur insofern, als das Türgewicht und andere technische Details davon abhängen, wie etwa die „Widerstandsfähigkeit bei einem Un-fall".

Bei vielen japanischen Projekten beginnen die interfunktionalen Teams damit, daß sie die KM notieren und in meßbare Eigenschaften umformulieren, etwa den Aufwand an Energie (in Newtonmetern), um eine Tür zu schließen. Mehrdeutigkeiten sollten die Teams bei der Interpretation eines TKM ebenso vermeiden wie eine übereilte Rechtfer-tigung der Meßmethoden, die im Zuge der laufenden Qualitätskontrollen angewandt werden. An dieser Stelle ist eine systematische, geduldige Analyse jedes einzelnen Merkmals erforderlich - Brainstorming kann ebenfalls hilfreich sein. Undeutlichkeit wird letztlich zu Indifferenz gegenüber Dingen führen, die den Kunden wichtig sind. Werden Merkmale zu nichtssagend abgestimmt, verliert das Team den Blick für die Gesamtentwicklung des Produkts und würgt zudem Kreativität ab.

Wie stark beeinflussen Konstrukteure die von den Kunden wahrgenommenen Pro-duktqualitäten? Das interfunktionale Team fügt nun in den Kernteil des House of Quali-ty die „Beziehungsmatrix" ein, die Aufschluß darüber gibt, wie stark jedes der techni-schen Konstruktionsmerkmale jedes der kundenwichtigen Merkmale beeinflußt. Über diese Bewertungen sucht das Team Einvernehmen herzustellen, wobei es auf Konstruk-tionserfahrung, Kundenreaktionen und tabellarisch aufbereitete Daten zurückgreift, die auf statistischen Untersuchungen oder kontrollierten Experimenten basieren.

Das Team verwendet Zahlen oder Zeichen, um die Intensität dieser Beziehungen zu beschreiben (vgl. Abbildung 7). Die Art der Symbole ist unwichtig, sie haben nur ihren Zweck zu erfüllen. Manche Teams benutzen rote Symbole, wenn die Beziehungen auf Experimenten oder Statistiken basieren, Bleistiftzeichen, wenn persönliche Einschät-zungen oder Intuition zugrunde liegen. In anderen Fällen werden Zahlen aus stati-stischen Untersuchungen verwendet. Für unser House of Quality haben wir Haken für die positiven und Kreuze für die negativen Beziehungen gewählt.

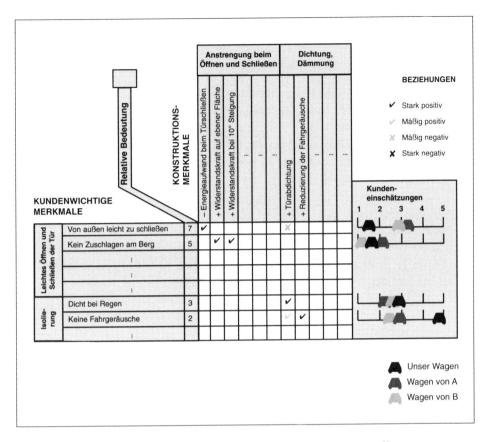

Abbildung 7: Konstruktionsentscheidungen beeinflussen Kundenvorteile

Nachdem das Team die Kundenmeinungen erfaßt und mit den Konstruktionsmerkmalen verknüpft hat, fügt es am Boden des Hauses - unterhalb der kundenwichtigen Merkmale - die objektiven Maßstäbe zu den einzelnen TKM ein (vgl. Abbildung 8). Wenn die Werte für diese Maßstäbe bekannt sind, kann das Team dazu übergehen, neue Richtwerte festzulegen - ideale neue Werte für jedes TKM eines neu durchgestalteten Produkts. Die Ingenieure legen die relevanten Maßeinheiten fest (in den Abbildungen 8 bis 10 foot, pound, decibel usw.).

Gelegentlich kann es passieren, daß die Kundeneinschätzungen wichtiger Merkmale mit den objektiven Meßwerten für die entsprechenden technischen Konstruktionsmerkmale nicht korrespondieren. Zum Beispiel wird vielleicht eine Tür, die objektiv die geringste Kraftanstrengung beim Öffnen erfordert, von den Kunden als die „am schwersten zu öffnende Tür" eingeschätzt. In einem solchen Fall stimmen entweder die Meßwerte nicht, oder das betreffende Auto hat ein Imageproblem, das die Kundenurteile verfälscht.

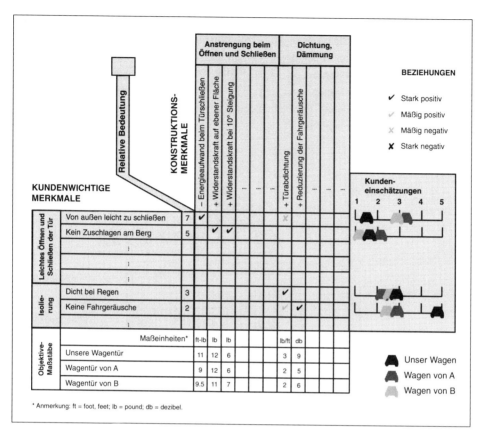

Abbildung 8: Objektive Maßstäbe dienen der Bewertung von Konkurrenzprodukten

Wie beeinflußt eine Konstruktionsveränderung die anderen Konstruktionsmerkmale? Eine Veränderung des Übersetzungsverhältnisses an einem Türfenster mag einen kleineren Motor für die Scheibe erlauben, aber die Scheibe wird dadurch nun langsamer aufgehen. Vergrößern oder verstärken die Ingenieure daraufhin aber die Vorrichtung, so wird die Tür wahrscheinlich mehr wiegen, dadurch schwerer zu öffnen sein und bei schräg abgestellten Wagen womöglich rascher zuschlagen als vorher. Aber natürlich könnte es auch eine gänzlich neue Scheibenmechanik geben, die alle relevanten KM verbessert. Konstruieren bedeutet schließlich, kreative Lösungen suchen und verschiedene Ziele auszubalancieren.

Die Dachmatrix des House of Quality hilft Ingenieuren, die verschiedenen technischen Eigenschaften genau zu spezifizieren, die simultan verbessert werden sollen (vgl. Abbildung 9). Um den Scheibenmotor zu verbessern, müssen wir auch die Scharniere, Dichtungsleisten und eine Reihe anderer TKM optimieren. Manchmal erfordert ein angestrebtes Produktmerkmal soviel an weiteren Schritten, daß das Team sich entschließt, die Finger davon zu lassen. Die Dachmatrix erleichtert auch die Abwägung zwischen verschiedenen technischen Lösungen. Zum Beispiel steht der Energieaufwand beim Schließen der Tür in einem negativen Verhältnis zu den beiden aufgeführten Kriterien für die Güte der Türisolierung. In vielen Fällen liefert das Dach den Ingenieuren die entscheidenden Informationen, weil sie es dazu benutzen können, die Vor- und Nachteile einer technischen Lösung gegeneinander abzuwägen, indem sie den Kundennutzen die ganze Zeit im Auge behalten.

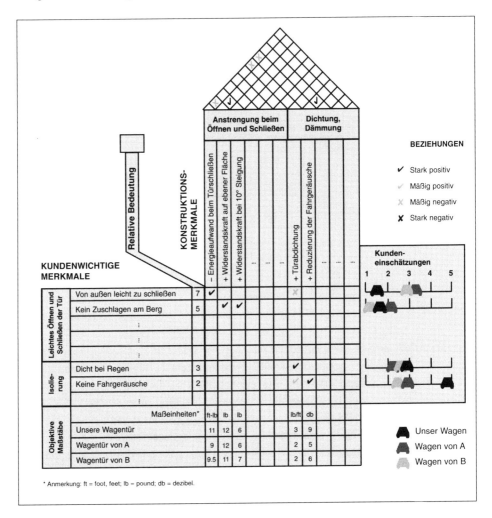

Abbildung 9: Die Kreativität der Ingenieure läßt sich unterstützen

Wir haben nunmehr die Grundlagen des House of Quality dargestellt, aber Produktentwicklungsteams möchten oft noch weitere Informationen berücksichtigen. Anders gesagt, sie möchten ihre Häuser der jeweiligen Anwendungssituation anpassen. So wollen Teams vielleicht die Spalte der aufgeführten KM durch weitere Spalten ergänzen, die Informationen über Kundenbeschwerden enthalten. Was die TKM betrifft, so möchte ein Team vielleicht die Kosten festhalten, die mit der Regelung dieser Beschwerden verbunden sind. In manchen Anwendungsfällen läßt sich die KM-Liste um Daten aus der Verkaufsmannschaft ergänzen, um so die strategischen Marketingentscheidungen zu berücksichtigen. Auch können Ingenieure eine Zeile hinzufügen, die auf technische Schwierigkeitsgrade abhebt und zeigt, wie schwierig oder wie leicht sich technische Änderungen vornehmen lassen.

Einige Anwender des House of Quality versehen die TKM mit relativen Gewichtungen und leiten hieraus Prioritäten für Produktverbesserungen ab. Derartige Informationen sind von besonderer Bedeutung, wenn Kostenreduktionen angestrebt werden. Das House of Quality sieht keine unbedingt bindenden Regeln vor. Die Wahl der Symbole, Linien und die Art seiner Ausgestaltung sind freigestellt, jedes Team sollte die Festlegungen treffen, die es für seine Arbeit braucht.

4. Die Benutzung des House of Quality

Auf welche Weise hilft das House of Quality nun bei der Lösung der entscheidenden Frage, der Frage nach der Qualität? Es gibt dafür keine Kochbuchrezeptur, aber diese Technik versetzt das Team in die Lage, auf methodische Weise Ziele zu setzen. Ingenieuren bietet sie die Möglichkeit der Darstellung von Basisdaten in einer brauchbaren Form. Für Marketingfachleute repräsentiert sie die Meinungen des Kunden. General Manager können sie dazu gebrauchen, strategische Möglichkeiten zu entdecken. Das House ermutigt alle diese Gruppen zur Zusammenarbeit und erlaubt ihnen, die Ziele und Prioritäten der anderen besser zu verstehen.

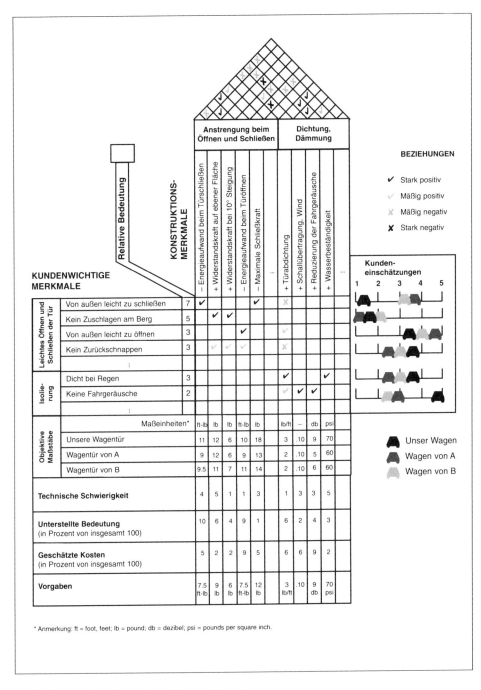

Abbildung 10: Das komplette House of Quality

* Anmerkung: ft = foot, feet; lb = pound; db = dezibel; psi = pounds per square inch.

Gehen wir einige hypothetische Situationen durch, um zu verstehen, wie ein Produktentwicklungsteam die Methode einsetzen kann. Nehmen wir uns dazu noch einmal Abbildung 10 vor. Wir stellen fest, daß „unsere Autotüren" nach Meinung der Kunden viel schwerer von außen zu schließen sind als die Türen der Konkurrenz-Pkw. Wir entscheiden uns also, dieser Sache auf den Grund zu gehen, denn unsere Marketingdaten sagen uns auch, daß dieses Produktmerkmal den Kunden besonders wichtig ist. Aus der zentralen Matrix, dem Kern des Hauses, können wir die TKM bestimmen, die mit diesem KM in Beziehung stehen: Energieaufwand beim Türschließen, maximale Schließkraft und Türdichtung. Unsere Ingenieure sehen in der Kraft zum Schließen der Tür und der maximalen Schließkraft zwei gute Ansatzpunkte für eine Verbesserung, denn beide sind stark positiv mit dem Kundenwunsch verknüpft, daß die Türen leicht zu schließen sein mögen. Und die Ingenieure machen sich daran, all den technischen Verzweigungen nachzuspüren, die mit dem Problem des Türschließens zusammenhängen.

Anschließend stellen wir im Dach des Hauses fest, welche anderen TKM berührt sein könnten, falls der Kraftaufwand zum Schließen der Tür verändert wird. Die Energie zum Öffnen der Tür und die maximale Schließkraft stehen in einer positiven Verbindung dazu, aber andere TKM (Widerstand auf ebener Fläche, Türdichtungen, Windgeräuschübertragung, Straßenlärmverminderung) müssen im Falle einer Konstruktionsänderung modifiziert werden, sind also mit dieser negativ korreliert. Eine Entscheidung ist mithin nicht einfach. Aber aufgrund der objektiven Meßwerte für die Türen der Konkurrenz, der Kundeneinschätzungen und der Informationen über Kosten und technische Schwierigkeiten kommen wir - Marketingfachleute, Ingenieure und Topmanager - einhellig zu dem Schluß: Die Vorteile der Änderung überwiegen die Nachteile. Ein neuer Richtwert wird für den Schließenergieaufwand unserer Tür festgelegt - 7,5 ft·lb. Dieser Wert, in der untersten Zeile des Hauses direkt unter dem relevanten TKM eingetragen, fungiert nun als Zielgröße für eine Tür, die „auf das leichteste zu schließen" ist.

Sehen wir uns das kundenwichtigste Türmerkmal „keine Fahrgeräusche" und seine Verbindung mit der Schallübertragung durch das Fenster an. Dem „Fahrgeräusch"-Merkmal ordnen Autokunden eine relativ geringe Bedeutung zu (vgl. Abbildung 4), und mit den Konstruktionsdaten des Fensters hat es wenig zu tun. Die Fensterkonstruktion ist nur insofern von Belang, als von ihr selbst keine Geräusche ausgehen sollen. Gewöhnlich läuft eine Verminderung der Schallübertragung via Fenster darauf hinaus, daß die Scheiben dicker und damit schwerer ausfallen.

Prüfen wir nun das Dach des Hauses, so sehen wir, daß sich ein vergrößertes Türgewicht negativ auf andere TKM auswirkt (den Energieaufwand beim Türöffnen und -schließen, den Türschließwiderstand usw.). Und gerade diese Konstruktionsmerkmale stehen in stark positiven Beziehungen zu KM wie „leicht zu schließen" oder „kein Zuschlagen am Berg". Überdies zeigen Marketingdaten, daß „unser Auto" in Bezug auf

Fahrgeräusche bereits recht gut abschneidet; die Kunden schätzen es besser ein als die Autos der Konkurrenz. Das Team entscheidet sich daher gegen eine technische Änderung. Das Ziel hinsichtlich des Fahrgeräuschs entspricht dem derzeitigen Wert. Bei den Richtwerten sollte sich das Team nicht auf Toleranzbereiche einlassen, sondern eindeutige Werte vorgeben, die Kundenzufriedenheit versprechen. Zum Beispiel: Es sollte nicht heißen, „zwischen sechs und acht footpounds", sondern „7,5 footpounds". Das scheint auf den ersten Blick unwichtig zu sein, ist es aber nicht. Denn das Gerede von Toleranzen lädt dazu ein, den weniger aufwendigen Grenzwert der Spezifizierung anzustreben; dieses Vorgehen belohnt aber gerade jene Produkt- und Komponentengestalter nicht, deren technische Daten jenem festgelegten Zielwert nahekommen, der Kundenzufriedenheit bedeutet.

5.   Eine Reihe von Häusern

Die Grundregeln, auf denen das House of Quality basiert, beziehen sich auf jedes Bemühen, zwischen den Einzelfunktionen in der Fertigung und dem Faktor Kundenzufriedenheit einen klaren Zusammenhang herzustellen, was ja bildhaft nicht einfach zu veranschaulichen ist.

Angenommen unser Team akzeptiert, daß leichtes Türschließen ein entscheidendes Merkmal für die Kunden und daß der Energieaufwand beim Schließen ein relevantes Konstruktionsmerkmal ist. Indem ein Richtwert für diese Energie festgelegt wird, haben wir ein Ziel, aber dieses Ziel liefert uns noch nicht die Tür. Um die zu bekommen, brauchen wir die richtigen Teile (Rahmen, Blechplatten, Wasserabdichtungen, Scharniere und so weiter), die richtigen Verfahren, um diese Teile zu fertigen und zusammenzumontieren, sowie den richtigen Produktionsplan, damit alles funktioniert.

Wenn unser Team wirklich interfunktional besetzt ist, dann können wir die „Fragen des Wie" tatsächlich unserem House of Quality entnehmen und sie zu den „Fragen des Was" eines weiteren Hauses entwickeln, das der Produktgestaltung im Detail gewidmet ist. Konstruktionsmerkmale, ausgedrückt in technischen Daten wie zum Beispiel „footpounds" für Schließenergieaufwand, bilden dann die Reihen in einem weiteren Haus der Teileentwicklung; dabei werden die Merkmale der Teile - wie Scharniereigenschaften oder die Dicke der Wasserisolierungen - zu Spalten (vgl. Abbildung 11).

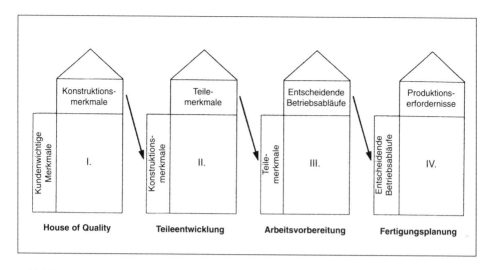

Abbildung 11: Verbundene Häuser tragen die Stimme des Kunden bis zur Fertigung

Dieser Vorgang setzt sich fort bis zu einem dritten und vierten Haus, jeweils werden die „Wie-Fragen" einer Stufe zu den „Was-Fragen" der nächsten - aus einem „Wie" in dem Haus Teileentwicklung wird ein „Was" in dem Haus Arbeitsvorbereitung. Im letzten Schritt, der Produktionsplanung, werden die entscheidenden Betriebsabläufe zu den „Was-Fragen", und die Produktionserfordernisse (Kontrollen per Knopfdruck, Schulung des Bedienungspersonals, Wartung) werden zu dem „Wie".

Die vier miteinander verbundenen Häuser sorgen für den Transport der Kundenmeinung quer durch alle Abschnitte der Fertigung. Ein Kontrollknopf zum Beispiel, auf den Wert 3,6 gedreht, sorgt bei einer Strangpresse für eine Geschwindigkeit von 100 Umdrehungen pro Minute. Dadurch kann ein witterungsbeständiger Dichtungswulst von fortlaufend gleichmäßigem Durchmesser erzielt werden, der eine gute Isolierung gewährleistet und zugleich die Türschließkraft nicht unangemessen erhöht. Diese Eigenschaften aber sind dazu angetan, das Bedürfnis des Kunden nach einem trockenen, leisen Auto zu befriedigen, dessen Türen sich leicht schließen lassen.

Nichts von alldem ist einfach. Selbst eine hervorragende Idee kann bei ihrer Anwendung letztlich kraftlos zerbröseln, und das wird immer wieder passieren, solange Menschen in die Prozesse involviert sind. Aber das kann kein Grund dafür sein, auf eine Methode wie House of Quality zu verzichten, die uns so sehr helfen kann, die Barrieren zwischen den einzelnen betrieblichen Funktionen niederzureißen und Teamwork quer durch das Unternehmen zu initiieren. Ernsthafte Anstrengungen, diese Methode einzuführen, werden vielfach belohnt.

Knut Weinke

Lieferantenmanagement als Voraussetzung für Kundenzufriedenheit

1. Kundenzufriedenheit als Unternehmensaufgabe

In vielen Leitlinien und Grundsätzen der Unternehmungen wird zu Recht die *Befriedigung der Kundenerwartungen* zunehmend gleichrangig zu den bekannten Kernzielen wie dauerhafte Sicherung des Unternehmens, langfristige Profitabilität, Arbeitsplatzsicherung, angemessener Wertzuwachs für Shareholder oder Beachtung der Anforderungen der Gesellschaft und Umwelt genannt. Man kann sich trefflich streiten, ob Kundenzufriedenheit wirklich originäres Ziel oder Instrument ist, aber sie ist in jedem Fall ein überragender Erfolgsfaktor (vgl. hierzu die Beiträge von Simon/Homburg und Homburg/Rudolph in diesem Band). Alle Unternehmensziele bleiben ohne Erfolg am Markt unerreichbar. Kundennutzen finden, in Produkte transformieren und Kundenerwartungen erfüllen oder gar übertreffen, ist die Kernaufgabe jedes Marktunternehmens. Nur zufriedene Kunden sind dauerhafte Kunden. Nur sie sind bereit, für Produkte angemessen zu zahlen. Obwohl nur Weg, sollte Kundenzufriedenheit doch das permanente Ziel der täglichen Aktivitäten des gesamten Unternehmens sein.

Die starke Betonung der Kundenzufriedenheit macht das Unternehmen nicht zur altruistischen Veranstaltung - es würde natürlich seine Aktivitäten einstellen, wenn es dauerhaft seine wirtschaftlichen Ziele verfehlen würde, und seien die Kunden noch so zufrieden.

Warum kämpfen wir für Zufriedenheit unserer Kunden? Es sind die Wahlrechte und -möglichkeiten des Kunden, die uns dazu veranlassen. Von diesen Wahlmöglichkeiten machen sie in hohem Maße Gebrauch. Das unterscheidet sie von den unternehmensinternen Kunden. Deren Wahlmöglichkeiten sind deutlich geringer. Deshalb fällt es uns manchmal so schwer, deren Zufriedenheit genau so intensiv anzustreben. Nur die Freude an der eigenen perfekten Leistung, und die Erkenntnis, daß wir unsere externen Kunden nicht zufriedenstellen, wenn wir unsere internen schlecht bedienen, schaffen die Bereitschaft, alle Kunden erstklassig zu behandeln.

Kundenzufriedenheit geht alle Mitarbeiter an. Ein Unternehmen wird nur dann zufriedene Kunden haben, wenn es motivierte Mitarbeiter besitzt, die gleichzeitig die volle Transparenz der Wirkung ihres eigenen Tuns haben.

Kunden knüpfen vielfältige und unterschiedliche Erwartungen an die Produkte und Leistungen eines Unternehmens. Die Zufriedenheit ist labil. Sie wächst langsam und läßt sich leicht zerstören. Es kostet große Mühen und Zeit, sie aufzubauen. Alle Mitarbeiter leisten irgendeinen Beitrag zum langsamen Aufbau, aber ebenso können alle an der schnellen Zerstörung mitwirken. Kundenzufriedenheit ist Unternehmensaufgabe.

2. Die Bedeutung des Lieferantenmanagements für das Unternehmen

Die meisten Unternehmungen geben zwischen 50 - 70 % ihres Nettoumsatzes für Fremdleistungen in Form von Gütern und Dienstleistungen aus - einige sogar mehr. Der wertmäßige Beitrag der Lieferanten zur Gesamtleistung des Unternehmens übersteigt fast immer die eigene Wertschöpfung. Um so erstaunlicher ist die Tatsache, wie wenige Menschen des Unternehmens sich professionell mit diesen Lieferanten beschäftigen. Einkauf und Entwicklung - oft nur wenige Prozentpunkte der Gesamtbelegschaft - waren früher die einzigen, die sich regelmäßig mit Lieferantenleistungen beschäftigten. Auch die Aufmerksamkeit des Topmanagements für diesen Bereich war in der Vergangenheit eher mäßig. In Zeiten des „Turbo-Marketing" und „Reengineering" ändert sich dies jetzt dramatisch. Man erkennt, welche großen Leistungspotentiale für das Unternehmen ausgeschöpft werden können, wenn die Leistungsfähigkeit der Lieferanten besser genutzt wird. Ob nun „Supply Management" oder „Beschaffungsmarketing", gemeinsam ist diesen Begriffen der Gedanke, die Leistungskraft der Lieferanten systematisch, strategisch und operational für die Gewinnung eigener Wettbewerbsvorteile einzusetzen. Wegen der großen Hebelwirkung des Beschaffungsvolumens erhöhen oder vermindern schon kleine Unterschiede in der „Performance" des Lieferantenmanagements die eigene Leistungsfähigkeit drastisch.

Lieferantenmanagement ist mehr als das Beschaffen von Gütern und Leistungen. Lieferantenmanagement ist die Kunst der Integration der Leistungspotentiale des Lieferanten ins eigene Unternehmen. Das kluge Nutzbarmachen der Leistungskraft des Lieferanten fügt fremde Ressourcen den eigenen zu. Es wird sichtbar, daß nicht nur die eigenen Kräfte über Markterfolg oder -mißerfolg entscheiden, vielmehr ist es die Effektivität und Effizienz der gesamten Wertschöpfungskette, die das Unternehmen zusammen mit seinen Lieferanten aufbaut.

Das Ziel eines solchen Verbundes ist die Erhöhung der Wettbewerbsfähigkeit, die Erlangung von Wettbewerbsvorsprüngen. Unsere Lieferanten sind an unserem Erfolg grundsätzlich interessiert, schließlich sind wir ihre Kunden. Auch sie denken in Kategorien des Kundennutzens und der Kundenzufriedenheit. Um so wichtiger ist es, daß wir attraktive Kunden für sie sind. Jedes Unternehmen muß selbst attraktiver Kunde sein, um seine eigenen Kunden besser zufriedenstellen zu können.

Diese Sicht der Lieferanten als Verbundpartner zur gemeinsamen Optimierung des Kundennutzens befreit die Entscheidungen über Eigenherstellung oder Fremdbeschaffung von unwirtschaftlichen Vorurteilen. Strategische Make-or-Buy-Entscheidungen orientieren sich an den langfristig größtmöglichen Nutzenpotentialen bei der Erfüllung der Kundenbedürfnisse. Lieferantenleistungen sind dabei nicht mehr Residualbeiträge, die auch unter größter Bemühung der eigenen Ressourcen nicht mehr selbst geleistet werden können, sondern gleichwertige Wege der Kundenbefriedigung. Lieferantenmanagement ist Organisation und Steuerung eines marktorientierten Nutzenverbundes.

Die Bedeutung des Lieferantenmanagements für das Unternehmen schwankt von Branche zu Branche stark. Im Handel, der nicht produziert, sondern Sortimente zusammenstellt und dem Konsumenten präsentiert, dominierte lange Zeit die Beschaffungsfunktion neben der Standortwahl alle anderen Funktionen. Noch heute kennt man den Satz: „Im Einkauf liegt der Segen". In Industrien mit weitgehend dedizierten (nur für den eigenen Bedarf gefertigten) Beschaffungsprodukten spielt das Lieferantenmanagement für die Wettbewerbsfähigkeit eine weitaus größere Rolle als in Industrien, die weitgehend standardisierte, vielleicht sogar börsengehandelte „Commodities" kaufen und zu Spezialitäten verarbeiten oder umwandeln. In Industriebetrieben mit großer vertikaler Integration und damit hohen Eigenleistungen haben die Lieferanten geringeren Einfluß auf den Unternehmenserfolg, aber gerade dort lohnt es sich, strategisches Lieferantenmanagement zu erweitern oder gar erst zu implementieren.

3. Stufen des Lieferantenmanagements

Die „Entdeckung" der Lieferanten als Quelle eigener Wettbewerbsfähigkeit führt zu intensiver Thematisierung in Management, Wissenschaft und Beratungsindustrie. Die langzeitliche Vernachlässigung des strategischen Lieferantenmanagements soll nun kurzfristig wettgemacht werden. Dies führt schnell zu unzulässigen Vereinfachungen in Form von Strategie-Patentrezepten. Häufig wird dabei vergessen, daß Beschaffungsmärkte genau so unterschiedlich sind wie Absatzmärkte. Sie erfordern den Einsatz unterschiedlicher Strategien. Dies soll in den einzelnen Phasen des Lieferantenmanagements dargestellt werden.

3.1 Bedarfsdefinition und Marktanalyse

Weite Teile des Unternehmens und manchmal sogar Einkäufer traditioneller Art verwechseln den Beschaffungsbedarf ihres Unternehmens mit der Teileliste. Diese verengte Sicht läßt sowohl die Kundenanforderungen als auch die Chancen der Beschaffungsmärkte außer acht. Der wirkliche Bedarf sind die Funktionen und Nutzenkomponenten des eigenen Produktes. Diese lassen sich nur im Hinblick auf die Kundenbedürfnisse und Kundenerwartungen definieren. Diese Kundenerwartungen sind immer nicht nur wenige Leistungsmerkmale der Produkte, sondern oft ein ganzes Leistungsbündel. Neben den objektiven Produkt- und Dienstleistungsqualitäten werden Lieferzeiten, Design, Service und andere weiche Faktoren der Kundenzufriedenheit zu definieren sein. Dieses gesamte Erwartungsbündel macht den eigentlichen Bedarf aus.

Die Bedarfsdefinition beginnt mit der Entscheidung über die Arbeitsteilung zwischen eigener Leistungserstellung und Lieferantenbeitrag. Dabei werden häufig fatalerweise die eigenen, vorhandenen Ressourcen als ausschlaggebende Meßlatte herangezogen, ohne vorher die Leistungsfähigkeit der Beschaffungsmärkte und der Lieferanten ausreichend analysiert zu haben. Diese Unterlassung kann entscheidende Nachteile in der eigenen Wettbewerbsfähigkeit kosten. Nur wenn sicher ist, daß man bestimmte Teilfunktionen besser als der Markt erbringen kann, sollte man diese selbst machen. Auch die Entscheidung über die Faktorenkombination der Lieferanten-Zulieferungen kann nur nach gründlicher Marktanalyse getroffen werden. Systemlieferanten können erhebliche Vorteile gegenüber Einzelteillieferanten haben.

Bedarfsdefinition setzt also intensive Marktanalysen voraus, und zwar sowohl des Absatzmarktes (Kundenanforderung) als auch der Beschaffungsmärkte. Das Lieferantenmanagement sucht nicht die Lieferanten für a priori vorgegebene Komponenten, sondern sucht Lieferanten, die sich am besten mit den eigenen Ressourcen zur Erbringung der Nutzenkomponenten der Produkte kombinieren lassen. Die Struktur dieser Kombination unterliegt ständigen Wandlungen.

3.2 Strategie-Alternativen

In jedem Beschaffungsmarkt sind sowohl die Produktsituationen als auch die Lieferantenstrukturen verschieden. Es liegt auf der Hand, daß deshalb auch die Strategien des Lieferantenmanagements unterschiedlich sein müssen. In vielen Märkten erweist sich ein intensiver Partnerverbund jedoch als Königsweg. Gerade weil er in der Vergangenheit eher wenig beschritten wurde, wird er zur Zeit als Nonplusultra des „World Class Supply Marketing" beschrieben. Das gute Lieferantenmanagement läßt jedoch nicht die Unterschiedlichkeit der Märkte aus dem Auge.

Der Fokus des Lieferantenmanagements liegt in jedem Markt anders. Um die Prioritäten und die daraus folgenden unterschiedlichen Strategien besser sichtbar zu machen, eignen sich Portfoliotechniken. Dabei muß ausdrücklich vermerkt werden, daß diese Darstellung kein bequemer Strategiebaukasten ist, sondern zur Verdeutlichung und Vereinfachung gewählt wurde. Die Achsen dieses Portfolios werden bestimmt durch die Komplexität der Beschaffungsgüter einerseits und der Bedeutung des Beschaffungsgutes für das Unternehmen andererseits.

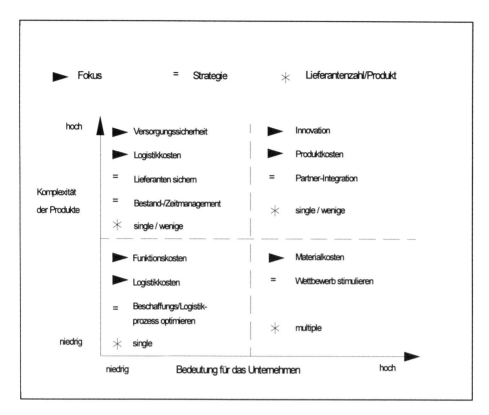

Abbildung 1: Mögliche Differenzierungsstrategien im Beschaffungsportfolio

In weltweit gehandelten Commodity-Märkten spielen die schwankenden Tagespreise eine ganz andere Rolle als in Märkten, wo man als Ergebnis gemeinsamer Entwicklungsarbeit über Mehrjahrespreise spricht. In Märkten mit geringer Bedeutung spielt der Preis eine oft sehr geringe Rolle (vgl. linke Seite des Portfolio). Da sind es vielmehr die logistischen Komponenten, die viel wichtiger sind. Der Anteil des Faktors „Preis" an den Gesamtkosten („Total Costs") schwankt enorm.

Innerhalb jedes Marktes wiederum kann je nach Verhandlungsmachtposition der Teilnehmer differenziert werden. Auch hier können sich unterschiedliche Handlungsmaxime je nach Situation ergeben.

Die Produktfelder des Portfolios eignen sich unterschiedlich gut für lokales bzw. internationales Sourcing. Grundsätzlich eignen sich einfache, homogene Rohstoffcommodities für den globalen Handel, deshalb werden sie teilweise an Börsen gehandelt. Andererseits sind hochwertige Spezialitäten nur regional verfügbar und müssen deshalb international beschafft werden.

Mit Ausnahme der großen Commodities, in der sich Partnering über einen längeren Zeitraum nur schwer organisieren läßt, weil kurzfristige Angebots- und Nachfrageschwankungen stark preisbestimmend sind, können in allen Feldern Partnersituationen vorteilhaft aufgebaut werden. Die Schwerpunkte der gegenseitigen Unterstützung liegen aber jeweils verschieden. Lieferantenreduzierung, die bewußt und planmäßig vorangetrieben wird, ist deshalb ein wesentliches Element der Erhöhung der eigenen Wettbewerbsfähigkeit. Damit kommt der Auswahl der richtigen, leistungsfähigen Lieferanten um so mehr Bedeutung zu. Die beste Strategiewahl hilft nicht viel, wenn nicht die richtigen Lieferanten ausgesucht werden.

Alle Partnerschaften sind Bündnisse auf Zeit. Die relative Leistungsstärke der Lieferanten kann sich ändern. Deshalb muß beiderseitig genügend Flexibilität in die Partnerschaften eingebaut werden.

3.3 Lieferantenauswahl und -rollenfestlegung

Sowie der Kunde ein breites Leistungsbündel vom Hersteller erwartet, liefert der Lieferant ein Leistungspaket, das weit über das eigentliche Produkt hinausgeht. Nachdem Markttyp und Fokus der Lieferantenstrategie in einem Beschaffungsfeld geklärt sind, muß das Unternehmen seine Erwartungen als Kunde präzisieren. Je besser es sich über seine eigenen Wünsche klar wird, desto größeren Nutzen wird es vom Lieferanten bekommen.

Zur Auswahl des richtigen Lieferanten als Kernpunkt des Lieferantenmanagements beurteilt das Unternehmen die Leistungsfähigkeit des Lieferanten in mehreren Dimensionen. Diese können sein:

- Strategische Bedeutung (Position in seinem und unserem Markt)
- Qualität, Service (Produktqualität, Null-Fehler, Verpackung, Termine)
- Preis (Vorteile gegen Marktpreis)
- Innovation (Erfindungspotential)
- Entwicklung (gemeinsame Forschung)
- Logistikkosten (Fracht, Bestände, Zeit)
- Funktionskosten (Abwicklung, Abrufe, EDI)
- Konditionen (Finanzierung, Kapitalkosten)
- Sicherheit (Standort, Bonität)

Alle diese Leistungen haben je nach Markt unterschiedliche Priorität. Die richtige Prioritätensetzung einerseits, aber auch die Vollständigkeit der Betrachtung andererseits sind wichtig.

Die Analyse der unterschiedlichen Leistungspotentiale des Lieferanten führt schließlich zur Partnerwahl und gleichzeitig zur Rollenzuordnung. Die Rollendefinition leitet sich einmal aus den Erwartungen des Abnehmers, andererseits aber auch aus dem Selbstverständnis des Lieferanten ab. Auch in einem engen Nutzenverbund zwischen Lieferant und Produzent wird die Rollenverteilung nicht in allen Teilen offen erklärt sein. Je enger allerdings eine Verbindung angestrebt wird, desto bewußter muß beiden Partnern der jeweilige Stellenwert sein.

Lieferanten können ganz unterschiedliche Rollen spielen:

- strategischer Partner   -   strategische Reserve
- Hauptlieferant   -   Nebenlieferant
- Innovator   -   Anpasser
- Preisführer   -   Preisanpasser
- Kontraktlieferant   -   Spotlieferant

Aus der Definition des Leistungspotentials und der Rollenfestlegung können schließlich konkrete Ziele und Maßnahmen festgelegt werden.

3.4 Kontinuierliche Lieferbeziehungen

Nachdem Lieferanten ausgewählt sind, müssen die kontinuierlichen Beziehungen organisiert werden. Die Aufgabe, diese ständigen Operationen optimal zu organisieren, ist komplex. Auf Einzelheiten dieser Prozeßsteuerung soll im Abschnitt „Lieferantenmanagement im TQM-Prozeß" eingegangen werden.

4. Wirkungen des Lieferantenmanagements auf Kundenzufriedenheit

Schon bei der Darstellung der Typisierung der Lieferantenstrategien und den unterschiedlichen Rollen, die ein Lieferant haben kann, wurde deutlich, daß der Einfluß von Lieferanten auf die Zufriedenheit der Kunden seines Abnehmers unterschiedlich ausgeprägt ist. Je nach Position im Beschaffungsportfolio und je nach seiner Rolle ist er unmittelbar oder mittelbar, stark oder schwach beeinflussend. Je nach Qualität des Lieferantenmanagements ist dieser Einfluß gesteuert oder zufällig.

Unmittelbarer Einfluß ist dann gegeben, wenn die Lieferantenleistung direkt auf das eigene Produkt durchschlägt. Die Performance und Qualität des eingearbeiteten Lieferantenteiles bestimmen sichtbar und merkbar die Leistung und Qualität des gesamten Produktes. Noch evidenter ist der unmittelbare Einfluß, wenn der „USP" des eigenen Produktes eigentlich eine Innovation eines Lieferanten war, die dieser gerne, weil auch für ihn gewinnbringend, seinem Kunden zur Vermarktung zur Verfügung stellt. Die Welt ist voller Produkte, die ihren differenzierenden Nutzen, ihren komparativen Wettbewerbsvorteil dem Erfindungsreichtum des Vorlieferanten verdanken. Es sind Verdienst und Marketingleistung des Produkt-Herstellers, die Lieferantenleistung rechtzeitig erkannt, eingeschätzt und eingearbeitet/umgesetzt zu haben.

Geschmack und Düfte sind bei vielen Produkten der Lebensmittel- und Haushaltsgüterkategorien stark kaufbestimmende Eigenschaften, kaum ein Anbieter produziert selbst die dafür notwendigen Geschmacks- und Riechstoffe. Verpackungsinnovationen - für Konsumgüter wichtiger Produktbestandteil - werden meist vom Lieferanten und nicht vom Produzenten geleistet. Neue Technologien, die die Welt revolutionierten, wurden nur zum kleinsten Teil von deren Vermarktern erfunden.

Lieferantenmanagement zeichnet sich nicht nur dadurch aus, das eigene Unternehmen so zu organisieren, daß es offen ist für den Empfang von Innovationsangeboten. Es betreibt und steuert systematisch gemeinsame Entwicklungen mit den Lieferanten. Wichtig ist, nicht nur systematisch kooperative Entwicklungen zu organisieren, sondern die leistungsfähigsten Lieferanten ausgesucht und an sich gebunden zu haben. Kooperative Entwicklungsarbeit kann man nicht gleichzeitig mit allen Lieferanten leisten, man muß sich früh entscheiden. Den Falschen gewählt zu haben, kostet Wettbewerbsfähigkeit, den Richtigen nicht genügend an sich gebunden zu haben, kostet den Wettbewerbsvorsprung. In vielen Fällen reicht das eigene Abnahmepotential nicht aus, um exklusiv Lieferanteninnovation vermarkten zu können, aber die Summe der jeweiligen temporären Vorteile, die die Lieferanten einzuräumen gewillt sind, macht die Qualität des Lieferantenmanagements aus.

Weniger spektakulär als Innovationen, aber ebenso unmittelbar, sind die kontinuierlichen Produktverbesserungen, die systematisch gemeinsam mit Lieferanten betrieben werden können. Diese oft nur marginalen Verbesserungen machen in der Summe den entscheidenden Vorsprung im Rennen um die Kundenzufriedenheit aus.

Die Zuverlässigkeit der Produkte ist ein wichtiger Baustein der Kundenzufriedenheit. Defektraten spielen eine entscheidende Rolle in der Kundenbeurteilung. Viele Defekte sind lieferanteninitiiert. Null-Fehler-Lieferanten steigern damit unmittelbar die Kundenzufriedenheit. Diese Lieferanten fallen nicht vom Himmel, sie sind das Ergebnis eines langen und das Verhältnis zum Lieferanten stark verändernden Prozesses im Lieferantenmanagement.

Mittelbar sind die Einflüsse der Lieferanten auf die Zufriedenheit unserer Kunden, wenn sie unsere eigene Leistungsfähigkeit erhöhen, ohne offensichtlich zu werden. Unsere Verbesserungen in Kosten, die wir unseren Kunden zugute kommen lassen können, sind stark lieferantenabhängig. Unsere Verbesserungen in der Schnelligkeit setzen meist Kooperation mit Lieferanten voraus. Zeit als Wettbewerbsfaktor bedeutet: verkürzte Entwicklung, schnellere Anpassung an Markterfordernisse, kürzere Lieferzeiten, schnellere Antwortzeit auf Kundenansprachen, kürzere Durchlaufzeiten. Zeit als Kosten- und Qualitätsfaktor rückt in den Mittelpunkt der Optimierung der eigenen Abläufe und Prozesse.

Prozeßverbesserung oder -veränderung ist das gemeinsame Kernstück vieler heißdiskutierter Konzepte in Unternehmungen und Wirtschaft wie Lean Management, Reengineering, Kaizen, Total Quality Management. Trotz aller unterschiedlichen Schwerpunkte sind diesen neben der Prozeßorientierung die Betonung der Qualitäts- und Zeitdimensionen gemeinsam.

Das Total Quality Management begreift Qualität als durch Kundenanforderungen definierte Qualität. Jeder Teilnehmer am Unternehmensprozeß ist gleichzeitig Kunde und Lieferant. In dieses Verständnis paßt das Lieferantenmanagement.

5. Lieferantenmanagement im TQM-Prozeß

Ziele des TQM sind:

– Ständige Anpassung an sich ändernde Kundenwünsche zur Erhaltung der Wettbewerbsfähigkeit,
– Zeit- und Kostenersparnis durch eine höhere Qualität in den Geschäftsprozessen.

TQM betrifft alle Funktionen eines Unternehmens und damit alle Phasen eines Produktes, einschließlich der vorgelagerten Lieferantenleistungen. Jeder Mitarbeiter ist davon berührt.

TQM beruht auf den nachfolgenden Grundsätzen:

- Qualität definiert sich als Erfüllung von Kundenanforderungen.
- Qualität wird gemessen. Maßstab ist der Grad der Übereinstimmung mit den Kundenanforderungen.
- Ziel ist: Null-Fehler.
- Null-Fehler werden durch kontinuierliche Prozeßverbesserungsschritte erreicht.
- Präventive Maßnahmen sind besser als nachträgliche Reparatur.

Die Vergabe des Malcolm Baldrige Award in den USA orientiert sich an den gleichen Kriterien: Kundenzufriedenheit als entscheidender Qualitätsmaßstab und ein ganzheitliches Verständnis der Qualitätsaufgaben unter besonderer Betonung des Engagements des Topmanagements (vgl. zum TQM und insbesondere zum Malcolm Baldrige Award auch den Beitrag von Homburg in diesem Band).

Ziele und Grundsätze des TQM gelten uneingeschränkt für das Verhältnis zu unseren Lieferanten. Gerade das Verständnis der Doppelfunktion jedes Mitarbeiters - sowohl Kunde als auch Lieferant - macht die Beziehungsunterschiede zu externen Lieferanten kleiner. Sie verschwinden nicht völlig, weil Fragen der Know-how-Sicherung und die Verteilung des Prozeßnutzens auch in Zukunft bei aller engen Verzahnung geklärt und abgegrenzt sein müssen.

Was bedeutet konkret die Umsetzung des TQM im Lieferantenmanagement?

Bei Neueinführungen von Produkten mit gemeinsamen Entwicklungsarbeiten ist die Verbesserung und Abstimmung der gegenseitigen Planungen notwendig. Dazu gehören:

- Erstellung von Netzplänen,
- Festlegung von Zeit und Kostenvorgaben für Teilschritte und Gesamtergebnis,
- Dokumentation und Bewertung der Abweichungen.

In diese Neuentwicklungen müssen alle Kernfunktionen des Unternehmens - Marketing, Produktion, Entwicklung, Einkauf - und die entsprechenden Gegenparts des Lieferanten eingebunden sein.

Bei laufenden Lieferungen bedeutet die Verstärkung präventiver Maßnahmen:

- Abstimmung kritischer Fehlermerkmale,
- Prüfkriterien für Arbeitsablaufkontrollen beim Lieferanten,
- Qualitätsregelkreise beim Lieferanten,
- Abstimmung der konkreten Ausführung der Inprozeßprüfung,
- Auswertung/Dokumentation des Prüfungsprozesses,
- Überprüfung der Qualitätssicherungsmaßnahmen unter normalen Produktionsbedingungen.

Die Verlagerung der Qualitätsmaßnahmen auf den Lieferanten bedeutet in aller Regel die Bildung von interdisziplinär besetzten Projektteams aus Entwicklung, Produktion und Einkauf, die die technischen und wirtschaftlichen Rahmenbedingungen definieren müssen.

Ziel der Präventivmaßnahmen ist die Erreichung eines Null-Fehler-Prozesses beim Lieferanten, so daß fehlerfreie Produkte angeliefert werden, die störungsfrei im eigenen Unternehmen weiterverarbeitet werden können. Zur Null-Fehler-Eigenschaft gehört auch die Terminkomponente. Hier müssen die Planungsprocedere zwischen Lieferant und Hersteller besonders gut abgestimmt sein. Oft setzt das bei dem Unternehmen eine Verbesserung der eigenen Absatz- und Prognoseplanung und damit engeren Kontakt zu den eigenen Kunden voraus.

Die Verpflichtung des Lieferanten, Fehler durch selbstdurchgeführte Prüfungen zu vermeiden, erfordert vom abnehmenden Unternehmen eine klare Fixierung der eigenen Anforderungen. Dabei erleben viele Unternehmungen, daß die eigenen Anforderungen auch bisher nicht eindeutig definiert waren. Dies ist eine Erfahrung, die viele Unternehmen, die sich zur Zeit nach DIN ISO 9000 - 9004 zertifizieren lassen, machen. Die Dauer der Zertifizierungsverfahren in Unternehmen ist sicheres Indiz für die Fülle der ungeregelten Dinge.

Das TQM mit Lieferanten bedeutet anfänglich keine Kostenreduzierung. Der Lieferant wird u.U. Mehrkosten geltend machen. Insgesamt ist der Prozeß jedoch sehr profitabel. Man investiert in früh angesetzte Maßnahmen der Fehlerverhinderung, die Prüfkosten selbst sind zwar unwesentlich geringer, aber verlagert zum Lieferanten. Der Gewinn resultiert aus den deutlich niedrigeren Fehlerkosten, die durch Anlieferung von Minderqualitäten früher wie selbstverständlich getragen wurden. In aller Regel bedeutet der höhere Prüfaufwand beim Lieferanten auch bei diesem letztlich eine Verminderung der Kosten, da er damit gezwungen wird, seine eigenen Prozesse zu verbessern. Dies geht sehr häufig Hand in Hand mit Kostenreduzierungen.

Die strategischen Konsequenzen für das Lieferantenmanagement für die Initiierung eines TQM-Prozesses sind:

- Reduktion der Lieferantenzahl,
- längerfristigere Vereinbarungen,
- höhere Intensität der gegenseitigen Kooperation.

Da der Lieferant keine eigene Betriebsabteilung ist, sind allerdings auch Absicherungen notwendig. Es muß im Lieferantenverhältnis klar sein, daß Wahlmöglichkeiten des Abnehmers bestehen. Jede Partnerschaft hätte auch anders getroffen werden können. Sie ist zwar auf längere Zeit angelegt, aber doch thematisch und zeitlich begrenzt. Sie muß sich immer wieder neu bestätigen. Das Vorhandensein einer strategischen Reserve ist notwendig, wenn man dauerhaft Wettbewerbsvorteile behalten will.

Die Sicherheit der Versorgung ist bei Reduzierung der Lieferanten zu beachten. Deshalb ist das lupenreine Single Sourcing tatsächlich auch äußerst selten oder berücksichtigt Eventualfälle. Der Krisenplan muß vorbereitet sein.

Die wirtschaftlichen Bedingungen müssen für die Laufzeit der Partnerschaft klar geregelt sein. Preisveränderungen können von keiner Seite willkürlich beansprucht werden. Feste Vereinbarungen über die Teilung der gemeinsam erreichten Prozeßverbesserungen sind notwendig. In vielen Fällen werden bei Vertragsbeginn für die gesamte Vertragsdauer definierte Mindestverbesserungen vereinbart.

Es wird sehr häufig völlige Transparenz innerhalb der Partnerschaften empfohlen. Projektbezogen gilt dies, aber es sollte nicht übersehen werden, daß beide primär für ihren eigenen Wirtschaftserfolg selbst verantwortlich bleiben sollten. Von Konsumenten verlangt niemand, daß sie sich als Kunden über die Wirtschaftlichkeit ihrer Lieferanten Gedanken machen. Im Lieferantenverbund übernimmt man die Mitverantwortung zumindest für die Überlebensfähigkeit seines Lieferanten, je nach Know-how-Verteilung unterstützt man aktiv dessen Produktivität.

In der öffentlichen Diskussion wirft man dem TQM gelegentlich vor, daß dieser Prozeß zu behäbig ablaufe. Die Betonung der kontinuierlichen Verbesserung sei hinderlich an dem Prozeß der radikalen Prozeßveränderung - Reengineering. Nirgendwo im TQM ist der Grad der Veränderung vorgeschrieben. Gerade die intensive Durchleuchtung des Prozesses fördert die Einsicht der Veränderungsnotwendigkeit, auch radikaler Natur.

Das Lieferantenmanagement muß sich offen halten für neue Entwicklungen auf den Beschaffungsmärkten. Die Veränderungsgeschwindigkeit ist dort genau so hoch wie die Veränderungsgeschwindigkeit unserer Kunden auf den Absatzmärkten. Flexibilisierung gegenüber Kundenwünschen wird man nicht erreichen, wenn Starrheit auf der Lieferantenseite vorliegt. Veränderungen auf den Beschaffungsmärkten schaffen oft erst die Voraussetzung für die neuartige Erfüllung der Kundenwünsche. Der Vorzug des Lieferantenverbundes gegenüber der Eigenherstellung besteht einerseits in dessen größerer Wirtschaftlichkeit für den Teilbereich, andererseits in der größeren Wahlmöglichkeit des Abnehmers. Das Beziehungsgeflecht zwischen Lieferantenpartnern muß deshalb eine genügende Flexibilität behalten und muß von Zeit zu Zeit überprüft oder neu geknüpft werden.

Das Fortbestehen der Selbständigkeit der Lieferanten wird bewußt angestrebt. Hohe Abhängigkeiten der Lieferanten von ihren Abnehmern, wie dies in den japanischen Wertschöpfungsketten üblich ist, erhöhen die Schnelligkeit der Durchsetzung von Prozeßverbesserungen. Einmal etabliert, lassen sie sich schnell und effizient organisieren. Der Nachteil dieses sehr festen Beziehungsgeflechtes liegt jedoch auf der Hand: Innovationen hängen sehr stark von der Fähigkeit des Leitunternehmens auf der höchsten Stufe der Pyramide ab. Eine Wertschöpfungskette mit selbständigen Gliedern, die an weiteren Nutzenverbünden - möglichst in anderen Märkten (nicht zusammen mit den eigenen Wettbewerbern) - beteiligt sind, bietet die Chance der größeren Innovation und der gegenseitigen Befruchtung aus anderen Märkten. Nachteilig an dieser lockeren und unserem kulturellen Verständnis mehr entgegenkommenden Kombination ist die größere Schwierigkeit der Etablierung eines solchen Verbundes und das Risiko des Know-how-Abflusses. Doch die Chancen einer solchen Kombination überwiegen sicherlich die Schwierigkeiten.

Die Umsetzung des TQM ins Lieferantenmanagement hat gezeigt, daß nur interdisziplinär besetzte Gruppen richtiges Lieferantenmanagement betreiben können. Genauso wie die Gesamtunternehmung sich auf die Kundenanforderungen einstellen muß und die Kundenzufriedenheit täglich anstrebt, genauso bedarf erfolgreiches Lieferantenmanagement der Unterstützung und des starken Engagements aller Unternehmensteile, einschließlich des Topmanagements. Der Nutzen eines so konzipierten Lieferantenmanagements wird enorm sein.

Horst Wildemann

Kundennahe Produktion und Zulieferung
- Empirische Bestandsaufnahme und aktuelle Tendenzen

An der vorliegenden Untersuchung waren meine wissenschaftlichen Mitarbeiter, Dipl.-Kfm. Bettina Männel, Dipl.-Kfm. Michael C. Hadamitzky und Dipl.-Ing., Dipl.-Wirtsch.-Ing. Stefan Keller, beteiligt. Für ihre Mitarbeit danke ich ihnen sehr herzlich.

1. Einleitung: Strategische Grundorientierungen in der Produktion und Logistik

In der Vergangenheit herrschte in der Produktion eine Produktivitätsorientierung vor. Aktionsparameter dieser Strategie waren Löhne und Zinsen für das eingesetzte Kapital sowie eine effiziente Arbeitsteilung mit dem Ziel einer Automatisierung repetitiver Tätigkeiten. Organisatorische Veränderungen erfolgten, um die Produktivität des einzelnen Arbeitsplatzes zu erhöhen. Der dadurch erzielte Produktivitätsfortschritt wurde durch eine überproportionale Zunahme indirekter Tätigkeiten erkauft. Dies zeigt sich bei Kostenvergleichen für Produkte, Baugruppen und Teile an unterschiedlichen Fabrikstandorten. Betrachtet man lediglich die variablen Kosten, so sind diese in der Fabrik mit Standort Bundesrepublik häufig die niedrigsten. Zieht man in die Betrachtung das ganze Unternehmen ein, so ergeben sich um 20 - 30 % höhere Kosten. Der hohe Produktivitätsfortschritt im direkten Bereich wurde durch eine überproportionale Zunahme der Kosten im indirekten Bereich erkauft. Die Produktivitätsorientierung der direkten Tätigkeiten wurde durch Erkenntnisse der Erfahrungskurve ausgelöst, welche besagt, daß mit jeder Verdoppelung der Produktionsmenge ein Rationalisierungseffekt in Höhe von 15 - 25 % einhergeht (vgl. Henderson 1974). Im Konzept der Erfahrungskurve dominieren die Vorstellungen von Produktstandardisierung und Massenproduktion. Die Rolle der Organisation bestand vor allem darin, den Produktionsdurchlauf zu optimieren; dies führt in der Regel lediglich zu Kostensenkungen von 5 - 8 % bei Verdoppelung der Produktionsmenge. Eine Erklärung für diesen geringen Rationalisierungseffekt gibt die empirische Analyse der Steigerungen der Variantenzahl. Betrachtet man die Produktionskosten der Varianten, so hat sich gezeigt, daß mit jeder Verdoppelung der Varianten die Stückkosten um 20 -25 % steigen. Produktvielfalt und kleine Losgrößen führen zu extremen Kostensteigerungen. Ausgehend von der Annahme, daß eine signifikante Reduzierung der Variantenzahl in Käufermärkten kaum möglich sei, wurde versucht, mit Hilfe der flexiblen Automatisierung, also mit Hilfe einer Investitionsstrategie, die Kostensteigerungen zu vermeiden. Diese Strategie der Investitions- und Technologieorientierung war insofern erfolgreich, als sie entscheidend mit dazu beigetragen hat, die Kostensteigerungen bei der Variantenproduktion zu reduzieren. Eine Produktion der Losgröße 1 zu den gleichen Kosten wie das 100.000ste Teil eines standardisierten Produktes ist dagegen nicht gelungen, so daß auch die Technologie- und Investitionsorientierung, die teilweise zu einem kostenmäßig nicht mehr vertretbar hohen Automatisierungsgrad geführt hat, obsolet geworden ist. Faßt man die traditionellen Prinzipien der Gestaltung der Produktion zusammen, so läßt sich feststellen, daß diese die Nutzung der Ressourcen zur Realisierung von Spezialisierungsvorteilen sowie die Abstimmung der arbeitsteiligen Produktivitätsaktivitäten im Hinblick auf Ressourceninterdependenzen bestimmt. Die Fertigungsorganisation wird weitgehend durch die Auftragsgrößen und die Anordnung der Betriebsmittel festgelegt. Das Dilemma Produktivität versus Flexibilität wird zugunsten der Produktivität gelöst.

2. Markt- und Kundenorientierung

Die Organisationsform der Produktivitäts- und Erfahrungskurvenorientierung ging davon aus, auf kalkulierte Kosten für ein Produkt einen angemessenen Gewinn zuzuschlagen und daraus den Preis zu ermitteln. Bei einem Produzentenmarkt war es einfach, dies zu verwirklichen. Die Gleichung „Kosten + Gewinn = Preis" entspricht jedoch nicht mehr der aktuellen Wettbewerbssituation. Vielmehr hat sich die Gleichung in

„Preis - Kosten = Gewinn oder Verlust"

umgekehrt. Der Preis stellt ein Marktdatum dar, das vom einzelnen Unternehmen autonom nicht mehr stark beeinflußbar ist. Um der Gleichung P - K = G gerecht zu werden, ist ein Verfahren der Adaption von Erfolgsfaktoren im Markt und deren Umsetzung in Produkt-, Produktions- und Logistikmerkmale erforderlich. Hierzu wird ein vom Ergebnis - also vom Kunden und Markt - ausgehender Planungsprozeß erforderlich, der als „Reverse Engineering" bezeichnet werden kann (vgl. Wildemann 1990).

Das Ziel des Reverse Engineering liegt darin, vom Ergebnis ausgehend die gesamte Wertschöpfungskette der Produkte und Dienstleistungen zu reorganisieren und auf spezifische Anforderungen eines gegebenen Markt- und Wettbewerbumfeldes auszurichten. Im übertragenen Sinne bedeutet dies, den Produktionsprozeß vom Markt aus zu entwickeln.

Dazu ist eine durchgängige Optimierung aller Geschäftsprozesse erforderlich. Ihre Leistungsfähigkeit ist an der absoluten und relativen Vorteilhaftigkeit im Vergleich zum besten Konkurrenten und der Erfüllung von Kundenanforderungen, also in bezug zu ihrer Marktleistung, zu orientieren. Die Organisationsaufgabe ist mit einer wertanalytischen Betrachtung gleichzusetzen, bei der ausgehend von strategischen Erfolgsfaktoren ein bestimmtes Leistungsniveau zu erreichen ist und parallel dazu die jeweiligen Ressourcen zur Wahrnehmung der wertschöpfenden Aktivitäten zu optimieren sind. Die Rechtfertigung des Ressourceneinsatzes ergibt sich aus dem Erreichen von Erfolgspotentialen und nicht ausschließlich aus einer verbesserten Kosten- oder Qualitätssituation im innerbetrieblichen Vergleich (vgl. Wildemann 1990). Entsprechend sind Investitionen nach Zielgrößen im Markt festzulegen, und Kosten weniger nach Beschäftigungsabweichungen als vielmehr nach Prozeßerfordernissen zu kontrollieren (vgl. Riedlinger 1988).

Dieser Ansatz hat weitreichende Konsequenzen für den Prozeß der organisatorischen Erneuerung:

1. Die Planer müssen bei dieser Vorgehensweise den gesamten Wertschöpfungsprozeß als einheitliches System betrachten und dementsprechend Produktion und Zulieferung ganzheitlich entwickeln. Dazu sind sowohl Änderungen der Produktionsfunktionen als auch kleine Verbesserungen der Wertschöpfungsaktivitäten erforderlich. Änderungen der Produktionsfunktion ergeben sich aus Strukturveränderungen, diese wiederum erfordern Verhaltensänderungen der Mitarbeiter. Aus beiden erwächst die Möglichkeit der Produktivitätssteigerung.

2. Die ganzheitliche, marktbezogene Sichtweise erfordert eine ständige Verbesserung der Produktions- und Logistiksysteme. Die Arbeit der Forschung und Entwicklung ist dann eng mit der der Produktionsingenieure verbunden und zum Teil kaum von dieser zu unterscheiden (vgl. den Beitrag vom Hauser/Clausing in diesem Band). Das Unternehmen ist so zu organisieren, daß ein ständiger Lernprozeß möglich wird. Es muß sich die Problemlösungskapazität in zwei Richtungen bewegen: einmal in die Nähe des Kunden, um dessen Ziele zu erfassen und die Rolle des eigenen Produktes bei der Bedürfnisbefriedigung zu identifizieren, und zum zweiten in die Nähe des Wertschöpfungsprozesses, um diesen effizient zu gestalten und auf Kundenbedürfnisse auszurichten. Sinnvoll erscheint hier die Schaffung von „Kompetenz-Centern" für die Lösung spezifischer Kundenprobleme in abgegrenzten Marktsegmenten. Hierzu wird eine Produkt-, Markt- und Produktionssegmentierung erforderlich.

3. Die Realisierung des Gegenstromprinzips stellt entgegengesetzt zu der traditionellen Kette „Produktentwicklung → Fertigungsvorbereitung → Produktion → Vertrieb" die Lösung von Kundenproblemen und deren Umsetzung in Produktion und Logistik in den Vordergrund. Je flexibler die Produktion, um so eher kann der kundenspezifische Bedarf zur Fixgröße gemacht werden. In diesem Fall stellt sich die Produktion als Dienstleistung dar (vgl. Chase/Garvin 1989).

Der kundenorientierte Ansatz des Reverse Engineering erfordert eine Festlegung von Zielkosten, -terminen und -qualitäten und setzt einen Prozeß des Erreichens dieser Zielgrößen (vgl. Hiromoto 1988) in Gang. Ausgehend von Marktanforderungen hinsichtlich Zeit, Kosten und Qualität werden die erforderlichen Produkt- und Produktionsmerkmale festgelegt. Dies geschieht durch Zielkostenmanagement und ein für Qualität und Zeit analoges Vorgehen.

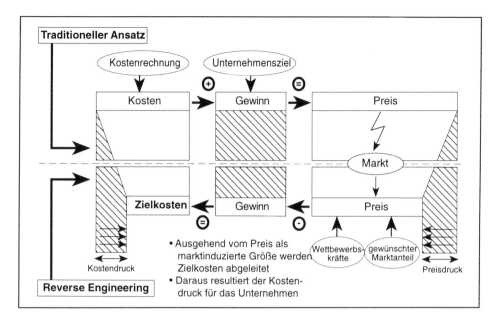

Abbildung 1: Ableitung von Zielkosten

Ziel ist, in einem System aufeinander abgestimmter Planungs- und Kommunikations-prozeduren alle Aktivitäten auf das Ziel auszurichten, die Produkte so zu entwerfen, zu fertigen und zu vermarkten, wie sie der Kunde zu kaufen wünscht (vgl. Hauser/Clausing 1988). Damit beginnt die Qualitätsfestlegung mit der Definition kundenwichtiger Merkmale. Ziel ist es, den Faktor Kundenzufriedenheit in alle Unternehmensbereiche einzubringen, um die Voraussetzung externer Kundennähe durch „interne Kundenori-entierung" zu schaffen (vgl. Simon 1991). Die Ausrichtung auf Kundenbedürfnisse ist, wie auch die Zeit- und Kostenoptimierung, letztlich ein Reorganisationsprozeß, der mehrstufig erfolgt. Erforderlich sind dazu Komplexitätsabbau, Komplexitätsbeherr-schung und interaktives soziales Lernen. Dieser vom Markt ausgehende Prozeß erfor-dert sowohl die frühestmögliche Einbeziehung aller an der Realisierung Beteiligten als auch die weitgehende Parallelisierung der Einzelaktivitäten in Entwicklung und Pro-duktionsvorbereitung (vgl. Seidenschwarz 1993).

3. Just-In-Time, CIM und Lean Management als Lösungsansatz für eine kundenorientierte Produktion und Zulieferung

Zur Umsetzung der kundenorientierten Ausrichtung der Wertschöpfungsaktivitäten sind in den letzten Jahren drei Konzepte intensiv diskutiert worden. Dies sind Just-In-Time in Produktion und Zulieferung, CIM und Lean Management. Diese Konzepte haben in der Auseinandersetzung mit amerikanischen und japanischen Produktionsstrategien zu einer Rückbesinnung auf das Produktionsmanagement geführt. Bisher wurde in vielen Unternehmen die Produktion oftmals als Residualgröße, die neben Produkten vor allem Kosten erzeugt, vernachlässigt. Gleichzeitig hat die Konfrontation die Vorteile und Defizite europäischer Fabriken aufgezeigt. Die mit Just-In-Time, CIM und Lean Management erzielbaren Wirkungen zeigen, daß die Realisierung einer kundennahen Produktion zu Effektivitäts- und Effizienzvorteilen führt, sie zeigen jedoch auch, daß es große Unterschiede im Erfolg bei der Einführung und Umsetzung der Konzepte gibt (vgl. Wildemann 1993b).

3.1 Just-In-Time in Produktion und Zulieferung

Das Just-In-Time-Konzept strebt eine vom Materialfluß ausgehende Optimierung mit dem Ziel an, sämtliche Wertschöpfungsaktivitäten auf die Erfolgsfaktoren Produktivität, Zeit und Qualität zu fokussieren. Die durch ein Just-In-Time-Konzept ausgelöste Neustrukturierung basiert auf folgenden Grundprinzipien (vgl. Wildemann 1992):

1. Bestände verdecken Fehler. Die Funktionsoptimierung von Einkauf, Produktion und Vertrieb erfordert Bestände, die eine reibungslose Produktion und eine Überbrückung von Störungen erst ermöglichen. Bestände verdecken störanfällige Prozesse, unabgestimmte Kapazitäten, mangelnde Flexibilität, Ausschuß und mangelnde Liefertreue. Senkt man die Bestände, so werden diese Probleme offensichtlich, und es entsteht ein unmittelbarer Zwang, diese zu lösen.

2. Zeit stellt einen eigenständigen Wettbewerbsfaktor dar. Der Faktor Zeit ist eine Schlüsselgröße für die Gewinnung von Marktanteilen, die Kapitalbindung in der logistischen Kette, die Geschwindigkeit und Flexibilität bei der Umsetzung von Kundenwünschen in marktfähige Produkte, die Kundenbelieferung sowie für die Wirtschaftlichkeit und Rentabilität einer Unternehmung.

3. Die kostengünstigste Wertschöpfung basiert auf einer Flußoptimierung. Das Fließprinzip verwirklicht den Grundsatz der Produktion zum spätestmöglichen Zeitpunkt. Dies setzt eine Synchronisierung der Kapazitäten und in der einfachsten Form eine

mechanische Verkettung voraus. Bei einer kundennahen Produktion wiederholen sich nicht die gleichen Produkte, sondern lediglich der Wechsel von einem zum anderen Produkt. Betrachtet man nun den Wechsel als repetitives Element und versucht, diesen kostenmäßig und zeitlich gegen Null gehen zu lassen, so können in jeder Art von Produktion Fließprinzipien realisiert werden.

Realisierungsformen einer Just-In-Time-Produktion und -Zulieferung sind die Bausteine

– integrierte Informationsverarbeitung,
– Fertigungssegmentierung und
– produktionssynchrone Beschaffung (vgl. Wildemann 1992),

die isoliert realisiert eine Situationsverbesserung ermöglichen. Erst eine integrierte Anwendung der Prinzipien zusammen mit weiteren Konzepten zur Produktivitätssteigerung erlaubt jedoch ein wirklich kundennahes Agieren und die Erfüllung der Zeit-, Flexibilitäts- und Qualitätsanforderungen des Marktes zu vertretbaren Kosten.

3.2 Computerintegrierte Produktion und Informationsverarbeitung

Die Einführung neuer Informationstechnologien führt zu einer Verbesserung der internen Wertschöpfungsprozesse durch Personalkosten-, Bestands- oder Durchlaufzeitreduzierungen sowie zu einer Stärkung der Wettbewerbsposition durch Steigerung der Reaktionsfähigkeit auf Marktveränderungen, Qualitätsverbesserungen oder den Aufbau von Marktzugangsbeschränkungen. Aus der Orientierung am Faktor Zeit als Erfolgsparameter resultieren veränderte Zielsetzungen für die Informationsverarbeitung (vgl. Lay 1992, Förster/Syska 1985, vgl. Abbildung 2).

Die Steigerung der Termintreue und die Realisierung von kürzeren Durchlaufzeiten werden mit höherer Priorität verfolgt. Eine Steigerung des Kundennutzens steht im Mittelpunkt des veränderten Zielsystems. Dies soll durch eine höhere Qualität, die schnellere Realisierung von Angeboten und die Erzeugung kundenspezifischer Varianten erreicht werden. Hierzu leistet eine flächendeckende Informationsinfrastruktur einen wichtigen Beitrag, wenn eine Zusammenführung von Datenverarbeitungs-, Bürosystem- und Kommunikationsfunktionen möglich wird. Integrationspotentiale ergeben sich aus der Verknüpfung von technischen und betriebswirtschaftlichen Informations- und Büroautomatisierungssystemen. Die Informationstechnologie entwickelt sich damit vom Rationalisierungsinstrument zur strategischen Waffe im Wettbewerb.

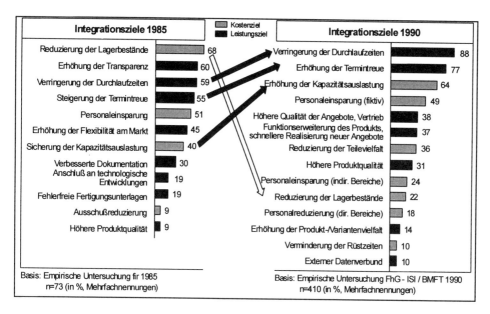

Basis: Empirische Untersuchung für 1985
n=73 (in %, Mehrfachnennungen)

Basis: Empirische Untersuchung FhG - ISI / BMFT 1990
n=410 (in %, Mehrfachnennungen)

Abbildung 2: Veränderte Zielprioritäten der integrierten Informationsverarbeitung

3.3 Lean Management

Lean Management knüpft an prozeßorientierte Gestaltungsprinzipien des Just-In-Time-Konzepts an. Es geht allerdings über die Optimierung operativer Wertschöpfungs- und Innovationsprozesse hinaus und erweitert die wertanalytischen Grundaussagen von JIT um die Dimensionen Organisation, Führung und Mitarbeiter-Know-how. Im Vordergrund von Lean Management steht die Erkenntnis, daß zwischen Produktivität, Qualität und dem Erfolgsfaktor Zeit kein konkurrierendes, sondern ein komplementäres Verhältnis bestehen kann. Um das magische Dreieck dieser Erfolgsfaktoren neu zu gestalten, kommen folgende drei Gestaltungsprinzipien zur Anwendung (vgl. Wildemann 1992):

1. Effiziente Organisationen denken und handeln nicht in Funktionen oder Hierarchien, sondern in Prozessen. Sie haben dem Management als Hilfsmittel zu dienen, indem sie das Wissen und die Intelligenz der in Organisationen arbeitenden Mitarbeiter vervielfältigen.

2. Jede Art der betrieblichen Leistungserstellung hat der Optimierung des Kundennutzens zu dienen. Zwischen den Organisationseinheiten sind Kunden-Lieferanten-Beziehungen aufzubauen. Dazu ist in vielen Fällen ein radikales Umdenken erforderlich. Die inner- und interorganisatorischen Leistungsverflechtungen müssen als

„Chain of Customers" (Schonberger 1990) interpretiert werden, die es im Sinne einer Kundenorientierung so zu gestalten gilt, daß jeder Mitarbeiter in der Lage sein sollte, das Produktionsergebnis eines anderen Mitarbeiters zu nutzen. Dies setzt eine fundamentale Umkehrung der Wertschöpfungsperspektive voraus. Denn im Rahmen von Lean Management wird „Production Push" konsequent durch „Market Pull" verdrängt.

3. Das Problemlösungspotential der Mitarbeiter entscheidet über die Wettbewerbsfähigkeit von Unternehmen. Kreativität, Wissen und organisatorisches Lernen werden zu kritischen Wettbewerbsfaktoren. Es sollen möglichst alle Mitarbeiter in einen kontinuierlichen Verbesserungsprozeß eingebunden werden. Problemlösungskapazitäten äußern sich darin, daß die Mitarbeiter die ihnen übertragenen Aufgabeninhalte im Blick auf ihren Kunden effizient und anforderungsgerecht durchführen und einen Beitrag zur Verbesserung der Arbeitsabläufe leisten .

3.4 Betriebswirtschaftliche Wirkungen von JIT, CIM und Lean Management

Die durch JIT, CIM und Lean Management erzielbaren Ergebniswirkungen konzentrieren sich auf die drei Erfolgsfaktoren Zeit, Kosten und Qualität. Die Konzepte lassen sich jedoch kaum voneinander isolieren. Zwischen JIT und Lean Management bestehen starke methodische Abhängigkeiten und oft werden parallel zu Reorganisationen technische Innovationen durchgeführt, die ebenfalls positive Ergebniseffekte nach sich ziehen. Zusammengefaßt ergeben sich folgende Wirkungspotentiale (vgl. Abbildung 3).

Eine einseitige Beurteilung auf der Basis von Kosten reicht nicht, um die Effizienzsteigerung von Wertschöpfungssystemen messen zu können. Nach wie vor werden jedoch zur Steuerung und Kontrolle von Wertschöpfungsprozessen ausschließlich Kostengrößen herangezogen. Die Vernachlässigung von Leistungsgrößen hat zur Folge, daß über die Ausprägung wettbewerbs- oder kundengerechter Durchlaufzeiten in der Produktion nur unzureichende Kenntnisse vorliegen. Dies wiederum führt dazu, daß es nicht auf breiter Front gelingt, Leistungsdifferenzierung in Preis- und Wettbewerbsvorteile umzusetzen. Für die Interpretation der Ergebniswirkungen ist zudem die Tatsache entscheidend, daß Zielkonflikte zwischen den Effizienzdimensionen Qualität, Kosten und Zeit aufgelöst werden können. Insofern erscheinen Denkweisen, die ein Optimum zwischen Kosten und Leistungen zu ermitteln versuchen, ebenso obsolet wie konstruierte Dilemmata zwischen den unterschiedlichen Effizienzdimensionen.

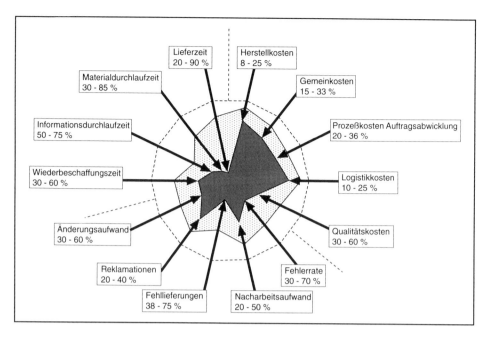

Abbildung 3: Wirkungspotentiale von JIT, CIM und Lean Management

4. Mißverständnisse bei der Einführung einer kundennahen, schlanken Produktion in der europäischen Industrie

Das JIT-Konzept, CIM und Lean Management zeigen, ungeachtet der Kritik an Einzelaspekten, nach vorne, weil sie organisatorische, personelle und qualitative Defizite herkömmlicher Fertigungskonzepte einklagen, die im Grunde in allen Branchen anzutreffen sind. Führungskräfte reagieren mehr oder weniger produktiv auf die Provokation dieser Konzepte. Dies zeigt sich deutlich in der Klage, daß diese Konzepte qualitative Überkapazitäten in besser ausgebildete Mitarbeiter, ein verändertes Verhalten mit gemeinsamer Verantwortung für das Gesamtergebnis und eine Einbeziehung von Zulieferer und Abnehmer in die Gesamtoptimierung der Abläufe voraussetzen, und damit eine Effizienzsteigerung in Frage zu stellen ist. Darin äußert sich ein mehrfaches Mißverständnis. In dieser Ausarbeitung wird versucht, diese Mißverständnisse auf der Basis von Erfahrungen bei der Realisierung kundennaher, schlanker Produktionsstrukturen in 231 Unternehmen aus den Branchen Automobil- und Automobilzulieferindustrie, Elektro- und Elektronikindustrie, Maschinenbau, Nahrungsmittelindustrie, Haushaltsgeräteindustrie, pharmazeutische und chemische Industrie, kunststoff- und holzverarbeitende Industrie zu diskutieren. Die Erfahrungen beziehen sich auf den Zeitraum von 1980 bis heute. Da die Unternehmen die genannten Konzepte in unterschiedlichem Umfang einsetzen, wird bei der empirischen Auswertung die jeweils auswertbare Grundgesamtheit angegeben.

4.1 Mißverständnis I: „Eine kundennahe Produktion erfordert personelle Überkapazitäten"

Die Erreichung von Wettbewerbsvorteilen durch eine kundennahe Produktion und Zulieferung erfordert eine erfolgreiche Beseitigung von organisatorischen Schwachstellen. Hierzu sind Problemlösungskapazitäten notwendig, für die der Mitarbeiter einen wesentlichen Erfolgsfaktor darstellt. Zur Einführung einer schlanken, kundennahen Produktion ist diese Kapazität in ausreichender Menge bereitzustellen, so daß neben der Abwicklung des Tagesgeschäfts auch Ressourcen für eine kreative Fehlerbeseitigung vorhanden sind. Diese Forderung nach personeller Problemlösungskapazität wird häufig gleichgesetzt mit mengenmäßiger Überkapazität. Ziel ist es, durch genügend ausgebildete und motivierte Mitarbeiter deren Produktivität und somit die Summe der Problemlösungskapazität zu erhöhen. Hierbei wird versucht, durch Organisationsänderungen wie z.B. die Schaffung ganzheitlicher Aufgaben, das Potential der Mitarbeiter zu nutzen. Dies führt zu weiteren Qualifikationsanforderungen und zu einer Konzentration von Kontroll-, Steuerungs- und Entscheidungsfunktionen bei einzelnen Mitarbeitern. Nach der Fertigungssegmentierung beherrschen 82 % der Mitarbeiter zwei und mehr Arbeitsaufgaben, wobei der Schwerpunkt mit 38 % bei der Beherrschung von drei Arbeitsaufgaben festzustellen ist. Vor der Segmentierung lag der Anteil bei zwei und mehr beherrschten Arbeitsaufgaben nur bei 34 % (Basis: 48 Unternehmen, vgl. Wildemann 1994). Von dieser Aufgabenumgestaltung sind sowohl die ausführenden Mitarbeiter als auch die Führungskräfte betroffen. Eine Zusammenfassung unterschiedlicher Arbeitselemente zielt nicht nur auf das Bewußtmachen von Gesamtstrukturen ab, sondern auch auf die Verlagerung von Verantwortlichkeiten. Selbständiges und zielgerichtetes Handeln durch qualifizierte Mitarbeiter verringert die Reibungsverluste durch Rücksprachen und Kontrollen und steigert somit die Verfügbarkeit von Problemlösungskapazitäten. Verbunden mit der Transformation von Erfahrungen und Know-how durch das Personal wächst das Problembewußtsein für Nachbarbereiche. Informatorische Isolationen innerhalb der Belegschaft werden durchbrochen und zusätzliche humane Reserven mobilisiert. Voraussetzung hierzu sind flexible Organisationsstrukturen, die den Konsequenzen der Höherqualifizierung breiter Mitarbeiterschichten Rechnung tragen. Während die Zuständigkeiten von Führungspersonal - in Fertigungsbereichen z.B. Werksleiter und Meister - traditionell eher verrichtungsorientiert gewesen sind, erfolgt zunehmend eine Verschiebung in Richtung Produkt- bzw. Objektorientierung. Hierbei kommt insbesondere dem Meister im Rahmen einer Dezentralisierung der Produktion und einer Stärkung der Eigenverantwortung der Mitarbeiter in zunehmenden Maße Führungsverantwortung zu. In den untersuchten Unternehmen ergaben sich signifikante Bedeutungszuwächse bei den Tätigkeiten der Mitarbeiterinformation, der Beteiligung an der Entscheidungsvorbereitung der nächst höheren Ebene und der Beteiligung an dem Berichtswesen.

Das Mißverständnis, daß eine kundennahe Produktion personelle Überkapazitäten erfordert, muß in der Form korrigiert werden, daß qualitative personelle Überkapazitäten für eine kundennahe Produktion notwendig sind, nicht aber quantitative. Erforderlich ist ein Qualifikationsniveau der Mitarbeiter, so daß diese in eigenständiger Regie kreativ an individuellen Problemlösungen arbeiten können. Mit der Zusammenfassung von Arbeitsinhalten steigt gleichzeitig die Einsatzflexibilität des einzelnen Mitarbeiters, der in anpassungsfähige Aufbauorganisationen einzubinden ist. Nicht mehr Personal und damit höhere Lohnkosten sind für eine kundennahe Produktion erforderlich, sondern qualifizierte Mitarbeiter und kreatives Führungspersonal.

4.2 Mißverständnis II: „Die schlanke Produktion setzt voraus, daß sich Mitarbeiter in europäischen Unternehmen wie Japaner verhalten"

Zusätzliche Anforderungen an die Leistung und die Qualifikation erfordern einen Wechsel von Verhaltensweisen. Nicht mehr funktionales, sondern integrales Verantwortungsbewußtsein ist gefragt. Dieser Paradigmenwechsel der Führungsfunktion scheint aber einer Imitation japanischer Verhaltensweisen gleichzukommen, so jedenfalls nach Aussage einiger Kritiker. Eine kundennahe Produktion erfordert ein Umdenken in der gesamten Unternehmung, das Eigenverantwortlichkeit bei der Leistungserstellung eines jeden Mitarbeiters zum Ziel hat. Das konventionelle System der Mitarbeiterführung über Anweisung und Kontrolle wird zugunsten einfacher Koordinationsregeln aufgegeben. Folgende Elemente dieser Führungsaufgaben erscheinen hierbei als wesentlich:

– *Änderung der Denkgewohnheit „mehr ist besser"- in „weniger ist besser"*
Traditionelle Handlungsgewohnheiten, wie z.B. durch hohe Bestände die Lieferbereitschaft, eine hohe Kapazitätsauslastung und die Versorgungssicherheit durch Zulieferungen aufrecht zu erhalten, sind grundsätzlich in Frage zu stellen. Vielmehr gilt es, durch geringe Bestände und Zeitpuffer Fehler aufzudecken und Problemlösungen anzustreben.

– *Enge Zusammenarbeit zwischen Management und ausführenden Mitarbeitern*
Erst ein regelmäßiger Kontakt der Führungskräfte zu ihren Mitarbeitern schafft die Voraussetzung einer engen und guten Zusammenarbeit. Erfolge dieser Zusammenarbeit sind häufig kurzfristig und ohne zusätzliche Investitionen erkennbar. Auch ohne

fremde Unterstützung lassen sich in der Praxis erhebliche Produktivitätseffekte realisieren.

- *Learning by Doing in Pilotprojekten*
Eine kundennahe, schlanke Produktion kann nur in den seltensten Fällen über das gesamte Produktionsprogramm gleichmäßig eingeführt werden. Vielmehr bedarf es einer Initiierung von Pilotprojekten, die von Führungskräften unterstützt werden. Die in diesen Pilotprojekten häufig veränderten Dispositions- und Produktionsmethoden laufen aber nicht immer konfliktfrei ab, da die Mitarbeiter sich auf neue Aktionen und Reaktionen einstellen müssen. Learning by Doing in Pilotprojekten ist somit eine notwendige Voraussetzung (vgl. Wildemann 1991).

- *Vertrauen*
Die Mitarbeitermotivation kann nicht nur durch materielle Anreize gesteigert werden, sondern auch durch Beachtung und Anerkennung. In der Übertragung von Tätigkeiten zur Reorganisation der Abläufe und Strukturen manifestiert sich hiermit Vertrauen in die Mitarbeiter. Dies bedeutet, daß Entscheidungskompetenz erweitert und eigenverantwortliche Führung erlaubt wird. Erst mit der Mobilisierung dieser humanen Reserven steigt das Interesse an der zu erfüllenden Tätigkeit, und es verbessert sich gleichzeitig der Qualitätsstandard an den einzelnen Arbeitsplätzen.

- *Kommunikation und Transparenz*
Nach wie vor ist es eine organisatorische Schwäche, die richtige Information der richtigen Person zum richtigen Zeitpunkt zur Verfügung zu stellen. Auf eine unnötige Papierflut ist zu verzichten, demgegenüber bieten offene Kommunikationswege über vertikale und horizontale Unternehmensebenen hinweg schnelle und transparente Möglichkeiten zum Informationsaustausch. Die hierarchische Ordnung einer Fabrik ist traditionell ein wirksames Instrument, um Informationen zu ordnen. Mit dem Einsatz neuer Informationstechniken verschwindet dieser Zusammenhang, da jeder Mitarbeiter fast zeitgleich Informationen aus erster Hand erhalten kann. Erforderlich ist ein verändertes Führungsverhalten zu mehr Mitarbeiterorientierung und der Schaffung gemeinsamer Wertvorstellungen.

- *Disziplin und Gruppenarbeit*
In einer schlanken Fabrik ohne Absicherungen über Bestände, Doppelwahrnehmung von Funktionen und mehrfacher Datenhaltung sind organisatorische Regelungen von allen Mitarbeitern exakt einzuhalten. Auftretende Schwachstellen und Probleme werden somit sofort erkennbar und lassen sich dem Verantwortlichen direkt zuordnen. Dezentrale Problemlösungsgruppen, z.B. in Form von Lernstattzentren, Werkstattzirkeln und Quality Circles sind hierbei für die Bewältigung solcher Probleme zuständig. Derartige Gruppen kennzeichnen sich durch umfassende Aufgabeninhalte und

direkte Wege zwischen den einzelnen Mitgliedern, was gleichzeitig qualitativ hochwertiges Problemlösungswissen flexibel verfügbar macht.

Daß die Anwendung derartiger Führungselemente nicht ohne Folgen für traditionelle Arbeitsstrukturen bleiben kann, verdeutlicht die empirische Analyse. Zur Frage aufbauorganisatorischer Veränderungen ergab sich in 25 % der Fälle eine Reduzierung der Hierarchieebenen. Lagen vor der Reorganisation in den befragten Unternehmen durchschnittlich sechs Hierarchieebenen vor (Werksleiter bis einschließlich Fertigungslöhner), so existieren nach erfolgter Segmentierung und gleichzeitiger Änderung der Führungskonzeption nur noch fünf bzw. vier Hierarchiestufen (vgl. Wildemann 1994). Gleichzeitig wird mit der Wahl einer Entlohnungsform neben den qualitativen Leistungszielen auch die Einsatzflexibilität der Mitarbeiter bestimmt. Die Betrachtung der empirischen Entwicklung der Lohnformen zeigt, daß in den letzten fünf Jahren die leistungsabhängige Lohnkomponente in Form des Gruppenakkords um ca. 30 % und des Einzelakkords um etwa 10 % zugenommen, hingegen der Zeitlohn stark abgenommen hat.

Übertragungen von japanischen Managementkonzepten in amerikanische, europäische und australische Transplants und die hierbei erzielten Produktivitätsfortschritte belegen, daß schlanke und kundennahe Produktionskonzepte unabhängig von japanischen Rahmenbedingungen sind. Mentalitätsunterschiede können in der Anfangsphase für Verzögerungen und Denkblockaden ursächlich sein, diese erweisen sich jedoch im Verlauf der Restrukturierungen als schnell überwindbar.

Die Erfolge, die in europäischen Unternehmen mit der Umsetzung von Verbesserungsworkshops in direkten und indirekten Bereichen erzielbar sind, belegen ebenfalls, daß nicht-japanische Verhältnisse einer effizienten Produktion nicht entgegenstehen. Die Erfolge basieren auf einem praxiserprobten Workshop-Konzept, bei dem Lösungsansätze, Methoden und standardisierte Vorgehensweisen zur Schaffung schlanker Strukturen vor Ort geboten werden. GENESIS (Grundlegende Effektivitätsverbesserung nach einer Schulung in schlanker Produktion, Organisation und Beschaffung) bewirkt innerhalb von vier Tagen sofortige Produktivitätssteigerungen und stellt eine kurzfristig wirksame Einführungsstrategie von Lean-Prinzipien in Produktion, Organisation und Lieferung sicher. In den Basisverbesserungsprogrammen konnten in kurzer Zeit in mehr als 50 Fallstudien Produktivitätssteigerungen von bis zu 20 % in direkten und über 60 % in indirekten Bereichen realisiert werden.

Nicht japanisches Verhalten, sondern ein an den Mitarbeitern und den Problemen orientiertes Führungsverhalten ist Voraussetzung für die erfolgreiche Umsetzung der kundenorientierten Produktionskonzepte.

4.3 Mißverständnis III: „Just-In-Time ist nur ein Bestandssenkungsprogramm"

Bei der Einführung einer Just-In-Time-Produktion und -Beschaffung wird oftmals mit der These argumentiert, daß lediglich durch kurzfristige Maßnahmen wie Halbierung der Losgrößen und Abbau von Sicherheitsbeständen die Bestände reduziert werden. Hier ist entgegenzusetzen, daß die eigentliche Problemstellung nicht in der Bestandssenkung, sondern der Frage, warum Bestandssenkung so wichtig ist, liegt. Die meisten Führungskräfte beantworten diese Frage mit dem Hinweis auf die direkten Kosten des Umlaufvermögens, die je nach Ansatz etwa 8 - 25 % des gebundenen Bestandsvolumens betragen können. Die Erkenntnis, daß durch aktives Bestandsmanagement lediglich ein Drittel des gesamten Rationalisierungspotentials einer Just-In-Time-Produktion und -Beschaffung erschlossen werden kann, setzt sich nur schwer durch.

Eine einseitig auf die Bestandshöhe konzentrierte Rationalisierungsstrategie birgt die Gefahr, lediglich die Symptome zu kurieren. In einer Produktion, die auf eine Flußoptimierung ausgerichtet ist, verdecken Bestände störanfällige Prozesse, unabgestimmte Kapazitäten, mangelnde Flexibilität, Ausschuß und mangelnde Liefertreue. Die mit diesen Ineffizienzen verbundenen indirekten Bestandskosten sind Gegenstand eines permanenten Programms zur Bestandsoptimierung. Durch Beeinflussung des Bestandsniveaus sollen Probleme aufgedeckt und ein unmittelbarer Zwang zur Problemlösung initiiert werden. Die Ergebnisse in den Fallstudien zeigen, daß etwa die Hälfte des Produktivitätsfortschritts auf den Mechanismus der Bestandssenkung, Problemerkennung und Problembeseitigung zurückzuführen ist. Produktivitätssteigerungen von im Mittel 18 % sind in 178 Unternehmen erreicht worden.

Die Implementierung von Just-In-Time-Prinzipien führt in den seltensten Fällen zu dem Idealtyp einer Null-Bestands-Produktion, da sowohl technische als auch betriebswirtschaftliche Einflußgrößen Handlungsmöglichkeiten und Nutzen einer Bestandsreduzierung bestimmen. So hat sich in zahlreichen Anwendungsbeispielen eine Strategie als sinnvoll erwiesen, die bei Reduzierung des gesamten Bestandsvolumens von bis zu 70 % artikelspezifisch eine Erhöhung der Bestandsreichweite für Teile mit geringem Verbrauchswert, auf niedriger Wertschöpfungsstufe oder in absoluten Engpaßbereichen zum Inhalt hat. Ziel ist es, durch den Aufbau physisch begrenzter Materialpuffer Flußgrad (Quotient aus Durchlaufzeit und Wertschöpfungszeit) und Lieferbereitschaft gleichermaßen zu optimieren. Als Ergebnis dieses Optimierungsansatzes wird vor allem die Bestandsstruktur beeinflußt, da mit zunehmender Kundennähe eine Erhöhung der Umschlagshäufigkeit der Bestände angestrebt wird. Maßgebend hierfür ist neben einem aktiven Bestandsmanagement vor allem die Verkürzung der Wiederbeschaffungs- und Durchlaufzeiten. Eine Veränderung der Bestandsstruktur resultiert aus der Einführung von Bevorratungsebenen. Eine Bevorratungsebene ist ein Lager, bis zu dem eine prognoseorientierte und ab dem eine kundenauftragsorientierte Disposition erfolgt. Die auftretende Verteilung der Lagerumschlagshäufigkeiten zeigt Abbildung 4. Sie beträgt im Mittel fünf p.a. Nach Einführung des JIT-Konzeptes ergaben sich im Vergleich zum vorherigen Ist-Zustand die in Abbildung 5 dargestellten Bestandswirkungen.

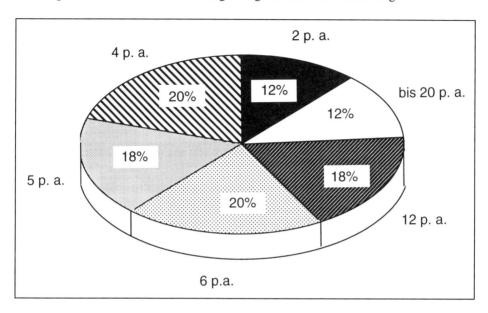

Abbildung 4: Lagerumschlagshäufigkeit

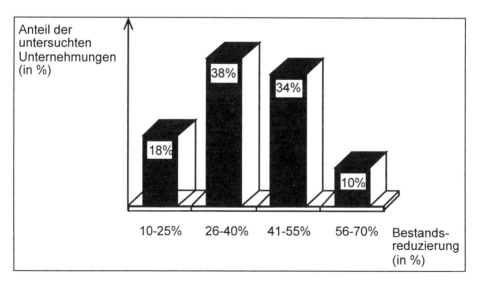

Abbildung 5: Bestandswirkungen einer JIT-Produktion und -Zulieferung

4.4 Mißverständnis IV: „Bei der Einbeziehung von Zulieferern in das Entwicklungs- und Produktionskonzept der Abnehmer wird Marktmacht virulent"

Oft wird vermutet, daß eine engere Anbindung des Zulieferers dazu führt, daß der Abnehmer dies ausnutzt, um eine dominante Position in der Beziehung aufzubauen und das enge Abhängigkeitsverhältnis für permanent höhere Anforderungen und Zugeständnisse der Zulieferer ausnutzt. Hier werden oft Schlagworte wie „gläserne Zulieferer" und „Auspressen der Zulieferer" benutzt. Es ist jedoch nicht nachvollziehbar, daß diese negativen Stimmungstendenzen in vollem Umfang und für alle Zulieferer gleichermaßen gelten. In einer emprischen Untersuchung prognostizieren Experten aus 112 Unternehmen ausgehend vom Basisjahr 1991 bis 1995 ein Umsatzwachstum in der Zulieferindustrie von 40 % (vgl. Wildemann 1993a). Dabei bleibt die erwartete Mitarbeiteranzahl konstant, so daß sich dieses Wachstum zum einen auf höhere Effizienz und Produktivität zurückführen läßt, zum anderen ist der Zusammenhang mit der Reduzierung der Fertigungstiefe der Hersteller zu beachten, die ein wertmäßiges Wachstum in der Zulieferindustrie nach sich zieht. Bis zum Jahr 2000 wird ein weiteres Wachstum um 35 % erwartet, wobei sich parallel die Belegschaft um durchschnittlich 8 % erhöhen soll. Die Ursachen für dieses Umsatzwachstum zeigt Abbildung 6.

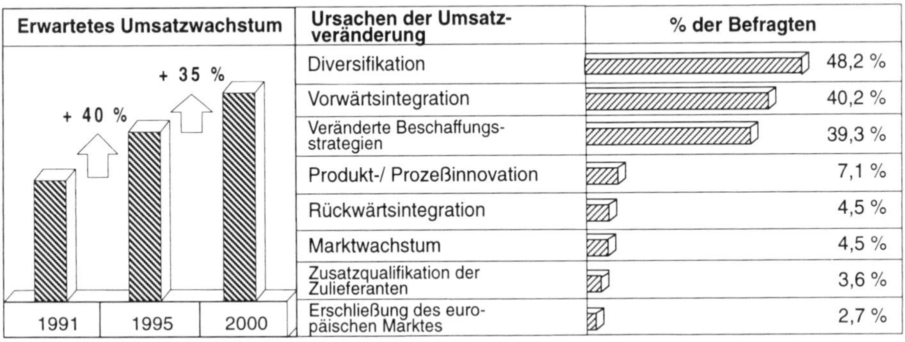

Erwartetes Umsatzwachstum			Ursachen der Umsatz- veränderung	% der Befragten	
			Diversifikation		48,2 %
	+ 35 %		Vorwärtsintegration		40,2 %
+ 40 %			Veränderte Beschaffungs- strategien		39,3 %
			Produkt-/ Prozeßinnovation		7,1 %
			Rückwärtsintegration		4,5 %
			Marktwachstum		4,5 %
			Zusatzqualifikation der Zulieferanten		3,6 %
1991	1995	2000	Erschließung des euro- päischen Marktes		2,7 %

Abbildung 6: Unternehmenswachstum in der Zulieferindustrie

Weiterhin unterliegt die Zusammensetzung des Produktionsprogrammes bei den Zulieferanten einem deutlichen Wandel. 95 % der Experten prognostizieren einen steigenden Anteil komplexer, hochtechnischer Baugruppen und Komponenten im Produktionsprogramm der Zulieferer, die in der Regel kundenspezifisch sind. Abnehmende Tendenzen werden vor allem für einfachere Teile erwartet. Gleichzeitig sehen Experten einen hohen Vorteil für Baugruppen und Komponenten, wohingegen der Erfolgsbeitrag für einfache Teile sowie Norm- und Standardteile als eher gering eingeschätzt wird. Aus dieser Beurteilung läßt sich der Trend ableiten, daß die meisten Zulieferer die erfolgversprechende Position des Modul- und Systemlieferanten anstreben, der den Hersteller mit komplett einbaufertigen Modulen flexibel und in kurzen Abständen beliefert. Der Systemlieferant übernimmt neben zusätzlichen Montage- und Logistikfunktionen auch Entwicklungsaufgaben, um dem zunehmendem Abbau von Entwicklungstiefe der Hersteller Rechnung zu tragen.

Entgegen der vorherrschenden Meinung, daß Abnehmer mit Marktmacht Vorteile auf Kosten schwacher Lieferanten erlangen und die Position der Zulieferer permanent geschwächt würde, ist zu konstatieren, daß eine auf Dauer angelegte Partnerschaft für beide Seiten erfolgreich sein kann. Das Ausschöpfen von Rationalisierungspotentialen basiert hierbei nicht auf einer Abschöpfungsstrategie, sondern auf einer mit Rahmenverträgen gegenseitig abgesicherte Partnerschaft. Voraussetzung ist, daß der Lieferant in der Lage ist, im Verlauf der Beziehung Alleinstellungsmerkmale aufzubauen. Dadurch kommt er in die Lage, die Kundenzufriedenheit nicht allein über Preise und logistische Liefermerkmale, sondern über weitergehende Aktivitäten in Service und Entwicklung zu beeinflussen. Gleichzeitig sinken die Möglichkeiten des Abnehmers, Marktmacht zu seinen Gunsten auszunutzen.

4.5 Mißverständnis V: „Durch eine Zuliefererintegration wird der Wettbewerb ausgeschlossen"

Hochvernetzte Zulieferer-/Abnehmersysteme mit ihren vielfältigen Abhängigkeiten erfordern eine effiziente und enge Abstimmung. Ein weitverbreitetes Mißverständnis unterstellt hierbei, daß eine derartige Belieferung automatisch den Wettbewerb ausschließt.

Eine JIT-Belieferung beinhaltet sowohl für den Abnehmer als auch für den Lieferanten Vorteile und Risiken. Um derartige Vorteile nutzen zu können, sind vertragliche Regelungen notwendig, die oftmals in Rahmenverträgen festgeschrieben werden. Ob eine derartige Zusammenarbeit aber gleichzeitig einer Einschränkung des Wettbewerbs gleicht, läßt sich anhand der Auswirkungen auf die Lieferantenanzahl und an der Zeitdauer von Rahmenverträgen ablesen.

Auch konzentriert sich eine JIT-Belieferung auf wenige Lieferanten mit größerem Liefervolumen. In der Automobilindustrie ist eine klare Reduktion der Zuliefererzahlen zu erkennen, wobei als priorisiertes Verhältnis eine Zwei-Quellen-Versorgung angestrebt wird. Empirische Untersuchungen bestätigen jedoch, daß es nicht zum Ausschluß von Wettbewerb kommt. Hierzu sind Umfang und Art der Lieferantenbeziehungen, die Ausgestaltung der langfristigen Zusammenarbeit und Vertragsgestaltung von Zulieferer-Abnehmer-Beziehungen zu untersuchen.

Die Gesamtzahl der von einem Zulieferunternehmen belieferten Herstellerunternehmen wird von Experten als konstant eingeschätzt. Der Durchschnitt bewegte sich 1989 und 1991 bei knapp 330 belieferten Unternehmen (vgl. Wildemann 1993a). Auch bis zum Jahr 2000 rechnen die Unternehmen mit keiner einschneidenden Veränderung. Eine Stellung als Einquellenlieferant bei mindestens einem Kunden nehmen dabei 63 % der Zulieferer ein. Im Regelfall beschränken sich die Einquellenbelieferungen auf wenige Hersteller (vgl. Abbildung 7).

Den Trend zur Einquellenbelieferung beurteilen jedoch etwa die Hälfte der Experten als steigend. Mit den größten Abnehmern erzielen die Zulieferer im Durchschnitt nur etwa 20 % ihres Umsatzes, mit den zweitgrößten weitere 9 %. Dies läßt darauf schließen, daß die Zulieferunternehmen heute noch nicht dem Trend zu längerfristigen und umfassenderen Verbindungen mit den Herstellern folgen und sich das Produktionsvolumen auf eine Vielzahl verschiedener Kunden verteilt. Die Vorteile einer Absicherung, mehrere Hersteller zu beliefern, werden derzeit noch höher eingeschätzt als die Vorteile, die aus der Konzentration auf wenige Kunden resultieren.

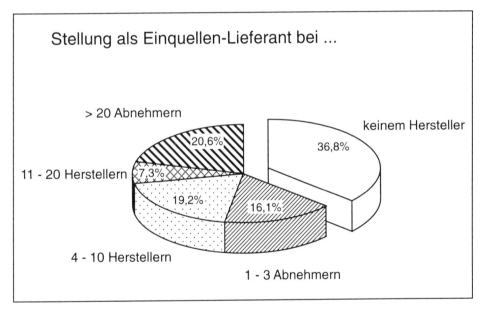

Abbildung 7: Umfang der Single Sourcing-Beziehungen

Ebenfalls sehr deutlich zeigte sich im Rahmen der Delphi-Studie der Trend zu längerfristigen Partnerschaften: Knapp die Hälfte der befragten Zulieferanten praktizieren bereits heute eine langfristige Zusammenarbeit mit ihren Abnehmern; weitere 25 % planen eine vertragliche Zusammenarbeit. Dabei erfolgt eine Konzentration auf wichtige

A-Abnehmer. Die intensive Zusammenarbeit hat gleichzeitig zur Folge, daß ein Lieferantenwechsel für den Abnehmer immer risikoreicher wird und damit kostentreibend wirkt. Für den Lieferanten beinhaltet dies infolge seiner erweiterten Kompetenzen eine positive Beeinflussung seiner Wettbewerbssituation.

Infolge der langfristigen Ausrichtung der Zusammenarbeit (vgl. Abbildung 8) kann sich die Zusammenarbeit erheblich verbessern: Informationen werden in der Regel frühzeitiger und umfassender ausgetauscht, und die Gebiete der Zusammenarbeit können erweitert werden. Die Vertragsinhalte liegen heute überwiegend im Bereich der Beschaffung und der Forschung und Entwicklung, gefolgt von Informationssystemen und der Logistik.

Anhand der Dauer von Vertragszeiten und somit dem Verhältnis der Zusammenarbeit von Lieferanten und Abnehmern ist zu erkennen, daß dieses von zunehmender Partnerschaft gekennzeichnet ist. Eine derartige Kooperation schränkt den Wettbewerb für eine bestimmte Dauer der Zusammenarbeit zwischen den Lieferanten ein, erfordert aber Eignungskriterien von den Beschaffungsunternehmen, um überhaupt diese Form der Zusammenarbeit zustandekommen zu lassen. Somit findet der Wettbewerb bei der Auswahl von Lieferanten statt. Hierbei wird die Aufrechterhaltung von stabilen Zulieferbeziehungen nicht nur als abhängig von den obersten Kriterien Qualitätsstandard, Preis und Termintreue gesehen, sondern auch von Faktoren wie Flexibilität, Know-how oder der Möglichkeit einer kundenspezifischen Bevorratung. Dem Mißverständnis, daß eine JIT-Belieferung den Wettbewerb ausschließt ist somit entgegenzuhalten, daß dieser sich verschoben aber nicht eliminiert hat. Zwar ist eine Konzentration auf insgesamt weniger Lieferanten festzustellen, doch erfolgt der Wettbewerb jetzt bei der Auswahl derselben, wobei neue Anforderungsgrößen Berücksichtigung finden.

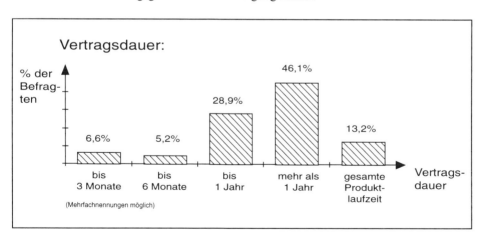

Abbildung 8: Vertragsdauer in Zuliefer-Beziehungen

111

4.6 Mißverständnis VI: „Eine kundennahe Produktion und Zulieferung funktioniert nur bei räumlicher Konzentration"

Zur Ausnutzung von Rationalisierungspotentialen ist es erforderlich, daß eine bestands-arme und zeitgerechte Anlieferung durch die Beschaffungsquellen sichergestellt wird. Ein Mißverständnis, das in diesem Zusammenhang häufig auftaucht, ist die Annahme, das eine kundenorientierte Belieferung nur mit Lieferanten in räumlicher Nähe zum Abnehmer möglich ist. Um mögliche logistische Probleme erfolgreich beseitigen zu können, sind nicht Lieferanten mit dem Eigenschaftsmerkmal der räumlichen Nähe aus-zuwählen, sondern diejenigen, die ein der entsprechenden Unternehmenssituationen angepaßtes Leistungsprofil vorweisen. Zur Auswahl der Beschaffungsquellen sind dann diese Kriterien in individueller Gewichtung anzustreben.

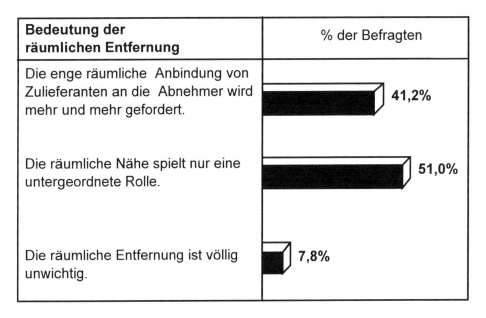

Abbildung 9: Räumliche Nähe zwischen Zulieferer und Abnehmer

Einige Hersteller haben bereits neue Produktionskapazitäten in Osteuropa auf- oder be-stehende ausgebaut. Für Zulieferer ergibt sich hieraus die Chance, ihren Herstellern ins Ausland zu folgen, dort die bewährte Zusammenarbeit fortzusetzen und dadurch ihren Umsatz zu erhöhen. Auf diese Weise kann eine zeitnahe Belieferung in bewährter Form weiterhin realisiert werden. Auch empirisch bestätigt sich ein Trend dahin, daß Zulie-ferunternehmen den Herstellern zu neuen Standorten folgen (vgl. Wildemann 1993a). Die Bedeutung der räumlichen Nähe zum Hersteller stufen mehr als 50 % der Experten als wenig bedeutend ein, wobei zukünftig eine höhere Bedeutung von 41 % gesehen wird (vgl. Abbildung 9). Ein Argument für die Bedeutung der räumlichen Nähe zwischen Zulieferer und Hersteller läßt sich aus der Tatsache ableiten, daß über 30 % der deutschen Zulieferunternehmen bereits Standorte in den östlichen Bundesländern gegründet haben. Nur eine schnelle Markterschließung bei einer vergleichsweise noch geringen Intensität des Verdrängungswettbewerbs gewährleistet die Erreichung erfolgversprechender Pioniervorsprünge. Die daraus resultierenden Wettbewerbsvorteile müssen im Rahmen der Unternehmensstrategie langfristig gefestigt und ausgebaut werden.

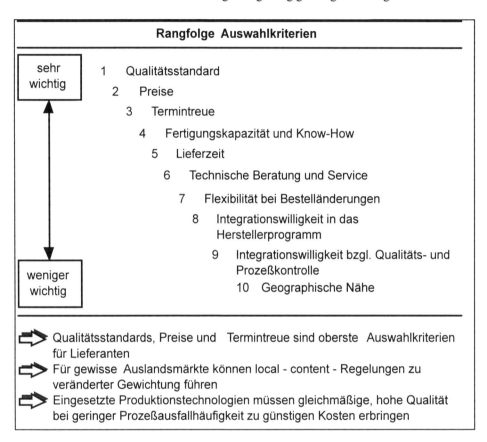

Abbildung 10: Kriterien für die Auswahl von Lieferanten

Obwohl das Anforderungsprofil an Lieferanten heterogen und keineswegs nur durch die räumliche Nähe charakterisiert ist, finden Lieferantenbewertungen häufig noch in einem unzureichenden Maße statt. So mußte bei 49 Unternehmen festgestellt werden, daß die Lieferantenbewertung als Maßstab unternehmensindividueller Anforderungen nicht ausreichend war und die Ursachen hierfür in einer mangelnden Bewertung der Lieferanten lagen. Schwächen in der logistischen Struktur von Beschaffungssystemen werden demnach schon in einer mangelhaften Auswahl von Lieferanten begründet, da der Schwerpunkt häufig nur auf traditionelle Kriterien gelegt wird. Die Rangfolge der Auswahlkriterien bei einer Lieferantenbewertung zeigt Abbildung 10 (Basis: 112 Unternehmen).

Dem Mißverständnis, daß JIT nur bei Lieferanten mit Abnehmernähe funktioniert, ist entgegenzuhalten, daß kein noch so gutes Logistikkonzept die alte Kaufmannsweisheit, daß im Einkauf der Gewinn liegt, außer Kraft setzt. Das Unternehmen, das unter Wettbewerbsbedingungen weltweit die preisgünstigsten Einkaufsquellen erschließt, erzielt Vorteile. Beispiele aus der Elektro- und Elektronikindustrie sowie der Hausgeräteindustrie zeigen, daß dies auch unter Nutzung einer modernen Informationstechnologie über große Entfernungen möglich ist.

4.7 Mißverständnis VII: „Eine kundennahe Produktion und Zulieferung verhindert Innovationen"

Ein verbreitetes Mißverständnis geht dahin, daß durch Orientierung an aktuellen Kundenwünschen Innovationen beim Endabnehmer verhindert werden, weil nicht kurzfristig der jeweils beste Lieferant herangezogen werden kann und zu Lasten zukunftsträchtiger Lösungen agiert wird. Wie die empirische Beobachtung zeigt, führt dies in der Konsequenz jedoch genau zu dem gegenteiligen Ergebnis, wie in dem Mißverständnis angenommen wird. So gelingt es erst durch die enge und frühzeitige Einbeziehung und Synchronisation der Entwicklungskapazitäten des Lieferanten, dessen Forschungs- und Entwicklungspotential effizient zu nutzen und in das Endprodukt einzubringen. Ein permanenter Rückfluß von Fertigungs- und Komponenten-Know-how ermöglicht auch eine effiziente Konstruktion und schnellere Einführung neuer Produkte.

Probleme können allerdings entstehen, wenn ein echter Technologiesprung stattfindet, etwa bei der Substitution von mechanischen Elementen durch Mikroelektronik und von metallischen Werkstoffen durch Kunststoffe oder Keramik. In derartigen Fällen kann eine Überprüfung der Beschaffungsstrategie und ein Lieferantenwechsel erforderlich sein. Die Erfahrung zeigt jedoch, daß solche grundlegenden Technologiesprünge für Zulieferteile in regelmäßigen und größeren Abständen erfolgen. Dazwischen liegen meist längere Zeitabschnitte, in denen im wesentlichen Produktmodifikationen erfolgen, für die sich langfristig angelegte Wertschöpfungspartnerschaften - gegebenenfalls mit einem neuen Lieferanten - als besonders effizient erweisen. Hierbei kommt auch zum Tragen, daß die überwiegend mittelständischen Zulieferer tendenziell eine überdurchschnittliche Innovationsbeweglichkeit im Vergleich zu Großunternehmen aufweisen. Die Strategie der langfristigen Zusammenarbeit mit Lieferanten wird auch durch Technologiesprünge nicht grundsätzlich in Frage gestellt, sondern erfordert lediglich im konkreten Einzelfall eine Überprüfung.

4.8 Mißverständnis VIII: „Just-In-Time ist erst bei Null-Fehler-Produktion möglich"

Qualität ist eine der Voraussetzungen für eine zeitgenaue Anlieferung, denn das Ziel einer JIT-Produktion ist die Herstellung der kleinstmöglichen Menge zum spätestmöglichen Zeitpunkt unter Ausschluß jeglicher Verschwendung. Will eine Unternehmung je eine funktionierende Produktion der Losgröße 1 erreichen, so ist für Nacharbeit oder Neuproduktion keine Zeit. Ohne Qualitätsproduktion lassen sich Bestände nicht völlig beseitigen. JIT zielt daher auf eine Sicherstellung der Qualität an der Quelle ab, indem gleich beim ersten Mal die richtige Qualität produziert wird. Demgegenüber stellt der traditionelle Ansatz Qualität erst im nachhinein fest: Es wird zunächst produziert, dann geprüft und dabei entsprechend den produktbezogenen Qualitätsanforderungen nach Gutteilen, Nacharbeit und Ausschuß differenziert. Die Qualitätssicherungsstelle wird als „Quelle der Qualität" angesehen.

Während im traditionellen Qualitätssicherungskonzept noch die Minimierung der Qualitätssicherungskosten im Mittelpunkt stand, orientiert sich eine kundenorientierte Qualitätssicherung an der Minimierung der Fehlerfolgekosten. Hierbei wird eine weitgehende Dezentralisierung der Qualitätssicherung angestrebt.

Das wichtigste Qualitätsziel ist heute ganz eindeutig in der Erzeugung maximaler Kundenzufriedenheit zu sehen. 90 % der Befragten in der Zulieferindustrie stimmten zu (vgl. Wildemann 1993a). Mit Abstand folgen dann die Ziele der Sicherung des Marktanteils sowie der Minimierung der Fehler- und Fehlerfolgekosten. Geringere Bedeutung haben Ziele wie die Senkung der Prüf- und Beurteilungskosten, optimaler Ressourceneinsatz und die Minimierung der Gesellschaftsverluste.

In der Praxis hat sich gezeigt, daß fast die Hälfte aller Qualitätsprüfungen am Arbeitsplatz vorgenommen werden kann. Neben der Verringerung der Fehlerfolgekosten ist auch die durchlaufzeitverlängernde Wirkung zentraler Qualitätssicherungssysteme zu berücksichtigen. Empirische Untersuchungen weisen einen deutlichen Schwerpunkt für Qualitätssicherungssysteme auf, die Prüfungen sowohl während der Fertigung selbst als auch nach Abschluß des Fertigungsprozesses durchführen. Immerhin verzichten bis heute etwa 10 % der untersuchten Unternehmen auf eine prozeßbegleitende Kontrolle. Wie schwer es den Unternehmen fällt, die Verantwortung für Qualität auf die Produktionsmitarbeiter zu übertragen, läßt sich am geringen Anteil für diese Alternative ablesen. In Unternehmen mit fertigungsbegleitender Prüfung und Endprüfung wird nur ein gutes Zehntel der Qualitätsprüfung alleine durch Fertigungsmitarbeiter bewerkstelligt. Immerhin wird aber schon in 90 % der Fälle bei der Fertigungssegmentierung eine dezentrale Verantwortung für die Qualitätssicherung in der Fertigung übernommen, was auf eine schrittweise Einführung der Selbstkontrolle in der Fertigung hindeutet.

Für eine kundenorientierte Just-In-Time-Produktion empfiehlt sich der Einsatz einer integrierten Qualitätssicherung, die durch die folgenden komplementären Strategien erreicht werden kann:

1. Qualitätssicherung durch Automatisierung: Übernahme der Kontrolle durch automatische Einrichtungen im Produktionsprozeß und damit Sicherstellung einer gleichbleibenden Wiederholhäufigkeit im Prozeß.
2. Qualitätssicherung durch Selbstkontrolle: Motivationssteigerung der Mitarbeiter zur Hebung des Qualitätsstandards.
3. Qualitätssicherung durch Prozeßkontrolle: Konzentration der Kontrolle auf Prozeßparameter.
4. Begleitendes Prozeßdesign und Umfeldkontrolle: Ausdehnung auf vor- und nachgelagerte Bereiche, insbesondere auf die Entwicklungs- und Konstruktionsphase, wobei qualitätsfördernde Produktgestaltung und fehlertolerante Abläufe angestrebt werden.

Die ersten beiden Strategien wurden in empirischen Untersuchungen von etwa 40-50 % der Unternehmen verfolgt (vgl. Wildemann 1994). Nur 25 % der Unternehmen nahmen eine Qualitätssicherung durch Prozeßkontrolle vor. Bei lediglich 15 % erfolgte die Qualitätssicherung durch Prozeßdesign und Umfeldkontrolle, woraus Defizite in der Umsetzung des Gedankens, Qualität an ihrem Entstehungsort zu sichern, abzuleiten sind.

Die JIT-Einführung setzt also keine Null-Fehler-Produktion voraus, sondern lediglich vorhersehbare Fehlerraten im Sinne prognostizierbarer Prozesse. Durch die dem JIT-Konzept inhärente klare Zuordnung von Verantwortlichkeiten und die damit verbundene Transparenz wird eine Erhöhung der Qualitätssicherheit erreicht, jedoch nicht unbedingt auf die Einhaltung des - theoretischen - Null-Fehler-Ziels in allen Wertschöpfungsstufen als unabdingbare Voraussetzung der kundenorientierten Produktion abgestellt.

4.9 Mißverständnis IX: „Kundennähe erfordert Überkapazitäten in Anlagen"

Es wird postuliert, daß es zweckmäßiger ist, „Kapazitäten nicht im Umlaufvermögen, sondern im Anlagevermögen zu speichern". Es ist folglich eine Erweiterung des Anlagevermögens zugunsten des Umlaufvermögens mit dem Ziel kurzer Durchlaufzeiten und hoher Flexibilität anzustreben, damit die jeweilige Produktvariante genau zum Zeitpunkt des Bedarfs produziert werden kann. Diese Forderung wird durch die Beobachtung begründet, daß der Kunde immer die Produkte nachfragt, die gerade nicht vorrätig sind.

Eine JIT-gerechte Strukturierung der Fabrik erfordert die

- Entflechtung der Kapazitäten durch Anschaffung von Maschinen mit kleinen Kapazitätsquerschnitten,
- Harmonisierung der Kapazitätsquerschnitte der Anlagen durch engpaßorientierte Reorganisationsmaßnahmen und Implementierung neuer Betriebsmittel und
- Installation flexibler Betriebsmittel, besonders an Schlüsselstellen im Segment.

Offensichtlich werden derartige Anforderungen an die Betriebsmittel häufig nur durch Neuinvestitionen abgedeckt, denn der Anteil neuer bzw. neuartiger Maschinen in den Fertigungssegmenten liegt bei den befragten Unternehmen bei gut einem Drittel der Maschinen. Der Wert des in den untersuchten Fertigungssegmenten enthaltenen Anlagevermögens reicht von 500.000 DM bis zu 380 Mio. DM. Der Investitionsschwerpunkt liegt aufgrund der Charakterisitik der Segmente bei der Baugruppen- und Endmontage. Bei Fertigungssegmenten mit hohem Anlagevermögen liegt ein Schwerpunkt in kapitalintensiven Anlagen in der Teilefertigung. Dabei wird vorwiegend in neue Anlagen mit neuer Technologie (Investitionsschwerpunkt in 34 % der Fälle) und identische Anlagen mit kleineren Kapazitätsquerschnitten (30 % der Fälle) investiert. Neuinvestitionen lassen sich nach den Orientierungsschwerpunkten Kapazitätsorientierung, Automatisationsorientierung, Flexibilitätsorientierung und Investitionen zur Schaffung einer flexiblen Infrastruktur gliedern.

Die Kapazitätsorientierung resultiert aus der erhöhten Prognoseunsicherheit und schlägt sich in einer veränderten Strategie des Kapazitätsaufbaus nieder. In der Montage können Bedarfsschwankungen zwischen Varianten aufgrund ihrer in der Regel hohen Flexibilität aufgefangen werden. Die neue Dimension des Wettbewerbs unter Berücksichtigung des Erfolgsfaktors Zeit macht es jedoch erforderlich, die Flexibilität im gesamten Wertschöpfungsprozeß zu erhöhen. Hierzu bietet sich an, eine Kapazitätsharmonisierung dadurch sicherzustellen, daß das Kapazitätsangebot in den der Montage vorgelagerten Produktionsbereichen geringfügig höher ausgelegt wird als in der Montage.

Bei Investitionen zur Steigerung des Automatierungsgrades standen in der Regel folgende Motive im Vordergrund: Qualitätssteigerung durch reproduzierbare Prozesse, Rationalisierung durch höhere Anlagennutzung und geringere direkte Lohnkosten und Entkopplung von Mensch und Maschine. Die Flexibilitätsorientierung bei Neuinvestitionen basiert auf der Erkenntnis, daß die Wettbewerbsfähigkeit eines Unternehmens von seinem Handlungsspielraum abhängt. Dieser ist um so geringer, je später sich das Unternehmen auf Veränderungen einstellt. Vorteilhafter sind frühzeitige Reaktionen oder besser noch eine „Strategische Vorbereitung" des Unternehmens auf Veränderungen durch den Aufbau von Flexibilitätspotentialen. Neben Investitionen in flexible Anlagen, die gemäß der empirischen Erhebung in fast dreiviertel aller Fälle in Kombination mit Spezialmaschinen eingesetzt werden, sind zur Flexibilitätserhöhung Investitionen in Rüstzeitverkürzung einerseits und Investitionen zur Schaffung einer flexiblen Infrastruktur andererseits erforderlich. Investitionen und organisatorische Konzepte zur Rüstzeitverkürzung zielen darauf ab, Flexibilitätspotentiale einzurichten und auszunutzen, die eine Verkürzung der Zeit für die Umstellung auf eine neue Fertigungsaufgabe erlauben. Ein im Fertigungssegment hergestelltes Produktspektrum führt zu variablen Fertigungsabläufen, die eine Umrüstung bestimmter Betriebsmittel zwischen den Losen verschiedener Produkte erforderlich machen. Bei abgestimmten Kapazitäten im Fertigungssegment kommt diesem Umrüstvorgang für eine kurze Durchlaufzeit der Produktlose eine entscheidende Bedeutung zu. Es ist daher zu beobachten, daß Investitionen bei Fertigungssegmentierung häufig nicht mehr vorrangig auf eine Verkürzung der Hauptzeiten abzielen, sondern der Rüstzeitverkürzung dienen.

Durch diese Investitionen wird gezielt der Wechsel als ständig wiederholter Vorgang im Produktionsablauf des Fertigungssegments automatisiert. Auf diese Weise kann auch bei der Kombination universeller und produktspezifischer Betriebsmittel, wie sie in dreiviertel aller untersuchten Fertigungssegmente vorkommt, die erforderliche Durchlaufflexibilität gewährleistet werden.

Investitionen zur Erhöhung der Segmentflexibilität betreffen auch ganz wesentlich die Schaffung einer flexiblen Infrastruktur durch Lager, Transport und DV-Systeme im Fertigungssegment. Die Ver- und Entsorgung der Fertigungssegmente ist einerseits durch eine sinnvolle Gestaltung der Schnittstellen zu vor- und nachgelagerten Bereichen und andererseits durch generelle ablauforganisatorische Regelungen zu gewährleisten.

Tatsächlich ist für die Umsetzung einer kundennahen Produktion die Schaffung von gezielten Überkapazitäten erforderlich. Allerdings erfordert dies nicht allein Investitionen, sondern impliziert auch eine Vielzahl ablauforganisatorischer Flexibilisierungsmaßnahmen. Vor allem Rüstzeitminimierungskonzepte und eine flexible Infrastruktur des Segmentumfeldes können die sinnvolle Ausnutzung der vorhandenen, oft völlig ausreichenden Kapazitäten unterstützen.

4.10 Mißverständnis X: „Durch eine stärker kundenorientierte Ausrichtung der Produktion werden deren wichtigste Probleme nicht gelöst, sondern verstärkt"

Unternehmungen, die sich mit der Einführung einer schlanken, kundennahen Produktion befassen, stoßen in der Regel sehr schnell auf Schwachstellen, die einen effizienten Material- und Informationsfluß verhindern. Diese Schwachstellen wirken sich immer auf die Größen Bestände, Kosten (insbesondere Logistik- und Qualitätskosten) und

Durchlaufzeiten aus. Im Gegensatz zu Logistikkosten und Durchlaufzeiten lassen sich Bestände relativ leicht ermitteln, und Veränderungen in diesem Bereich sind am deutlichsten „visuell erfahrbar". In der Praxis der Umsetzung der JIT-Ideen hat sich gezeigt, daß die Vorgehensweise der „Bestandsreduktion zur Problemverdeutlichung" konfliktträchtig ist. So kann es zu Akzeptanzproblemen kommen, denn es müssen simultan sowohl die durch die Bestandssenkung verdeutlichten Probleme als auch die der Reorganisationsdurchführung selbst gelöst werden. Daher empfiehlt es sich, die JIT-Implementierung als einen spiralförmigen, nicht endenden Prozeß zu beschreiben. Die in einem ersten Schritt erhobenen Bestandsschwerpunkte werden in einem zweiten Schritt auf ihre Ursachen hin untersucht. Ziel ist hierbei ein strukturell und ablauforganisatorisch effizient gestalteter Materialfluß, der ein niedrigeres Bestandsniveau erlaubt. Probleme werden in einem entsprechend organisierten Materialfluß nicht verstärkt, sondern sie werden transparenter. So wird die Notwendigkeit der Lösung der Probleme offensichtlich und in der Regel eine schnelle Umsetzung von Rationalisierungsmaßnahmen erreicht.

Die gleiche Betrachtungsweise gilt auch für die Zeit- und Qualitätsdimension. Zeitpuffer sind wie Bestände dafür verantwortlich, daß die wahren Ursachen und Unsicherheitsfaktoren in Prozessen nicht erkannt und gelöst werden. Eine konsequente Kundenorientierung erfordert kurze Durchlaufzeiten auf allen Stufen der Leistungserstellung und schafft somit die Voraussetzungen, daß Prozesse stabiler gestaltet werden. Ebenso verhält sich die Problemlösungsspirale bei Qualitätsproblemen, die durch Doppelprüfungen und Nachkontrollen nicht in ihrer Ursache angegangen werden. Auch hier ist der Wegfall überflüssiger Kontrollen geeignet, die wahren Ursachen für Qualitätsmängel zu erkennen und die Leistungsfähigkeit der Produktion insgesamt zu steigern.

5. Zusammenfassung

Eine kundenorientierte und effiziente Produktion und Zulieferung erfordert, aus der Vielfalt der Maßnahmen diejenigen zu selektieren, die ein hohes Wirkungspotential eröffnen. Dabei ist es entscheidend, daß auf allen Unternehmensebenen eine Offenheit für Veränderungen und Diskussionsbereitschaft herrscht. Bestehende Strukturen, Abläufe und Einflußbereiche müssen in Frage gestellt werden. In vielen Unternehmen läßt sich als Hauptproblem einer effizienten Einführung von Neuerungen feststellen, daß es nicht am Willen oder den erforderlichen kognitiven Fähigkeiten zur Veränderung, sondern an einer durchgängigen, funktionsübergreifenden Sichtweise und einem konsequenten Angehen offensichtlicher Mißstände mangelt. Hierbei ist eine konsequente Prozeß- und Kundenorientierung im Sinne des „Reverse Engineering" hilfreich. Die empirischen Ergebnisse zeigen, daß Kundenorientierung nicht zwangsläufig nur mit höheren

Produktionskosten erzielbar ist. Vielmehr eröffnet sich die Möglichkeit, durch eine ganzheitliche Systemgestaltung und Nutzung des kreativen Mitarbeiterpotentials eine strategische Kostenführerschaft zu erreichen. Dabei geht es nicht um die Erreichung einer absoluten Kostenführerschaft bei der Herstellung von Massenprodukten in reifen Industrien, sondern um eine kostengünstige Erzeugung des individuellen Kundennutzens zu Preisen, die der Kunde zu zahlen bereit ist. Drei Themenkomplexe sind dabei von entscheidender Bedeutung: erstens die Frage nach Kostenstrukturveränderungen aufgrund stärkerer Ausrichtung an Kundenerfordernissen, zweitens die Frage nach einer Methodik, um diese darstellen und in einen Steuerungsprozeß eingliedern zu können und drittens die Suche nach den wesentlichen Stellschrauben für die geforderte Verbesserung des Kosten-Nutzen-Verhältnisses. Besonders erfolgreichen Unternehmen gelingt es, diese Parameter zu beherrschen und auch an Standorten mit ungünstigeren Rahmenbedingungen hinsichtlich der Arbeitskosten Wettbewerbsvorteile durch eine konsequente Ausrichtung am Kundennutzen und der Schaffung kundenorientierter Strukturen in Produktion und Logistik zu erzielen.

Werner F. Ludwig

Mehr Mitarbeiter- und Kundenzufriedenheit durch internes Unternehmertum

Die Modulare Prozeßketten-Organisation (MPO)

1. Weitreichende Veränderungen in Unternehmen und ihrem Umfeld

1.1 Komplexer werdendes Leistungsangebot

Die Dynamik des Wirtschaftsprozesses führt zu kontinuierlichen Anpassungsprozessen bei allen Marktteilnehmern. In den letzten Jahren sind darüber hinaus sowohl in den Unternehmen als auch in ihrem Umfeld erhebliche, über das normale Maß hinausgehende Veränderungen aufgetreten, die den Unternehmen Anlaß gegeben haben, Führungsstil und Organisationsstruktur zu überprüfen.

Ein erster, maßgeblicher Anstoß ergibt sich aus dem komplexer werdenden Leistungsspektrum der Unternehmen. Weiter entwickelte Technologien, flexible Produktionsverfahren, umfassender EDV-Einsatz und verfeinerte Segmentierungstechniken ermöglichen es, die standardisierte Massenproduktion abzulösen durch weitgehend individualisierte Produkt- und Leistungsangebote. Zu deren Realisierung ist eine bessere Kenntnis der Kundenwünsche unabdingbar. Als notwendige Konsequenz ist auf eine stärkere Vernetzung zwischen Anbieter und Kunde hinzuarbeiten.

1.2 Steigende Wettbewerbsintensität

Die zweite gravierende Änderung resultiert aus der Schaffung der großen Wirtschaftsräume in der Triade und den damit verbundenen Konzentrationsprozessen auf Hersteller- wie auf Abnehmerseite. Zusätzlich verstärkt durch die weltweite Rezession der letzten Jahre, erhöhen sich damit der Kostendruck und die Wettbewerbsintensität in überproportionalem Maße.

1.3 Veränderte Anforderungen der Mitarbeiter

An dritter Stelle ist der Wandel bei der Mitarbeiter-Mentalität zu nennen. Da in der Regel die materiellen Grundbedürfnisse gedeckt sind, werden neben den finanziellen Anreizen andere Antriebskräfte wirksam. Vor dem Hintergrund des hohen Ausbildungsniveaus steigt der intellektuelle Anspruch an die eigene Arbeit. Parallel bringt die Demokratie im außerbetrieblichen Umfeld zunehmende Rechte, die zu wachsendem Selbstbewußtsein des "mündigen Bürgers" führen. Als Ergebnis sucht der Mitarbeiter neben der angemessenen Entlohnung Sinnerfüllung auch im betrieblichen Umfeld.

Die genannten Faktoren haben eine derartige Bedeutung erreicht, daß eine Anpassung der Unternehmensstrukturen notwendig wird.

2. Ziele für die neue Unternehmensstruktur

2.1 Höhere Kundenzufriedenheit durch mehr Spezialisierung und Individualisierung

Will man auf die genannten Trends eine passende Antwort finden, muß man gleichzeitig individueller und näher an die Kunden heranrücken, die Kosten senken und die Mitarbeiterzufriedenheit erhöhen. Wie ist diese zunächst in sich widersprüchliche Aufgabe zu lösen?

Die Managementphilosophie des Marketing stellt die Probleme, Wünsche und Bedürfnisse aktueller und potentieller Kunden in den Mittelpunkt aller Überlegungen, Beschlüsse und Aktivitäten. Ziel ist es im Regelfall, durch optimale Befriedigung der Kundenbedürfnisse die Entscheidung für das eigene Angebot herbeizuführen. Die damit erreichte Kundenzufriedenheit führt zur erwünschten Kundenbindung und bildet die Grundlage für künftige weitere Kaufentscheidungen (vgl. Müller 1990).

Der Zufriedenheitsgrad des Konsumenten resultiert aus dem Vergleich seiner ursprünglichen Erwartungen und dem tatsächlich erlebten Ergebnis (vgl. hierzu den Beitrag von Homburg/Rudolph in diesem Band). Neben rational erfaßbaren Fakten spielen hierbei in der Regel psychologische Wertungen eine wichtige Rolle (vgl. Günter/Platzek 1992). Die Erwartungen können sich auf unterschiedliche Facetten des Leistungsangebots beziehen.

Da die Produkt- und Dienstleistungsangebote durch den erhöhten Konkurrenzdruck immer vergleichbarer werden, gewinnen die darüber hinausgehenden Faktoren an Gewicht. In wachsendem Maße wird das Gesamtbild des Anbieters, welches sich in einem dynamischen Prozeß durch ständig neue Eindrücke beim Kunden bildet, zum kaufentscheidenden Faktor. Bestandteile wie

- das generelle Image des Unternehmens („Join the Winning Team"),
- die individuell empfundene Kontaktqualität (Incentive-Reisen, gemeinsame private Veranstaltungen, Einladungen zu Sport- oder kulturellen Ereignissen, usw.),
- die fachliche Begleitung und Vermittlung von Sicherheit (kontinuierliche Schulungen zu allgemeinen und fachspezifischen Themen) sowie
- die engagierte, persönliche Betreuung (vor allem im Investitionsgüterbereich)

sind in die Überlegungen für die Verbesserung der Kundenzufriedenheit einzubeziehen.

Neben umfassenden kommunikativen Aktivitäten des Unternehmens kommt hierbei dem persönlichen Einsatz der Mitarbeiter eine wachsende Bedeutung zu. Nur der in seinem Metier hervorragend ausgebildete Beschäftigte ist in der Lage, die immer spezieller werdenden Fachgebiete zu beherrschen, sein Angebot präzise gemäß den Kundenbedürfnissen auszurichten und es erfolgreich zu kommunizieren. Wenn er darüber hinaus über die entsprechende Persönlichkeitsstruktur verfügt, ist er auch in der Lage, die oben genannten partnerschaftlichen Kontakte aufzubauen und zu pflegen.

Es ist deshalb das wichtigste Ziel, die Mitarbeiter in ihrem jeweiligen Arbeitsgebiet zu hochqualifizierten Fachleuten zu entwickeln, ihre Persönlichkeiten zu fördern und ihnen den entsprechenden Freiraum für die individuelle Entfaltung zu gewähren.

2.2 Kostensenkung

Im Gegensatz zu der Forderung nach einem verstärkten Personeneinsatz steht als zweite Vorgabe der Zwang zur Kostensenkung. Ansatzpunkte für eine Lösung dieses Widerspruchs finden sich in den Grundgedanken des "Lean Managements". Das dort realisierte Prinzip der Beschränkung aller Aktivitäten in der Produktion auf das für die Wertschöpfung Notwendige ist darauf zu überprüfen, ob eine Anwendung auch in den Verwaltungs- und Vertriebsbereichen möglich ist. Ziel hierbei muß es sein, die Prozesse zu beschleunigen, durch Verzicht auf sekundäre Tätigkeiten Kosten zu vermeiden sowie gegebenenfalls wichtige Kernaktivitäten durch Kostenumschichtung zu fördern.

2.3 Höhere Mitarbeiterzufriedenheit und verbesserte Effizienz

Im europäischen Vergleich tritt vor allem in Deutschland die Mitarbeiterzufriedenheit zunehmend als weiteres Kernziel neben die üblichen Ziele aus den Bereichen Finanzen/Betriebswirtschaft, Technologie/Produktion und Marketing (vgl. Berger 1993). Normalerweise gliedert sich das Zielbündel nach folgenden Prioritäten:

- Nutzen und Befriedigung für Mitarbeiter, Partner und Anteilseigner,
- Nutzen für Kunden,
- Nutzen für Lieferanten.

Erst auf dem nächsten Rang erscheint dann das Maximieren der kurzfristigen Renditen (vgl. Laszlo/Leonard 1994).

Bedingt durch die Entwicklung im Nachkriegsdeutschland mit starkem Gewerkschaftseinfluß, Mitbestimmung und wachsendem Anspruchsniveau der Beschäftigten stehen Nutzen und Befriedigung der Mitarbeiter gleichrangig mit dem Interesse der Partner und Anteilseigner an erster Stelle. Als selbstverständliche Konsequenz ist dieser Situation bei einer Anpassung der Unternehmensstruktur Rechnung zu tragen. Als drittes Ziel ergibt sich somit die Aufgabe, die Mitarbeiterzufriedenheit zu steigern und gleichzeitig im Sinne des Unternehmens die Effizienz interner Abläufe und die Kundennähe zu verbessern.

3. Internes Unternehmertum

3.1 Duale Organisationsformen in der Praxis

Seit den Zeiten Taylors war die wirtschaftliche Entwicklung im wesentlichen getragen vom Prinzip der arbeitsteiligen Organisation. Sie hatte große Erfolge, führte aber auch zum Aufbau hierarchischer Strukturen und, vor allem in Großbetrieben, zu bürokratischen Verhaltensweisen.

In den letzten Jahrzehnten geriet diese Organisationsform aus den oben dargelegten Gründen in wachsendem Maße in Widerspruch zu den Anforderungen des Marktes und der Mitarbeiter. Die zunehmende Komplexität sowie die Notwendigkeit, immer schneller Nischen zu besetzen, zeigten die Grenzen der strikt arbeitsteiligen Abläufe. Als nachteilig erwiesen sich vor allem die langen Reaktionszeiten und die Schnittstellenproblematik.

Der Handlungsdruck führte in der Praxis zum Aufbau dualer Organisationsformen, bei denen die primäre funktionale, divisionale oder Matrix-Struktur durch eine zweite, eben die duale, überlagert und ergänzt wurde (vgl. Diller 1991). Bleicher (1991) spricht davon, daß projekthafte Zelt-Strukturen in die Dauerorganisation eindringen, die ihre Aufgaben nur durch eine Querschnittsregelung gegenüber traditionellen Linien-Bereichen erfüllen können. Damit wurde der Tatsache Rechnung getragen, daß die ursprünglich vorgesehenen Arbeitsabläufe den veränderten Anforderungen der Praxis nicht mehr entsprachen. Neue, im allgemeinen an der Prozeßkette orientierte Strukturen traten ergänzend hinzu.

Bei den dualen Systemen ist charakteristisch, daß

- in einem kontinuierlichen, dynamischen Anpassungsprozeß ("lernende Organisation")
- kleine Teams gebildet werden,
- deren Teilnehmer parallel zu ihren sonstigen Aufgaben in der Primärorganisation
- besonders fokussierte Aufgabengebiete
- unter kooperativer Führung
- eigenverantwortlich bearbeiten.

Bekannte Beispiele sind Entwicklungsgruppen, Task frohes in Produktion und Vertrieb, Geschäftsbereiche, strategische Geschäftseinheiten, Kundenteams, Key-Account-Management, usw. Neben derartigen internen Gruppen ist das Prinzip auch als "Intrapreneurship" in den Entwicklungsabteilungen von Großunternehmen realisiert worden (vgl. Bitzer 1991).

Ein noch breiterer Ansatz findet sich in Konzernen, bei denen die Struktur zum einen in mittelgroße, fokussierte, marktnahe und unternehmerisch tätige Einheiten, zum anderen in eine koordinierende und integrierende Mittelebene sowie schließlich drittens in das Leitungsgremium für die Definition von Strategie und langfristigen Zielen aufgegliedert wurde. Die neue Organisation von Asea Brown Boveri ist hierfür ein gutes Beispiel (vgl. Bartlett/Ghoshal 1993). Ähnliche Unterteilungen findet man bei Rank Xerox, Digital Equipment und anderen (vgl. Hanser 1992).

3.2 Das Prinzip des internen Unternehmertums

Das wichtigste Element bei den neuen dualen Gruppierungen besteht in dem Ersatz der früheren Fremdbestimmung durch die Eigenverantwortung. „Die unternehmerische Funktion besteht darin, daß sie die Dinge in Gang setzt" (Schumpeter, 1942). Den Mitarbeitern werden an vielen Stellen im Unternehmen in einem genau definierten Rahmen umfassende Aufgaben- und Verantwortungskomplexe zur selbständigen und kompetenten Bearbeitung, zur Bewegung im Schumpeterschen Sinne, übertragen. In dieser Übertragung einer Teilfunktion liegt die Abgrenzung zwischen internem Unternehmertum und generellem Entrepreneurship. Damit wird das Leistungs- und Erfolgsstreben einer intelligenten Mitarbeiterschaft genutzt, die Möglichkeit zur Sinnfindung und Selbstverwirklichung eingeräumt und Qualität und Schnelligkeit der Entscheidungen verbessert. Zusätzlich sinken die Kosten im Sinne des Lean Managements, da die früher nötige Steuerungsebene entfallen kann.

Die Vorteile des internen Unternehmentums sind so erheblich, daß es in möglichst vielen Funktionen des Unternehmens, also nicht nur in den dualen Strukturen, zur Anwendung kommen sollte. Je mehr interne Unternehmer, um so besser. Je höher allerdings die Verantwortungsebene ist, in der man sie einsetzt, um so mehr verwischt sich die Grenze zwischen Intrapreneurship und umfassendem Unternehmertum.

3.3 Voraussetzungen

Zur Einführung im Unternehmen bedarf es verschiedener Rahmenbedingungen. Soll der Mitarbeiter in seinem Teilbereich eigenverantwortlich handeln, muß er die Unternehmensziele kennen, um seine Aktivitäten harmonisch im Interesse der Gesamtleistung einordnen zu können. Ein mit allen Beschäftigten ausführlich diskutiertes und gemeinsam verabschiedetes Leitbild ist deshalb eine wichtige Voraussetzung.

Das Leitbild ist durch eine verständlich formulierte Führungsrichtlinie zu ergänzen. Sie ist nicht als Handlungsanweisung zu verstehen, sondern definiert Prinzip und Rahmen des künftig erwünschten, eigenverantwortlichen Handelns. Wichtig ist, daß der Mitarbeiter nicht nur weiß, was man von ihm erwartet, sondern daß die koordinierenden Führungspersonen ihm auch rückhaltloses Vertrauen entgegenbringen.

Bleicher (1990) spricht deshalb vom Übergang von der Organisation „ad rem" zum Entdecken der Individualität der Führung „ad personam" sowie vom Wandel der Mißtrauensorganisation in eine Vertrauensorganisation.

Zusätzlich zu der Definition von Unternehmenszielen und Führungsstil benötigt der Mitarbeiter (oder das Team) eine genaue Abgrenzung der ihm zugewiesenen Teilaufgabe. Die Beschreibung tritt ergänzend zu seiner „Job Description" in der Primärorganisation. Sie sollte den Rahmen der Eigenverantwortlichkeit so genau wie möglich definieren, zu den Nachbarfunktionen klar abgrenzen und möglichst klar meßbare Ziele beinhalten. Die Ziele werden im Vorfeld diskutiert und die Vorgaben gemeinsam festgelegt.

Diese Vorgaben gelten gleichzeitig als Grundlage für eine leistungsgerechte Entlohnung. Entsprechende Prämien- oder Tantiemensysteme sind ein ausgesprochen bedeutsamer Bestandteil des internen Unternehmertums und sollten, wo immer möglich, vorgesehen werden.

Als logische Folgerung ergeben sich hieraus neue Anforderungen an das Zahlenwerk. Die Aufteilung des Wertschöpfungsprozesses in viele weitgehend autonome Gruppen macht es nötig, die Informationen in anderer Aufbereitung an andere Stellen zu leiten. Es ist deshalb zu erwarten, daß das Rechnungswesen klassischer Prägung in der Zukunft nicht mehr ausreicht und einen fundamentalen Wandel erfahren wird. Die Ansätze sind in der Diskussion um die Prozeßketten-Rechnung bereits erkennbar.

Eine weitere wichtige Voraussetzung betrifft den Mitarbeiter und seine Ausbildung. Es reicht nicht aus, ihn im Gesamtgefüge einzuordnen und ihm die nötigen Informationen an Hand zu geben, wenn er nicht über die entsprechende zur Aufgabenerledigung nötige Befähigung verfügt. Es ist die Aufgabe des Managements, die im Unternehmen vorhandenen Talente zu entdecken, zu fördern und durch entsprechende Ausbildungsmaßnahmen für die neuen Aufgaben zu qualifizieren.

An oberster Stelle steht hierbei die Entwicklung der Persönlichkeit, da mit ihr die Qualität der selbständigen Arbeit wächst. Die persönlichkeitsfördernden Trainings werden ergänzt durch fachbezogene Maßnahmen und neue Inhalte wie Teammoderation und -koordination, Gesprächsführung, Kommunikation und Visualisierung, usw.

4. Modulare Prozeßketten-Organisation (MPO)

4.1 Organisationskonzept

Im folgenden wird dargestellt, wie das Prinzip des internen Unternehmertums bei der Wilo GmbH, einem mittelständischen Unternehmen der Gebrauchsgüterindustrie, umfassend verwirklicht wurde. Nach den konzeptionellen Überlegungen im Herbst 1989 wurde das Vorhaben im Mai 1990 bekanntgemacht. Als Name wurde der Begriff KIM - „Kunde im Mittelpunkt" - gewählt. Die endgültige Umstellung erfolgte zum 1.1.1991, so daß über etwa vier Jahre praktischer Anwendung berichtet werden kann.

Das Organisationskonzept basiert auf folgenden Prinzipien:

- Primat des Marktes,
- möglichst kurze Wege vom Markt bis an die Werkbank,
- Aufteilung der Prozesse auf kleine Gruppen,
- Unternehmer im Unternehmen als Teammoderatoren,
- Marktwirtschaft im Unternehmen sowie
- starke und kooperative Mitarbeiter.

Zur Erreichung größerer Kundennähe und präziserer Erfüllung der Kundenbedürfnisse ist das Angebotsspektrum des Unternehmens in verschiedene Segmente (MPOs) unterteilt. Als Schlüssel bieten sich für die Unterteilung Geschäftsbereiche, Kundengruppen, Absatzwege, Produktkombinationen, verschiedene Marken, u.ä. an. Die Führung der Segmente wird jeweils auf ein MPO-Team übertragen. Es setzt sich zusammen aus Vertretern der Bereiche Vertrieb (Team-Leitung), Entwicklung, Material, Produktion und Controlling. Unter der Leitung des MPO-Managers übernimmt das Team die Verantwortung für die Entwicklung und Umsetzung der Marketing-Strategie im Rahmen der Unternehmensstrategie. Dies geschieht in kontinuierlicher Abstimmung mit der Geschäftsführung und enger Zusammenarbeit mit den Bereichsleitern.

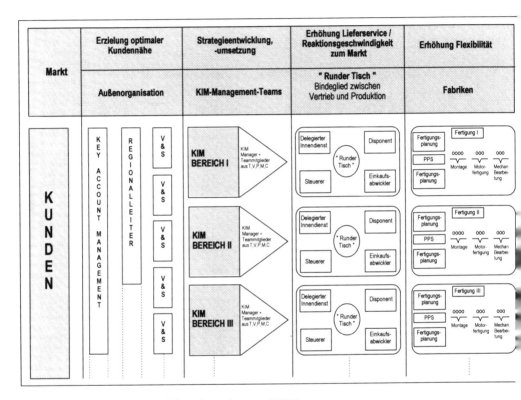

Abbildung 1: Die Modulare Organisation (KIM)

Die Organisationsstruktur, vom Kunden bis zur Fertigung, ist in Abbildung 1 dargestellt. Die Hauptaufgaben des MPO-Teams finden sich in Abbildung 2.

Da die Produkte in dem hier geschilderten Fall über denselben Vertriebsweg (Großhandel) vertrieben werden, war eine Zuordnung des Außendienstes zu den einzelnen MPO-Feldern nicht möglich. Dennoch wurde das Prinzip kleinerer Gruppen auch im Vorfeld bei der Organisation des Verkaufs verwirklicht.

130

Als Bindeglied zwischen Kunden und dem MPO-Team dienen zum einen das Key-Account-Management und zum anderen, gemanagt von Regional-Leitern, ein Netz von Verkaufs- und Service-Büros (vgl. zur ausführlichen Darstellung der modularen Vertriebsorganisation Ludwig 1992 und Ludwig 1993). Mit dieser Struktur können die marktbezogenen Aktivitäten in Form des Target-Marketing konsequent auf die Zielgruppen ausgerichtet und ein individuelles Beziehungsmanagement etabliert werden (vgl. Diller 1991, Köhler 1994).

■ **Fünf-, Einjahres- und Quartalsziele festlegen**

- Marktanteile
- Umsatz
- Deckungsbeitrag
- Mengen
- Lieferservice
- Kapazitätsauslastung

■ **Marketingstrategien entwickeln unter Berücksichtigung der Konkurrenz- und Marktenwicklung**

- Erfassung Marktanforderungen
- Produkt-Mix (Alt-, Neuprodukte)
- Kunden-, Länder-Fokus/Auswahl
- Vertriebskanäle
- Preis-, Konditionenpolitik
- Qualitätsniveaus
- Service/Kundendienst
- Verkaufsförderung, Werbung, Schulung

■ **Marketingstrategien umsetzen**

- Neuproduktentwicklung
- Neuprodukteinführung
- Sortimentsbereinigung
- Wertanalysen
- Durchführung, Verkaufsförderung, Werbung, Schulung
- Erhöhung Lieferservice
- Mitgestaltung organisatorische Vorraussetzungen
- Prioritätensetzung

■ **Zielerreichung kontrollieren, Abweichungen analysieren, Korrekturmaßnahmen erarbeiten**

■ **Korrekturmaßnahmen umsetzen**

Abbildung 2: Hauptaufgaben des MPO-Teams

Die Verkaufs- und Servicebüros setzen sich aus etwa 8 bis 10 Personen zusammen. Jeder Mitarbeiter betreut eine ihm zugeordnete Kundengruppe und hat daneben einen besonderen technischen Schwerpunkt. Damit ist das Team in fachlicher Hinsicht kompetent besetzt, und die gewünschte Kundennähe ist gegeben.

Die Fertigung ist gemäß der MPO-Segmentierung in Teilfabriken aufgegliedert. Als Bindeglied zwischen MPO-Team und den Teilfabriken fungiert der „Runde Tisch". An dem „Runden Tisch" treffen ein Delegierter des Vertriebs-Innendienstes, ein Einkaufsabwickler, ein Disponent und ein Steuerer zusammen. Sie erfüllen ihre Aufgaben gemeinsam und vermeiden auf diese Weise die sonst üblichen Schnittstellenprobleme. MPO-Team und „Runder Tisch" treffen zu regelmäßigen Planungsrunden zusammen und ermöglichen die schnelle und flexible Reaktion des Betriebes auf die sich ständig ändernden Marktanforderungen. Abbildung 3 zeigt die wesentlichen Aufgaben des „Runden Tisches".

Das nächste Glied in der Prozeßkette, die Teilfabriken, sind ebenfalls modularisiert. Jede Arbeitsgruppe „liefert" ihr Ergebnis an die „einkaufende" Folgestufe und organisiert die Aufgabenerledigung im Team eigenständig und eigenverantwortlich.

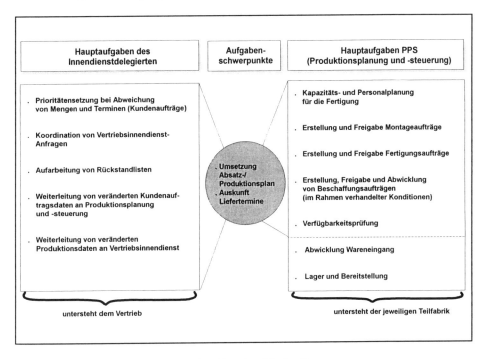

Abbildung 3: Die Hauptaufgaben des „Runden Tisches"

Bereits diese Darstellungen zeigen, daß die bekannte vertikale Organisation mehr und mehr durch horizontale Abläufe und eine wachsende Vernetzung abgelöst wird. Zur Verdeutlichung wurde deshalb auch das frühere funktionale Organigramm (Abbildung 4) durch eine ovale Darstellung (Abbildung 5) abgelöst. Sie bringt die zunehmende Verflechtung der verschiedenen Teilgebiete und die Zentrierung aller Aktivitäten auf die Bedürfnisse des Kunden zum Ausdruck.

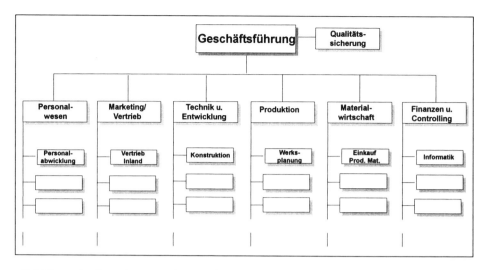

Abbildung 4: Organigramm alte Version

Abbildung 5: Organigramm neue Version

133

4.2 Ablauforganisation

Auf eine detaillierte Schilderung der Ablauforganisation soll verzichtet werden, da sie den Rahmen der vorliegenden Arbeit sprengen würde. Es ist jedoch festzuhalten, daß die tiefgreifende Änderung der Grundstruktur eine bis ins einzelne gehende Anpassung der Ablauforganisation unabdingbar macht. Die neuen Abläufe entlang der Wertschöpfungskette mit der Lieferant-Kunde-Beziehung sind zu definieren und durch entsprechende EDV-Unterstützung zu begleiten. Hierbei bietet die moderne Informationstechnologie beachtliche Spielräume, sämtliche Organisationseinheiten auf den gleichen, aktuellen Informationsstand über Produkte und Prozesse zu bringen (vgl. Freese/Werder 1989). Dies betrifft neben dem tagesnahen Geschehen vor allem auch den Planungsprozeß. Eine hohe Lieferbereitschaft gleichsam ohne Bestände zu gewährleisten kann nur gelingen, wenn kompetente Teams die Prozesse auf der Grundlage sofort verfügbarer Daten schnell und flexibel steuern.

5. Zusammenfassende Beurteilung des Systems

5.1 Vorteile

Nach mehr als dreijähriger praktischer Erfahrung kann die Einführung des internen Unternehmertums in Verbindung mit der MPO-Organisation insgesamt als gelungen beurteilt werden. Die bei der Einführung postulierten Ziele sind im wesentlichen erreicht worden. Die einzelnen Teams stehen in engem Kundenkontakt und ermöglichen im Interesse der erhöhten Kundenzufriedenheit die individuelle, schnelle und technisch qualifizierte Betreuung. Durch Wegfall der Zwischenebenen in Vertrieb und Produktion und Selbststeuerung der Arbeitsgruppen wurden die Kosten gesenkt. Als wichtigstes Ergebnis zeigt sich die durch die Freisetzung der Mitarbeiter-Potentiale erreichte allgemeine Effizienzsteigerung. Es erweist sich als ausgesprochen vorteilhaft, daß mit hohem Elan und Engagement an vielen Stellen des Unternehmens an die neuen Aufgaben herangegangen wird und gute Resultate erzielt werden. Die angestrebte Steigerung der Mitarbeiterzufriedenheit ist somit ebenfalls realisiert worden.

5.2 Nachteile

Als nachteilig erweisen sich zunächst die mit der Umstellung verbundenen hohen Anfangskosten. Die neue Organisationsgrundstruktur ist (eventuell mit Beraterhilfe) zu erarbeiten, bekanntzumachen und festzuschreiben. Die EDV-Systeme müssen angepaßt, erweitert und mit neuen Daten versehen werden. Weitere erhebliche Kosten verursachen die unabdingbaren, umfangreichen Schulungsmaßnahmen.

Neben den Startkosten ergeben sich nachteilige Effekte aus dem Zeitaufwand. Mit der Erarbeitung des Konzeptes und der offiziellen Einführung ist der Vorgang keinesfalls abgeschlossen. In der Anfangsphase ist es nötig, die Systeme mit Hilfe von Detailänderungen ständig nachzubessern. Daneben brauchen die Mitarbeiter längere Zeit, die Schulungsinhalte aufzunehmen, zu verinnerlichen und anschließend das interne Unternehmertum in die Tat umzusetzen. Schließlich ist es empfehlenswert, aus Rücksicht auf verdiente, ältere Mitarbeiter, die manchmal Schwierigkeiten mit derart tiefgreifenden Änderungen haben, die Einführung über einen etwas längeren Zeitraum zu strecken.

An zwei Stellen stößt das Prinzip des „Intrapreneurship" an natürliche Grenzen. Wollen die Teamleiter eigenverantwortlich unternehmerische Entscheidungen treffen, brauchen sie im Interesse einer hohen Entscheidungsqualität möglichst umfassende Informationen. Selbst wenn man diese mit Hilfe der modernen Informationstechnologie an alle betroffenen Stellen des Unternehmens leitet, fehlt den Empfängern im Regelfall die Zeit für die entsprechende Aufnahme und Verarbeitung. Deshalb kann auch in Zukunft auf eine übergeordnete, steuernde und koordinierende Management-Ebene nicht verzichtet werden.

Die zweite natürliche Einschränkung ergibt sich aus dem begrenzten Potential an unternehmerisch veranlagten Menschen. Deshalb stellt das MPO-System abgestufte Anforderungen an die jeweiligen Team-, Arbeitsgruppen- oder Modulleiter. Während die MPO-Manager ihr Segment umfassend unternehmerisch führen müssen, ist auf den marktnahen und sonstigen innerbetrieblichen Ebenen Initiativbegabung und Handlungsbereitschaft, gepaart mit Teamfähigkeit, für die aktive Leitung des jeweiligen Arbeitsgebiets ausreichend.

Die genannten Nachteile haben zwar ein gewisses Gewicht, können jedoch das positive Gesamtbild nur in geringem Maße beeinträchtigen. Insgesamt gesehen profitieren alle Beteiligten: die Kunden von der besseren und schnelleren Erfüllung ihrer Wünsche, das Unternehmen von höherer Leistung und Wirtschaftlichkeit und die Mitarbeiter von der interessanteren und humaneren Arbeit.

Dritter Teil

Instrumente zur Messung von Kundenzufriedenheit

Helmut Jung

Grundlagen zur Messung von Kundenzufriedenheit

1. Einleitung

Bewerber um international bekannte, die Reputation eines Gewinners beträchtlich erhöhende Qualitätspreise wie den Baldrige- und Deming-Award wissen genau, welche Bedeutung der effizienten Messung von Kundenzufriedenheit im Rahmen ihrer Total Quality Management-Bemühungen zukommt. Ohne ein Programm zur Messung von Kundenzufriedenheit besteht nämlich erst gar keine Chance, in den Kreis der Bewerber für eine derartige Auszeichnung aufgenommen zu werden. Existiert jedoch ein solches System zur Messung von Kundenzufriedenheit und ist somit die grundsätzliche Chance gegeben, sich um einen der renommierten Quality-Awards zu bewerben, so muß der Bewerber feststellen, daß allein bis zu einem Drittel aller in das Gesamturteil eingehenden Bewertungspunkte durch ein optimales Programm zur Messung von Kundenzufriedenheit erzielt werden kann.

Die Messung von Kundenzufriedenheit ist somit keine lästige Pflichtaufgabe, deren sich ein Kandidat für einen Qualitätspreis mehr oder weniger elegant entledigen muß, sondern integraler Bestandteil und letztlich Grundvoraussetzung für alle erfolgreichen TQM-Bemühungen.

Daß dies heute zumindest in Insider-Kreisen so gesehen wird und einen entsprechenden Niederschlag bei den Bewertungskriterien für Qualitätspreise findet (vgl. den Beitrag von Homburg in diesem Band), hängt mit dem Bedeutungswandel zusammen, den der Qualitätsbegriff mit einer gewissen zeitlichen Verzögerung nach den Vorreiterländern USA und Japan nun auch in der Bundesrepublik Deutschland durchzumachen beginnt.

Dieser Bedeutungswandel ist die natürliche Konsequenz eines immer intensiver gewordenen globalen Wettbewerbs, bei dem hochentwickelte westliche Volkswirtschaften nicht nur den stärker gewordenen Konkurrenzdruck aus den unmittelbaren Nachbarländern, sondern vor allem auch den Schock der japanischen Herausforderung zu bewältigen hatten.

Eine weitere Entwicklung, die ebenfalls keine Zweifel mehr an der grundlegenden Bedeutung der Qualität von Produkten und Dienstleistungen zuläßt, sind die im letzten Jahrzehnt kontinuierlich gestiegenen Qualitätsansprüche der Konsumenten, die für gesättigte Märkte mit einem Überangebot an Produkten und Dienstleistungen charakteristisch sind.

Daß sich dieser Bedeutungswandel des Qualitätsbegriffs in Deutschland mit einer vergleichsweise großen zeitlichen Verzögerung zu vollziehen begann, liegt paradoxerweise daran, daß es im Mutterland des „Made in Germany" eigentlich noch nie besonders großer Mühen bedurfte, das Top-Management von Unternehmen von der Bedeutung der

Qualität für den Geschäftserfolg und die Profitabilität zu überzeugen. Allerdings waren historisch traditionell in Deutschland Qualität und Qualitätssicherung primär die Aufgabe spezialisierter, meist ingenieurwissenschaftlich orientierter Fachabteilungen.

Nicht zuletzt durch die zunehmende Verbreitung der Ergebnisse der PIMS-Studien („Profit Impact of Marketing Strategies"), die von Buzzell/Gale (1987) in ihrem Buch „The PIMS-Principles" veröffentlicht wurden und die auch von Unternehmensleitungen und Marketingabteilungen mitvollzogene Total Quality Management-Debatte wurde jedoch der Bedeutungswechsel des Qualitätsbegriffs mit weitreichenden Konsequenzen für die Unternehmen und ihr Marketing gefördert. Die relevantesten Aspekte der eben zitierten PIMS-Studien und der Total Quality-Diskussion können vereinfacht in zwei Thesen zusammengefaßt werden:

– Es besteht ein positiver Zusammenhang zwischen der Qualität von Produkten und Dienstleistungen eines bestimmten Anbieters sowie dessen Marktanteilen und Profitabilität (vgl. Abbildung 1).

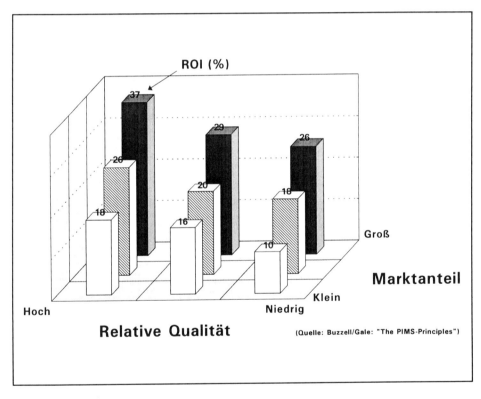

Abbildung 1: ROI/Marktanteil und relative Qualität

142

Die früher vorherrschende Ansicht, daß Qualität nur auf Kosten der Profitabilität zu realisieren sei, ist aufgrund der neuesten Erkenntnisse in dieser Form nicht mehr aufrechtzuerhalten. Die Resultate der PIMS-Studien belegen nämlich eindeutig, daß Kunden durchaus gewillt sind, für Qualität auch zu bezahlen, eine Erkenntnis, die sich Markenartikler übrigens bereits seit vielen Jahren zu eigen gemacht haben. Noch wichtiger aber ist, daß durch überdurchschnittliche Qualität die Kundenzufriedenheit sichergestellt werden kann. Zufriedene Kunden kaufen nämlich nicht nur mehr, sondern auch öfter. Sie akzeptieren darüber hinaus höhere Preise und sind auch bereit, den von ihnen aus Qualitätsgründen präferierten Anbieter weiterzuempfehlen.

– Die „Wiederentdeckung" der Bedeutung von Qualität alleine wäre für die jüngsten Entwicklungen allerdings von relativ untergeordneter Bedeutung geblieben, wenn sich nicht im Zuge der Total-Quality-Mangement-Debatte die Einsicht durchgesetzt hätte, daß Qualität nur das ist, was der Kunde subjektiv auch als Qualität wahrnimmt.

Anders ausgedrückt bedeutet dies, daß Qualität nicht mehr länger nur ein objektiver, technisch zu bestimmender Parameter ist, der unternehmensintern durch einen Soll-Ist-Vergleich überprüft wird, sondern daß Qualität vor allem auch eine subjektive Komponente beinhaltet, nämlich die Wahrnehmungen der Kunden. Die Konsequenzen der in jüngster Zeit stärkeren Fokussierung des Qualitätsbegriffs auf seine subjektiven Aspekte sind offensichtlich: Qualität und Qualitätssicherung werden zunehmend auch zur Aufgabe von Marketing und Marktforschung, da in der objektiven Erfassung, Messung und Quantifizierung der Qualitätswahrnehmungen aus Kundensicht nicht nur eine der zentralen methodischen Herausforderungen der 90er Jahre liegt, sondern weil damit auch die Möglichkeit besteht, für Marketing und Marktforschung verstärkt strategische Aspekte in den Vordergrund zu stellen.

2. Traditionelle Verfahren der Messung von Kundenzufriedenheit und von Qualität

Wer sich einen Überblick über bisher praktizierte Verfahren zur Messung von Kundenzufriedenheit schaffen will, wird sehr bald feststellen, daß es selbst bei denjenigen Unternehmen, die externe Qualitätswahrnehmungen für wichtig halten und überprüfen, erhebliche Auffassungsunterschiede darüber gibt, wie Kundenzufriedenheit und externe Qualität adäquat gemessen und überprüft werden sollen. Probleme und Interpretationsschwierigkeiten werden im Regelfall immer dann offenkundig, wenn

– Kundenzufriedenheit von der Begrifflichkeit her zu eng bzw. mit falschen Indikatoren gemessen wird,
– Messungen von Qualitätswahrnehmungen sich nur auf ein Produkt bzw. eine Dienstleistung im engeren Sinne beschränken,
– Qualitätsurteile nur in globaler bzw. genereller Form und nicht für Einzelaspekte eines Produktes bzw. einer Dienstleistung ermittelt werden,
– Qualitätsbewertungen im „luftleeren Raum", d.h. ohne Benchmarking zum Wettbewerb erfolgen und/oder sich auf Aspekte beziehen, die für die Kundenzufriedenheit unerheblich sind.

So mißt z.B. die Frage nach der Zufriedenheit mit einem Produkt oder einer Dienstleistung nur die Zufriedenheit mit den Minimalanforderungen des Kunden, d.h. die durchschnittliche Zufriedenheit. Erst die Frage nach der Qualität eines Produktes oder einer Dienstleistung, bei der der Begriff Zufriedenheit überhaupt nicht auftauchen muß, deckt auf, ob und inwieweit die Kundenzufriedenheit die ohnehin erwarteten Durchschnittsleistungen tatsächlich übertrifft und somit einstellungs- und verhaltenswirksame wirkliche Kundenzufriedenheit auslöst.

Ebenso kann es problematisch sein, subjektive Qualitätswahrnehmungen aus Kundensicht zu eng zu messen. Superiore Qualitätswahrnehmungen ergeben sich nämlich keineswegs nur aus dem Geschmack oder dem reibungslosen Funktionieren eines Produktes. Vielmehr können bei einem Produkt oder einer Dienstleistung, deren Verkauf, die Beratung, die Schulung, Lieferung, Rechnungslegung und Service als kundenbeeinflussende Prozesse für die Qualitätswahrnehmung ebenso wichtig oder sogar wichtiger sein als das Produkt bzw. die Dienstleistung selbst.

Angesichts der Tatsache, daß Kundenzufriedenheit aufgrund externer Qualitätswahrnehmungen nicht nur mit einem einzigen Verfahren bestimmt werden kann und in Anbetracht der Situation, daß vielfach auch unternehmensintern heftige Diskussionen darüber geführt werden, wie man Kundenzufriedenheit am besten und effizientesten messen kann, sollen im folgenden einige der traditionellen, dabei bisher zum Einsatz kommenden Verfahren und Instrumente kurz vorgestellt und ihre Vor- und Nachteile geschildert werden.

2.1 Das Beschwerden-Monitoring im Rahmen des Complaint-Managements

In relativ vielen Unternehmen ist es bisher üblich, sich auf „offizielle" Beschwerden von Kunden zu konzentrieren und diese systematisch zu sammeln, zu beantworten und auszuwerten. Diese Vorgehensweise ist durchaus wichtig, legitim und ein hilfreicher

Einstieg bei der Erfassung von Qualitätswahrnehmungen aus Kundensicht. Bei näherer Betrachtung gibt es jedoch unter methodischen Gesichtspunkten einige Probleme. So beschäftigt man sich zum einen grundsätzlich nur mit unzufriedenen Kunden und konzentriert sich darüber hinaus auf jene relativ kleine Teilgruppe von Unzufriedenen, deren Unzufriedenheit aufgrund einer Beschwerde überhaupt erst sichtbar wurde. Dies hat zur Konsequenz, daß die Aussagekraft von Ergebnissen aus Beschwerdemonitoren zwangsläufig erheblichen Beschränkungen unterliegt. Einer der Hauptgründe hierfür ist darin zu sehen, daß aufgrund von Begleitforschung zu den PIMS-Studien bekannt ist, daß sich im Regelfall weniger als 30 % aller unzufriedenen Kunden überhaupt beschweren und daß nur etwa 5 % aller Unzufriedenen ihre Beschwerde an das Management des betroffenen Unternehmens richten.

Das bedeutet, daß in das Beschwerden-Monitoring nur 5 % aller unzufriedenen Kunden eingehen und somit allenfalls die Spitze des Eisbergs sichtbar wird.

Umgekehrt bedeutet dies, daß dieses auf den ersten Blick sehr kostengünstige Verfahren zur Beobachtung der Kundenzufriedenheit letztlich durch Abwanderung unzufriedener Kunden, die sich gar nicht erst beschweren, erhebliche indirekte Kosten erzeugt, die man als Kosten der nicht wahrgenommenen Qualitätsdefizite bezeichnen kann. Beachtet man diese Probleme und Einschränkungen, so läßt sich zusammenfassend festhalten, daß das Beschwerden-Monitoring ein durchaus sinnvolles Instrument sein kann, aber auf keinen Fall das einzige zum Einsatz kommende Verfahren bei der Messung von Kundenzufriedenheit sein sollte.

2.2 Gespräche von Mitarbeitern mit Kunden

Ein weiteres, wichtiges Informationsmittel über Kundenzufriedenheit können auch Gespräche oder formalisierte Interviews sein, die von Kundenberatern, Vertriebsmitarbeitern oder anderen Mitarbeitern durchgeführt werden, die in regelmäßigem Kontakt zu Kunden stehen. Allerdings kann auch dieses Verfahren im Regelfall keinen umfassenden Überblick vermitteln, da die Auswahl der Gesprächspartner üblicherweise nicht zum Zweck der Ermittlung von Kundenzufriedenheit erfolgt, sondern nach anderen Kriterien, wie z.B. Neukundengewinnung. Das bedeutet, daß die „Stichprobe" bei der Durchführung von Gesprächen oder formalisierten Interviews durch Mitarbeiter des Unternehmens für das Thema Kundenzufriedenheit nicht repräsentativ sein kann. Hinzu kommt ferner, daß die mit solchen Gesprächen betrauten Mitarbeitergruppen darüber hinaus ein gewisses Interesse haben, aufgrund ihrer Funktion und Positionierung im Unternehmen eine Filterfunktion zwischen Kunden und Unternehmen auszuüben und die ihnen gegebenen Informationen - teilweise unbewußt - anders als vom Kunden intendiert, zu gewichten.

Ein typisches Beispiel hierfür ist das vom Außendienst immer wieder vorgebrachte Argument, daß sich ein bestimmtes Produkt bzw. eine bestimmte Dienstleistung trotz einiger kleinerer Qualitätsmängel bei entsprechend vernünftigem Preis durchaus verkaufen ließe und daß der Kunde als Hauptkriterium für seine Entscheidung eigentlich nur die Preiswürdigkeit im Vergleich zum Wettbewerb heranzieht.

Alles in allem ist festzuhalten, daß somit auch das Instrument der Gespräche von Mitarbeitern mit Kunden einen begrenzten Wert besitzt. Verzichten sollte man auf dieses Verfahren im Rahmen eines Erhebungsmix für die Messung von Kundenzufriedenheit aber auf keinen Fall, da hiermit zumindest auch teilweise solche Beschwerden sichtbar werden, die nicht direkt an die Unternehmenszentrale, sondern an den Vertrieb oder Außendienst eines Anbieters von Produkten bzw. Dienstleistungen gerichtet wurden.

2.3 Image- und Einstellungsbefragungen

Neben den bisher dargestellten Instrumenten des Beschwerden-Monitoring und der Gespräche von Mitarbeitern mit Kunden werden ebenfalls relativ häufig Kundenumfragen in Form einer Einstellungs- bzw. Image-Untersuchung durchgeführt. Diese Vorgehensweise unterscheidet sich von den beiden bisher geschilderten Verfahren im wesentlichen dadurch, daß die Erhebungen im Regelfall nicht mehr mit eigenen Bordmitteln durchgeführt werden, sondern daß ein Marktforschungsinstitut mit der Ermittlung der Daten betraut wird. Ein weiterer, wesentlicher Unterschied besteht darin, daß die Auswahl im Hinblick auf die Gesamtheit der Kunden „repräsentativer" bzw. vollständiger ist, da nicht nur unzufriedene Kunden, die sich beim Management in der Zentrale bzw. beim Außendienst beschweren, zu Wort kommen. Dennoch ist in Verbindung mit Image- und Einstellungsuntersuchungen die Frage aufzuwerfen, ob dieser Untersuchungstyp allen Anforderungen gerecht werden kann, die man heute an Kundenzufriedenheitsuntersuchungen stellen muß.

In diesem Zusammenhang muß bei Image- und Einstellungsbefragungen oftmals festgestellt werden, daß das Untersuchungsdesign der Komplexität des neuen Qualitätsverständnisses nicht mehr angemessen ist, daß die Untersuchungsergebnisse oftmals nur unüberschaubare Datenfriedhöfe darstellen und keine sinnvollen, umsetzbaren Empfehlungen für das Management beinhalten und daß teilweise nicht die „richtigen Fragen" formuliert wurden, entscheidende Einflußfaktoren und Variablen falsch operationalisiert wurden, ungeeignete Skalierungsformen gewählt wurden und diagnostische Analyseschritte mit Hilfe multivariater Techniken unterblieben sind. Eines der wesentlichsten Merkmale von Kundenzufriedenheitsuntersuchungen besteht nämlich darin, daß zu deren Konzeption weder das kleine noch das große Einmaleins der marktforscherischen Methoden und Instrumente allein ausreicht, sondern daß es vielmehr einer fundierten

146

empirischen Wissens- und Datenbasis bedarf, die eigentlich nur in langjähriger Erfahrung und mit entsprechenden Methodenexperimenten gewonnen werden kann.

Dessen ungeachtet stellen Image- und Einstellungsbefragungen, die sich in erheblichem Umfang auch mit Aspekten der Kundenzufriedenheit beschäftigen, einen erheblichen Fortschritt gegenüber den bisher geschilderten Verfahren des Beschwerden-Monitoring und der Gespräche von Mitarbeitern mit Kunden dar, da die Informationen im Regelfall durch neutrale Dritte erhoben werden und da die Zielgruppe der Befragung nicht nur auf unzufriedene Kunden beschränkt ist.

2.4 Kundenzufriedenheitsumfragen mit internen Mitteln

Bei der Klärung der Frage, ob man eine Kundenzufriedenheitsuntersuchung mit „bordeigenen" Mitteln durchführen oder ein Institut beauftragen soll, wird häufig aus Kostengründen eine Entscheidung zugunsten der internen Lösung gefällt. Ausschlaggebend ist dabei oft, daß der Preis eines externen Anbieters nur grob mit den voraussichtlichen Kosten verglichen wird, die bei Nutzung eigener Ressourcen und Mitarbeiter entstehen würden. Bei diesem Vergleich wird oftmals übersehen, daß es den Mitarbeitern im eigenen Unternehmen an Erfahrungen für die Konzeption, Durchführung und Analyse einer solchen Untersuchung fehlt.

Dies führt wiederum mitunter zu der Konsequenz, daß die fehlenden Erfahrungen über die in eine derartige Umfrage einzubeziehenden Indikatoren, über Techniken der Frageformulierung, Stichprobenverfahren und Analysetechniken den Erkenntniswert einer mit hauseigenen Mitteln durchgeführten Umfrage erheblich mindern können. Oftmals müssen im Verlauf eines derartigen Projekts auch entgegen den ursprünglichen Absichten externe Beratung und Ressourcen nachträglich hinzugekauft werden. Ein typisches Beispiel hierfür ist Analyse der Untersuchungsdaten, weil zwar oftmals geeignete Rechner, nicht jedoch die erforderliche Software und das mit solchen Aufgaben vertraute Personal verfügbar sind.

Es gibt durchaus eine Reihe von Erfahrungen bei hausintern durchgeführten Untersuchungen, bei denen nachträglich externe Berater und Leistungen hinzugekauft werden mußten, die belegen, daß die auf den ersten Blick preiswertere Lösung mit eigenem Personal und internen Ressourcen im Regelfall durch Zusatzarbeiten und Nachbesserungen nicht die günstigere ist.

So gibt es im Zusammenhang mit Kundenzufriedenheitsuntersuchungen, die mit eigenen Bordmitteln und ohne große Vorkenntnisse durchgeführt wurden, einige stets wiederkehrende Probleme und Fehler. Einer der am häufigsten festzustellenden Fehler besteht darin, daß Kundenzufriedenheit zu eng bzw. mit falschen Indikatoren gemessen wird. So gibt es z.B. aufgrund verschiedenster Methodenexperimente eindeutige empirische Belege dafür, daß die Frage nach der „Zufriedenheit mit ...“ nur geeignet zu sein scheint, die Minimalanforderungen zu messen, die ein Kunde an ein Unternehmen stellt. Fragt man indessen die Kunden nicht nach der Zufriedenheit mit, sondern der „Qualität von ...“ erhält man wesentlich differenziertere Anworten, die darüber hinaus wesentlich höher mit der Bereitschaft korrelieren, das Unternehmen im Falle positiver Urteile weiterzuempfehlen.

Derartige Erkenntnisse sind nicht immer a priori durch theoretische Überlegungen zu erschließen, sondern das Resultat empirischer Grundlagenforschung mit unzähligen „Trials and Errors“.

Ein weiterer Mangel von Kundenzufriedenheitsuntersuchungen besteht ferner darin, daß Qualitätsmessungen sich nur auf ein Produkt bzw. eine Dienstleistung im engeren Sinne beschränken und daß Qualitätsbeurteilungen nur in globaler Form und nicht auch für Einzelaspekte eines Produktes ermittelt werden. Subjektive Qualitätswahrnehmungen unterscheiden sich jedoch ganz wesentlich von einem rein technischen Qualitätsverständnis dadurch, daß sie weitaus mehr als reine Produkt- oder Dienstleistungsbeurteilungen enthalten, sondern auf die gesamte Leistungskette abzielen, die sich um ein Produkt bzw. eine Dienstleistung herumrankt. Das bedeutet, daß Service, Kundendienst oder Lieferung und viele andere subjektive Qualitätseindrücke neben dem eigentlichen Produkt bzw. der eigentlichen Dienstleistung eine erhebliche Rolle bei der Entstehung eines Gesamtqualitätsurteils spielen. Ein leistungsfähiges und aussagestarkes Customer Satisfaction Measurement-Programm, das letzten Endes zu sinnvollen und umsetzbaren Ergebnissen führt, muß daher alle für den Verbraucher wichtigen Schnittstellen zwischen Verbraucher und Anbieter erfassen und darüber hinaus den Beitrag bzw. das Gewicht bestimmen, den eine Einzelkomponente zur Gesamtzufriedenheit liefert.

Einfach ausgedrückt bedeutet dies, daß nicht nur die Frage nach dem Grad der Zufriedenheit der Kunden zu beantworten ist, sondern auch eine Antwort darauf gegeben werden muß, warum Kunden zufrieden oder unzufrieden sind. Ein weiterer wesentlicher Mangel von manchen Kundenzufriedenheitsuntersuchungen besteht ferner darin, daß oftmals Qualitätsbewertungen im luftleeren Raum, d.h. ohne Vergleich zum Wettbewerb erfolgen oder sich auf irrelevante Aspekte beziehen. Grundsätzlich muß nämlich davon ausgegangen werden, daß sich subjektive Qualitätswahrnehmungen im Regelfall immer auf der Basis von Vergleichen zum Wettbewerb bilden. „Competitive Benchmarking“ ist somit ein Muß für jede Kundenzufriedenheitsuntersuchung, um die Aussagekraft und Interpretierbarkeit der Daten zu erhöhen. Diese Forderung gilt selbstverständlich nicht nur für allgemeine Qualitätsbeurteilungen, sondern ebenso für Teilaspekte der Kundenzufriedenheit.

In diesem Zusammenhang ist im übrigen zusätzlich darauf zu achten, daß ein bestimmter Mittelwert bzw. Prozentwert für einen Teilaspekt der Zufriedenheit deutlich schlechter sein kann, als ein auf den ersten Blick vergleichsweise besserer Mittelwert bzw. Prozentwert für einen anderen Teilaspekt.

Es kann aber erst durch den Vergleich mit den Wettbewerbsbeurteilungen und durch die Ermittlung der Bedeutung des relativen Gewichts von Teilaspekten eine sinnvolle Interpretation solcher Mittel- bzw. Prozentwerte erfolgen.

Ungeachtet der eben geschilderten Probleme und Gefahren haben hauseigene Programme zur Messung von Kundenzufriedenheit dennoch ihren Nutzen und ihre Daseinsberechtigung. Das gilt besonders dann, wenn man sich bemüht, wesentliche Fehler bei der Konzeptionierung und Durchführung einer solchen Untersuchung zu vermeiden. Allerdings muß man sich bei Durchführung einer Kundenzufriedenheitsumfrage mit bordeigenen Mitteln immer der teilweise begrenzten Anwendungs- und Umsetzungsmöglichkeiten dieser Programme bewußt sein, die zum Teil schon allein aus der Tatsache resultieren, daß die Erhebung der Informationen nicht über einen neutralen Dritten erfolgte.

3. Anforderungskriterien und Vorgehensweise bei einem modernen und effizienten CSM-Programm

Will man die wichtigen Anforderungskriterien für ein effizientes „Customer Satisfaction Measurement-Programm" („CSM-Programm") festlegen, so muß man sich vor Augen halten, daß ein solches Programm letztlich den Anspruch erfüllen sollte, den Zusammenhang zwischen Wahrnehmung und konkreten Verhaltensweisen der Kunden zumindest teilweise aufzuklären. Dabei sind die zentralen Fragestellungen einer solchen Untersuchung wie folgt definierbar:

– Wie zufrieden sind unsere Kunden?
– Was bestimmt in welchem Umfang die Zufriedenheit der Kunden?
– Wie müssen die begrenzten Ressourcen zur Qualitätsverbesserung eingesetzt werden, um ein Maximum an „Return on Satisfaction" zu erzielen?

Um diese Hauptfragestellungen eines CSM-Programms in systematischer, verständlicher und sinnvoller Form mit umsetzbaren Ergebnissen beantworten zu können, ist es erforderlich, einige wichtige Grundregeln für die Konzeption der Untersuchung zu beachten (vgl. zum Aufbau einer Kundenzufriedenheitsuntersuchung den Beitrag von Homburg/Rudolph/Werner in diesem Band). So kommt es besonders darauf an, den

Ablauf eines CSM-Programms in einen mehrphasigen, im Regelfall iterativen Prozeß einzubetten (vgl. Abbildung 2).

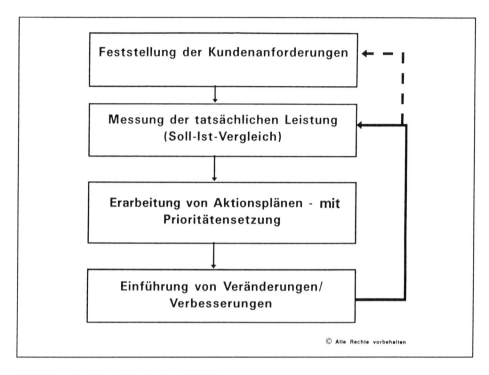

Abbildung 2: Der Ablauf eines CSM-Programms

In der ersten Phase dieses Prozesses geht es zuerst einmal darum, über die Anforderungen und Erwartungen der Kunden in Verbindung mit einem Produkt bzw. einer Dienstleistung Klarheit zu gewinnen. Dies betrifft nicht nur das Produkt bzw. die Dienstleistung im engeren Sinne, sondern auch deren Einzelaspekte. Darüber hinaus muß in dieser ersten Phase auch geklärt werden, welche Bedeutung bzw. welches Gewicht spezifische Bedürfnisse und Erwartungen für die Qualitätswahrnehmungen und die Kundenzufriedenheit besitzen. Erst nach Klärung dieser Fragen kann in der zweiten Phase die Messung der tatsächlichen Leistung eines Unternehmens und der damit verbundenen Qualitätswahrnehmungen durch die Kunden im Rahmen eines Soll-Ist-Vergleichs erfolgen.

Die dritte Phase beim Ablauf eines CSM-Programms besteht dann darin, die in der zweiten Phase erhobenen Daten systematisch zu analysieren und aus den Untersuchungsergebnissen Empfehlungen für einen Aktionsplan zu erarbeiten, bei dem üblicherweise auch Prioritäten für Einzelmaßnahmen gesetzt werden sollten.

Die vierte und letzte Phase im Ablauf eines CSM-Programms besteht dann in der Implementierung von Veränderungen bzw. qualitätsverbessernden Maßnahmen. Oftmals wird bei der Konzeption von Kundenzufriedenheitsuntersuchungen der Fehler gemacht, nach der Einführung von qualitätsverbessernden Maßnahmen keine Kontrollmessungen mehr durchzuführen, mit deren Hilfe überprüft werden kann, ob die qualitätsverbessernden Maßnahmen überhaupt vom Kunden wahrgenommen wurden und ob daraus auch bessere Qualitätsurteile resultieren. Das bedeutet, daß der iterative Charakter eines CSM-Programms und die Notwendigkeit zur permanenten Nachkontrolle nicht erkannt wurden. Üblicherweise erfolgt eine Nachkontrolle dadurch, daß man nach der Einführung von Veränderungen bzw. qualitätsverbessernden Maßnahmen zur zweiten Phase zurückkehrt und im Rahmen eines Prozeßmonitorings sich nur auf die Messung der Leistungen beschränkt, die in der zuvor durchgeführten Hauptuntersuchung als kritisch identifiziert werden konnten.

Ein weiteres Problem kann darin bestehen, daß zwischen einer CSM-Untersuchung, der anschließenden Erarbeitung von Aktionsplänen und der Einführung von Veränderungen bis hin zur Wiederholungsmessung der tatsächlichen Leistung für kritische und problematische Bereiche ein langer Zeitraum verstreicht, der zu einer Veränderung der Märkte und somit auch der Kundenanforderungen und Erwartungen geführt haben kann. In einem solchen Fall reicht die erneute Durchführung der zweiten Phase, d.h. des Soll-Ist-Vergleichs mit der Messung der tatsächlichen Leistung für die als kritisch identifizierten Bereiche alleine nicht aus. Hier ist eine Rückkehr zur ersten Phase im Ablauf eines CSM-Programms und eine erneute Bestandsaufnahme der Kundenanforderungen geboten, damit der Soll-Ist-Vergleich nicht auf der Basis veralteter und überholter Kundenerwartungen erfolgt.

Zusammenfassend ist festzuhalten, daß sich ein Customer Satisfaction Measurement-Projekt idealerweise in drei Phasen gliedern sollte:

1. Die qualitative Vorstufe
2. Die quantitative Hauptuntersuchung
3. Das Prozeßmonitoring mit der Überprüfung der in der Hauptuntersuchung ermittelten kritischen Bereiche

Oftmals wird bei der Entwicklung eines CSM-Programms zuwenig oder gar kein Wert auf die Durchführung einer qualitativen Vorstudie gelegt. Das führt dazu, daß dann zumeist nur am Grünen Tisch und ohne Einbeziehung von Kunden und von Mitarbeitern, die in Kontakt mit den Kunden stehen, Kriterien und Inhalte der quantitativen Hauptuntersuchung festgelegt werden. Diese Vorgehensweise bedeutet im Regelfall, daß am falschen Ende Geld gespart wurde, da bei jedem CSM-Programm letztlich die qualitative Vorstufe über die Güte des Gesamtprogramms und die Verwertbarkeit der Ergebnisse entscheidet. Die Zielsetzung der qualitativen Stufe besteht nämlich in der Identifikation der Hauptkomponenten, die die allgemeine Kundenzufriedenheit determinieren. Hierzu werden in ausführlichen Einzelexplorationen, Gruppendiskussionen oder Gruppengesprächen mit dem Management, den Mitarbeitern und den Kunden alle diejenigen Informationen ermittelt, die erst ein endgültiges Programmdesign und eine problemadäquate Fragebogengestaltung zulassen. Das bedeutet, daß auch auf den ersten Blick relevante Kriterien für Qualitätswahrnehmungen, in denen es im Grunde genommen aber keine signifikanten Unterschiede zum Wettbewerb gibt, identifiziert und eliminiert werden müssen.

Das bedeutet natürlich auch, daß zu klären ist, wie das Competitive Benchmarking im konkreten Einzelfall gelöst werden kann. So kann sich z.B. ergeben, daß die Kunden eines Unternehmens, das ein CSM-Programm durchführt, keine Urteile über dessen wesentliche Wettbewerber abgeben können, so daß eine separate Kontrollstichprobe erforderlich wird, die sich ausschließlich aus Kunden des Wettbewerbers zusammensetzt. Der Vergleich mit dem Wettbewerb erhöht nicht nur den Wert und Nutzen eines CSM-Programms, sondern macht erst eine sinnvolle und umsetzbare Interpretation der Ergebnisse möglich. Schließlich ist kaum ein Unternehmen in einer monopolistischen Situation und somit in der Lage im „luftleeren Raum" zu agieren. Dies bedeutet umgekehrt, daß es auch für Kunden keine „innere Normskala" gibt, anhand derer Anforderungen und Leistungen an ein Produkt bzw. eine Dienstleistung gemessen werden können. Vielmehr entstehen Qualitätsurteile im Regelfall immer im Vergleich mit Wettbewerbern oder bei Quasimonopolisten (Bahn, Post) im Vergleich mit den in Betracht kommenden Alternativen für eine bestimmte Dienstleistung. Das bedeutet, daß aufgrund eines CSM-Programms ein Wettbewerbsvorteil und ein Erfolg am Markt eigentlich nur dann zu erzielen sind, wenn die eigenen Stärken und Schwächen in Relation zum Wettbewerbsumfeld ermittelt werden können.

Eine weitere wichtige Grundanforderung im Rahmen der qualitativen Vorstufe ist, alle Schnittstellen zwischen den Kunden und den Mitarbeitern eines Unternehmens bei der Entstehung eines Produktes oder einer Dienstleistung zu ermitteln und dabei die für die Kunden wichtigen, kundenbeeinflussenden Prozesse zu identifizieren. In diesem Zusammenhang ist nochmals darauf hinzuweisen, daß die Ergebnisse der ersten Stufe rein qualitativer Art sind und keine abschließende Analyse der Stärken und Schwächen erlauben, weil keine quantifizierbaren Aussagen zu den interessierenden Problemkreisen vorliegen. Die qualitative Vorstudie dient vielmehr ausschließlich der Konzipierung der Erhebungsinstrumente für die nachfolgende quantitative Hauptuntersuchung. Sie ist essentieller Bestandteil eines CSM-Programms, dessen Erfolg ohne diese erste ausführliche Vorstudie im Regelfall in Frage gestellt ist. Das bedeutet, daß das bei Marktforschungsuntersuchungen ansonsten übliche Briefing durch den Auftraggeber mit einer Festlegung der Untersuchungsinhalte kein Ersatz für die qualitative Vorstufe sein kann.

Hinzu kommt darüber hinaus, daß die qualitative Vorstufe eine weitere, wichtige Funktion im Rahmen eines CSM-Programms erfüllt, die in Fachkreisen mit dem Begriff „Familiarisierung" beschrieben wird. Dieser Begriff bedeutet, daß sich im Rahmen einer qualitativen Vorstufe alle an einem CSM-Programm beteiligten Personen mit der Zielsetzung, der Vorgehensweise und den wichtigen Kriterien für eine CSM-Untersuchung vertraut machen können und sollen und durch die konkrete Zusammenarbeit am Projekt eine höhere Motivation für CSM- und Total Quality Management-Programme entwickkeln sollen. Erst nach erfolgreicher Beendigung der qualitativen Vorstudie und einer sorgfältigen Sichtung der Einzelergebnisse im Hinblick auf die Inhalte der Hauptuntersuchung kann mit der zweiten Projektstufe, dem Soll-Ist-Vergleich bzw. der Messung der tatsächlichen Leistung eines Unternehmens und deren Vergleich mit den Kundenerwartungen begonnen werden.

Charakteristisch ist für die zweite Projektstufe, daß die für die Kundenzufriedenheit bedeutsamen Aspekte in ihrer Ausprägung und Wichtigkeit nunmehr auf quantitativer Basis in weitgehend strukturierter Form erhoben werden. Voraussetzung hierfür ist natürlich, daß die Zielgruppe der quantitativen Hauptuntersuchung genau definiert sein muß. So muß z.B. von vornherein eindeutig geklärt sein, ob man sich, wie im Regelfall üblich, bei CSM-Studien auf bestehende Kunden beschränkt oder auch ehemalige bzw. potentielle Neukunden in die Untersuchung mit einbeziehen möchte. Schon aus Gründen der Forschungsökonomie und der Kosten empfiehlt sich die Beschränkung auf bestehende Kunden. Darüber hinaus gibt es aber auch einen wesentlichen betriebswirtschaftlichen Aspekt, der für die Konzentration auf diese Zielgruppe spricht. Die Ergebnisse der PIMS-Studien belegen nämlich eindeutig, daß die Erhaltung des bestehenden Kundenpotentials wesentlich einfacher und kostengünstiger ist als die Gewinnung neuer oder gar die Rückgewinnung verlorener Kunden. Weiterhin ist von vornherein zu klären, ob die Umfrage in Form einer Totalerhebung oder als Stichprobenerhebung erfolgen soll.

Die Totalerhebung ist immer dann sinnvoll, wenn die Gesamtzahl der Kunden für ein Produkt oder eine Dienstleistung nur relativ gering ist. Allerdings ist bei geringer Kundenzahl und der Entscheidung für eine Totalerhebung darauf zu achten, daß die Kunden durch die Befragung nicht überstrapaziert werden und daß CSM-Befragungen im Rahmen einer Totalerhebung nicht zu häufig erfolgen. Sofern eine Entscheidung für eine im Regelfall übliche Stichprobenerhebung getroffen wird, müssen vor Beginn der Feldarbeit Einzelheiten für das Stichprobenverfahren festgelegt werden. Dabei ist u.a. auch zu klären, ob man eine Zufallsauswahl oder eine Auswahl aufgrund von Quotenvorgaben (z.B. nach Regionen und Umsatzgrößenklassen) trifft und ob man einer Stichprobenziehung eine proportionale (verkleinertes Abbild der Kundenstruktur) oder disproportionale Stichprobe (Überrepräsentanz wichtiger, aber zahlenmäßig kleiner Kundengruppen) vorzieht. Ferner ist ebenfalls der Stichprobenumfang von großer Bedeutung, da nämlich letztlich von der Anzahl der abgefragten kundenbeeinflussenden Prozesse und von der Frage, inwieweit man auch für Teilgruppen von Kunden aussagefähige Zahlen haben will, der Gesamtstichprobenumfang beeinflußt wird.

Ein weiterer wichtiger Gesichtspunkt, der in Verbindung mit der quantitativen Hauptuntersuchung geklärt werden muß, ist die Entscheidung für die Erhebungsmethode. Befragte von CSM-Programmen sind oftmals auf Kundenseite in Entscheiderpositionen tätig und somit schwer erreichbar. Deshalb ist die telefonische Befragung aus Kosten-, Zeit- und Ausschöpfungsgründen zur häufigsten Erhebungsmethode bei CSM-Untersuchungen geworden. Allerdings gibt es bei der telefonischen Befragung zeitliche Begrenzungen. Interviews von mehr als 30 Minuten Dauer sind telefonisch kaum noch möglich, so daß bei längerer Interviewdauer Face-to-Face-Interviews ebenso praktikabel sein können wie eine schriftliche Befragung bei relativ kurzer Interviewdauer und bei einer gleichzeitig zu erwartenden hohen Teilnahmebereitschaft der Befragten. Allerdings sollte auf schriftliche Befragungen verzichtet werden, wenn davon ausgegangen werden muß, daß weniger als 50 % der ausgesandten Fragebögen ausgefüllt zurückgeschickt werden.

Ein weiterer Aspekt, der in Verbindung mit der quantitativen Hauptuntersuchung ebenfalls zu klären ist, betrifft die Erhebungsintervalle und -zeiträume. So ist es besonders bei großen Stichprobenumfängen möglich, die Befragungen kontinuierlich durchzuführen und trotz längerer Feldzeit zu bestimmten, vorher festzulegenden Stichdaten Zwischenergebnisse vorzulegen. Bei kleineren Stichprobenumfängen empfiehlt es sich allerdings, die Feldarbeiten in einer oder aber mehreren getrennten Einzelwellen durchzuführen.

4. Die strategische Analyse als Grundvoraussetzung zur Erarbeitung von Aktionsplänen

Unabhängig davon, ob die Analyse eines CSM-Programms nur in Form einer mündlichen Präsentation oder auch eines ausführlichen schriftlichen Untersuchungsberichts erfolgt, sollte grundsätzlich darauf geachtet werden, daß die Ergebnisdarstellung zweistufig erfolgt und daß die Untersuchungsergebnisse aus zwei Einzelkomponenten bestehen. Die erste Einzelkomponente in der Ergebnisdarstellung kann man als den deskriptiven Teil bezeichnen, bei dem in einem sogenannten Leistungsprotokoll alle wichtigen Werte und Ergebnisse größtenteils in graphischer Form aufgelistet werden sollten. Dieser deskriptive Teil liefert einen ersten Überblick über die Untersuchungsergebnisse und trägt mit dazu bei, bei Einbeziehung der Resultate über den Vergleich mit dem Wettbewerb eine erste Standortbestimmung für das eigene Unternehmen bzw. die eigenen Produkte und Dienstleistungen durchführen zu können.

Der zweite Teil der Analyse kann im Gegensatz dazu als der diagnostische Teil bezeichnet werden. Dieser beruht überwiegend auf multivariaten Analyseverfahren und beinhaltet u.a. die für die Erarbeitung von Aktionsplänen unabdingbare strategische Analyse zur Qualitätsverbesserung. Bei der strategischen Analyse zur Qualitätsverbesserung werden die durch die Umfrage ermittelten Stärken und Schwächen in Abhängigkeit von der Kundenrelevanz und soweit als möglich unter Berücksichtigung des Vergleichs mit dem Wettbewerb analysiert und in eine Matrix eingeordnet, um letztlich die gebotenen und sinnvollen Prioritäten im Rahmen eines Aktionsplans setzen zu können. In diesem Zusammenhang sei noch einmal darauf hingewiesen, daß das Gesamturteil über ein Unternehmen sich letztlich auf der Basis einzelner Teilurteile bildet und daß nicht alle Teilbereiche, mit denen ein Kunde in Berührung kommt, für das Gesamturteil gleich wichtig sind. Für am Kunden orientierte qualitätsverbessernde Maßnahmen ist es deshalb entscheidend, mit solchen Verbesserungen zu beginnen, die vermutlich den größten Einfluß auf die Kundenzufriedenheit haben.

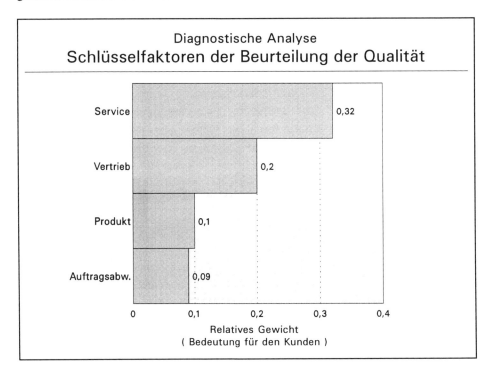

Abbildung 3: Schlüsselfaktoren der Beurteilung der Qualität

Bei dem Beispiel in Abbildung 3 wird deutlich, daß die Bereiche Service und Vertrieb im Vergleich mit der Auftragsentwicklung und dem Produkt selbst einen wesentlich höheren Einfluß auf die Kundenzufriedenheit ausüben.

Das hier gezeigte Beispiel ist übrigens durchaus typisch für eine Marktsituation, bei der es im Hinblick auf die Produktqualität der Wettbewerber nur geringfügige Unterschiede gibt. Das bedeutet, daß beim Produkt selbst ein gewisser Qualitätsstandard seitens des Kunden stillschweigend vorausgesetzt wird, der somit verständlicherweise keinen relevanten Zusatznutzen mehr für den Kunden bilden kann.

Nachdem auf diese Art und Weise die Wichtigkeit einzelner kundenbeeinflussender Prozesse bzw. Faktoren festlegt, können diese in Verbindung mit den konkreten Leistungsbeurteilungen und unter Berücksichtigung des Vergleichs mit dem Wettbewerb in eine Matrix eingeordnet und einer strategischen Analyse zur Qualitätsverbesserung unterzogen werden. Das bedeutet, daß sich Prioritäten im Handlungsbedarf aufgrund der strategischen Analyse zum einen auf der Basis der Wichtigkeit einzelner Bereiche für den Kunden, zum anderen aber auch aufgrund der Wahrnehmungen von Leistungen im Wettbewerbsumfeld ergeben. Die in Abbildung 4 dargestellte Matrix der Qualitätsverbesserung belegt relativ deutlich, wie die knappen Ressourcen insgesamt zu verteilen sind, um einen optimalen Return on Satisfaction zu erhalten. Außerdem wird erkennbar, wo Investitionen weniger dringlich sind bzw. wo u.U. sogar eine Fehlallokation von Ressourcen vorliegt.

So zeigt das vorliegende Beispiel, daß der Service für den Kunden relativ gesehen die höchste Wichtigkeit besitzt und daß das eigene Unternehmen beim Service schlechter bewertet wird als der Wettbewerb. Der Service ist somit ein kritischer Bereich, bei dem die höchste Priorität zur Verbesserung des Qualitätsniveaus vorliegt. Danach scheint es angeraten, sich um den Vertrieb zu kümmern, bei dem es aus Kundensicht eine hohe Wichtigkeit und lediglich eine Gleichstellung mit dem Wettbewerb gibt.

Die dritte Priorität stellt dann das Produkt selbst dar, während bei der Auftragsabwicklung eine relativ geringe Priorität zur Aufrechterhaltung des Qualitätsniveaus vorliegt, weil die Auftragsabwicklung selbst als unwichtigster Einflußfaktor vom Kunden eingestuft wurde und weil das eigene Unternehmen hier offensichtlich deutlich besser ist als der Wettbewerb.

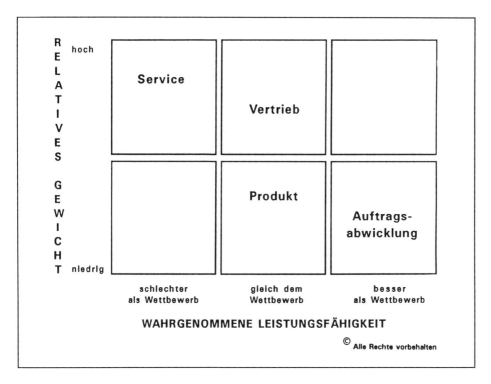

Abbildung 4: Strategische Analyse durch Qualitätsverbesserung

Selbstverständlich ist die strategische Analyse zur Qualitätsverbesserung nicht mit einer Betrachtung der kundenbeeinflussenden Hauptprozesse beendet. Eine analoge Vorgehensweise ist selbstverständlich auch auf der Ebene darunter erforderlich. Das bedeutet, daß im Rahmen eines CSM-Programms die kundenbeeinflussenden Hauptprozesse wie Service, Vertrieb, Produkt- und Auftragsabwicklung in Einzelaspekte aufgebrochen werden müssen und daß selbstverständlich auch für die Einzelaspekte Leistungsbeurteilungen ermittelt werden müssen. Erst dadurch ergibt sich wiederum die Möglichkeit, bei einem als kritisch erkannten kundenbeeinflussenden Hauptprozeß festzustellen, welche Detailaspekte letztlich zu negativen Leistungsbeurteilungen dieses Hauptprozesses geführt haben. Das im Abbildung 4 gezeigte Beispiel aus dem diagnostischen Teil kann hier nur einen kleinen Ausschnitt aller Möglichkeiten und durchgeführten Analysen vermitteln. Es zeigt aber, daß die strategische Analyse zur Qualitätsverbesserung tatsächlich wichtige Entscheidungshilfen bei der Entwicklung eines Maßnahmenkatalogs und bei der Prioritätensetzung liefern kann und daß die Erarbeitung eines Aktionsplanes aufgrund der Untersuchungsergebnisse erst durch eine strategische Analyse unter Einbeziehung der Relevanz-, Leistungs- und Vergleichskriterien mit dem Wettbewerb möglich ist.

157

5. Customer Satisfaction Measurement, Qualitätsmanagement und Mitarbeiter

Ein in Verbindung mit Kundenzufriedenheitsuntersuchungen oftmals übersehenes Problem besteht darin, daß die im Rahmen solcher Umfragen ermittelten Schwachstellen nicht entsprechend verbessert werden können, weil es im Unternehmen an Motivation oder auch strukturellen Voraussetzungen für die Umsetzung eines Qualitätsmanagement-Konzepts fehlt. Das kann wiederum bedeuten, daß neben der Befragung von Kunden auch eine Befragung von Mitarbeitern erforderlich wird. Allerdings sind hierzu klassische Mitarbeiterbefragungen nicht geeignet, weil sie zumeist nur auf die Mitarbeiterzufriedenheit als entscheidenden Motivationsfaktor für aktive Mitarbeit zielen. In Verbindung mit der Implementierung eines Qualitätsmanagement-Konzepts geht es jedoch um mehr. Neben der Einstellung zur Kundenorientierung müssen nämlich auch strukturelle Bedingungen im Unternehmen dem Aufbau einer „Qualitätskultur" förderlich sein. Inwieweit die Mitarbeiter dies nun wahrnehmen, akzeptieren und mittragen muß Gegenstand einer begleitenden Mitarbeiterbefragung sein.

Das bedeutet, daß neben der Kundenbefragung auch die Befragung der Mitarbeiter eine wesentliche Säule des Qualitätsmanagement-Prozesses sein kann. Oftmals wird in Verbindung mit derartigen Erwägungen die Frage diskutiert, ob zuerst die Kunden oder die Mitarbeiter zu befragen sind. Diese Frage ist meistens von sekundärer Bedeutung. Wesentlich wichtiger an dem Gesamtprozeß des Qualitätsmanagements und den Befragungen ist vielmehr, daß die Ergebnisse beider Befragungsarten vergleichbar und zusammenführbar sind, weil erst dadurch umsetzbare Empfehlungen für Qualitätsmanagement-Maßnahmen entwickelt werden können.

6. Customer Satisfaction Measurement als Managementinstrument

Ziel von Customer Satisfaction Measurement-Untersuchungen ist es, den Qualitätsverantwortlichen in einem Unternehmen die Informationen an die Hand zu geben, die für ein erfolgreiches Implementieren und Umsetzen einer am Total Quality Management orientierten Firmenstrategie notwendig sind. Mit Hilfe dieses Beitrages sollte gezeigt werden, daß es eine Vielzahl von Fußangeln und Fallstricken gibt, die dazu führen können, daß derartige Untersuchungen nicht zu sinnvollen und umsetzbaren Ergebnissen führen. Werden jedoch die wichtigsten Anforderungskriterien eines CSM-Programms beachtet, so ergibt sich aus einer derartigen Untersuchung ein erheblicher Nutzen für ein modernes, kundenorientiertes Unternehmen, das sich der Philosophie des

Total Quality Management verpflichtet fühlt. Dieser Nutzen läßt sich in vier Punkten zusammenfassen.

Zum einen ist ein Customer Satisfaction Measurement-Programm ein operationales Instrument zur kontinuierlichen Beobachtung der Qualitätswahrnehmungen aus Kundensicht, das die Möglichkeit der Verbindung von interner und externer Qualität eröffnet.

Darüber hinaus ist ein Customer Satisfaction Measurement-Programm als ein strategisches Instrument anzusehen, das nicht nur einen Überblick über Stärken und Schwächen der eigenen Produkte und Dienstleistungen gibt, sondern auch Entscheidungshilfen beim Verteilen von Ressourcen für die für Kunden wichtigsten Kriterien für Qualität liefert.

Der dritte Nutzen eines CSM-Programms besteht darin, daß eine derartige Untersuchung auch als Instrument zur Unternehmens- und Mitarbeitermotivation genutzt werden kann, weil die Bemühungen des Unternehmens um Qualität auch nach innen glaubhaft und deutlich sichtbar gemacht werden können, einzelnen Mitarbeitergruppen ein Eindruck von der Bedeutung ihres Beitrags zum Erreichen dieser Zielsetzung vermittelt wird und darüber hinaus mit den Untersuchungsergebnissen die Motivation einzelner Mitarbeiter erhöht werden kann.

Der letzte und vierte Nutzen eines CSM-Programms besteht aber auch darin, daß CSM-Untersuchungen ein PR-Instrument sind, da bereits die Durchführung eines derartigen Programms sowie auch die Nutzung von Ergebnissen in der Kommunikation mit dem Kunden die Bemühungen des Unternehmens um Verbesserung der Qualität deutlich machen.

Anton Meyer/Frank Dornach

Das Deutsche Kundenbarometer
- Qualität und Zufriedenheit

1. Das Controlling der Kundenzufriedenheit ist Ausgangspunkt für eine systematische Kundenorientierung

Kundenorientierung wird zum wesentlichen Wettbewerbsfaktor, wenn sämtliche „Antennen" eines Unternehmens ständig für den Kunden „auf Empfang" gestellt sind. Voraussetzung dafür ist die Kenntnis der Erwartungen der Kunden, des eigenen Leistungspotentials, der Leistungen der Wettbewerber sowie eine regelmäßige Überprüfung der entsprechenden Daten, um eventuelle Qualitätslücken schließen und einen permanenten Leistungsabgleich mit Veränderungen in der Erwartungshaltung der Kunden zu ermöglichen. Eine konsequente Ausrichtung aller Planungen, Entscheidungen und Aktivitäten eines Unternehmens an den Kundenerwartungen setzt die Erhebung und Fortschreibung von unternehmensbezogenen Kundenzufriedenheitswerten sowie den Vergleich mit entsprechenden Kennziffern von direkten Wettbewerbern voraus. Da die Kundenerwartungen u.a. auch von Erfahrungswerten der Kunden mit unterschiedlichsten Branchen (z.B. können Apotheken nicht vorrätige Produkte in zwei Stunden nachliefern, andere Handelsbranchen benötigen dafür Tage oder Wochen) geprägt werden, haben branchenübergreifende Studien wie das Deutsche Kundenbarometer einen besonderen Stellenwert, da hierdurch Maßstäbe für vorbildliche Leistungsqualitäten auch von branchenfremden Unternehmen gewonnen werden.

2. Kundenzufriedenheit ist ein marktgerichteter Maßstab für Qualität

Marketing, verstanden als marktorientierte Unternehmensführung, bedeutet die konsequente Ausrichtung aller Unternehmensaktivitäten an den Erfordernissen des Marktes. Folgt man dieser marktorientierten Denkweise, ist es naheliegend, in den Mittelpunkt der Qualitätsdiskussion einen subjektiven Qualitätsbegriff zu stellen. Eine solche subjektive Qualitätsauffassung stellt die Wahrnehmung der mit einer Leistung verbundenen Qualität durch den Nachfrager in den Mittelpunkt der Betrachtung und berücksichtigt dabei sowohl materielle (wie z.B. die technische Ausstattung) als auch immaterielle Leistungsfaktoren (wie z.B. Freundlichkeit, Kompetenz, Vertrauenswürdigkeit der Mitarbeiter).

2.1 Was ist Kundenzufriedenheit?

Zentraler Maßstab für die vom Nachfrager wahrgenommenen materiellen wie auch immateriellen Teilqualitäten unterschiedlichster Leistungsfaktoren und somit für das erzielte Gesamtqualitätsniveau ist die über geeignete Verfahren gemessene Kundenzufriedenheit. Sie ist das Ergebnis individueller Abgleichprozesse zwischen den Erwartungen und Ansprüchen der Nachfrager an bestimmte Leistungen mit den tatsächlich erhaltenen Leistungen, wie sie der einzelne Kunde *subjektiv* wahrgenommen hat. Sowohl die Erwartungen als auch die Wahrnehmung der erhaltenen Leistungen können dabei von einer Reihe von Faktoren beeinflußt werden (vgl. Abbildung 1):

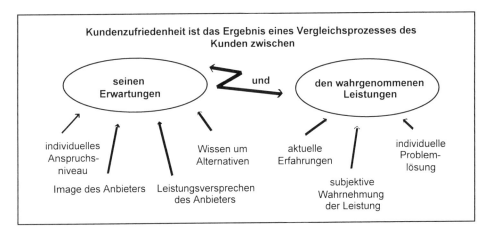

Abbildung 1: Beeinflussungsfaktoren der Kundenzufriedenheit

Die Erwartungen entstehen über das individuelle Anspruchsniveau bzw. den Anspruchsmix des Nachfragers in seiner jeweiligen Nachfragesituation. Die Art der Ansprüche und das Anspruchsniveau eines Nachfragers sind nicht zwangsläufig zeitbeständig und können sich z.B. infolge von wiederholter Nachfrage („gelernte Käufer"), Erfahrungen (z.B. im Urlaub), einer Änderung der Lebensphase, des Einkommens, des wirtschaftlichen oder gesellschaftlichen Umfeldes bzw. auch des Lifestyles ändern. Desweiteren kann das Wissen des Nachfragers um Alternativen zur Bedarfsdeckung seine Erwartungshaltung beeinflussen.

Seitens des Anbieters können insbesondere Kommunikationsmaßnahmen beispielsweise über Mitarbeiter im Kundenkontakt, über Werbung und Öffentlichkeitsarbeit und die ausgesprochenen Leistungsversprechen (z.B. Serviceversprechen: „Ich bin Tag und Nacht für Sie erreichbar"; Garantieaussagen) sowie der mit dem Angebot verbundene monetäre und nicht-monetäre Aufwand (z.B. Wartezeiten beim Arzt) auf die Erwartungen Einfluß nehmen.

Das Image des Anbieters wirkt sowohl auf die Erwartungshaltung des Nachfragers als auch auf die subjektive Wahrnehmung und Bewertung von Leistungen durch den Kunden ein. Die Wahrnehmung der Leistung kann darüber hinaus durch bereits vorliegende Erfahrungen bzw. Vergleiche des Kunden (z.B. in der Abwicklung von Kreditanträgen) in der Nutzung der Leistung sowie durch situative Faktoren beeinflußt werden. Desweiteren kann vom Kunden die jeweilig erhaltene, individuelle Problemlösung zur Qualitätswahrnehmung herangezogen werden.

Durch diese knappen Ausführungen wird bereits deutlich, daß neben dem Niveau der Leistungsqualität insbesondere die Art und Genauigkeit der Zielgruppensegmentierung, die Positionierung hinsichtlich Preis und Image sowie die Ausgestaltung der medialen und persönlichen Kommunikation vor, während und nach Leistungsprozessen einen hohen Einfluß auf die Kundenzufriedenheit haben können.

Da jedes Zufriedenheitsurteil einen Wahrnehmungsprozeß voraussetzt und Wahrnehmung nicht nur als Registrierung von äußeren Reizen, sondern auch als ein Prozeß der Informationsverarbeitung verstanden werden kann, sind dabei jene Leistungsfaktoren relevant, die eine hohe Bedeutung oder Ausstrahlungswirkung auf andere Faktoren haben.

Die Fokussierung auf hohe oder totale Kundenzufriedenheit bedeutet somit die permanente, schnelle und flexible Ausrichtung der aus Nachfragersicht relevanten Leistungsprozesse und Handlungen eines Anbieters auf die Erwartungen der Zielgruppe, indem die Erwartungen *übertroffen* werden. Entscheidend hierfür ist nicht die aus Anbietersicht tatsächlich gebotene Leistungsqualität, sondern die subjektive Wahrnehmung und Bewertung der Qualität durch den Kunden.

2.2 Wie wirkt sich Kundenzufriedenheit aus?

Zwischen Qualität, Kundenzufriedenheit und zukünftigem Kundenverhalten bzw. Kundenbindung und Gewinn bestehen deutliche, insbesondere branchenspezifisch unterschiedlich stark ausgeprägte Zusammenhänge: Übersteigt die vom Kunden wahrgenommene Qualität seine Erwartungen, dann kann davon ausgegangen werden, daß der Kunde dies beispielsweise auf einer Fünfer-Skala, die von den äußeren Skalenpunkten vollkommen zufrieden (1) bis unzufrieden (5) reicht, mit vollkommen zufrieden (1) oder sehr zufrieden (2) beurteilt. Zufriedenheitswerte auf diesen beiden Item-Positionen charakterisieren *überzeugte Kunden* (andere Autoren sprechen von begeisterten Kunden), weil diese vergleichsweise wesentlich aktiveres und positiveres Verhalten hinsichtlich Wiederkauf, Zusatzkäufen und Weiterempfehlung versprechen, was beispielhaft in Abbildung 2 für eine ausgewählte Branche verdeutlicht wird.

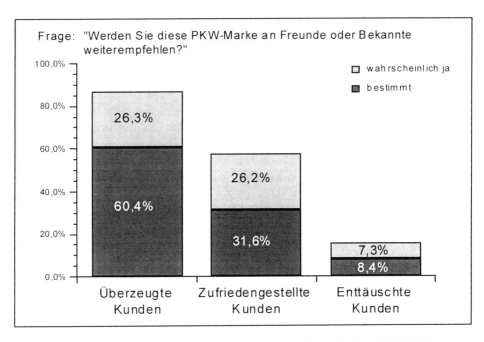

Abbildung 2: Aktives Referenzpotential bei Pkw-Herstellern (Basis: 11.868 Fälle)

Entspricht die wahrgenommene Leistung in etwa dem, was der Kunde erwartet hat, dann ist der Kunde schlichtweg zufrieden. Diese Kunden können als *zufriedengestellte Kunden* charakterisiert werden; sie sind stark indifferent hinsichtlich ihrer zukünftigen Anbieterloyalität und zeigen häufig nur passives Weiterempfehlungsverhalten. Solche Kunden sind daher ein gutes Potential für Abwerbeversuche von Wettbewerbern. Deshalb gilt es für den langfristigen Erfolg, die Erwartungen der Kunden zu übertreffen, Kunden zu *begeistern,* aus zufriedengestellten Kunden überzeugte Kunden zu machen. Nur größtmögliche Kundenzufriedenheit sichert dauerhafte Kundenloyalität und einen verläßlichen Kundenstamm.

Sind die Erwartungen der Kunden größer als die wahrgenommene Qualität, dann kann davon ausgegangen werden, daß diese Kunden weniger zufrieden oder unzufrieden mit den erhaltenen Leistungen sind. Diese Kundengruppe kann als die *enttäuschten Kunden* bezeichnet werden. Bei ihr lassen sich eine hohe Wechselbereitschaft und eine Weiterempfehlung in Form von negativer Mund-zu-Mund Propaganda nachweisen.

Insbesondere aufgrund dieser Zusammenhänge ermöglicht eine hohe Kundenzufriedenheit daher

- das Durchsetzen relativ hoher Preise, weil Nachfrager für geringere Qualitätsrisiken entsprechend mehr zu bezahlen bereit sind, wenn sie diese erkennen bzw. auf diese vertrauen können,
- den Ausgleich höherer Servicekosten durch steigende Economies of Scale bei steigenden Absatzzahlen,
- die Senkung von Marketingkosten, weil fehlgeleitete oder ineffiziente Ausgaben zur Akquisition von neuen Kunden eher vermieden werden können und
- die Senkung der Mitarbeiterfluktuation durch die Steigerung der Mitarbeiterzufriedenheit, sofern diese erkennen (können), daß ihre Leistung/ihr Engagement zu positiven Ergebnissen für den Kunden führt und auch von diesem honoriert wird.

Eine hohe Kundenzufriedenheit schafft damit eine optimale Basis für eine mittel- und langfristig wirksame Kundenbindung (vgl. hierzu den Beitrag von Homburg/Rudolph in diesem Band). Die Auswirkungen der Kundenzufriedenheit auf den Ertrag werden in einigen empirischen Belegen nachgewiesen. So zeigen erste Längsschnittergebnisse des schwedischen Kundenbarometers, daß eine Erhöhung der Kundenzufriedenheit um jeweils einen Indexpunkt über fünf Jahre eine durchschnittliche Steigerung des ROI („Return on Investment") von 11,33 % bedeutet (vgl. Anderson/Fornell/Lehmann 1993). Desweiteren untersuchten Reichheld/Sasser (1991) in einer branchenübergreifenden Analyse die Auswirkungen der Kundenbindung auf den Gewinn. Hierbei konnten sie nachweisen, daß - in Abhängigkeit von der Branche - der ROI, über die gesamte durchschnittliche Kundenbindungsdauer um 25 bis 85 % gesteigert werden konnte, wenn die Kundenabwanderungsrate in untersuchten Unternehmen um 5 % gesenkt wurde. Gleichzeitig kann, wie sich aus den Auswertungen zum Deutschen Kundenbarometer zeigt, eine häufig mit höherer Kundenzufriedenheit verbundene höhere Kauffrequenz (z.B. bei Handelsbranchen) oder eine breitere Nutzung von Leistungen eines Anbieters (z.B. Versicherungsunternehmen, Tankstellen) nicht zuletzt auch aufgrund von Gewohnheitseffekten zu einer Senkung der Wechselbereitschaft bei den Kunden führen. Aus diesen Ausführungen und aus weiteren Studien (vgl. Finkelmann/Goland 1990a) läßt sich schließen, daß in Abhängigkeit von der jeweiligen Marktstruktur und der relativen Marktbedeutung eines Anbieters Kundenbindungsstrategien vielfach kostengünstiger sind als Kundengewinnungsstrategien.

2.3 Wie wird Kundenzufriedenheit gemessen?

Bevor auf geeignete Methoden zur detaillierten Messung der Kundenzufriedenheit eingegangen wird, soll zunächst beispielhaft auf drei Möglichkeiten zur *Förderung eines*

Feedbacks über die Zufriedenheit der Kunden (passive Erhebungsmethoden) verwiesen werden: Über die Bereitstellung von zusätzlichen Kontaktmöglichkeiten für den Kunden (z.B. über Serviceschalter, -telefon, -karten) mit dem Ziel einer einfachen und schnellen Kontaktaufnahme kann bereits eine grobe, kostengünstige und somit permanente Informationsgewinnung über die realisierte Kundenzufriedenheit erfolgen. Die Etablierung von Kundenbeiräten oder „User-Clubs" kann dagegen als Feedbackinstrument zur Erschließung von qualitativen Informationen sowie der *Ursachen* von Unzufriedenheit dienen. Für die Kundenwahrnehmung sowie die weitere Nachfragebeziehung besonders kritische Ereignisse/Erlebnisse können darüber hinaus durch die konsequente Auswertung der in verschiedenen Kontaktstellen (Außendienstmitarbeiter, Filiale, Zentrale etc.) eingehenden Beschwerden und Reklamationen im Rahmen eines systematischen Beschwerdemanagements erschlossen werden. Ein repräsentatives und umfangreiches Bild über den Grad der Kundenzufriedenheit kann mit diesen Methoden allerdings nicht erzielt werden.

Zur *gezielten und aktiven Erhebung von Qualitätsdaten* können sowohl leistungs- als auch kundenorientierte Verfahren eingesetzt werden:

Leistungsorientierte Verfahren mittels Beobachtung, Tests bzw. Trackingsystemen (Kundenbeobachtungen, Testanrufe, Outletchecks, Mystery Shopping, Leistungstests, Kontaktanalysen, Prozeßzeitenanalysen, Sendungsverfolgungssysteme) zielen meist auf die regelmäßige Ermittlung von Fakten zur Überprüfung der Einhaltung von technischen bzw. objektiven Leistungsmerkmalen ab. Diese Verfahren kommen deshalb insbesondere für die Überprüfung von objektiv meßbaren Leistungsfaktoren (Sauberkeit, Vorhandensein von Prospekten/Formularen, Lauf-, Warte-, Bearbeitungszeiten etc.), für objektgerichtete Qualitätsuntersuchungen (z.B. Werkstatt-Tests) bzw. für Vergleichsuntersuchungen in einzelnen Kontaktpunkten (Filialcheck) des eigenen Unternehmens oder von Wettbewerbern in Frage. Gleichzeitig können hierbei in gewissem Umfang auch subjektive, nicht verallgemeinerbare Bewertungen von Beobachtern/Testern beispielsweise für die Identifikation von Einflußfaktoren oder für Prozeßverbesserungen gewonnen werden. Detaillierte und verläßliche Rückschlüsse auf die Zufriedenheit einzelner Kundengruppen (und deren Bindung an das jeweilige Unternehmen) als per definitionem subjektives Konstrukt sind jedoch nur stark eingeschränkt möglich.

Andererseits stehen eine Reihe von *kundenorientierten* Verfahren mittels gezielter Befragungen über die Zufriedenheit der Kunden zur Verfügung. Einen besonderen Stellenwert im Rahmen einer im Zeitablauf vergleichbaren Überprüfung der Leistungswahrnehmung nehmen dabei die merkmalsgestützten Verfahren ein (vgl. Hentschel 1992), da diese bei entsprechend skalierter Abfrage im Vergleich zu ereignisgestützten Verfahren eher zur Ermittlung von Durchschnittswerten geeignet sind. Sie reproduzieren insbesondere kontextungebundene, zeitlich stabilere Werte aus dem semantischen

Gedächtnis des Befragten, die dementsprechend für Qualitäts-/Zufriedenheitspanels bzw. -barometer geeignet sind.

Unter Berücksichtigung der aufgeführten Besonderheiten der jeweiligen Verfahren wird deutlich, daß in der Praxis des Qualitäts- und Kundenzufriedenheits-Controllings ein umfassender Methoden-Mix aus den zur Verfügung stehenden Methoden eingesetzt werden sollte.

3. Branchenübergreifende Kundenbarometer liefern Benchmarks

Je nach Zielsetzung und Zielgruppe von Zufriedenheitsuntersuchungen bieten sich ausgehend von der einzelnen Leistungsbeziehung bis hin zur Verdichtung zu makroökonomischen Qualitätsdaten mehrere Stufen an: So können die Urteile über die einzelnen Leistungsbeziehungen zu einer Gesamtbeurteilung auf der Ebene einzelner Netzpunkte (wie z.B. einzelner Außendienstmitarbeiter, Filialen, Werkstätten, Händler) zusammengefaßt werden. Die nächste Stufe ist durch die jeweiligen Organisationseinheiten (lokal, regional, national, international) bestimmt, wie sie sich beispielsweise in Vertriebsgebieten widerspiegeln. Die Zusammenfassung der Werte aller relevanten Organisationseinheiten führt zu einem Wert für den jeweiligen Geschäftsbereich oder das Unternehmen; die Zusammenfassung aller Anbieter führt zum jeweiligen Zufriedenheitsniveau einer Branche (z.B. Banken und Sparkassen) bzw. eines Sektors (z.B. Finanzmarkt) bis hin zu nationalen (z.B. „American Customer Satisfaction Index", ACSI), multinationalen bzw. globalen Qualitätswerten.

Werden eine Vielzahl von Branchen/Sektoren einer Nation bzw. eines Wirtschaftsraumes in einer Untersuchung zusammengefaßt und diese in zeitlichen Abständen wiederholt, kann von einem nationalen Barometer gesprochen werden. Mit der Zielsetzung, einen am jeweiligen Bruttoinlandsprodukt orientierten Gesamtzufriedenheitsindex zu errechnen, stellen das schwedische und das amerikanische Barometer volkswirtschaftliche Fragestellungen und Aussagen in den Vordergrund, während das Deutsche Kundenbarometer auf betriebswirtschaftliche und umsetzungsorientierte Aussagen, wenn möglich bis auf Anbieterebene, abzielt.

Ausgangspunkt für solche *branchenübergreifenden* Zufriedenheitsstudien ist dabei die Annahme, daß Nachfrager ihre Qualitätsansprüche bzw. -bewertungen nicht nur aus dem Vergleich ihrer bisherigen Erfahrungen mit einem speziellen Anbieter bzw. Konkurrenzanbieter einer Branche aufbauen, sondern auch Wahrnehmungen über Leistungsniveaus in anderen Branchen hierzu heranziehen. Dies bedeutet, daß relevante

Benchmarks aus Nachfragersicht für einzelne Unternehmen häufig in anderen Branchen bzw. bei Monopolanbietern wie z.B. Briefpostdienst oder der Deutschen Bahn im jeweiligen Kulturkreis ausschließlich in anderen Branchen vorzufinden sind oder aufgrund kultureller Unterschiede in der Erwartungshaltung der Kunden nur bedingt in anderen Ländern zu identifizieren sind.

In den nachfolgenden Ausführungen soll hierzu beispielhaft *Das Deutsche Kundenbarometer - Qualität und Zufriedenheit -* als branchenübergreifende Zufriedenheits- und Benchmarkingstudie vorgestellt werden.

3.1 Aufbau des Deutschen Kundenbarometers - Qualität und Zufriedenheit

Seit 1992 untersucht die Deutsche Marketing-Vereinigung e.V. (Düsseldorf) in Zusammenarbeit mit der Deutschen Post AG (Bonn) als Exklusivsponsor alljährlich die Kundenorientierung und Wettbewerbsfähigkeit von Unternehmen und Organisationen in Deutschland. Maßstab dafür sind repräsentativ für die deutschsprachige Bevölkerung erhobene Kundenzufriedenheits- und Kundenbindungsdaten hinsichtlich des Angebots und der Leistungen von über 700 namentlich erfaßten Anbietern von Waren und Dienstleistungen aus über 40 Branchen. Als Initiator des Deutschen Kundenbarometers möchte die Deutsche Marketing-Vereinigung e.V. den Gedanken marktorientierter Qualität und Kundenzufriedenheit innerhalb der deutschen Wirtschaft weiter verbreiten und die Marktnähe und Wettbewerbsfähigkeit von Unternehmen und öffentlichen Institutionen verbessern helfen sowie die Marketingprofessionalität weiter steigern. Die Deutsche Post AG möchte sich als Wissenschaftssponsor für branchenübergreifende und verbraucherpolitische Interessen engagieren und insbesondere die Bedeutung von Qualität, Kundenzufriedenheit und Kundenbindung für unterschiedliche Marktsituationen erschließen sowie Bestleistungen bzw. Champions der einzelnen Branchen im Zeitablauf verfolgen.

Unter der fachlichen Leitung der Autoren wurde die Methodik sowie das Instrumentarium zur jährlichen Messung der Kundenzufriedenheit und weiterer Kennzahlen der Kundenbindung bzw. des Goodwill entwickelt, hinsichtlich der jeweiligen Anforderungen der untersuchten Branchen in vergleichbare Fragestellungen umgesetzt sowie kontinuierlich erweitert und verbessert.
Zur Steigerung der Kundenorientierung und Wettbewerbsfähigkeit von Anbietern und Branchen werden über die jährliche Erhebung mit dem Deutschen Kundenbarometer folgende Ziele verfolgt:

- Bereitstellung von qualitätsbezogenen Kennziffern für Führungskräfte und Aufsichtsgremien in Unternehmen, Verbänden, Politik und Gesellschaft als Grundlage für ein kontinuierliches Qualitäts-Controlling,
- Identifikation von Bestleistungen und Champions der Kundenorientierung in einzelnen Branchen und bei einzelnen Leistungsprozessen bzw. -faktoren unter dem Gesichtspunkt eines branchenübergreifenden Benchmarkings,
- Sensibilisierung schlecht bewerteter Branchen und Anbieter für Kundenorientierung durch Aufzeigen ihrer konkreten Leistungs- und Marketingdefizite,
- Steigerung der Leistungsqualität und Kundenzufriedenheit in Deutschland.

Hierzu wurden beispielsweise im Jahr 1994 fast 186.000 Brancheninterviews mit rund 36.000 Kunden bzw. Abnehmern von Leistungen in Deutschland durchgeführt. Die Grundgesamtheit der Studie stellt die deutschsprachige Bevölkerung ab 16 Jahren, erreichbar in den Privathaushalten der Bundesrepublik Deutschland, dar. Die Daten über die einzelnen Branchen wurden in den alten Bundesländern telefonisch mittels „Computer Aided Telephone Interviewing" (CATI) erhoben; in den neuen Bundesländern wurden die Daten aufgrund der noch zu geringen Telefondichte über Face-to-Face-Interviews mit Unterstützung eines CAPI-Systems („Computer Aided Personal Interviewing") gewonnen. In den alten Bundesländern wurde eine Befragungsperson maximal zu sechs Branchen, in den neuen Bundesländern maximal zu neun Branchen befragt.

Die Studie ist einerseits als Instrument der strategischen Früherkennung für einzelne Anbieter konzipiert, andererseits sollen grundlegende Informationen und Zusammenhänge über Kundenzufriedenheit bzw. Customer Value/Kundennutzen und Kundenbindung bzw. Goodwill (Wiederwahl, Nutzungshäufigkeit, Weiterempfehlung, Cross-Buying-Potential etc.) gewonnen werden.

Durch seinen speziellen Aufbau generiert das Deutsche Kundenbarometer branchenübergreifend insbesondere folgende Qualitäts- und Zufriedenheitsdaten:

- Kontakt zur Zielbranche und den jeweiligen Anbietern,
- Zufriedenheit mit den Leistungen der Zielbranche bzw. mit den Anbietern,
- ausschlaggebender Grund für das abgegebene Zufriedenheitsurteil,
- Zufriedenheit mit einzelnen branchenrelevanten Leistungsfaktoren (z.B. Erreichbarkeit, Freundlichkeit, fachliche Kompetenz/Beratungsqualität, Schnelligkeit, Sauberkeit, Angebotsvielfalt, Preis-/Leistungsverhältnis),
- Intensität und Dauer der Kundenbeziehung,
- Wiederkauf-, Cross-Buying-, Weiterempfehlungsabsichten,
- Beschwerdehäufigkeit, Beschwerdegrund und Zufriedenheit mit der Reaktion auf Beschwerden.

Darüber hinaus werden in jeder Branche eine Reihe von spezifischen Zusatzfragen für weitere Detailanalysen über die Kundenbeziehung gestellt sowie in jedem Interview die marktforschungstypischen soziodemographischen Strukturdaten abgefragt. Um zukünftige Marktchancen und Marktrisiken durch veränderte Einstellungen der Nachfrager frühzeitig erkennen zu können, werden zusätzlich Ausprägungen zu ausgewählten Verbraucher- und Kundentrends erhoben.

Den Schwerpunkt der einzelnen Branchenfragebögen bilden die Fragen zur Kundenzufriedenheit und Kundenbindung. Dabei wird Kundenzufriedenheit auf zwei Ebenen gemessen. Zum einen kann die Zufriedenheit auf der Ebene der Globalzufriedenheit gemessen werden. Hier zeigt sich das Ausmaß der Kundenzufriedenheit in der generellen Zufriedenheit der Kunden mit einem Leistungsbereich bzw. dem Unternehmen insgesamt (die ungestützt abgefragten Gründe für das jeweilige Urteil bieten dabei konkrete Ansatzpunkte für Verbesserungsmaßnahmen).

Folgende Fragenbeispiele zur Globalzufriedenheit vermitteln einen Eindruck über die branchenspezifische Umsetzung:

- „Wie zufrieden sind Sie mit den Leistungen Ihrer Bank insgesamt? Sind Sie vollkommen zufrieden, sehr zufrieden, zufrieden, weniger zufrieden oder unzufrieden?"
- „Wie zufrieden sind Sie mit dem Fahrzeug der Marke XY insgesamt? Sind Sie ... (Skala)?"
- „Wie zufrieden sind Sie mit den Leistungen der Stadt- und Kreisverwaltung XY insgesamt? Sind Sie ... (Skala)?"

Abbildung 3 zeigt das Ranking der so ermittelten Globalzufriedenheitswerte für die untersuchten Branchen nach dem Durchschnittswert der Zufriedenheit, gemessen auf der in Deutschland institutsübergreifend weit verbreiteten Fünfer-Skala von vollkommen zufrieden (=1), sehr zufrieden (=2), zufrieden (=3), weniger zufrieden (=4) und unzufrieden (=5).

Aus den Ergebnissen zur Globalzufriedenheit können dabei drei Zufriedenheitsniveaus abgeleitet werden: Hohe Zufriedenheit ist in Deutschland für die Bereiche Reisen, Auto und Gesundheit nachweisbar. Neu in dieser Gruppe und 1994 erstmals erhoben sind die Kreditkartenorganisationen. In den aus diesen Bereichen untersuchten Branchen können Anteile von gut 50 % bis nahezu 80 % überzeugte Kunden (entspricht der Summe aus vollkommen und sehr zufriedenen Kunden) und 3 % bis 7 % enttäuschte Kunden (entspricht der Summe aus weniger zufriedenen und unzufriedenen Kunden) nachgewiesen werden. Auf mittlerem Zufriedenheitsniveau sind hauptsächlich Branchen aus den Bereichen Handel, Finanzdienstleister, Printmedien und Postdienstleistungen vertreten. Im unteren Feld der Zufriedenheit befinden sich größtenteils Branchen bzw. Anbieter mit relativ geringer Wettbewerbsintensität wie der öffentliche Personennahverkehr, Telefondienst, die Deutsche Bahn, die Kirchen, die Stadt- und Kreisverwaltungen, die Polizei, das Duale System Deutschland und zum Schluß die Fernsehsender (vgl. Meyer/Dornach 1994a).

**Das Ranking
der untersuchten
Branchen***

Urlaubsregionen 1,98
Pkw-Hersteller 2,11
Apotheken 2,18
Haus- und Allgemeinärzte 2,24
Kreditkartenorganisationen 2,25
Reiseveranstalter 2,28
Tankstellen 2,30
Fernsehzeitschriften 2,32
Kfz-Werkstätten 2,32
Automobilclubs 2,33
Krankenkassen/Krankenversicherungen 2,34
Kfz-Versicherungen 2,35
Zeitschriften 2,36
Personal-Computer (Software) 2,38
Zeitungen (überregionale) 2,40
Hifi- und Elektromärkte/-geschäfte 2,41
Möbelhandel 2,41
Technische Überwachungsdienste (Kfz-Untersuchung) 2,41
Bau- und Heimwerkermärkte 2,43
Lebensmittelmärkte/-geschäfte 2,43
Personal-Computer (Hardware) 2,43
Elektrohaushaltsgroßgeräte (Kundendienst) 2,44
Versandhäuser 2,44
Banken und Sparkassen 2,47
Drogeriemärkte/-geschäfte 2,49
Hilfs-, Spenden- und Umweltorganisationen 2,49
Bausparkassen 2,59
Kauf- und Warenhäuser 2,65
Paketdienste 2,73
Briefpostdienst 2,75
Öffentlicher Personennahverkehr 2,78
Telefondienst 2,86
Deutsche Bahn 2,87
Kirchen/Religionsgemeinschaften 2,94
Stadt- und Kreisverwaltungen 3,03
Polizei (Öffentliche Sicherheit) 3,06
Wertstoffentsorgung (Duales System Deutschland) 3,17
Fernsehsender 3,29

* Ranking nach dem Durchschnittswert der Zufriedenheit (gemessen auf einer 5er-Skala von vollkommen zufrieden „1" bis unzufrieden „5") der deutschen Bevölkerung ab 16 Jahre

Abbildung 3: Das Ranking der Globalzufriedenheit 1994

Für die Entwicklung konkreter Maßnahmen ist es wichtig, das Gesamturteil des Kunden weiter zu differenzieren und die Kundenzufriedenheit auf der Ebene einzelner Leistungsfaktoren des jeweils genutzten Anbieters bzw. Angebotes zu messen. Die deshalb ebenfalls erhobenen Subdimensionen der Zufriedenheit betreffen insbesondere die Art und Weise der Leistungserstellung bzw. des Kundenkontaktes und angebotstypische Serviceleistungen (Erreichbarkeit, Freundlichkeit, Beratungsqualität, Preis-/Leistungsverhältnis). Nachfolgend beispielhaft einige Fragen zu Subdimensionen der Zufriedenheit:

– Sind Sie mit der Freundlichkeit der Mitarbeiter Ihres hauptsächlich genutzten Drogeriemarktes bzw. -geschäftes vollkommen zufrieden, sehr zufrieden, zufrieden, weniger zufrieden oder unzufrieden?
– Sind Sie mit der fachlichen Beratung durch Ihre Krankenkasse bzw. Krankenversicherung ... (Skala)?

173

– Sind Sie mit der Verläßlichkeit der Angaben im Katalog bzw. Prospekt Ihres hauptsächlich genutzten Reiseveranstalters ... (Skala)?
– Sind Sie mit der Schnelligkeit der Behebungen von Störungen durch die TELEKOM ... (Skala)?
– Sind Sie mit den angebotenen Serviceleistungen Ihrer hauptsächlich aufgesuchten Tankstelle ... (Skala)?

Dabei stehen - wie bei der Globalzufriedenheit - die Ermittlung von Durchschnittswerten bzw. -bewertungen über Erfahrungen/Wahrnehmungen der Kunden im Vordergrund. So wurden 1994 beispielsweise die Mitarbeiter der Citibank als die freundlichsten über alle Branchen und Anbieter (mit einer Fallzahl von mindestens 100 Stimmen) beurteilt.

Das Deutsche Kundenbarometer soll darüber hinaus einen grundlegenden Beitrag zur Identifikation von Zusammenhängen zwischen Kundenzufriedenheit und Kundenbindung leisten, da die Wettbewerbsfähigkeit von Unternehmen bzw. Institutionen insbesondere dadurch bestimmt wird, inwieweit es ihnen gelingt, nicht nur neue Kunden zu gewinnen, sondern auch die vorhandenen Kunden an das Unternehmen zu binden bzw. die abgewanderten Kunden wiederzugewinnen. Hierzu werden insgesamt bis zu sieben Parameter der zukünftigen Kundenbeziehung erhoben. Diese sind das Wiederkauf-, Cross-Buying-, Weiterempfehlungsverhalten, der zukünftig hauptsächlich genutzte Anbieter, die Dauer der Kundenbeziehung sowie die Nutzungs- bzw. Kontakthäufigkeit und die Beschwerdehäufigkeit bzw. Zufriedenheit mit der Abwicklung der Beschwerde.

Durch diese Daten kann das Ausmaß der Verhaltenswirksamkeit von Kunden(un)zufriedenheit bezogen auf die Globalzufriedenheit und auf verschiedene Subdimensionen der Zufriedenheit differenziert nach einzelnen Kundensegmenten abgeschätzt werden.

Die vorliegenden Auswertungen zeigen, daß branchen- und zielgruppenspezifisch *unterschiedliche Kundenbindungsprofile* vorliegen. Trotzdem läßt sich dabei jedoch als generelles Ergebnis über alle Branchen hinweg der erwartete, stets eindeutige Zusammenhang von Globalzufriedenheit und Wiederkauf-, Cross-Buying- sowie Weiterempfehlungsabsicht empirisch bestätigen.

Eine übersichtliche Darstellung von Unternehmenspositionen und deren relativer Wettbewerbspostition hinsichtlich relevanter Kundenzufriedenheits- und Kundenbindungskennziffern ermöglichen Bewertungsraster wie beispielsweise das Customer-Retention-Profil in Abbildung 4. Es ermöglicht einen schnellen Überblick zur Fähigkeit einzelner Anbieter einer Branche, ihre Kunden langfristig zu treuen Stammkunden zu machen. Für jeden Anbieter sind die Abweichungen in Basispunkten im Verhältnis zum jeweiligen Mittelwert des Branchendurchschnitts dargestellt. Innerhalb eines Profils

(Globalzufriedenheit oder Wiederwahl oder Weiterempfehlung) erhält man die relative Positionierung dieses Anbieters zu seinen wichtigsten Wettbewerbern. Die integrierte Bewertung aller drei Profile spiegelt wider, wie gut es dem Unternehmen insgesamt gelingt, seine Kunden langfristig an sich zu binden. *Mercedes* hat beispielsweise hinsichtlich aller drei Faktoren die besten Mittelwerte; *BMW* kann jedoch trotz eines schlechteren Globalzufriedenheitswertes auf eine relativ hohe Wiederkauf- bzw. Weiterempfehlungsabsicht seiner Kunden bauen.

Desweiteren liefert das Deutsche Kundenbarometer Basisdaten für die unternehmensindividuelle Steuerung und Erfolgskontrolle des Beschwerdemanagements. Sowohl die Häufigkeit von Reklamations- bzw. Beschwerdefällen als auch die Zufriedenheit der Kunden mit der Reaktion des betreffenden Anbieters auf diese Reklamation oder Beschwerde wird für den Großteil der Branchen erhoben.

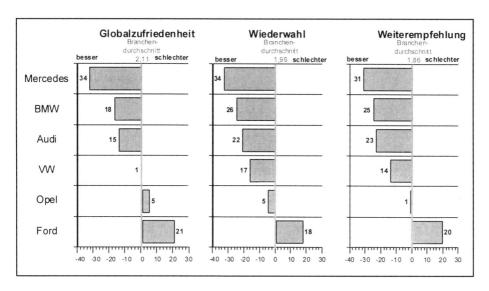

Abbildung 4: Customer-Retention-Profil für ausgewählte Pkw-Hersteller
(Basis: mind. 11.845 Fälle)

Dabei konnte nachgewiesen werden, daß seit Anfang 1993 in Deutschland durchschnittlich (über alle diesbezüglich untersuchten Branchen gerechnet) 8,4 % der befragten Kunden eine Reklamation oder Beschwerde gegenüber ihrem hauptsächlich genutzten Anbieter äußerten. Daß eine hohe Beschwerderate nicht zwangsläufig zu einer hohen Beschwerdeunzufriedenheit führen muß, zeigt der Vergleich von Versandhäusern mit Stadt- und Kreisverwaltungen: Bedingt durch ihr spezielles Marktbearbeitungssystem weisen die Versandhäuser mit 18,6 % Beschwerdeführern die höchste Rate, mit einem Mittelwert von 2,56 jedoch eine wesentlich höhere Zufriedenheit hinsichtlich der

Beschwerdeabwicklung als die Stadt- und Kreisverwaltungen (Mittelwert der Beschwerdezufriedenheit 3,59, Beschwerderate 14,2 %) auf.

3.2 Nutzen des Deutschen Kundenbarometers - Qualität und Zufriedenheit

Aus den Untersuchungen zum Deutschen Kundenbarometer ergeben sich für die unterschiedlichen Zielgruppen (Nachfrager, Führungskräfte und Mitarbeiter von Unternehmen, Kapitalanleger, politische und gesellschaftliche Entscheidungsträger, Verbände) vielfältige Anwendungs- bzw. Nutzenfelder:

Für *aktuelle und potentielle Kunden* können die Ergebnisse sowohl eine Bestätigung der bisherigen Kaufentscheidungen als auch Entscheidungshilfen bzw. Hinweise auf bedeutende Qualitätssignale für Folgekäufe oder zukünftige Nachfragebeziehungen zu einzelnen Anbietern liefern. Darüber hinaus werden die Nachfrager mit Branchenvergleichen z.B. in den Leistungsfaktoren Freundlichkeit, Schnelligkeit, Preis-/Leistungsverhältnis auf Defizitbereiche einzelner Branchen hingewiesen, wobei das höhere Informationsniveau über Alternativen zu einer Einflußnahme auf die Erwartungshaltung der Nachfrager führt.

Die Veröffentlichung anbieterspezifischer Detailergebnisse kann sich bei durch negative Berichterstattungen betroffenen Unternehmen - insbesondere auch bei Monopolanbietern - in einem Handlungsdruck für Qualitätsverbesserungen niederschlagen, da anzunehmen ist, daß sich Nachfrager - ähnlich wie bei veröffentlichten Ergebnissen von Warentestinstituten - hinsichtlich zukünftiger Entscheidungen u.a. auch an einem hohen Zufriedenheitswert orientieren (andernfalls die Preisakzeptanz für das entsprechende Angebot ändern) werden. Durch branchenübergreifende Untersuchungen der Kundenzufriedenheit werden somit auch Defizite in der Kundenorientierung einzelner Branchen oder Anbieter mit der Erwartung aufgedeckt, daß eine stärkere Sensibilisierung des Managements und der Mitarbeiter für den Marketinggedanken und die Vorteile einer Steigerung der Kundenzufriedenheit erfolgen kann. Langfristig ist über diese Auswirkungen damit zu rechnen, daß die breite Distribution der Untersuchungsergebnisse zu einer Erhöhung der Versorgungs- bzw. Lebensqualität auf Nachfragerseite führt.

Andererseits können Champions im Bereich der Globalzufriedenheit oder einzelner Leistungsfaktoren bei ausreichender Signifikanz der Unterschiede zu Daten der Wettbewerber die Untersuchungsergebnisse für eigene Werbezwecke nutzen bzw. von positiven Presseberichten profitieren.

Auf der Ebene der *Unternehmensleitung* ermöglichen die regelmäßig bereitgestellten Kennziffern über alle untersuchten Anbieter eine permanente Ausrichtung der Leistungsprozesse auf die Zufriedenheit der Nachfrager und die jährliche Überprüfung der Wirksamkeit der eingeleiteten Maßnahmen (insbesondere im Vergleich zum Wettbewerb). Über die detaillierte Erfassung der Zufriedenheit in aus Kundensicht relevanten Leistungsfaktoren kann eine gezielte Steuerung der Qualitätsverbesserung auf der Ebene einzelner Bereiche oder des Gesamtunternehmens vorgenommen werden. Als Basisinstrument des strategischen Controllings können die Werte somit unmittelbar unternehmensweit zur mittel- und langfristigen Umsetzung der marktorientierten Unternehmensführung beitragen. Die Konzentration auf kundenrelevante Qualitätsverbesserungen und die damit verbundene Kanalisierung von Investitionen in marktwirksame Bereiche sollten dabei zwangsläufig zu einer quantitativen und qualitativen Optimierung des Ressourceneinsatzes führen. Darüber hinaus liefert die erzielte Kundenzufriedenheit bei entsprechendem Erhebungsansatz einen zusätzlichen qualitativen Bewertungsmaßstab für die Leistungen einzelner Führungskräfte bzw. Mitarbeiter oder Gruppen. Sie kann dabei zur Motivation der an Qualitätsprozessen beteiligten Mitarbeiter, als Grundlage von Incentivesystemen und auch als qualitative Meßgröße für zunehmend bedeutende Betreuungs-/Serviceaspekte im Rahmen von vertriebsorientierten Zielvereinbarungssystemen des Außendienstes dienen.

Geht man davon aus, daß der aktuelle Kundenbestand einer der bedeutendsten Zukunftswerte eines Unternehmens darstellt und ein positiver Einfluß der wahrgenommenen Kundenzufriedenheit sowohl auf den Marktanteil als auch auf die Profitabilität eines Unternehmens nachweisbar ist (vgl. Anderson/Fornell/Lehmann 1992), dann lassen sich einerseits im erzielten Wert der Kundenzufriedenheit die Frühindikatorfunktion für die Substanz und den Erfolg des Unternehmens erkennen, andererseits die vielfältigen Möglichkeiten lokalisieren, durch eine Betonung der zufriedenheitstreibenden Leistungsfaktoren den Ertrag überproportional zu steigern. Kundenzufriedenheitsdaten können damit eine wertvolle Ergänzung zur aktuellen und zukünftigen Unternehmensbewertung für *Eigentümer und Kapitalanleger* darstellen.

Gleichzeitig ermöglicht die spezifische Anlage solcher Barometer eine für einzelne Unternehmen oder beispielsweise Verbände kostengünstige Erhebung kundenbezogener, konkurrenzkundenbezogener und branchenübergreifender Kennzahlen zur Kundenzufriedenheit und Kundenbindung sowie Daten zur Marktpenetration und dies über mehrere Jahre hinweg als Längsschnittanalyse zur langfristigen Beobachtung der Wirksamkeit von strategischen Korrekturen (vgl. Meyer/Dornach 1993a).

Abschließend soll auch auf die Einsatzfelder des Deutschen Kundenbarometers für *politische und gesellschaftliche Entscheidungsträger* anhand von zwei Aspekten eingegangen werden: Da sich beispielsweise bei einer Reihe von öffentlichen Dienstleistungen (medizinische Versorgung, Umweltschutz, Stadtverwaltungen etc.) die Beurteilung der Versorgungsqualität vielfach auf materielle Faktoren beschränkt (Ausstattung mit Ärzten/Krankenhäusern, Abfallmenge, Steuer- und Investitionsaufkommen etc.), werden über ein nationales Barometer durch den Vergleich mit Marktleistungen einerseits Fehlsteuerungen hinsichtlich der Gesamtqualität aufgezeigt, andererseits auch Signale für notwendige politische Entscheidungen und staatliche Investitionen zur Erhöhung des Lebensstandards einer Volkswirtschaft sowie qualitative Meßgrößen zur öffentlichen Kontrolle geliefert.

Desweiteren eröffnet sich durch die Bewertung der Leistungsfähigkeit einer Volkswirtschaft, über den Maßstab der erreichten Nachfragerzufriedenheit, eine qualitative Dimension der Outputberechnung.

Ergänzt durch Untersuchungen über das jeweilige Ausmaß der spezifischen Qualitätsanforderungen/-maßstäbe einzelner Kulturkreise oder Länder wie beispielsweise durch die Bozell-Gallup Worldwide Quality Poll steht ein Frühindikator für das Qualitätsniveau, die Markt- und Kundenorientierung und die Wettbewerbsfähigkeit von Branchen, Sektoren und Volkswirtschaften im Rahmen eines internationalen Vergleichs zur Verfügung.

Trotz ihrer vielfältigen Einsatzbereiche können nationale Barometer wie das Deutsche Kundenbarometer unternehmenseigene Kundenzufriedenheits- und -bindungsanalysen nicht ersetzen. Über ihre Benchmarkingfunktion stellen sie jedoch einen wichtigen Baustein in einem umfassenden Methoden-Mix von objektiven und subjektiven Qualitätsuntersuchungen, ereignis- und merkmalsgestützen Zufriedenheitsstudien (differenziert nach Kundengruppen und -status, externen und internen Kunden) sowie Feedbacksystemen für Kunden und Mitarbeiter dar.

Bernd Stauss/Wolfgang Seidel

Prozessuale Zufriedenheitsermittlung und Zufriedenheitsdynamik bei Dienstleistungen

1. Problemstellung

Im Marketing Management-Konzept stellt die Zufriedenheit der Kunden mit dem unternehmerischen Leistungsangebot schon seit Jahrzehnten eine zentrale Orientierungsgröße dar. Danach gelten der Aufbau und die Erhaltung von Kundenzufriedenheit als Voraussetzung für Kundenbindung und -loyalität und somit für die Realisierung ökonomischer Unternehmensziele wie Umsatz und Gewinn. Die in jüngster Zeit intensiv diskutierten unternehmensweiten Managementkonzepte - wie Total Quality Management oder Reengineering - haben diesen plausiblen Sachverhalt noch einmal mit Nachdruck hervorgehoben und ihn in das Bewußtsein unternehmerischer Entscheidungsträger gerückt. Angesichts der bekannten Entwicklungstendenzen auf den Märkten mit sich schnell wandelnden Käuferansprüchen und einer sich ständig verschärfenden internationalen Konkurrenz ist es zu einer unternehmerischen Selbstverständlichkeit geworden, sich zu Kundenorientierung, Kundennähe und Kundenzufriedenheit zu bekennen.

Eine Konsequenz dieser Bewußtseinsbildung ist die Einsicht in die Notwendigkeit, regelmäßig den Zielerreichungsgrad zu kontrollieren, d.h. mittels eigener Erhebungen das Ausmaß an Kundenzufriedenheit zu ermitteln. Insofern betreiben mehr und mehr Unternehmen Kundenzufriedenheitsforschung, indem sie meist standardisierte schriftliche Befragungen durchführen, und nutzen deren Ergebnisse für strategische und operative Managemententscheidungen. Angesichts der jahrzehntelangen Tradition der Zufriedenheitsforschung gehen sie in gutem Glauben davon aus, daß die methodischen Probleme der Zufriedenheitsmessung geklärt, die ermittelten Daten verläßlich und für Managemententscheidungen sinnvoll interpretiert werden können. Dieser Glaube ist allerdings nur in Grenzen berechtigt. Die derzeitig wieder stark anwachsende wissenschaftliche Diskussion über das Zufriedenheitskonstrukt und seine Messung zeigt, daß wesentliche konzeptionelle und methodische Fragen weiterhin strittig sind.

Im Rahmen der nachfolgenden Überlegungen soll nur eine dieser Fragen im Mittelpunkt stehen, nämlich inwieweit sich hinsichtlich des Verständnisses und der Messung von Kundenzufriedenheit Besonderheiten ergeben, wenn die Zufriedenheit mit Dienstleistungen Untersuchungsgegenstand ist. Ziel des vorliegenden Beitrages ist die Erörterung, wie der Prozeß der Zufriedenheitsbildung beim Konsum von Dienstleistungen erfolgt und welche Folgerungen sich daraus für die Zufriedenheitsmessung ergeben. Dazu wird zunächst das zugrundegelegte Zufriedenheitsverständnis geklärt (vgl. Abschnitt 2). Anschließend werden der Prozeßcharakter des Dienstleistungskonsums entwickelt, die Prozeßstruktur analysiert und Möglichkeiten zur Kundenprozeßanalyse und -visualisierung aufgezeigt (vgl. Abschnitt 3). Auf dieser Basis wird der Zusammenhang zwischen prozessualem Dienstleistungserleben und Kundenzufriedenheit näher untersucht. Dabei wird auch geprüft, welche Möglichkeiten herkömmliche merkmalsorientierte Ansätze zur Zufriedenheitsmessung bieten, das prozessuale und dynamische

Dienstleistungserleben zu erfassen und welche Einsichten durch den Einsatz ereignisorientierter Verfahren zu erwarten sind (vgl. Abschnitt 4).

2. Das konzeptionelle Verständnis von „Kundenzufriedenheit"

Bis heute besteht keineswegs wissenschaftlicher Konsens über das konzeptionelle Verständnis von Kundenzufriedenheit (vgl. hierzu den Beitrag von Homburg/Rudolph in diesem Band). Wurde bereits vor einem Jahrzehnt dieser mangelnde Konsens beklagt (vgl. Kaas/Runow 1984, 1987), so hat sich daran bis heute wenig geändert. Symptomatisch dafür ist die derzeitige lebhafte und kontroverse Diskussion über den Zusammenhang und die Abgrenzung der Konstrukte „Zufriedenheit", „Einstellung" und „Dienstleistungsqualität" (vgl. Liljander/Strandvik 1992, Danaher/Mattsson 1994, Zeithaml, V./Berry, L./Parasuraman, A. 1993, Bitner/Hubbert 1994). Dennoch läßt sich auf recht abstraktem Niveau ein Kern an Übereinstimmung finden. Danach wird Kundenzufriedenheit als Nachkaufphänomen verstanden, in dem sich widerspiegelt, wie der Kunde Produkte oder Dienstleistungen beurteilt, mit denen er zuvor Erfahrungen gesammelt hat. Insofern stellt Zufriedenheit das Ergebnis einer *ex post-Beurteilung* dar und setzt ein *konkretes, selbsterfahrenes Konsumerlebnis* voraus.

Hinsichtlich des Beurteilungsprozesses folgen die meisten Forscher dem „Disconfirmation Paradigm" (vgl. Oliver 1980, Oliver 1981, Churchill/Surprenant 1982; Hill 1986, Cadotte/Woodruff/Jenkins 1987, Jayanti/Jackson 1991), nach dem Zufriedenheit bzw. Unzufriedenheit als Folge einer wahrgenommenen Diskrepanz zwischen erwarteter und erlebter Leistung entsteht. Viele Autoren sind der Ansicht, daß Zufriedenheit dann eintritt, wenn die Kundenerwartungen erfüllt sind, während Unzufriedenheit dann entsteht, wenn die Erwartungen unterschritten werden. Andere Autoren sehen den Zusammenhang differenzierter. So geht Hill (1986) davon aus, daß ein Kunde erst Zufriedenheit empfindet, wenn erhebliche Abweichungen zwischen Erwartung und Wahrnehmung bestehen, während die Erfüllung von Erwartungen nur zu einem Gefühl der „Indifferenz" führe.

Ob und in welchem Umfang man mit „Indifferenz" als Ergebnis des Abwägungsprozesses rechnen kann, ist vor allem abhängig davon, an welchem Bewertungsstandard bzw. welchen Standards der Kunde die tatsächliche Leistung mißt. Der allgemein mit „Erwartung" bezeichnete Standard kann nämlich sehr unterschiedlich interpretiert werden (in Anlehnung an Hentschel 1992, vgl. auch: Miller 1977, Churchill/Surprenant 1982, Woodruff/Cadotte/Jenkins 1983, Tse/Wilton 1988, Liljander/Strandvik 1993, 1994).

182

Dieses Leistungsniveau

– sollte ein ideales Angebot aufweisen („Desired Performance"),
– ist angemessen („Adequate Performance"),
– ist aller Erfahrung nach zu erwarten („Expected/Predicted/Anticipated Product Performance"),
– ist das mindeste, was man erwarten kann („Minimum Tolerable Performance"),
– sollte angesichts der aufzubringenden Kosten vernünftigerweise zu erwarten sein („Equitable Performance"),
– ist bei einem entsprechenden Leistungsangebot normalerweise vorhanden („Product Type Norm"),
– liegt bei der besten bekannten Angebotsalternative vor („Best Brand Norm").

Es ist also zu beachten, daß angesichts der Vielfalt möglicher Erwartungskonzepte in konkreten Messungen ganz unterschiedliche Zufriedenheitskonstrukte analysiert und gemessen werden (vgl. Kaas/Runow 1987).

Darüber hinaus spricht viel dafür, daß Kunden bei der Beurteilung eines Angebots nicht nur einen Standard heranziehen, sondern mehrere. So gehen Parasuraman/Berry/Zeithaml (1991) davon aus, daß (Dienstleistungs-) Kunden als Beurteilungsstandards sowohl von Vorstellungen über die gewünschte als auch über die angemessene Leistung ausgehen. In dem gewünschten Leistungsniveau spiegeln sich die Idealvorstellungen des Kunden wider, d.h. seine Erwartungen, was sein *kann* bzw. sein *sollte*, und das angemessene Leistungsniveau drückt das aus Kundenperspektive noch akzeptierte Niveau aus. Die Differenz zwischen gewünschter und angemessener Leistung macht nun nach Ansicht der Autoren die Toleranzzone aus. Liegt die wahrgenommene Leistung innerhalb der Toleranzzone, betrachtet der Kunde demnach die Leistung als zufriedenstellend; liegt sie unterhalb der Toleranzzone, ist er unzufrieden; wird sie oberhalb der Toleranzzone wahrgenommen, führt dies zu einer außerordentlichen Kundenzufriedenheit bzw. -begeisterung (vgl. Berry/Parasuraman 1991).

Die wissenschaftliche Diskussion dieser Zusammenhänge erfolgt im gedanklichen Rahmen, der als Multiattributansatz oder merkmalsorientierter Ansatz bezeichnet wird. Er beruht auf der Annahme, daß Kunden Erwartungen und Wahrnehmungen auf einzelne Qualitätsmerkmale beziehen und daß sich die globale Zufriedenheit mit einem Sachgut oder einer Dienstleistung als Ergebnis von Einzelzufriedenheiten mit Merkmalen der Qualität ergibt.

Im Zuge der Diskussion um Methoden zur Messung der wahrgenommenen Dienstleistungsqualität werden seit einiger Zeit allerdings Zweifel an den Grundannahmen dieses merkmalsorientierten Ansatzes geäußert und diesem Verständnis ein ereignisorientierter

Ansatz gegenübergestellt. Dieser beruht auf dem Konzept der episodischen Informationsverarbeitung und geht davon aus, daß die zufriedenheitsbildenden Erfahrungen mit Produkten und Dienstleistungen nicht kontextungebunden als „Merkmal" erlebt und gespeichert werden, sondern kontextgebunden mit räumlichen und zeitlichen Bezügen als „Ereignis" wahrgenommen werden (vgl. Hentschel 1992).

Als „Ereignis" sind alle vom Kunden aufgrund eines Kontakts mit einem Anbieter wahrgenommenen Vorfälle zu verstehen, die zu einer Beurteilung der Leistung herangezogen werden. Selbst wenn solche als episodische Informationen gespeicherten Ereignisse im Laufe der Zeit in semantische Strukturen eingeordnet werden und sich z.B. zu einer globalen Zufriedenheit oder Einstellung verdichten, so sind manche doch häufig unmittelbar handlungsrelevant. Aus diesem Grunde erscheint die merkmalsorientierte Perspektive unvollständig zu sein, und es spricht viel dafür, Kundenzufriedenheit auch über Sammlung und Auswertung qualitätsrelevanter Ereignisse zu ermitteln.

3. Der Prozeßcharakter des Dienstleistungskonsums

3.1 Der Kundenprozeß

Die seit Jahrzehnten geführte Diskussion um die Abgrenzbarkeit von Sachgütern und Dienstleistungen hat zwar nicht zu einem allseits akzeptierten Ergebnis geführt, doch besteht zumindest darüber weitgehend Einigkeit, daß Kundenbeteiligung bzw. die „Integration eines externen Faktors" zu den konstituierenden Merkmalen einer Dienstleistung gehört (vgl. Meyer 1990, Lovelock 1991). Der Kunde muß sich aktiv an der Leistungserstellung beteiligen, indem er sich selbst oder eines seiner Güter in den Prozeß einbringt bzw. im Prozeß bestimmte Aufgaben übernimmt.

Aus der Kundenbeteiligung ergibt sich unmittelbar, daß die Dienstleistung im Rahmen einer Interaktion zwischen Kunde und Dienstleister erstellt wird. Diese Interaktion kann sehr unterschiedlich sein. Dienstleistungen, die von Hotels, Krankenhäusern oder Fluglinien erstellt werden, verlangen die physische Präsenz des Kunden. Andere - wie z.B. Autoreparaturleistungen - erfordern nur, daß der Kunde sein Produkt beim Unternehmen abgibt und abholt bzw. von diesem abholen und nach erfolgter Dienstleistung bringen läßt. Erfolgt die Dienstleistung an immobilen Objekten, z.B. Gebäuden, findet die Interaktion beim Kunden statt. Dienstleistungen, die nur einen Informationsaustausch verlangen, können mittels Kommunikationsmedien erstellt werden (vgl. Lovelock 1991).

Mit zunehmender Zahl von Interaktionen, die beim Dienstleistungskonsum erforderlich sind bzw. stattfinden, wird der Prozeßcharakter des Konsumerlebens von Dienstleistungen deutlicher. Dieser Prozeß wird in der Folge als *Kundenprozeß* verstanden und bezeichnet die Abfolge von Interaktionen innerhalb einer konkreten Inanspruchnahme von Dienstleistungen ("Dienstleistungstransaktion").

Dieser Kundenprozeß darf nicht mit dem unternehmerischen Prozeß der Dienstleistungserstellung verwechselt werden. Während sich im *Unternehmensprozeß* die Aktivitäten und das Leistungssystem des Unternehmens widerspiegeln, reflektiert der Kundenprozeß die Dienstleistungserstellung aus Kundensicht mit allen Kontaktsituationen und deren Bewertung. Selbst wenn bei vielen Dienstleistungen Produktion und Konsum simultan erfolgen, so unterscheiden sich doch Unternehmens- und Kundenprozeß nachhaltig. Zum einen erlebt der Kunde in der Interaktion nur einen Teil der unternehmerischen Aktivitäten, die zur Leistungserstellung eingesetzt werden, andererseits geht der vom Kunden erlebte Prozeß des Dienstleistungskonsums weit über die Interaktionen während der Erstellung der Kernleistung hinaus.

Letzterer umfaßt sowohl Aktivitäten des Kunden in der Vorkaufphase (telefonische Terminvereinbarung, Parkplatzsuche usw.), in der Kauf- oder Nutzungsphase, also im Dienstleistungserstellungsprozeß (während des ärztlichen Behandlung) oder aber auch nach Beendigung des Prozesses in der Bewertung des Leistungsergebnisses (erfolgte Behandlung, Beratung oder Reparatur) (vgl. Fisk 1981, Grönroos 1990).

Selbstverständlich ist für jeden Dienstleister die permanente Überwachung und Optimierung des Unternehmensprozesses von großer Bedeutung. Es geht hier darum, den Gesamtprozeß in logische Teilprozesse zu zerlegen, Durchlaufzeiten zu minimieren, Fehler im Dienstleistungssystem zu vermeiden usw. Aber diese Aktivitäten können nicht unabhängig vom Kundenprozeß, sondern nur in Abstimmung auf diesen erfolgen. Da Qualitätswahrnehmung im Kundenprozeß entsteht und Kundenzufriedenheit das Ergebnis des Erlebens im Kundenprozeß ist, kommt es darauf an, für Qualitätsmanagement und Zufriedenheitsmessung den Kundenprozeß zugrundezulegen.

Dabei muß man zur Kenntnis nehmen, daß der Kundenprozeß auch Kontakte umfassen kann, die gar nicht zum eigentlichen Verantwortungsbereich des Dienstleisters gehören. Bevor z.B. Kunden einer Fluglinie die Kernleistung (Flug von A nach B) in Anspruch nehmen, kommen sie mit einer Vielzahl von Elementen in Berührung, die diesen Prozeß erleichtern oder erschweren, angenehm oder unangenehm machen und Einfluß haben auf die Beurteilung der Leistungsqualität der Fluglinie und die Zufriedenheit des Kunden mit ihrem Angebot. Bateson (1991) macht dies am Beispiel eines Fluges mit United Airlines deutlich. Der Kunde hat zunächst Kontakt mit dem Reisebüro, um sein Flugticket zu bestellen. Nach der Anfahrt zum Flughafen kommt es zu einer Reihe von

Kontakten mit Einzelelementen des Flughafens (Parkplatz, Terminal usw.), bevor er den Check-in-Schalter erreicht. Doch unfreundliche und inkompetente Reisebüromitarbeiter, überfüllte oder schlecht beleuchtete Parkplätze oder eine ungenügende Beschilderung innerhalb des Terminals sind Aspekte, die der Kunde im Rahmen der Inanspruchnahme der United Airlines-Dienstleistung wahrnimmt und die in sein Zufriedenheitsurteil einfließen. Insofern müssen Dienstleister, die Einblick in den Prozeß der Zufriedenheitsbildung ihrer Kunden gewinnen wollen, den vollständigen Kundenprozeß und die zufriedenheitsdeterminierenden Elemente erfassen.

Kontakte des Kunden mit dem Unternehmen im Kundenprozeß werden in der Literatur zum Dienstleistungsmanagement auch als „Service Encounter" (vgl. Shostack 1985, Bitner/Hubbert 1994), „Augenblicke der Wahrheit" (vgl. Albrecht 1988, Carlzon 1992) oder Kontaktpunkte (vgl. Stauss 1991a) bezeichnet.

Shostack (1985, S. 243) definiert Service Encounter als „a period of time during which a consumer directly interacts with a service". Albrecht (1988, S. 26) beschreibt den „Augenblick der Wahrheit" sehr ähnlich: „A Moment of Truth is any episode in which the customer comes into contact with the organization and gets an impression of its service". Unbefriedigend an diesen Definitionen ist, daß keine weitere Differenzierung hinsichtlich der zugrundegelegten Interaktionsperioden gemacht wird. So bleibt offen, ob unter „Episode" der vollständige Prozeß einer spezifischen Dienstleistung (Hotelbesuch) oder ein Teilprozeß davon (z.B. Check-in) verstanden werden soll. Die terminologische Festlegung von Shostack läßt sogar eine Interpretation zu, die darüber hinaus mehrere Episoden (Hotelbesuche) innerhalb einer bestimmten Periode einschließt.

Insofern ist es erforderlich, eine genauere Systematisierung von Kundenprozessen vorzunehmen. Im folgenden wird hier eine Unterscheidung zwischen den Begriffen Dienstleistungstransaktion, Dienstleistungsepisode, Dienstleistungskontakt(punkt) und Dienstleistungsbeziehung getroffen.

Eine *Dienstleistungstransaktion* stellt eine spezifische und vollständige Dienstleistungsnutzung aus Kundensicht mit fixierbarem Beginn und Ende dar (eine Flugreise, ein Hotelaufenthalt, ein Restaurantbesuch).

Jede Dienstleistungstransaktion umfaßt in der Regel ihrerseits einen Prozeß, der aus weiteren sequentiellen Teilprozessen oder *Dienstleistungsepisoden* besteht. Im Falle eines Hotelaufenthalts können dies z.B. die Episoden (Ankunft, Check-in, Aufenthalt im Zimmer, Restaurantbesuch, Check-out) sein. Diese Dienstleitungsepisoden stellen abgrenzbare Teilphasen innerhalb einer Dienstleistungstransaktion dar, werden aber in der Regel vom Kunden nicht als eigenständige Dienstleistungen empfunden. Die Dienstleistungsepisoden lassen sich häufig weiter in Teilepisoden untergliedern. Beispielsweise gehören zur Dienstleistungsepisode Hotelankunft Einzelaspekte wie die Suche nach Orientierungshinweisen, Einfahrt und Aufenthalt in der Parkgarage, der Weg von der Parkgarage zur Eingangshalle usw. Die kleinste Ebene der Betrachtung, d.h. die am engsten definierte Dienstleistungsteilepisode soll als *Dienstleistungskontakt* oder auch im Sinne des lokalisierbaren Ortes des Dienstleistungskontaktes als *Dienstleistungs-Kontaktpunkt* bezeichnet werden (vgl. Abbildung 1).

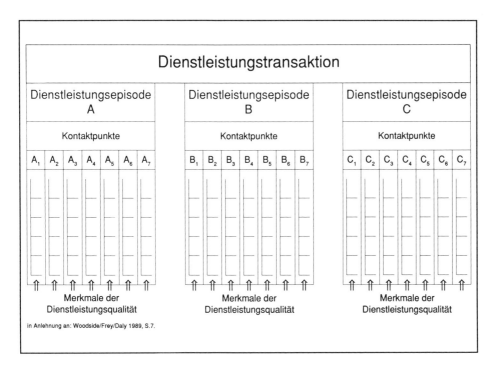

Abbildung 1: Elemente eines dienstleistungsbezogenen Kundenprozesses

Häufig wird es zweckmäßig sein, die Analyse des Kundenprozesses auf verschiedenen Betrachtungsebenen vorzunehmen. Welche Ebene zum Gegenstand der Analyse gewählt wird, ist abhängig vom gewünschten Detaillierungsgrad der Ergebnisse, den zur Verfügung stehenden finanziellen Mitteln und den branchenspezifischen bzw. technologischen Rahmenbedingungen. Es kommt aber in jedem Fall darauf an, nicht nur die Dienstleistungsepisoden innerhalb einer Dienstleistungstransaktion und die Kontaktpunkte innerhalb der jeweiligen Dienstleistungsepisoden zu ermitteln, sondern auch deren jeweilige Reihenfolge. Erst die Sequenz von Kontaktpunkten und Episoden macht den Kundenprozeß aus, wobei zu beachten ist, daß diese Sequenzen kundenindividuell differieren.

Die Betrachtung einer einzelnen Dienstleistungstransaktion ist noch um eine zusätzliche Dimension zu erweitern. Gerade im Dienstleistungsbereich werden Transaktionen häufig nicht isoliert erlebt, sondern stehen im Kontext von früheren Erfahrungen mit vergleichbaren Transaktionen (vgl. Abbildung 2). Viele Kunden von Banken, Fluglinien oder Restaurants zeigen eine ausgeprägte Loyalität, und ihre jeweiligen transaktionsspezifischen Erfahrungen verdichten sich zu einer Einschätzung der generellen Geschäftsbeziehung zum Dienstleister. Für die Anbieter ist es insofern nicht nur wichtig zu erfahren, wie Kunden die jeweilige Transaktion erleben, sondern insbesondere auch festzustellen, wie sie aufgrund der erlebten Transaktionenfolge die *Dienstleistungsbeziehung* einschätzen. Insofern kommt es auch darauf an, Zufriedenheit sowohl auf der Transaktionsebene wie auf der Beziehungsebene zu messen (vgl. Teas 1993, Bitner/Hubbert 1994, Zeithaml 1994, Liljander/Strandvik 1994).

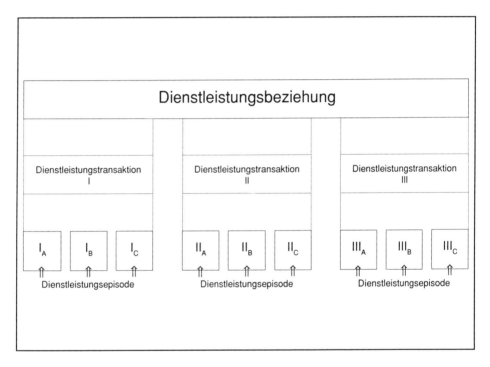

Abbildung 2: Elemente einer Dienstleistungsbeziehung

3.2 Kundenprozeßanalyse und -visualisierung

Angesichts des Prozeßcharakters von Dienstleistungskonsum und Zufriedenheitsbildung, ist es eine Voraussetzung für die Zufriedenheitsmessung, daß der Kundenprozeß detailliert erfaßt wird. Dies kann über direkte Beobachtungen sowie Einzelinterviews oder Gruppendiskussionen mit Kunden erfolgen (vgl. Bateson 1991, Botschen/Bstieler/Woodside 1993). Auf der Grundlage der auf diese Weise erhobenen Informationen ist dann eine Visualisierung des Kundenprozesses vorzunehmen, die als Basis für eine prozessuale Zufriedenheitsmessung herangezogen werden kann. Für diese Aufgabe sind eine Reihe von Instrumenten entwickelt worden, deren Gemeinsamkeit darin besteht, daß sie Varianten von Ablaufdiagrammen darstellen.

Den ersten Vorschlag für eine Strukturanalyse und Visualisierung des Dienstleistungsprozesses hat Shostack (1985, 1987) unter der Bezeichnung „Service Blueprinting" vorgelegt. Es handelt sich dabei um die Zerlegung des Dienstleistungsprozesses in Teilphasen und deren systematische Analyse auf der Grundlage eines graphischen Flußdiagramms. Dabei wird mittels einer „Line of Service Evidence Visibility" kenntlich gemacht, welche Bereiche des Leistungserstellungssystems für den Kunden sichtbar sind („Onstage Actions") und welche sich „Backstage" abspielen. Dabei werden auch die Kontaktpunkte, an denen Interaktionen zwischen Dienstleister und Kunde auftreten, identifiziert. Allerdings geht es Shostack in erster Linie um die systematische Analyse, Wiedergabe und Visualisierung des Unternehmensprozesses, weniger um die Erfassung und Wiedergabe des Kundenprozesses. Ausgangspunkt ihrer Betrachtung ist die Unternehmung; interne Ursachen für Leistungsmängel sollen ermittelt werden. Die „inside-out"-Perspektive dominiert.

In Weiterentwicklung dieses Instrumentes nehmen Kingman-Brundage (1989) und Gummesson (Gummesson/Kingman-Brundage 1992, Gummesson 1993) einen Perspektivenwechsel vor. In der von ihnen unter der Bezeichnung „Service Mapping" vorgeschlagenen Variante wird konsequent die Kundensicht eingenommen und der Kundenprozeß zum Ausgangspunkt der Überlegung gemacht.

Wichtigster Bestandteil und oberster Teil des „Dienstleistungsatlas" („Service Map") ist der Kundenpfad, der den Ablauf des Kundenprozesses wiedergibt. Diese chronologische Folge der Interaktionen wird horizontal in einem Ablaufdiagramm dargestellt, d.h. das entsprechende Flußdiagramm ist von links nach rechts zu lesen und zeigt die Kontaktpunkte in der Stufenfolge bei der Nutzung einer Dienstleistung. Dieses Grundmodell wird dann in vertikaler Hinsicht ergänzt, um die Beziehungen zum Leistungserstellungssystem, d.h. zu den unternehmensinternen Prozessen, zu verdeutlichen. Eine „Line of External Interaction" trennt die von den Kunden allein ausgeführten Handlungen von den Interaktionen mit dem Kundenkontaktpersonal. Die „Line of Visibility" grenzt den von den Kunden sichtbaren Teil des Dienstleistungssystems ab.

Mittels weiterer vertikaler Schichten kann eine zusätzliche Veranschaulichung des innerbetrieblichen Bereitstellungssystems als Voraussetzung für die erfolgreiche Abwicklung der Interaktionen erfolgen. So unterscheiden Gummesson/Kingman-Brundage

(1992) des weiteren eine „Line of Internal Interaction", die die Interaktionsprozesse zwischen Kundenkontaktpersonal und unterstützenden Funktionsbereichen markiert, sowie eine „Line of Implementation", mit der Planungs- und Organisationsaktivitäten der Unternehmensleitung von operativen Tätigkeiten differenziert werden.

Für konkrete Zwecke des prozeßorientierten Qualitätsmanagements sind weitere Ergänzungen und Modifikationen denkbar. So ergänzt Bitner (1993) die „Service Map", indem sie oberhalb der „Line of Visibility" kontaktpunktbezogene Angaben darüber macht, welche Aspekte des physischen Umfeldes der Kunde an jedem Kontaktpunkt erlebt (vgl. Abbildung 3).

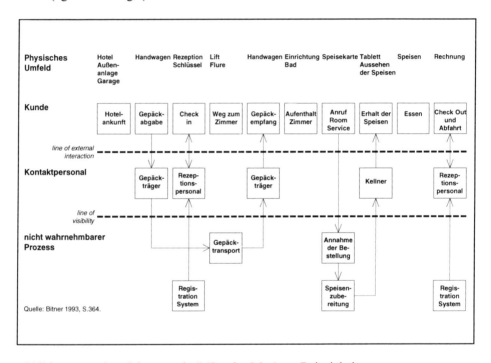

Abbildung 3: „Dienstleistungsatlas" (Service Map) am Beispiel einer Hotelübernachtung

4. Prozessuales Dienstleistungserleben und Zufriedenheit

Verbindet man nun die Überlegungen zum Zufriedenheitskonstrukt einerseits und zum Kundenerleben bei Dienstleistungen andererseits, wird es offensichtlich, daß die Charakterisierung von Zufriedenheit als „Nachkaufphänomen" präzisiert werden muß. Zwar bleibt die Festlegung unverändert, daß Zufriedenheit das Ergebnis einer ex post Beurtei-

190

lung darstellt und ein konkretes, selbsterfahrenes Konsumerlebnis voraussetzt, doch da das Konsumerlebnis bei Dienstleistungen aus einer Sequenz von Teilerlebnissen besteht, kommt es einerseits zu einer Zufriedenheitsbildung in bezug auf wahrgenommene Kontaktpunkte, andererseits entsteht mit dem Erleben der einzelnen Kontaktpunkte zugleich kumulativ die Zufriedenheit mit der Transaktion. Analoges gilt für das Erleben von Dienstleistungstransaktionen und -beziehungen.

Insofern ist es auch nicht sinnvoll, generell von Dienstleistungszufriedenheit zu sprechen. Statt dessen muß die dargestellte Differenzierung der vom Kunden erlebten Prozesse ihre Entsprechung in einer Differenzierung von Einzelzufriedenheiten finden. Dementsprechend soll in bezug auf die Zufriedenheit mit einer Transaktion von *Transaktionszufriedenheit (TZ)*, in bezug auf die Zufriedenheit mit einer Episode von *Episodenzufriedenheit (EZ)* und bezüglich der Zufriedenheit mit einem Kontakt(punkt) von *Kontaktpunktzufriedenheit (KPZ)* gesprochen werden.

Akzeptiert man die Logik der herkömmlichen merkmalsorientierten Zufriedenheitsmessung, muß darüber hinaus berücksichtigt werden, daß sich die Qualität des Erlebens hinsichtlich verschiedener Qualitätsmerkmale differenzieren läßt, und zwar in bezug auf jede Prozeßebene. So ist etwa für Kontaktpunkte die Zufriedenheit der Kunden mit einem Merkmal der Qualität zu berücsichten (z.B. die Höflichkeit, Freundlichkeit und Kompetenz der Mitarbeiter beim Hotel Check-in, im Restaurant usw.).

Die globale transaktionsübergreifende Zufriedenheit mit der Geschäftsbeziehung zum Dienstleister soll als *Beziehungszufriedenheit (BZ)* bezeichnet werden. Inhaltlich entspricht diese Beziehungszufriedenheit weitgehend dem Verständnis von Einstellungen als eher beständige, situationsunabhängige Produkterfahrungen, die „(Un-) zufriedenheiten mit einzelnen Konsumerlebnissen 'unbeschadet' überdauern (können), wenngleich sie sich je nach Stärke und Häufigkeit solcher Erfahrungen verändern können" (Kaas/Runow 1987, S. 85).

Für eine umfassende Analyse der Zufriedenheit von Dienstleistungskunden sind nun zwei verschiedene, wenn auch miteinander verknüpfte Aufgaben zu lösen. Zum ersten geht es um die *prozessuale Zufriedenheitsermittlung*, d.h. die Erfassung der dargestellten Einzelzufriedenheiten. Zum zweiten gilt es, Erkenntnisse über die *Zufriedenheitsdynamik* zu gewinnen, d.h. über die Entwicklung der Zufriedenheit während des Dienstleistungskonsumprozesses, und zwar sowohl während einer Dienstleistungstransaktion (transaktionsspezifische Zufriedenheitsdynamik) als auch hinsichtlich der Dynamik in Dienstleistungsbeziehungen (beziehungsspezifische Zufriedenheitsdynamik).

Die *transaktionsspezifische Zufriedenheitsdynamik* ergibt sich aus der Tatsache, daß der Kunde die Dienstleistung sequentiell wahrnimmt und sich demzufolge auch sein Zufriedenheitsurteil sequentiell entwickelt. So kann die Zufriedenheit mit einem Kontaktpunkt Auswirkung auf Erwartung und/oder Wahrnehmung eines oder mehrerer nachgelagerter Kontaktpunkte haben, und die globale Transaktionszufriedenheit entsteht kumulativ über die einzelnen Teilzufriedenheiten mit Kontaktpunkten und Episoden.

Die *beziehungsspezifische Zufriedenheitsdynamik* bezeichnet die analoge Überlegung, daß die Zufriedenheit mit einer spezifischen Transaktion sowohl Ausstrahlungseffekte auf den Prozeß der Zufriedenheitsbildung bei nachgelagerten Transaktionen hat als auch den jeweiligen Stand der Beziehungszufriedenheit beeinflußt.

Die erstgenannte Aufgabe, die prozessuale Zufriedenheitsermittlung, impliziert vor allem eine meßmethodische Problematik, auf die in den folgenden Abschnitten näher eingegangen wird. In konzeptioneller Hinsicht ist nur beachtlich, daß ein Dienstleistungskunde innerhalb einer Dienstleistungstransaktion nach Abschluß einer bestimmten Phase des Konsumprozesses immer zwei verschiedene Zufriedenheiten wahrnimmt und angeben kann. Hat ein Hotelgast beispielsweise gerade die Episode „Zimmerservice" abgeschlossen, existiert nicht nur seine diesbezügliche Episodenzufriedenheit, sondern gleichzeitig die davon beeinflußte kumulierte Zufriedenheit mit dem Hotelaufenthalt generell. Das bedeutet also, daß Transaktionszufriedenheit nicht nur als Endwert nach dem vollständigen Abschluß der Transaktion ermittelt werden kann, sondern auch als Zwischenwert zu jedem beliebigen Zeitpunkt i, d.h. nach Abschluß der i-ten Episode innerhalb der Transaktion.

Wesentlich größere theoretisch-konzeptionelle Defizite bestehen hinsichtlich der Ermittlung der Zufriedenheitsdynamik. Wir wissen zwar, daß Zufriedenheit im Prozeß der Dienstleistungsnutzung - im Kundenprozeß - entsteht, aber: „We know very little about how satisfaction judgements evolve *during* the process" (Danaher/Mattsson 1994, S. 6). In der wissenschaftlichen Literatur, die sich mit diesem Problem befaßt, werden mehr Fragen gestellt als Antworten gegeben, und die Antworten sind häufig nicht viel mehr als (zum Teil sich widersprechende) Plausibilitätsüberlegungen.

So ist man sich weitgehend einig darüber, daß sich die Zufriedenheit mit einer Episode auf die Zufriedenheit einer anderen Episode auswirkt, also z.B. die Unzufriedenheit mit dem Check-in im Hotel die Urteilsbildung über den nachfolgenden Gepäckservice beeinflußt. Doch schon hinsichtlich der Richtung der Beeinflussung sind prinzipiell verschiedene Hypothesen denkbar (vgl. von Lingen 1994). Sie führen zu völlig abweichenden Erwartungen über das Einflußergebnis, weil sie von unterschiedlichen Wirkungen auf die Erwartungs- bzw. Wahrnehmungskomponente des Abwägungsprozesses ausgehen.

Nach einer ersten Annahme wird unterstellt, daß von der Episodenunzufriedenheit ein Ausstrahlungseffekt („Halo-Effekt") auf die Wahrnehmung der nächsten Episode ausgeht (vgl. Johnston 1994). In diesem Fall wird bei unveränderter Erwartung und verschlechterter Wahrnehmung die Beurteilung der nächsten Teilperiode schlechter ausfallen als ohne das negative Vorerlebnis.

Eine zweite, davon abweichende Annahme geht davon aus, daß die Episodenunzufriedenheit die Folgeerwartung verändert, nämlich verringert. Eine negatives Erleben einer Episode kann dazu führen, daß man mit Skepsis der nächsten Episode entgegensieht. Dann ist es möglich, daß bereits das Ausbleiben der erwarteten negativen Erlebnisse als positive Überraschung erlebt wird. In diesem Fall wird also bei unveränderter Wahrnehmung und verringerter Erwartung die Beurteilung der nächsten Teilperiode besser ausfallen als ohne das negative Vorerlebnis. Dieses Phänomen wird von Grönroos (1993) als „Learn-Paradox" bezeichnet, weil aufgrund von Lernprozessen die Zufriedenheit des Kunden bei Verschlechterung der Leistung steigt (oder auch bei Verbesserung der Leistung sinkt).

Zum dritten ist es selbstverständlich auch möglich, daß die Episodenunzufriedenheit sowohl die Erwartung wie auch die Wahrnehmung beeinflußt, z.B. zu einer niedrigerer Erwartung und einer verschlechterten Wahrnehmung führt. Dann ist das Ergebnis unbestimmt, nämlich in Abhängigkeit davon, ob und wie sich die Komponenten in gleichem oder unterschiedlichem Umfang verändern.

Nicht nur die Richtung des Ausstrahlungseffektes ist ungeklärt. Ebenso wenig sicher sind Annahmen über die relative Stärke bestimmter Episodenerlebnisse. So fragen sich Parasuraman/Berry/Zeithaml (1994) - im Hinblick auf das Verhältnis von Transaktions- und Beziehungszufriedenheit - ob Kunden bestimmte Zufriedenheiten stärker als andere gewichten, etwa in Folge von „Primacy-" und „Recency-" Effekten. Bitner/Hubbert (1994) vertreten in bezug auf dasselbe Verhältnis die Ansicht, daß bei den allerersten oder besonders bedeutsamen Transaktionen die Transaktionszufriedenheiten perfekt mit der Beziehungszufriedenheit korrelierten, während andererseits der Einfluß einer negativ empfundenen Transaktion nach zwanzig vorangegangenen positiven wahrscheinlich nur einen minimalen Einfluß habe. Johnston (1994) hält es für denkbar, daß negative Erfahrungen (und damit wohl auch Beurteilungen) einen stärkeren Einfluß haben als positive.

Annahmen, Hypothesen und Vermutungen dieser Art werden bisher nur durch wenige empirische Studien überprüft. Dazu gehören die Arbeiten von Woodside/Frey/Daly (1989) und Danaher/Mattsson (1994).

Woodside/Frey/Daly (1989) untersuchen in ihrer Studie den Zusammenhang zwischen wahrgenommener Dienstleistungsqualität, Zufriedenheit und Verhaltensabsichten von Patienten zweier Krankenhäuser. Der Kundenprozeß eines Patienten im Krankenhaus wird dabei in sechs Kontaktpunkte („Major Acts") zerlegt: Aufnahme, Kontakte zwischen Patient und Pflegepersonal, Aufenthalt im Krankenzimmer, Mahlzeiten, technische Dienstleistungen (Bluttests, Röntgen usw.) und Entlassung. Innerhalb dieser sechs Kontaktpunkte werden insgesamt 18 Qualitätsmerkmale („Events") unterschieden. So gehören zum Beispiel die Merkmale „Wartezeit bei der Aufnahme" sowie „Höflichkeit und Hilfsbereitschaft des Personals bei der Aufnahme" zum Kontaktpunkt „Aufnahme".

Im Rahmen einer telefonischen Befragung wurden nun Patienten, die im Zeitraum der zurückliegenden 30 Tage aus den Krankenhäusern entlassen worden waren, gebeten, ihre Zufriedenheit mit den Einzelmerkmalen sowie ihre Transaktionszufriedenheit anzugeben.

Die Resultate bestätigen weitgehend die von den Autoren vermuteten Zusammenhänge. So korreliert die Zufriedenheit mit bestimmten Kontaktpunkten positiv mit der globalen Zufriedenheit der Kunden hinsichtlich ihres Krankenhausaufenthaltes (Transaktionszufriedenheit). Auch bestätigt sich die Vermutung, daß die Zufriedenheitswerte mit verschiedenen Kontaktpunkten unterschiedlichen Einfluß auf die Transaktionszufriedenheit haben.

Allerdings wird die Hypothese eines Halo-Effekts zwischen Zufriedenheiten mit verschiedenen Kontaktpunkten nicht gestützt. Die Zufriedenheit mit der Pflege wirkte sich nicht auf die Zufriedenheit der Patienten mit den Mahlzeiten aus. Andererseits lassen sich auf einer anderen Konkretisierungsebene, nämlich der Betrachtung *verschiedener Leistungsmerkmale an einem Kontaktpunkt*, Ausstrahlungseffekte nachweisen. So zeigen sich am Kontaktpunkt „Aufnahme" Zusammenhänge zwischen den verschiedenen Merkmalszufriedenheiten: Je länger die Wartezeit wahrgenommen wird, desto negativer wird auch das Aufnahmepersonal in bezug auf Höflichkeit und Hilfsbereitschaft wahrgenommen und umgekehrt (vgl. Woodside/ Frey/Daly 1989).

Daß in dieser Studie Ausstrahlungseffekte von Kontaktpunktzufriedenheiten nicht nachgewiesen werden, ist nicht überzubewerten, da dieses Ergebnis auf einen Mangel im Forschungsdesign zurückzuführen sein dürfte. Das Erleben der Patienten als Kunden im Krankenhaus wird zwar in Teilbereiche eingeteilt. Diese stellen aber nur eine grobe zeitliche Strukturierung auf. In keiner Weise kann von einem realistisch ermittelten Kundenpfad die Rede sein. „Pflege" und „Mahlzeiten" sind Bereiche der Dienstleistungsqualität, mit denen ein Patient während seines Krankenhausaufenthaltes mehrfach am Tag in Berührung kommt. Die angegebene Zufriedenheit mit den Einzelmerkmalen dieser Bereiche gibt die nachträgliche durchschnittliche Bewertung wieder, ohne daß ein

194

spezifischer Einfluß einer vorgelagerten Phase unterstellt werden kann. Insofern erscheint es wenig überraschend, daß er auch in der empirischen Studie nicht nachgewiesen wurde. Entscheidender ist, daß auf der Ebene der Einzelmerkmale pro Kontaktpunkt Ausstrahlungseffekte aufgetreten sind. Danach erscheint es weiterhin sinnvoll davon auszugehen, daß bei zeitlich eng aufeinanderfolgenden Erlebnissen im Kundenprozeß auch Auswirkungen der jeweiligen Zufriedenheit auf die Bewertung des Folgeprozesses erfolgen.

Dennoch bleibt das Ergebnis dieser Studie ernüchternd, weil nur die Existenz von Effekten nachgewiesen wird, ohne daß tiefergehende Einsichten in die Zufriedenheitsdynamik gewonnen werden.

Die Vorgehensweise, wie sie auch in der Arbeit von Woodside/Frey/Daly (1989) vorzufinden ist, läßt sich zudem dadurch charakterisieren, daß versucht wird, durch eine punktuelle ex post Befragung Einsichten in den Entwicklungsprozeß von Zufriedenheit zu gewinnen. Damit weist sie ein gravierendes Problem auf, „the basic problem, that is, that a dynamic phenomenon is measured in a basically static way" (Grönroos 1993, S. 60).

Insofern ist die Studie von Danaher/Mattsson (1994) von besonderem Interesse, in der durch eine sequentielle Zufriedenheitsmessung während des Kundenprozesses von Hotelgästen Einsicht in die kumulative Entstehung der Transaktionszufriedenheit gewonnen wird.

Ausgangspunkt ist die Überlegung, daß der Zufriedenheitsgrad eines Kunden mit seinem Hotelaufenthalt nach der i-ten Episode durch das bisherige Erleben in der Transaktion bestimmt wird. Konkreter heißt dies, daß die zwischenzeitliche Transaktionszufriedenheit nach der Episode i sowohl vom Erleben der zuletzt durchlaufenen Episode als auch von der vor dieser Periode bestehenden Transaktionszufriedenheit bestimmt wird. Die nach Abschluß der Transaktion gebildete Transaktionszufriedenheit ist demnach das Ergebnis eines kumulativen Prozesses, ein Ergebnis, das im Langzeitgedächtnis gespeichert wird, bis der Gast einen weiteren Besuch des Hotels plant oder realisiert.

Für die empirische Untersuchung wird der Kundenprozeß von Hotelgästen in fünf Episoden zerlegt: Check-in, Zimmer, Restaurant, Frühstück und Check-out. Für die Zufriedenheitsbefragung wurden 150 Hotelgäste nach dem Zufallsprinzip ausgesucht, die nur eine Nacht im Hotel verbrachten, so daß jeder Antwortende jede Episode gerade einmal erlebte.

Um festzustellen, wie sich die Transaktionszufriedenheit während des Dienstleistungsprozesses verändert, wurden diese Hotelgäste während ihres Hotelaufenthaltes mehrfach, und zwar jeweils nach Ablauf einer Episode befragt. Diese Befragung erfolgte mit Hilfe eines Fragebogens, der episodenspezifisch ausgefüllt und abgegeben werden konnte. Für jede Episode wurde die Zufriedenheit in bezug auf drei Merkmale erhoben. Ergänzt wurde jede Episodenbefragung um die Frage nach dem derzeitigen Stand der Transaktionszufriedenheit („How satisfied are you now?").

Im Ergebnis unterstützt die Studie die zwei wesentlichen Annahmen von Danaher/Mattsson (1994) über die Zufriedenheitsdynamik. Zum einen erweist sich, daß der aktuelle Zufriedenheitsgrad während der Transaktion nicht gleichbleibend ist, sondern entsprechend der Erlebnisse in den jeweiligen Episoden variiert. Die jeweils gemessenen Werte für die Transaktionszufriedenheit fallen zu jedem Zeitpunkt unterschiedlich aus.

Zum anderen zeigt eine faktoranalytische Auswertung den erwarteten vergleichsweise stärkeren Einfluß des jeweils letzten Episodenerlebens auf den aktuellen Stand der Transaktionszufriedenheit.

Die kurze Übersicht über Vermutungen und empirische Studien zur Zufriedenheitsdynamik zeigt den bisher unbefriedigenden Erkenntnisstand und die Höhe des Forschungsbedarfs. Danaher/Mattsson (1994, S. 16) zeigen, in welche Richtung ihrer Ansicht nach die weitere Forschung gehen sollte: „It seems that valid satisfaction scores have to be measured directly after encounter exposure. Hence, encounter-specific satisfaction should be measured immediately after the process is complete, while overall satisfaction should be measured after the complete service delivery". Auch Grönroos (1993) betont die Notwendigkeit, Dienstleistungsqualität als kontinuierliche Funktion während der Dienstleistungstransaktion zu messen angesichts der Tatsache, daß sich die Erwartungen an die Qualität und die Qualitätswahrnehmung im Kundenprozeß ständig verändern.

Diese Aufforderung geht allerdings unseres Erachtens in erster Linie an Forscher oder Unternehmen, die entsprechende Untersuchungen in ausgewählten Bereichen mit einer begrenzten Kundenzahl als Sondererhebung durchführen wollen. Für eine regelmäßige Erhebung der Zufriedenheit von Dienstleistungskunden erscheint eine prozeßbegleitende Messung aus finanziellen und erhebungstechnischen Erwägungen sowie aufgrund zu erwartender Widerstände der Befragten wenig realistisch.

Im folgenden wird das schwierige Problem der Ermittlung der Zufriedenheitsdynamik nur noch am Rande gestreift. Im Zentrum der Betrachtung steht die Frage, wie die prozessuale Zufriedenheitsermittlung mit Hilfe merkmals- und ereignisorientierter Verfahren erfolgen kann und welche Vor- und Nachteile sich dabei jeweils ergeben.

4.1. Prozessuale Zufriedenheitsermittlung mit Hilfe merkmalsorientierter Verfahren

Die herkömmlichen merkmalsorientierten Zufriedenheitsbefragungen berücksichtigen den Prozeßcharakter des Dienstleistungskonsums kaum. Sie erfassen meist nur einzelne Merkmale der Dienstleistungsqualität (Freundlichkeit, Höflichkeit usw.) und die globale Zufriedenheit, wobei auch nicht immer klar ist, ob Transaktions- oder Beziehungszufriedenheit gemessen werden soll. Werden die Merkmale bestimmten Teilleistungen zugeordnet (wie „Hotelempfang"), dann in der Regel nicht auf der Basis eines aus Kundenperspektive entwickelten Kundenpfades.

Allerdings ist eine Modifikation merkmalsorientierter Zufriedenheitsbefragungen zur prozessualen Zufriedenheitsermittlung relativ leicht durchzuführen. Erforderlich erscheinen dabei vor allem folgende Punkte:

– Grundlage jeder Fragebogenerstellung ist die detaillierte Analyse des Kundenprozesses und die Identifikation der Teilphasen.

– Die Auswahl der in den Fragebogen einzubeziehenden Merkmale der Dienstleistungsqualität erfolgt kontaktpunktspezifisch. Dementsprechend werden im Fragebogen die Kunden gebeten, den Grad ihrer Zufriedenheit mit den Merkmalen nach Kontaktpunkten differenziert anzugeben („Wie zufrieden waren Sie mit der Höflichkeit des Personals beim Hotel Check-in?" „Wie zufrieden waren Sie mit der Schnelligkeit der Bedienung beim Hotel Check-in?" usw.).

– Zusätzlich wird die Zufriedenheit des Kunden mit jeder Episode („Wie zufrieden waren Sie generell mit dem Hotel Check-in?") und mit der vollständigen Transaktion („Wie zufrieden waren Sie mit Ihrem letzten Hotelaufenthalt?") ermittelt.

– Die vom Kunden wahrgenommene Einschätzung der Geschäftsbeziehung wird mit einer Frage zur Beziehungszufriedenheit überprüft („Wie zufrieden sind Sie generell mit dem Hotel X, wenn Sie alle Ihre bisherigen Erfahrungen mit diesem Hotel berücksichtigen?").

– Der Einfluß der Zufriedenheit mit einzelnen Merkmalen, Kontakten und Episoden auf die Transaktionszufriedenheit sowie der Einfluß der Transaktionszufriedenheit auf die Beziehungszufriedenheit lassen sich regressionsanalytisch ermitteln.

– Wenn schon nicht prozeßbegleitend gefragt werden kann, so sollte die Befragung doch möglichst bald nach Abschluß einer Transaktion erfolgen. Sofern die datenbezogenen Voraussetzungen dafür vorliegen, spricht viel dafür, die Kunden in einer knapp definierten Zeitspanne nach Beendigung einer Transaktion zu bitten, den Grad ihrer Zufriedenheit mit der Dienstleistung (dem Flug, der Autoreparatur, dem Krankenhausaufenthalt) anzugeben.

Auf diese Weise wird auch ein typisches Problem herkömmlicher Zufriedenheitsbefragungen verringert, nämlich in Untersuchungen über das jeweils letzte Konsumerlebnis unterschiedlich lang zurückliegende Käufe einzubeziehen. Dies ist deshalb fragwürdig, weil sich mit der Länge der Zwischenzeit die Schwierigkeit der retrospektiven Ermittlung eines psychischen Konstrukts erhöht und die Verzerrungen des empfundenen Zufriedenheit durch neue Produkterfahrungen und Informationen sowie Dissonanzreduzierungen verstärkt auftreten (vgl. Kaas/Runow 1987).

Als (grobe) Annäherung an die beschriebene Vorgehensweise kann die Studie von Connor (1993) gelten, der die Zufriedenheit von Kunden mit der Installation von Telephonen untersucht. Er zerlegt den Kundenprozeß in einzelne Kontaktpunkte („Contact Points"). Dann wählt er den Kontaktpunkt „Installation" aus und ermittelt die relevanten Merkmale (Korrekte Installation, Sauberkeit der Installation, Funktionsfähigkeit des Apparates, Information durch Mitarbeiter, Pünktlichkeit der Mitarbeiter usw.) und erfragt die Zufriedenheit der Kunden mit jedem Merkmal sowie die Kontaktpunktzufriedenheit. Mit Hilfe einer Regressionsanalyse analysiert er dann die Beziehung zwischen Merkmalszufriedenheit und Kontaktpunktzufriedenheit einerseits und Kontaktpunktzufriedenheit und Transaktionszufriedenheit andererseits. Merkmale mit einem signifikanten Einfluß auf die Kontaktpunktzufriedenheit werden entsprechend der Höhe des Korrelationskoeffizienten in eine Rangreihe gebracht und anschließend darauf hin überprüft, wie die Kundenzufriedenheit mit diesen wichtigsten Merkmalen ausfällt. Entsprechendes gilt für die Analyse der Kontaktpunktzufriedenheit. Das Management erhält dadurch aussagefähige Informationen über die Bereiche, in denen Qualitätsverbesserungen primär ansetzen sollten.

Die geschilderte Vorgehensweise ist sinnvoll und praktikabel. Allerdings dürfen die grundsätzlichen Probleme einer merkmalorientierten Zufriedenheitsmessung nicht übersehen werden. Dazu gehören zum einen offene Fragen, die unabhängig davon bestehen, ob es um die Ermittlung der Zufriedenheit mit Sachgütern oder Dienstleistungen geht, beispielsweise danach, wie die Erwartungskomponente operationalisiert werden soll oder ob neben dem Zufriedenheitswert für einzelne Merkmale zusätzlich noch das subjektiv beigemessene Gewicht des Merkmals erhoben werden soll (vgl. Kaas/Runow 1987, Hentschel 1992).

Darüber hinaus erhalten einige Probleme der merkmalsorientierten Zufriedenheitsmessung bei der Anwendung auf den dienstleistungsbezogenen Kundenprozeß eine spezifische Ausprägung. Dies gilt vor allem für die Wahl zwischen einer direkten oder indirekten Messung und die Aggregation von Einzelzufriedenheiten.

Bei der Alternative 'direkte versus indirekte Messung' geht es um die Frage, ob Erwartungs- und Wahrnehmungskomponente separat erfaßt, nur die Wahrnehmungskomponente erhoben oder aber nur nach dem Ergebnis des Abwägungsprozesses - der Zufriedenheit - gefragt werden soll. Wie stark sich die bekannten Probleme einer indirekten Messung der Zufriedenheit bei Dienstleistungen verschärfen, hat Grönroos (1993) jüngst überzeugend an drei Punkten dargestellt (auch wenn er nicht von Zufriedenheit, sondern von Dienstleistungsqualität spricht):

– Mißt man Erwartungen ex post, d.h. nach der Wahrnehmung, dann werden nicht die a priori Erwartungen erfaßt, sondern irgendetwas, was von den Erfahrungen während des Prozesses beeinflußt wurde.

– Mißt man Erwartungen ex ante, erfaßt man nicht die Standards, mit denen die Kunden ihre Wahrnehmungen vergleichen, weil sich die Erwartungen im Kundenprozeß verändern.

– Die Messung von Erwartungen macht grundsätzlich keinen Sinn, da die Wahrnehmungen bereits verarbeitete Erwartungen enthalten. Eine Messung der Erwartungen und eine anschließende Messung der Erlebnisse führt dazu, daß die Erwartungen zweimal gemessen werden.

Angesichts dieser Kritik ist es auch verständlich, daß die verschiedenen Methoden der indirekten Zufriedenheits- und Qualitätsmessung gerade in Anwendung auf Dienstleistungen zunehmend kritisiert werden (vgl. Cronin/Taylor 1992, Teas 1993).

Auch die Frage, wie die ermittelten Einzelzufriedenheiten zu globaleren Zufriedenheitswerten verknüpft werden sollen, stellt sich im Dienstleistungskontext mit besonderem Nachdruck. Während es bei der Produktzufriedenheit im wesentlich darum geht, wie Merkmalszufriedenheiten zur Globalzufriedenheit aggregiert werden können, erhöht sich die Problematik bei Dienstleistungen, weil mit der Identifikation von Prozeßphasen und ihrer hierarchischen Zuordnung mehrfache Aggregationsschritte auftreten.

Gehen wir davon aus, die angesprochenen Probleme würden - wie in der Praxis häufig üblich - dadurch „gelöst", daß merkmalspezifisch eine direkte Messung der Kundenzufriedenheit erfolgt und eine kompensatorische Additivität der Einzelzufriedenheiten unterstellt wird, so bleibt noch das schwerwiegende Problem, daß die Ergebnisse merkmalsorientierter Zufriedenheitsmessungen für konkrete Maßnahmen des Qualitätsmangements schwer interpretierbar sind (vgl. Stauss/Hentschel 1990a, b). In standardisierten

Befragungen dieser Art werden wesentliche Aspekte der Dienstleistungsqualität und damit zufriedenheitsbeeinflussende Elemente meist auf zu hohem Abstraktionsniveau und zum Teil überhaupt nicht erfaßt, weil mit der Aggregation des Kontaktpunkterlebens zu Merkmalen ein erheblicher Informationsverlust verbunden ist. Eine geringe Merkmalszufriedenheit, etwa in bezug auf „Höflichkeit" oder „Bequemlichkeit" signalisiert zwar ein wahrgenommenes Qualitätsproblem, gibt aber keinerlei Hinweise darauf, welches Verhalten vom Kunden in ihren Kontakten als unhöflich interpretiert und welcher konkrete Umstand ihn dazu bewegt hat, die Bequemlichkeit negativ zu beurteilen. Darüber kann ein Fragebogen nur einen Teil des Kontaktpunkterlebens berücksichtigen. Dies gilt zum einen aus Quantitätsgründen, zum anderen aus dem Grund, daß sich das Kontaktpunkterleben der Kunden häufig nicht merkmalsadäquat ausdrücken läßt (vgl. Hentschel 1992).

4.2 Prozessuale Zufriedenheitsermittlung mit Hilfe ereignisorientierter Verfahren

Angesichts der erkannten Grenzen der Leistungsfähigkeit des merkmalsorientierten Ansatzes, das Erleben von Dienstleistungskunden konkret und vollständig abzubilden, gilt es verstärkt darüber nachzudenken, inwieweit diese Verfahren der Zufriedenheitsmessung durch ereignisorientierte Verfahren ergänzt werden können.

Die Erhebungstechniken, die zu den ereignisorientierten Verfahren gehören, lassen sich danach differenzieren, ob sie kritische oder gewöhnliche Ereignisse erfassen. *Kritische Ereignisse* sind Vorfälle, „that are especially satisfying or dissatisfying" (Bitner/Booms/Tetrault 1990, S. 73). Sie führen unmittelbar zu Aktivitäten (wie etwa Beschwerden) und/oder sind im Langzeitgedächtnis so stark verankert, daß sie in der Regel ungestützt erinnert und wiedergegeben werden können. *Gewöhnliche Ereignisse* sind „the little things that customers may find satisfying or dissatisfying during a Service Encounter but do not report in unaided responses as critical incidents" (Botschen/Bstieler/Woodside 1993, S. 10).

Zur Ermittlung kritischer Ereignisse haben sich im Dienstleistungskontext vor allem die Lob- und Beschwerdeanalyse sowie die Critical Incident Technique bewährt (vgl. Bitner/Nyquist/Booms 1985, Bitner/Booms/Tetreault 1990, Hentschel 1992, Stauss 1994c).

Im Rahmen der Lob- und Beschwerdeanalyse geht es um die inhaltsanalytische Auswertung positiver und negativer Kundenschilderungen von Vorfällen, die beim Kunden zu hoher Zufriedenheit bzw. Unzufriedenheit geführt haben. Mit Hilfe der Kritischen Ereignismethode werden im Rahmen mündlicher Interviews Kundenerlebnisse erhoben.

Da diese Vorfälle aus eigener Initiative der Kunden an das Unternehmen herangetragen bzw. in ungestützten Interviews vorgebracht werden, ist davon auszugehen, daß sie in hohem Maße handlungsrelevant sind. Diese Annahme wird sowohl durch Ergebnisse der Beschwerdeforschung als auch der Critical Incident-Forschung gestützt, die jeweils belegen, daß die artikulierten Erlebnisse in hohem Maße das Kommunikationsverhalten (Mund-zu-Mund-Kommunikation) und das Wiederkaufverhalten beeinflussen (vgl. Hentschel 1992).

Informationen aus Lob- und Beschwerdeanalyse sowie Critical Incident Technique werden nicht prozessual erhoben, sondern können nur nachträglich kontaktpunkt-, episoden- und transaktionsspezifisch zugeordnet werden, weil sie in Regel umfangreiche Informationen über Ort und Umstände des Qualitätserlebens enthalten. Insofern bietet es sich für eine Feststellung, welche Erlebnisse Kunden an welchen Kontaktpunkten und Episoden außergewöhnlich positiv oder negativ erlebt haben, an, eine entsprechende prozessuale Systematisierung und Auswertung von Ereignissen vorzunehmen. Dies gilt um so mehr, als in Beschwerden, Lobmitteilungen sowie kritischen Ereignissen nicht selten auch Prozeßverläufe geschildert werden, die Einsichten in den kumulativen Prozeß der (Un-) Zufriedenheitsbildung erlauben.

Die genannten Verfahren geben allerdings nur Informationen über Kontakterlebnisse, die außerhalb der Toleranzzone liegen, also zu hoher Zufriedenheit (Begeisterung) oder Unzufriedenheit führen. Sie geben keine Auskunft über gewöhnliche Ereignisse, kleinere Erlebnisse im Zuge von Dienstleistungstransaktionen, die durchaus die Kontaktpunkt-, Episoden- und Transaktionszufriedenheit beeinflussen, aber für nicht so gravierend erachtet werden, daß sie zum Gegenstand von Beschwerde/Lob gemacht oder als „kritisches Ereignis" geschildert werden.

Für die Ermittlung des üblichen Erlebens von Dienstleistungskontakten steht die *Sequentielle Ereignismethode* zur Verfügung (vgl. Stauss/Hentschel 1990a, b). Es handelt sich hier um eine prozeßorientierte, mündliche Befragung auf der Basis eines Kundenpfades. Den Befragten wird ein Diagramm des Kundenpfades mit der üblichen Abfolge von Episoden vorgelegt, die gegebenenfalls durch Symbole oder Fotos dargestellt werden. Auf dieser Grundlage werden die Kunden gebeten, den Ablauf ihres Dienstleistungserlebens noch einmal gedanklich durchzugehen und das Erleben in den einzelnen Kontaktsituationen ausführlich zu schildern und anzugeben, welche Aspekte der Kontaktsituation sie als angenehm oder unangenehm empfunden haben. Dabei kommt es im Gegensatz zur Critical Incident Technique gerade nicht darauf an, daß es sich um außergewöhnliche Erlebnisse handelt.

Der Vorteil der sequentiellen Ereignismethode im Rahmen einer prozeßorientierten Zufriedenheitsmessung liegt zum einen in dem höheren Konkretisierungsgrad der Informationen über das Qualitätserleben pro Kontaktpunkt bzw. Episode, zum anderen in dem Umstand, daß sie zusätzliche und daher vollständigere Informationen liefert als die merkmalsorientierte Zufriedenheitsmessung (vgl. Stauss/Hentschel 1992b - in Anwendung auf die Critical Incident Technique).

Dies zeigt auch die gleichzeitige Anwendung von Sequentieller Ereignismethode (unter der Bezeichnung „Sequence-Oriented Problem Identification") und Kritischer Ereignismethode durch Botschen/Bstieler/Woodside (1993). In ihrer Studie erweist es sich auch, daß beide Vorgehensweisen unterschiedliche Informationen über Stärken und Schwächen des untersuchten Dienstleisters liefern. Dies war auch zu erwarten, weil sich das abgefragte Kontaktpunkterleben einmal innerhalb, zum anderen außerhalb der Toleranzzone befindet.

Schilderungen im Rahmen der Sequentiellen Ereignismethode sind nicht neutral, sondern enthalten zugleich Wertungen über das Erlebte, d.h. mehr oder weniger diffuse (Un-)Zufriedenheiten. Will man genauere Informationen über den Zufriedenheitsgrad gewinnen, gilt es, die Sequentielle Ereignismethode weiterzuentwickeln und mit einer Erhebung der Kontaktpunktzufriedenheit zu verknüpfen. Dann ist so vorzugehen, daß im Anschluß an die jeweilige Schilderung des Kontaktpunkterlebens die Kunden gebeten werden, ihre Zufriedenheit mit dem Erlebten pro Kontaktpunkt anzugeben. Auf diese Weise gewinnt man nicht nur Einsichten in die Zusammenhänge zwischen faktischen Vorfällen („Ereignissen") und Zufriedenheitswahrnehmung, sondern erhält wahrscheinlich auch zuverlässigere Episodenzufriedenheitsdaten als in merkmalsorientierten Verfahren, weil durch den visualisierten Kundenpfad und die Schilderung über das Erleben eine intensivere Rückbesinnung auf das Episodenerleben und die damit verbundenen Zufriedenheitsgefühle erfolgt.

5. Schlußfolgerung

Die herkömmliche Zufriedenheitsforschung in Anwendung auf Dienstleistungen berücksichtigen nicht ausreichend, daß Dienstleistungskonsum im Rahmen eines Prozesses stattfindet und somit auch die Zufriedenheitsentstehung und -entwicklung in diesem Prozeß erfolgt. Für Zwecke der praktischen Zufriedenheitsmessung im Dienstleistungsbereich kommt es sehr darauf an, mit Hilfe der Kundenpfadanalyse zunächst einmal Einsicht in diesen Kundenprozeß zu erhalten. Der Kundenpfad bietet dann die Grundlage für Entwicklung und Einsatz von Methoden zur Ermittlung der Kundenzufriedenheit und die Zuordnung anderweitig (z.B. im Rahmen der Beschwerdeanalyse) erhobener Informationen. Sowohl merkmalsorientierte wie ereignisorientierte Verfahren sind - in den genannten Grenzen - für eine prozessuale Zufriedenheitsmessung geeignet. Doch beide Verfahrensgruppen liefern in erster Linie Möglichkeiten einer prozeßbezogenen Abfrage von Zufriedenheit. Nach dem bisherigen Kenntnisstand geben sie jedoch kaum Einblick in die Dynamik der Zufriedenheitsbildung während des Prozesses. Hier verbleibt noch erheblicher Forschungsbedarf. Die Reduzierung dieser Erkenntnislücke ist nicht nur für Dienstleister von Interesse, sondern auch für industrielle Anbieter. Denn in der Industrie wächst ebenfalls das Bewußtsein, daß es die Erreichung von Produktzufriedenheit allein zur Kundenbindung nicht ausreicht und daß es im Rahmen eines Beziehungsmarketing-Konzepts darauf ankommt, Beziehungszufriedenheit zu erreichen.

Vierter Teil

Ausgewählte Instrumente zur Steigerung der Kundenzufriedenheit

Felix Bagdasarjanz/Kurt Hochreutener

Prozeßmanagement als Voraussetzung für Kundenzufriedenheit - Das Customer Focus-Programm bei ABB

1. Einleitung

Das Programm „Customer Focus" (CF) wurde durch den ABB-Konzern weltweit als ein Prozeß der konsequenten Ausrichtung aller unternehmerischen Tätigkeiten auf den Kunden lanciert. Was diesen Prozeß von den zahlreichen bisher erlebten Rationalisierungs-, Kosteneinsparungs- und Verbesserungsprojekten unterscheidet, sind folgende Merkmale:

- Die Unternehmung wird als *System* unter *Einschluß aller Bezugsgruppen*, ganz besonders jedoch der *Kunden* und *Lieferanten*, betrachtet.
- Die Leistungsfähigkeit des Systems Unternehmung ist geprägt durch die Leistungsfähigkeit der einzelnen *Prozesse*. Das System als Ganzes verbessern heißt, alle Prozesse der Unternehmung einer nachhaltigen Verbesserung unterziehen.
- Träger der Prozeßleistung sind in besonderem Maße die *Mitarbeiter*. Ihr Beitrag zur Gestaltung und Verbesserung eines einzelnen Prozeßschrittes ist der Grundbaustein für die hervorragende betriebliche Leistung und damit für die Zufriedenheit des Kunden. Dabei spielt die *Teamarbeit* eine entscheidende Rolle.
- Als *Prozeß der ständigen Verbesserung* ist CF nicht ein Programm, das lediglich ein Jahr lang durchgeführt wird, oder gar ein einmaliges Projekt, sondern ein jahrelang dauernder, permanenter *Lernprozeß*. Die Unternehmung findet ihr Selbstverständnis als lernendes System, das sich selbständig neue Ziele setzt und als neugierig beobachtende, experimentierende, mit Fantasie nach immer neuen Lösungen suchende Struktur wirkt.

Im Mittelpunkt des CF-Prozesses stehen drei voneinander nicht unabhängige Managementtechniken, die sich mit der Verbesserung von Prozessen und Produkten befassen (vgl. Abbildung 1): das *zeitbasierte Management* („Time Based Management" - TBM), das *firmenweite Qualitätsmanagement* („Total Quality Management" - TQM) und das *Beschaffungsmanagement* („Supply Management" - SM).

Für alle diese Aktivitätsbereiche werden jährlich Verbesserungsziele gesetzt, um betriebliche Spitzenleistung als Grundvoraussetzung für Kundenzufriedenheit zu gewährleisten.

Bereits die Aufzählung dieser Managementtechniken zeigt, daß es sich beim CF-Prozeß offensichtlich um einen ganzheitlichen Ansatz zur Verbesserung der unternehmerischen Leistungserstellung am Markt handelt. Entsprechend anspruchsvoll ist es für das Management, einen solchen Verbesserungsprozeß zu führen.

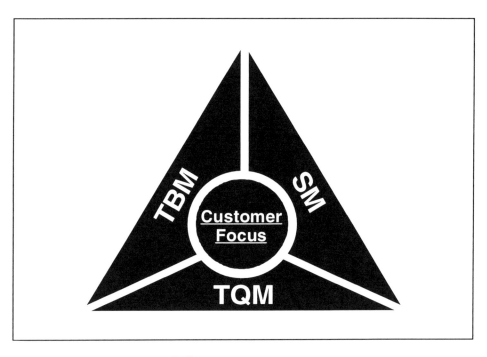

Abbildung 1: Managementtechniken

2. Time Based Management als Einstieg in Customer Focus

Das oberste Management der heutigen ABB Industrie AG besuchte im Spätsommer 1990 ein Executive Seminar bei der Thomas Group, Inc. (TGI) in den USA, einem bekannten Consultant für Time Based Management (TBM). Die relative Einfachheit der TBM-Philosophie wirkte so überzeugend, daß sich die Firmenleitung entschloß, ein über zwei Jahre geplantes TBM-Projekt zu starten. Der umfassendere CF-Begriff war zu diesem Zeitpunkt noch nicht bekannt. Mit Unterstützung von TGI gelang es, den Einstieg in das Programm zu finden und die Teamarbeit zu etablieren. Von Herbst 1990 bis Ende 1992 wurde das TBM mit viel Aufwand und Energie durchgezogen. Ähnliche TBM-Programme wurden mit weiteren Beratern in allen Firmen der ABB Schweiz in Angriff genommen.

Die Geschäftsleitung der ABB Schweiz, zusammen mit den Leitern der größeren Schweizer ABB Firmen, besuchte im Januar 1992 einen einwöchigen Workshop an der Motorola University in Chicago. Auf diesem Seminar wurden die Führungskräfte mit den Elementen des CF sowie mit methodischen Hinweisen, wie ein solcher Verbesserungsprozeß durchzuführen sei, bekanntgemacht. Die Teilnehmer des Workshops waren zu diesem Zeitpunkt in unterschiedlichem Fortschrittsgrad mit ihren TBM-Programmen beschäftigt. Die Vielzahl der Eindrücke weckte einerseits die Überzeugung, daß die ABB Schweiz ein enormes Verbesserungspotential nutzen könne, andererseits trat auch Verunsicherung darüber auf, wie man einen solchen Prozeß im eigenen Hause umsetzen könne. Es galt insbesondere, die in Tabelle 1 dargestellten Probleme in den Griff zu bekommen. Lösungsansätze für einzelne der geschilderten Problemkreise werden in den nachfolgenden Abschnitten diskutiert.

Tabelle 1:   Probleme bei der Umsetzung des TBM-Programms bei ABB

– *Akzeptanz und Motivation*: Dabei ging es darum, bei den Mitarbeiterinnen und Mitarbeitern keine Verunsicherung bezüglich der Bedeutung der laufenden TBM-Programme aufkommen zu lassen, sondern CF als umfassenden Ansatz zur Verbesserung der Kundenzufriedenheit, unter Einbezug der bisher erreichten TBM-Resultate, darzustellen.

– *Transformation und Identifikation:* Eine besonders schwierige Aufgabe war es, die interessanten, sehr logischen, aber theoretischen Ansätze auf die Situation der eigenen Firma umzusetzen.

– *Wissen und Ausbildung:* Die zielgerichtete Ausbildung von Management und Mitarbeiterinnen und Mitarbeitern barg die Schwierigkeit, aus verschiedenen Quellen und Ansätzen die komplexen Zusammenhänge des CF-Prozesses verständlich darzustellen, zu schulen und dazu die Methodik zur Führung eines solchen Prozesses zu schaffen.

– *Durchführungsverantwortung:* Es galt, eine der Organisation der ABB Schweiz entsprechende Durchführungsverantwortung festzulegen und das richtige Maß zwischen zentral und dezentral geführten Aktivitäten zu definieren. Diese Festlegung mußte auch innerhalb der einzelnen Firmen getroffen werden.

Time Based Management bedeutet nichts anderes als eine Optimierung der Geschäftsabläufe im Hinblick auf die Durchlaufzeit. Dabei tritt die traditionelle, funktionale Organisationsstruktur in den Hintergrund, im Zentrum steht stattdessen die prozeßorientierte Betrachtungsweise (vgl. Abbildung 2). Mit der Durchlaufzeit wird die Zeit in Wochen oder Kalendertagen gemessen, die zwischen Anfang und Ende einer Aufgabe vergeht. Wichtig ist dabei, zu den Durchlaufzeiten der Teilprozesse die Gesamtdurchlaufzeit zu kennen, die z.B. vom Auftragseingang bis zum Zahlungseingang benötigt wird. Das Hauptaugenmerk liegt bei der Vereinfachung von Prozessen durch Verkürzung von Warte-, Transport- und Liegezeiten für Informationen und Material, d.h. der Eliminierung von nicht wertschöpfenden Tätigkeiten. Damit wird zugleich ein erstes Kostenreduktionspotential ausgeschöpft.

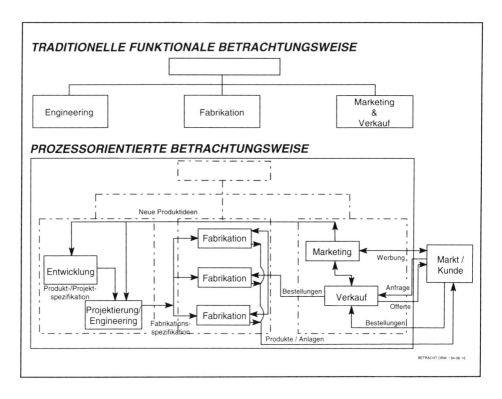

Abbildung 2: ABB Industrie AG - Traditionelle funktionale und neue prozeßorientierte Betrachtungsweise

Rückblickend darf festgehalten werden, daß sich das zeitbasierte Management als ausgezeichnete Vorstufe für den CF-Prozeß bewährt hat. Einige wesentliche Erfolgsfaktoren zeichnen das TBM aus, die als solides Fundament auch im CF-Prozeß Schlüsselelemente für den Erfolg darstellen:

– Ausrichtung des methodischen Ansatzes auf Prozeßverbesserung,
– Fokussierung auf Durchlaufzeit, d.h. gleichzeitige Fokussierung auf die interne Prozeßqualität („First Pass Yield"), auf den Vorratsbestand in Produktion und Administration („Bestände") sowie auf die termingerechte Lieferung an den Kunden („Liefertermintreue") und
– Erzeugen von Transparenz bezüglich der Verbesserungsziele mittels einfacher Meßgrößen und standardisiertem Reporting.

212

3. Total Quality Management - TQM

Das firmenweite Qualitätsmanagement ist der zweite Schwerpunkt im CF-Programm. Es basiert auf folgender Definition: „Die auf Fehlerfreiheit und Kundenzufriedenheit ausgerichtete, organisierte und kontinuierliche Verbesserung aller Betriebsabläufe einer Firma unter Beteiligung aller Mitarbeiter von ABB und deren Zulieferanten." Die Definition signalisiert den Beginn einer neuen Unternehmenskultur, die bewußt die Kundenzufriedenheit, Fehlerfreiheit aller Leistungsprozesse und die organisierte, kontinuierliche Verbesserung fokussiert. Daß dies alles nur mit Einbindung und Unterstützung aller Mitarbeiterinnen und Mitarbeiter sowie der beteiligten Lieferanten möglich wird, ist eine logische, aber nur mit viel Geduld und Aufwand zu erfüllende Folgerung. Dabei helfen die acht Qualitätsgrundsätze der ABB (vgl. Tabelle 2).

Tabelle 2:   Die acht Qualitätsgrundsätze der ABB Industrie AG

---

1. Was wirklich zählt, ist was die Kunden von unserer Qualität halten.
2. Qualität ist das Ergebnis von beherrschten Prozessen.
3. Alle Geschäftsprozesse sind involviert.
4. Unsere Leistungsnorm ist „Null Fehler".
5. Kontinuierliche Qualitätsverbesserung ist unsere Arbeitsweise.
6. Lieferanten sind unsere Partner in Qualitätsbelangen.
7. Unsere Mitarbeiter sind der Schlüssel zum Erfolg.
8. Das Management geht voran.

Einer der wichtigsten Ansatzpunkte liegt bei der Prozeßqualität, die in jedem Teilprozeß gemessen werden kann und mit „First Pass Yield" (FPY) bezeichnet wird. Dabei wird die Anzahl der pro Zeitperiode auf Anhieb richtig ausgeführten Tätigkeiten im Verhältnis zu allen ausgeführten Tätigkeiten gemessen und aufgezeichnet. Diese Messung läßt sich bei sämtlichen Unternehmensprozessen einführen, vom Vertrieb über das Engineering, die Produktion bis zur Inbetriebsetzung. Der Merksatz dazu lautet: „Erledige die Aufgabe beim ersten Mal richtig!"

TQM ersetzt die bisherigen Aktivitäten eines Qualitätssicherungssystems und dessen Zertifizierung nach DIN ISO 9000 nicht. Neben dem zertifizierten Qualitätssicherungssystem und der bereits erwähnten Prozeßorientierung und kontinuierlichen Verbesserung sind Kenntnisse über Kunden- und Mitarbeiterzufriedenheit weitere wichtige Elemente im TQM-Haus.

Ob man den Einstieg in einen CF-Prozeß über das Qualitätsmanagement (TQM), oder das zeitbasierte Management (TBM) wählt, dürfte letztlich kaum ausschlaggebend für den Erfolg sein. Der Einstieg über den TBM-Prozeß ist sicher einfacher und für die Mitarbeiter faßbarer.

Abbildung 3: Übergeordnete Ziele - „Die vier Z"

4. Customer Focus und die vier Zufriedenheiten

Obwohl im CF-Prozeß der Kunde im Zentrum steht, gelingt die langfristige Ausrichtung nur bei Einbezug aller beteiligten Bezugsgruppen. Das anspruchsvolle Ziel im CF-Prozeß ist das Erreichen der Zufriedenheiten von Kunden, Mitarbeitern, Unternehmern/Aktionären und Lieferanten (vgl. Abbildung 3). Wird eine der Bezugsgruppen über eine bestimmte Zeit nicht zufriedengestellt, kann der Gesamterfolg der Firma nicht mehr gewährleistet werden. Es ist also absolut zentral, die unternehmerischen Prozesse unter *Einbezug der grenzüberschreitenden Prozesse*, die alle Bezugsgruppen der Unternehmung miteinschließen, zum eigentlichen Objekt der Verbesserung zu machen. Der CF-Prozeß hinterfragt unternehmensweit, wie wir etwas tun und wie wir es besser tun könnten; dies ist eine wichtige Ergänzung zum klassischen Portfolio-Management, bei dem lediglich die Frage, was zu tun ist, im Vordergrund steht. Die Akzentverschiebung auf die Ebene der Durchführung sowie das Messen von ablauforientierten Prozeßparametern soll allerdings nicht den falschen Eindruck erwecken, der CF-Prozeß suche den Erfolg einseitig in der Perfektionierung von Abläufen. *Betriebliche Spitzenleistungen* lassen sich nur in der Verbindung von *hervorragenden Produkten mit hervorragenden Prozessen erreichen.*

5. Management des CF-Prozesses

Zur Führung des CF-Prozesses wurden auf der Stufe ABB Schweiz und ABB Firmen umfangreiche Führungsinstrumente entwickelt und bereitgestellt.

5.1 Führungsorganisation

Die Geschäftsleitung der ABB Schweiz wird durch einen *CF-Fachgebietsausschuß (FGA)* unterstützt, der von einem Mitglied der Geschäftsleitung der ABB Schweiz geleitet wird. Dem Fachgebietsausschuß gehören ausgewählte Firmenleiter, der CF-Manager und der Einkaufsmanager der ABB Schweiz sowie, nach Bedarf, Fachexperten aus den Bereichen des Qualitätsmanagements, der Kommunikation und des Personalwesens an. Die Aufgabe des Fachgebietsausschusses ist es, den CF-Prozeß zu strukturieren und das Vorgehen festzulegen. Der Fachgebietsausschuß definiert die zentral durchzuführenden Aktivitäten, insbesondere im Bereich der Schulung, und er definiert Ziele und Standards des CF-Prozesses, beispielsweise für das TQM und das Reporting, welche die Führung und Überwachung des CF-Prozessen in den einzelnen Firmen auf vergleichbarer Basis ermöglichen. Bei ABB Schweiz gilt das Prinzip, daß die Durchführungsverantwortung für den CF-Prozeß bei den einzelnen Firmenleitern liegt.

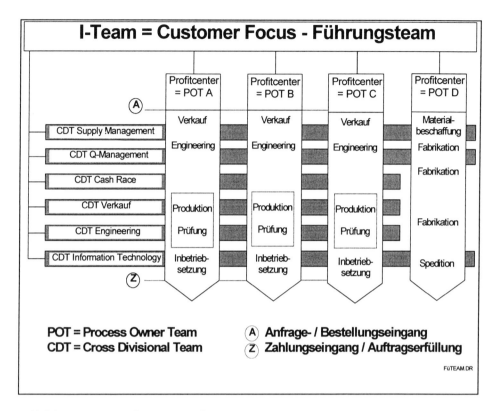

Abbildung 4: Teams im CF-Prozeß

Der *CF-Manager* der einzelnen Firmen führt den CF-Prozeß entsprechend den vom Fachgebietsausschuß ausgearbeiteten Richtlinien. Er ist Mitglied des „*CF-Council*", das sich aus den CF-Managern der Firmen zusammensetzt. Im Council werden Erfahrungen ausgetauscht („Best Practices"), Fachthemen vertieft und von internen und externen Experten Know-how zu Customer Focus eingebracht. Die eigentliche Verbesserung wird in den Firmen durch *Prozeßteams* realisiert (vgl. Abbildung 4). Pro Profit- und Service-Center trägt je ein *Prozeßbesitzerteam* („Process Owner Team") unter Führung des Profit-/Servicecenterleiters die Realisierungsverantwortung. Inhalt ist der gesamte Geschäftsprozeß von Anfrage/Bestellungseingang bis zur Auftragserfüllung bzw. zum Zahlungseingang. Die in Tabelle 3 zusammengestellten Grundsätze beschreiben die Herausforderung an die Process Owner Teams.

In *bereichsübergreifenden Teams* („Cross Divisional Teams") sind Fachspezialisten zusammengefaßt, die auf ihrer Stufe Erfahrungsaustausch (Best Practises) betreiben und damit die Process Owner Teams unterstützen (beispielsweise in „Supply Management", Qualitätsmanagement, „Cash Race", etc.).

216

Tabelle 3:   Grundsätze der Process Owner Teams

– *Verantwortung:* Es ist unser Prozeß; wir allein sind für Verbesserungen verantwortlich!
– *Energie:* Wir haben die Kraft, Kompetenz und Autorität, den Prozeß zum Ziel zu bringen!
– *Führung*: Wir befähigen uns, diesen Prozeß zu leiten und zu führen!
– *Wissen*: Wir sind die Experten; wir kennen den Prozeß bis ins Detail!
– *Verhalten*: Vorbildliches Rollenverhalten, z.B. kooperative, offene und ehrliche Teamarbeit ist unsere Arbeitsweise!

Die klassische Linienorganisation verliert damit bei der Führung des CF-Prozesses an Bedeutung. Im Zentrum steht viel mehr die Frage: *Wer ist Prozeßbesitzer?* Wer fühlt sich verantwortlich und befähigt, Prozeßverbesserungen als Potential zu identifizieren und anschließend zu realisieren? Dieser *Teamansatz* ist für den CF-Prozeß von *fundamentaler Wichtigkeit*. Dieser Ansatz provoziert aber auch eine Quelle für Widerstand. Chefs müssen einen Teil ihres bisherigen Machtanspruches an das Team abtreten. Dies beinhaltet nicht nur, wie bisher üblich, die Entscheidungsvorbereitung, sondern neu auch das Fällen von Entscheidungen über Prozeßverbesserungen sowie die Übergabe der Realisierungsverantwortung an das Team. In den Teams andererseits muß der Wille zum Wandel spürbar vorhanden sein. „Umgang mit Widerstand" darf für diese Teams kein Fremdwort sein, denn während Prozesse sich auf dem Papier noch ohne Probleme verändern lassen, werden bei der Implementierung und Umsetzung Mitarbeiter betroffen und häufig auch Aufbauorganisationen verändert.

5.2 Schulung

Im „Schulungshaus" (vgl. Abbildung 5) wurden zwei Schwerpunkte gebildet: In der 1992 realisierten CF-Basis-Schulung wurden durch ausgewählte Mitglieder der Geschäftsleitung ABB Schweiz und Firmenleitern die an der Motorola University vermittelten Grundlagen an alle Kader bis zur dritten Führungsstufe zentral vermittelt. Es hat sich als ein wichtiger und richtiger Schritt erwiesen, die Schulung nicht durch externe Experten, sondern durch Manager aus den eigenen Reihen durchführen zu lassen. Damit konnte die Theorie auf das spezifische Bedürfnis der ABB Schweiz zurechtgeschnitten und die Schulung mit Beispielen aus dem eigenen Erfahrungsbereich angereichert werden. Im zweiten Schwerpunkt werden pro Firma und Verbesserungsteam diejenigen Methoden und Werkzeuge geschult, die in der aktuellen Phase des Verbesserungsprozesses benötigt werden. Eine Ausnahme machte das TQM-Seminar, das 1993 und 1994 für alle Mitarbeiterinnen und Mitarbeiter der ABB Industrie AG realisiert wurde. Darin wurden die Grundkenntnisse über TQM vermittelt, der ABB-Problemlösungsprozeß geschult und die sieben wichtigsten Methoden und Werkzeuge zur Problemlösung repetiert.

Mittelfristig soll die Firma durch ein Ausbildungsnetz überzogen werden. Als Trainer sollen speziell ausgebildete Mitarbeiterinnen und Mitarbeiter tätig sein (analog zu Trägern des schwarzen Gürtels beim Judo) und in Kleinstklassen Mitarbeiter weiterbilden und trainieren.

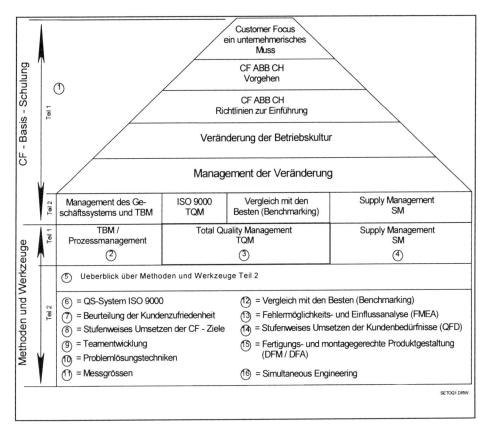

Abbildung 5: Das Schulungshaus

218

5.3 Führungsrhythmus

Auf der monatlichen *Teamsitzung* bespricht der Firmenleiter mit seinen direkt unterstellten Mitarbeitern (Leiter Profit-Center und Service-Center, Stab) den aktuellen Stand des CF-Programmes. CF- und Einkaufsmanager berichten über Fortschritte und Neuerungen.

An monatlichen *Geschäftslagebesprechungen* erläutert der verantwortliche Profit Center- oder Service Center-Leiter in der Rolle des Process Owners dem Firmenleiter den CF-Fortschrittsbericht. Die CF-Berichterstattung ist damit Teil des Business Controlling.

In den durch den Profit- bzw. Service Center-Leiter geführten *Sitzungen* wird die Prozeßverbesserung bearbeitet. Hier werden Barrieren identifiziert, die der Zielerreichung im Wege stehen. Die Ursachen der Probleme werden in methodischer Art und Weise ermittelt. Die Aktionen zur Beseitigung von Ursachen für Barrieren werden definiert sowie deren Durchführung überwacht. Im Zentrum der Arbeit steht der *Prozeß*, für dessen *Verbesserung* das Team die *Verantwortung* trägt. Die Basis für Prozeßverbesserungen sind Prozeßabbildungen („Process Maps"). Damit werden sowohl der Ist- als auch der Sollzustand abgebildet und die notwendigen Verbesserungen definiert. Ebenso werden daran die Schwachstellen identifiziert, insbesondere Prozeß-Schritte, die keine Wertschöpfung bringen. Die Teams sind zudem verantwortlich für die Definition der Messungen in den einzelnen Prozeßabschnitten und die Festlegung der auf den einzelnen Prozeß/Teilprozeß heruntergebrochenen Verbesserungsziele. Je nach Verantwortung, Energie und Führungsanspruch bewältigt ein Team den Verbesserungsprozeß erfolgreich oder eben weniger erfolgreich. Mit der Übergabe der Realisierungsverantwortung liegt auch der Umgang mit Widerständen direkt beim Team. Dabei ist die Person des Teamleiters für den Erfolg der Teamarbeit von ausschlaggebender Bedeutung.

Der Firmenleiter überprüft mit dem CF-Manager in regelmäßigen Abständen den CF-Prozeßfortschritt in den einzelnen Teams in sogenannten *Review-Sitzungen*. Die Überprüfung hat den Charakter eines Qualitäts-Audits.

5.4 Kontinuierliche Prozeßverbesserung und Hauptmeßgrößen

Prozeßverbesserungen sollen die eigenen Kernprozesse so beeinflussen, daß die kritischen Erfolgsfaktoren aus Sicht des Kunden positiv verändert werden. Damit wird die Kundenzufriedenheit direkt angesprochen. Ein Prozeß wird sich nur verbessern lassen, wenn er in seiner Gesamtheit und in seinen Teilprozessen meßbar ist. Primäres Ziel ist nicht die Messung, sondern über die Messung hinaus zu grundlegenden Prozeßverbesserungen zu gelangen. Eine Hilfestellung dazu ist das Denken und Handeln in der Darstellung der vier Quadranten (vgl. Abbildung 6). Im ersten Quadranten wird die Messung dargestellt und die Soll/Ist-Abweichung definiert. Im zweiten Quadranten werden im Ursachen/Wirkungs-Diagramm die Hauptursachen herausgeschält, um im dritten Quadranten analysiert zu werden. Im vierten Quadranten werden die notwendigen Aktionen definiert und deren Realisierung eingeleitet. Die Resultate werden im ersten Quadranten überprüft und allfällige Abweichungen erneut analysiert.

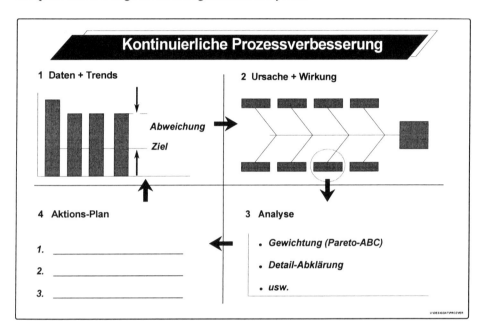

Abbildung 6: Vier Quadranten-Darstellung

Prozeßverbesserungen sollen, wie bereits geschildert, auch dem Unternehmen „Zufriedenheit" bringen. Es gilt also, die direkte Umsetzung der realisierten bzw. geplanten Verbesserungen im Betriebsresultat bzw. -budget auszuweisen. Ein standardisiertes Reporting, welches die firmenübergreifende Führung des CF-Prozesses ermöglicht, umfaßt neben den finanziellen Werten auch eine Auswahl der in Tabelle 4 aufgeführten Hauptmeßgrößen.

Kundenorientiert sind die Hauptmeßgrößen 1, 2, 3, 6, 10 und 12, intern orientiert sind die Hauptmeßgrößen 3, 4, 5, 11 und 12 und lieferantenorientiert sind die Hauptmeßgrößen 7, 8 und 9.

220

Tabelle 4: Hauptmeßgrößen

---

1. Qualitätsprobleme in der Frühphase der Nutzung beim Kunden
2. Liefertermintreue
3. Durchlaufzeit
4. Interne Prozeßqualität („First Pass Yield")
5. Kosten schlechter Qualität
6. Anzahl Kundenbeschwerden
7. Qualität der Lieferanten
8. Liefertermintreue der Lieferanten
9. Lieferzeit der Lieferanten
10. Kundenzufriedenheitsindex
11. Bestände
12. Debitorenbewirtschaftung
13. Mitarbeiterzufriedenheit

5.5 Management der Kundenzufriedenheit

Natürlich verbessern Process Owner Teams Prozesse nicht immer nur aus eigenem Antrieb. Ein wichtiger Input für die Teams ergibt sich aus der systematischen Erfassung von Fakten, die den Kunden zufrieden oder aber unzufrieden machen. Dabei werden zwei Vorgehensstufen unterschieden:

– Stufe 1 - *Logbuch*
Alle positiven und negativen Kundenreaktionen (Telefonate, Faxe, Briefe, Gespräche) werden sofort beim Eintreffen durch alle Mitarbeiter mit Kundenkontakt im *Logbuch* notiert. Zusätzlich zur aktuellen Problemlösung durch die Linienorganisation werden die Kundenreaktionen monatlich nach bestimmten Kriterien dargestellt und durch die Teams zusätzlich auf Potentiale zur Prozeßverbesserung analysiert. Dabei sollen bewußt auch die positiven Kundenreaktionen zur Sprache kommen.

– Stufe 2 - Aktive Kundenbefragung
Während den Projektphasen und nach Abschluß eines Projektes ermitteln regelmäßig mit dem Kunden verkehrende Mitarbeiter die Zufriedenheit des Kunden anhand systematisch aufgebauter, kleiner Fragebogen (vgl. Abbildung 7). Ziel dieser Stufe ist die systematische Erfassung und Analyse der Kundenerwartungen im Vergleich zur erbrachten Leistung. Die Resultate werden pro Projektphase dargestellt und ermöglichen dem Team, Rückschlüsse aus laufenden Projekten zur kontinuierlichen Prozeßverbesse-

rung einzusetzen. Gleichzeitig werden die Resultate der Stufe 2 zur Mittelwertbildung der Hauptmeßgrösse „Kundenzufriedenheit" verwendet.

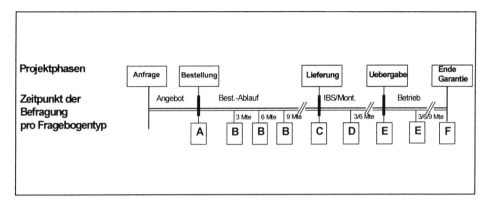

Abbildung 7: Ermittlung der Kundenzufriedenheit während der Projektabwicklung

6. Der Mensch im Veränderungsprozeß

Problemlösungen beginnen meistens im Kopf. Ein Problem wird identifiziert und soll gelöst werden. Soweit ist alles logisch. Schwieriger wird es, wenn der Mensch selbst einen Teil des Prozesses und der Veränderung darstellt und zur Problemlösung sein Verhalten ändern muß. Die betroffenen Menschen sind dann Teil der Veränderung.

Die wesentlichen Elemente eines Veränderungsprozesses können am Bild des Menschen gespiegelt werden (vgl. Abbildung 8):

– Der *Kopf* versinnbildlicht die Problembearbeitung von Sachbarrieren und die Innovation, also den rationalen Teil der Veränderung.
– Das *Herz* bzw. der *Bauch* bilden die Zone des Gefühls und des Widerstandes, den emotionalen Teil also, der besonders für die Bearbeitung von Kulturbarrieren entscheidend ist.
– Die Beine schließlich bringen die Veränderung, die Bewegung von hier nach dort. Für eine Veränderung ist es nun entscheidend, daß Kopf, Herz und Beine „im Gleichgewicht" sind.

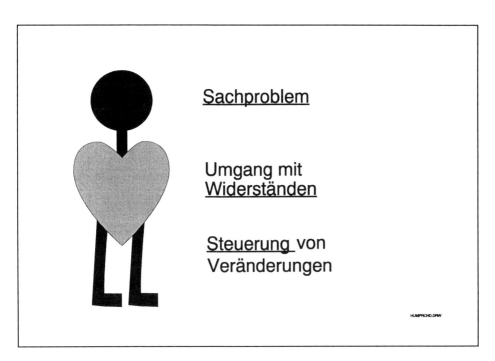

Abbildung 8: Der Mensch im Veränderungsprozeß

Jede Person, jede Gruppe, jede Organisation und jede Firma lebt in einer *„Vierzimmerwohnung"*. Der Mensch bewegt sich von Zimmer zu Zimmer entsprechend seinen Wahrnehmungen, Gefühlen und Bestrebungen, die von äußeren Anlässen ausgelöst werden. Die Zimmer stellen zyklische Phasen dar, nicht unähnlich einem Lebenszyklus. Und tatsächlich: Jede Veränderung bedeutet auch einen „kleinen Tod", das Aufgeben der Vergangenheit auf dem Weg in die Zukunft. Je nachdem in welchem Zimmer er sich gerade befindet, hat der Mensch mehr oder weniger Energie zur Unterstützung der Veränderung. Angst ist auch Energie. Jede größere Veränderung erfordert ein gewisses Niveau an Angst. Wenn das Niveau zu hoch ist, ist man gelähmt; wenn es zu niedrig ist, ist man nicht motiviert.

Wie lebt der Mensch nun in der Vierzimmerwohnung (vgl. Abbildung 9)? Im *Zimmer der Zufriedenheit* liebt er den Status quo, der Energielevel ist niedrig. Wenn sich etwas verändert - d.h. der Blitz einschlägt durch Reorganisation, neue Vorgesetzte, neue Systeme und Bedrohung des Arbeitsplatzes - dann geht er hinüber ins *Zimmer der Verleugnung*. Er leugnet die Probleme der Situation so lange, bis er sich seiner Angst und Furcht stellen kann. Der Grad der Energie steigt. Das führt ihn dann ins *Zimmer der Verwirrung*. Viele Stücke und Teile sind hier zusammenzubringen, Widersprüchlichkeiten zu bereinigen, Informationen aufzunehmen. Dieses Aufräumen öffnet ihm die Tür ins *Zimmer der Erneuerung*. Leider gibt es keinen direkten Weg von der Zufriedenheit zur Erneuerung: Verleugnung und Verwirrung sind immer die Zwischenstufen. In diesem Zeitraum sind „Agenten des Wandels" („Change Agents") und „Leader" gesucht, die bereits konstruktive Handlungen vornehmen. Sie bringen die Veränderung voran, denn jetzt kann bei allen Beteiligten das Angstpotential als Energie für die Veränderung eingesetzt werden; sie sind bereit für das Zimmer der Erneuerung.

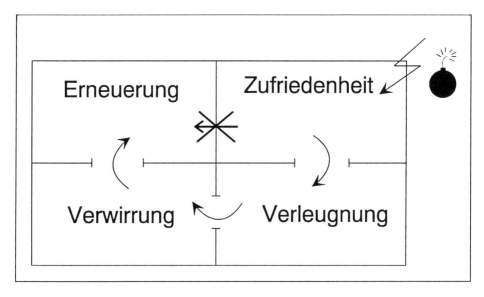

Abbildung 9: „Die Vierzimmerwohnung" oder „Energiebilanz"

Die Reise durch die Vierzimmerwohnung muß allen Teams und den beteiligten Mitarbeiterinnen und Mitarbeitern bekannt gemacht werden. Wie bereits mehrfach erwähnt, ist der Umgang mit Widerständen eine der größten Herausforderungen im CF-Prozeß.

7. Mit „JUMP" zur Weltklasseproduktion

Der Bereich „Elektrische Maschinen" ist Teil der ABB Industrie AG und entwickelt, produziert und vertreibt Gleichstrom- und Wechselstrommotoren in unterschiedlichen Bauformen und Leistungskategorien.

Mit dem in Abschnitt 2 geschilderten Time Based Management-Projekt gelang es den Mitarbeitern, innerhalb von zwei Jahren die Durchlaufzeit für Traktionsmotoren von ursprünglich über 182 auf 87 Tage zu reduzieren. Das Ziel der Halbierung war erreicht, und die Beteiligten wollten sich eben zurücklehnen und ausschnaufen, als die Resultate des durch den Segmentleiter in Auftrag gegebenen Benchmarkings ins Haus standen:

Erneute Halbierung auf 42 Tage hieß die Herausforderung. In Anlehnung an den Stab-hochspringer, der mit hartem Training die Latte immer höher legen kann, bis er Welt-klasse erreicht, wurde das Projekt „JUMP" gestartet mit dem Ziel, die Benchmarkwerte zu erreichen bzw. zu übertreffen.

In der Folge wurde unter Führung des Process Owners in elf Teams die Ablauf- und Aufbauorganisation überprüft und total auf den Kopf gestellt. Unter Mitwirkung der betroffenen Mitarbeiterinnen und Mitarbeiter und mit Einbezug der Personalvertreter wurde innerhalb einiger Monate eine schlanke, flexible Flußfertigung mit einzelnen, selbständigen Inseln realisiert. Mit diesem System hatte auch die Trennung von Büro- und Werkstattarbeitsplätzen ausgedient. Die Arbeitsplätze der Planungs- und Steu-erungsmitarbeiter liegen nicht mehr auf der anderen Seite der Straße, die die Informati-onsflüsse wie eine hohe Mauer trennte, sondern im Bürocontainer direkt in der Werkhal-le. Damit sind alle Beteiligten näher am Puls der Produktion, Informations- und Ent-scheidungswege sind kurz und präzise. Die zulässige Gesamt-Durchlaufzeit wurde von den Inselleitern selbständig aufgeteilt und den Inseln zugeordnet. Mit Hilfe des in Ab-schnitt 5.2 geschilderten ABB-Problemlösungsprozesses verkürzten die Verbesse-rungsteams Schritt für Schritt die Durchlaufzeiten pro Insel. Dabei waren gegenseitige Erfolgsmeldungen ein wichtiger Ansporn. Eisbrecher war ein Klemmenkasten, mit dem das Fertigungsteam eine Reduktion von 23 Tagen auf die Zielgrösse 7 und anschließend gar auf 3 Tage erreichte. Die realisierten Lösungen reichten von der Verwendung einer schneller trocknenden Farbe, die der Lieferant auf Anregung des Inselteams entwickelte, bis zur Abschaffung des Einzelakkordes. Neu ist das System des Zeitlohns, die Produk-tivität konnte trotzdem leicht gesteigert werden.

Zur Erhöhung der Flexibilität wurden die Mitarbeiter weiter ausgebildet. Über 80 % von ihnen können heute drei und mehr Arbeitsplätze bedienen.

Die Konzentration der Durchlaufzeitreduktion auf nicht wertschöpfende Tätigkeiten, wie Liege-, Transport- und Wartezeiten zeigte ebenfalls Erfolg: Mit dem neuen Ferti-gungslayout muß der Motorenrotor nicht mehr 2,1 Kilometer zurücklegen, sondern nur noch 900 Meter. Der Flächenbedarf der Produktion konnte von 33.700 um 30 % auf 23.300 Quadratmeter reduziert werden.

Im Dezember 1993 übersprangen die Resultate die Benchmark-Latte: Mit 35 Tagen wurde das interne Ziel von 42 Tagen nochmals deutlich unterboten (vgl. Abbildung 10). Die realisierten Gesamteinsparungen betrugen ca. 20 % der ursprünglichen Kosten. Die Weltklassestellung war erreicht.

Es versteht sich, daß ein Veränderungsprozeß von Rückschlägen nicht verschont bleibt. Prozesse, die als eingespielt galten, geraten plötzlich wieder außer Kontrolle. In erfolgreichen Teams treten Ermüdungserscheinungen auf, scheinbar gute Lösungen werden abgelehnt und können nicht umgesetzt werden. Unerwartete Belastungsschwankungen schütteln die noch nicht gefestigte Organisation und bringen sie gefährlich nahe an den Umkehrpunkt. In all diesen Fällen sind Kritiker rasch zur Stelle - oder sind es Mitarbeiter, die sich immer noch im Zimmer der Verleugnung befinden und dort noch nicht abgeholt wurden? In solchen Situationen wird das Process Owner Team aufs Äußerste gefordert und nimmt zusätzliche Unterstützung durch das Management gerne entgegen.

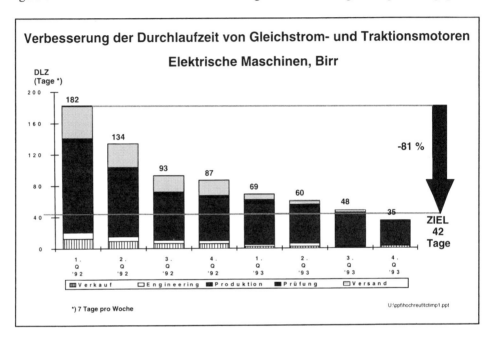

Abbildung 10: Schritte der Zielerreichung

Es zeigt sich, daß kontinuierliche Verbesserung allein nicht ausreicht. Jeder Verbesserungsprozeß benötigt immer wieder außerordentliche Herausforderungen, die nur mit einem „JUMP" zu bewältigen sind. Zwischen solchen Quantensprüngen müssen aber bewußt Konsolidierungsphasen eingeschoben werden, um den beteiligten Mitarbeitern Zeit zu geben, sich neu „einzurichten" und den nächsten Sprung ins Visier zu nehmen.

226

8. Ausblick

ABB Schweiz hat ein gutes Stück der Stufen zur betrieblichen Spitzenleistung hinter sich, dennoch ist ein Ende der Treppe noch nicht in Sicht (vgl. Abbildung 11). Einige Firmen sind weit fortgeschritten, andere mußten zwischendurch einige Stufen zurückgehen. Entscheidend für das erfolgreiche Weitersteigen sind die Fähigkeit und Ausdauer des Managements jeder Firma, auf diesem anspruchsvollen und herausfordernden Pfad zu führen und gleichzeitig neue Erfahrungen zu machen und zu lernen. Dabei sind immer wieder steile Felswände in Angriff zu nehmen und mit einem „JUMP" zu überwinden. Den Gipfel der Kundenzufriedenheit und betrieblichen Spitzenleistung zu erreichen, gelingt nur mit außerordentlichen Anstrengungen und unter Einbezug von Kunden, Mitarbeitern und Lieferanten.

Abbildung 11: Stufen zur Zielerreichung

Christian Homburg

Optimierung der Kundenzufriedenheit durch Total Quality Management

1. Einleitung

„Total Quality Management ist ein langfristig angelegtes, integriertes Konzept und ein System von Prinzipien und praktischen Instrumenten, mit deren Hilfe die Effizienz der internen Prozesse und die Qualität der Produkte und Dienstleistungen kontinuierlich verbessert werden sollen, um eine optimale Bedürfnisbefriedigung der Kunden zu ermöglichen" (Oess 1991, S. 89). So oder ähnlich lesen sich die gängigen Definitionen von Total Quality Management (TQM). Bei näherer Betrachtung kommt man nicht umhin, Definitionen wie die obige als verwirrend zu empfinden: Es fällt schwer, Facetten „guten" Managements zu nennen, die nicht dem Bereich des TQM zuzuordnen sind. Demnach wäre TQM nichts als ein Synonym für gutes Management schlechthin. Auch die Abgrenzung zum Marketingkonzept, das ja ebenfalls als Managementkonzeption zur optimalen Ausrichtung der Unternehmensaktivitäten auf die Kundenbedürfnisse verstanden wird, ist unklar (vgl. auch Stauss 1994b).

Es ist in der Tat nicht einfach, das TQM-Konzept präzise zu beschreiben, einzugrenzen und einzuordnen; die diesbezügliche wissenschaftliche Diskussion (vgl. z. B. Stauss 1994b) ist keineswegs abgeschlossen. Dieser Beitrag hat *nicht* das Ziel, diese Diskussion voranzutreiben. Vielmehr geht es uns darum, praxisorientiert zu verdeutlichen, wie TQM das Bemühen um die Erreichung und dauerhafte Sicherung hoher Kundenzufriedenheit unterstützen kann.

Aufgrund der dargestellten begrifflichen Problematik empfiehlt es sich allerdings, hierbei nicht das generelle TQM-Konzept als Ausgangspunkt zu verwenden. Vielmehr erscheint es angebracht, sich auf ein spezielles TQM-Konzept zu konzentrieren. Der nach Auffassung des Verfassers leistungsfähigste Ansatz ist das TQM-Konzept, das dem Malcolm Baldrige National Quality Award – im folgenden kurz als Baldrige Award (BA) bezeichnet – zugrunde liegt. Der BA ist ein Preis, mit dem seit 1988 in den USA Unternehmen für hervorragendes TQM ausgezeichnet werden. Das Konzept, das bei der Auswahl dieser Unternehmen zur Anwendung gelangt (nicht der Preis selbst!), ist die Grundlage unserer folgenden Ausführungen. Informationsbasis sind insbesondere persönliche Interviews, die der Verfasser Anfang 1993 bei den BA-Gewinnern durchgeführt hat, sowie Erfahrungen bei der Anwendung des Konzepts in deutschen Unternehmen.

2. Der Baldrige Award

2.1 Hintergründe

Ausgangspunkte für die Schaffung des BA waren die Turbulenzen in der amerikanischen Wirtschaft in der ersten Hälfte der 80er Jahre sowie die Erkenntnis, daß in vielen Branchen nachhaltige Qualitätssteigerungen unabdingbar für die Wiedererlangung internationaler Wettbewerbsfähigkeit durch amerikanische Unternehmen sein würden. Der BA wurde im August 1987 per Bundesgesetz eingeführt. Er ist nach dem 1987 tödlich verunglückten früheren Secretary of Commerce, Malcolm Baldrige, benannt.

Jedes Jahr werden bis zu sechs Auszeichnungen vergeben, jeweils an höchstens zwei Unternehmen aus den drei Kategorien:

- industrielle Großunternehmen,
- Dienstleistungsunternehmen und
- mittelständische Unternehmen (mit bis zu 500 Angestellten).

Die Auswahl der Gewinner erfolgt durch ein mehrstufiges Verfahren, dessen letzte Stufe in einer Besichtigung der Unternehmen durch eine Expertenkommission besteht. Die Preisverleihung wird durch den Präsidenten der Vereinigten Staaten selbst oder durch den Vize-Präsidenten vorgenommen. Zu den bisherigen Gewinnern gehören neben bekannten Großunternehmen wie AT&T, Cadillac, IBM Rochester, Motorola, Texas Instruments und Rank Xerox, Dienstleistungsunternehmen wie Federal Express und der Hotelkette Ritz-Carlton auch international unbekannte Unternehmen wie der texanische Industriefachhändler Wallace und die Gießerei Globe mit Sitz in Beverly (Ohio).

In nur sechs Jahren entwickelte sich der Baldrige Award zum wichtigsten Katalysator einer erfolgreichen Veränderung der amerikanischen Wirtschaft. Er ist inzwischen zu einer festen Größe im Wirtschaftsleben der USA geworden (vgl. auch Dimitroff 1993, Knotts/Parrish/Evans 1993). Das zunehmende Interesse wird an der hohen Zahl von Unternehmen, die die Bewerbungsunterlagen anfordern, deutlich. Das NIST (National Institute of Standards and Technology – eine dem US-Wirtschaftsministerium angeschlossene Behörde) erhielt bislang etwa eine Million Anfragen nach Bewerbungsunterlagen. Nicht nur Unternehmen, sondern auch Non-Profit-Organisationen, bis hin zu Schulen und Hochschulen interessieren sich für die Unterlagen, obwohl sie selbst von der Bewerbung ausgeschlossen sind. Die Tatsache, daß mit dem European Quality Award, der von der European Foundation for Quality Management vergeben wird, mittlerweile in Europa ein Konzept praktiziert wird, das in den meisten Komponenten das BA-Konzept weitestgehend kopiert, verdeutlicht, daß das BA-Konzept auch außerhalb der USA zunehmend an Popularität gewinnt.

Am direkten Wettbewerb selbst nehmen allerdings jährlich nur etwa 100 Unternehmen teil. Vielerorts dient die TQM-Konzeption des BA als konzeptionelle Basis des TQM, ohne daß sich das Unternehmen selbst jemals um den Preis bewirbt. Diese Tatsache verdeutlicht eindrucksvoll die Leistungsstärke dieses Konzepts. Es soll in den folgenden beiden Abschnitten näher dargestellt werden.

2.2 Das Qualitätsverständnis

Das Qualitätsverständnis des BA-Konzepts basiert auf insgesamt zehn Prinzipien (vgl. Abbildung 1). Sie lassen sich folgendermaßen charakterisieren (vgl. zu den folgenden Ausführungen auch Homburg 1994a, NIST 1994 sowie Stauss 1994a):

Kundenorientierung: Qualität wird durch den Kunden definiert und bestimmt. Diejenigen Produkt- und Dienstleistungsmerkmale, die zur Kundenzufriedenheit beitragen, müssen Ausgangspunkt für die Gestaltung des Leistungsangebots eines Unternehmens sein. Dieser Qualitätsbegriff schließt nicht nur die Qualität der Produkte und Dienstleistungen ein, sondern bezieht sich ebenfalls auf die Qualität der kundenbezogenen Prozesse, der Kundenbetreuung usw. Das Qualitätsverständnis geht somit über das herkömmliche technische Qualitätsverständnis, das die Erfüllung von Spezifikationen in den Mittelpunkt stellt, weit hinaus. Es impliziert eine strategische Orientierung, die insbesondere eine hohe Kundentreue (Customer Retention) in den Mittelpunkt stellt.

Führung: Die obersten Führungskräfte tragen wesentliche Verantwortung im Qualitätsmanagementprozeß; sie müssen als treibende Kraft fungieren. Ihnen obliegt die Erarbeitung klarer Qualitätsgrundsätze, die sie für sich selbst als persönliche Verpflichtung akzeptieren und durch entsprechendes Handeln und Engagement vorleben müssen. Zudem haben sie dafür zu sorgen, daß diese Prinzipien in strategische Pläne und operative Maßnahmen umgesetzt werden. Sie haben sich somit aktiv, dauerhaft und sichtbar am TQM-Prozeß zu beteiligen.

Kontinuierliche Verbesserung: Hervorragende Qualität darf nicht als ein einmal erreichter und danach zu haltender Zustand verstanden werden. Sie ist vielmehr das Ergebnis kontinuierlicher Verbesserungen. Total Quality Management ist daher nicht als Projekt mit einem definierten Abschlußtermin zu verstehen. Vielmehr müssen kontinuierliche Verbesserungen Bestandteil der täglichen Arbeit sein. Voraussetzung hierfür ist insbesondere ein funktionierendes, unbürokratisches Vorschlagswesen. Verbesserungen können sich auf vier Bereiche beziehen:

- Produkte und Dienstleistungen mit höherem Kundennutzen,
- Reduktion von Fehlern und Ausschuß,
- Beschleunigung und
- Produktivitätssteigerung.

Mitarbeiterbeteiligung und -entwicklung: Alle Mitarbeiter tragen an ihrem Arbeitsplatz Qualitätsverantwortung. Sie müssen daher zielorientiert aus- und weitergebildet werden. Dies gilt insbesondere im Hinblick auf grundlegende Qualitätstechniken, die sie benötigen, um ihre Arbeit zu erledigen und um qualitätsbezogene Probleme zu verstehen und zu lösen. Mitarbeitern sollten im Rahmen der Möglichkeiten Handlungsspielräume eingeräumt werden, die sie in die Lage versetzen, eigenständig und kreativ qualitätsverbessernde Ideen zu entwickeln und umzusetzen. Um diesen Anforderungen gerecht zu werden, ist ein hochwertiges Human Resources Management erforderlich, das in den Geschäftsplänen verankert sein sollte. Eine weitere Voraussetzung ist die Erhebung und Nutzung von mitarbeiterbezogenen Daten über Fähigkeiten, Motivation bis hin zur Mitarbeiterzufriedenheit, die als zentrale Voraussetzung für Kundenzufriedenheit gesehen wird.

Schnelligkeit: Schnelligkeit wird als eigenständiges Qualitätsmerkmal verstanden. Sie bezieht sich auf die Reaktion auf Kundenbedürfnisse, Durchlaufzeiten, Lieferfristen etc. Es ist daher erforderlich, im Rahmen des Total Quality Management Durchlaufzeiten regelmäßig zu messen und zu optimieren. Bei der Reduktion von Durchlaufzeiten ergeben sich oft erhebliche Prozeßvereinfachungen, die wiederum kostenreduzierend wirken.

Fehlervermeidung: Um die Kosten für nachträgliche Korrekturen und Fehlerbeseitigungen möglichst gering zu halten, ist vorbeugende Fehlervermeidung erforderlich. Dies trifft insbesondere auf die Entwicklung neuer Produkte, Dienstleistungen und Prozesse zu. Vorbeugende Fehlervermeidung muß bereits beim Lieferanten ansetzen. Die Forderung nach vorbeugender Fehlervermeidung basiert auf der Erkenntnis, daß die dadurch verursachten Kosten häufig um Größenordnungen unter den bei nachträglicher Fehlerbeseitigung entstehenden liegen.

Langfristige Orientierung: Zukunftsorientiertes Denken und Handeln ist eine zentrale Voraussetzung für langfristig hervorragende Qualität. Basis der langfristigen Orientierung sind eine qualitativ hochwertige strategische Planung, die insbesondere mögliche Veränderungen der Kundenbedürfnisse berücksichtigt, sowie der Wille, gegenüber Kunden, Angestellten, Lieferanten und der Gesellschaft langfristige Verpflichtungen einzugehen.

Management by Fact: Qualitätsmanagement muß auf einer soliden Daten- und Analyse-grundlage basieren. Die verwendeten Daten können aus Kundenbefragungen, Produkt-und Dienstleistungstests, internen Zeitmessungen, Mitarbeiterbefragungen, Konkur-renzanalysen („Benchmarking"), der internen Kostenrechnung sowie anderen internen Quellen stammen. Der Definition und Verwendung von geeigneten Leistungsindikato-ren ist im Rahmen des TQM besondere Aufmerksamkeit zu schenken. Die zusammen-gestellten Fakten sind regelmäßig im Hinblick auf Trends, Projektionen und Ursa-chen/Wirkungs-Zusammenhänge zu analysieren. Außerdem sind sie hinsichtlich der Qualitätssteigerung Basis für die Zielsetzung und Erfolgsmessung.

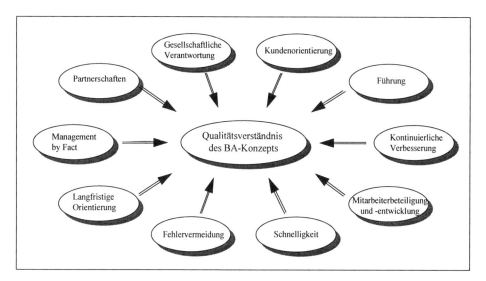

Abbildung 1: Das Qualitätsverständnis des BA-Konzepts: Grundlegende Prinzipien

Partnerschaften: Unternehmen sollten zur Erreichung ihrer grundlegenden Ziele interne und externe Partnerschaften eingehen. Interne Partnerschaften sind z. B. solche mit Ar-beitnehmervertretungen; externe Partnerschaften können sich auf Kunden, Lieferanten und Weiterbildungsorganisationen beziehen oder auch in der Form von strategischen Allianzen auftreten.

Gesellschaftliche Verantwortung: Die Unternehmensziele sowie die Mittel zu ihrer Er-reichung sollten die gesellschaftliche Verantwortung von Unternehmen berücksichtigen. Dies betrifft in erster Linie die Erfüllung der grundlegenden Erwartungen Sicherheit, Gesundheit und Umweltschutz. Es reicht nicht aus, die relevanten gesetzlichen Vor-schriften einzuhalten, sondern diese Bereiche sollten ebenfalls als Objekte kontinuierli-cher Verbesserungsmaßnahmen erkannt werden.

Abgesehen von dem neunten Prinzip (Eingehen von Partnerschaften), das nach Einschätzung des Verfassers eher eine temporäre Modeerscheinung darstellt, manifestiert sich in diesen Prinzipien sicherlich ein sehr modernes Verständnis von Qualität und Qualitätsmanagement. Inwieweit das Total Quality Management eines Unternehmens diesen Prinzipien gerecht wird, prüfen die Gutachter des BA durch die Anwendung eines umfangreichen Kriterienkatalogs. Er ist Gegenstand des nächsten Abschnitts.

2.3 Die Kriterien

Basis der Beurteilungskriterien des BA ist das dynamische Qualitätsmodell in Abbildung 2. Die dort dargestellten sieben Kategorien sind mit insgesamt 28 Teilbereichen unterlegt, die ihrerseits in insgesamt 91 Einzelpunkte gegliedert sind (vgl. NIST 1994).

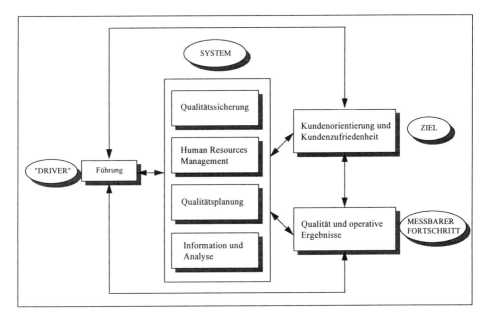

Abbildung 2: Das dynamische Qualitätsmodell

Es soll an dieser Stelle keine vollständige Auflistung dieser Einzelaspekte erfolgen. Tabelle 1 enthält ausgewählte Kernfragen zu den sieben Komponenten des Qualitätsmodells (vgl. auch Homburg 1994a). Es sei an dieser Stelle noch darauf hingewiesen, daß der zweite Bereich (die Qualitätssicherung) im wesentlichen dem inhaltlichen Spektrum der DIN ISO 9000-Normen entspricht. Dies verdeutlicht, daß das BA-Konzept um Größenordnungen umfassender als die DIN ISO 9000-Normen sind (vgl. Homburg 1994b für einen Vergleich zwischen dem BA und diesen Normen).

Tabelle 1: Kernfragen zu den sieben Komponenten des Qualitätsmodells

---

1. Führung (95 Punkte*)
Inwieweit ist die Unternehmensführung persönlich in den Qualitätsprozeß integriert?
In welcher Form wird die Kundenorientierung in den Führungsprozeß eingebunden?

2. Qualitätssicherung (140 Punkte*)
Wie werden Qualitätsaspekte bei der Entwicklung neuer Produkte und Dienstleistungen berücksichtigt?
Wodurch wird sichergestellt, daß der Produktionsprozeß den Qualitätsanforderungen entspricht und einem dauerhaften Verbesserungsprozeß unterliegt?
Wie werden die Lieferanten in den Qualitätssicherungsprozeß einbezogen?

3. Human Resources Management (150 Punkte*)
Wie werden die Mitarbeiter in den Qualitätsprozeß integriert?
Fließen Qualitätsaspekte in die Weiterbildungsmaßnahmen für die Mitarbeiter ein?
Wie werden Beiträge einzelner Mitarbeiter zur Qualitätssteigerung honoriert?
Wird die Mitarbeiterzufriedenheit gcmessen und gemanagt?

4. Qualitätsplanung (60 Punkte*)
Inwieweit sind Qualitäts- und Kundenzufriedenheitsaspekte in der strategischen und operativen Planung des Unternehmens berücksichtigt?

5. Information und Analyse (75 Punkte*)
Enthalten die Informationssysteme des Unternehmens aussagefähige Daten über Qualitätsaspekte?
Vergleicht das Unternehmen sich regelmäßig mit den Leistungen seiner Konkurrenten?
Bilden die vorhandenen Daten (insbesondere die qualitäts- und kundenbezogenen) die Grundlage wichtiger Entscheidungen?

6. Qualität und operative Ergebnisse (180 Punkte*)
Welche Produkt- und Dienstleistungsqualität erreicht das Unternehmen im Vergleich zu seiner Konkurrenz?
Welche Produktivität erreicht das Unternehmen im Vergleich zu seiner Konkurrenz?
Wie hoch ist das Qualitätsniveau der Lieferanten?

7. Kundenorientierung und Kundenzufriedenheit (300 Punkte*)
Wie gelangt das Unternehmen an Informationen über zukünftige Kundenbedürfnisse?
Mit welchen Methoden untersucht das Unternehmen die Kundenzufriedenheit? Welches Niveau an Kundenzufriedenheit erzielt das Unternehmen im Vergleich zur Konkurrenz?

---

*) *Bei der Bewertung im Rahmen des BA kann ein Unternehmen maximal 1.000 Punkte erzielen.*
Die angegebenen Werte sind die maximal erreichbaren Punkte für die einzelnen Komponenten.

3. Anmerkungen zur Bewertung des BA-Konzepts

Es ist gewiß nicht einfach, ein solch umfassendes Konzept wie den BA einer kompakten Bewertung zu unterziehen. Man kann zweifellos konstatieren, daß mit dem Konzept im Rahmen einer anfänglichen Euphorie überzogene Erwartungen verbunden wurden (vgl. auch Mahajan/Sharma/Netemeyer 1992). Die Anwendung des BA kann gewiß nicht als Garantie für dauerhaften unternehmerischen Erfolg verstanden werden. Daher können süffisante Hinweise auf BA-Gewinner, die in problematische Situationen geraten sind (vgl. z.B. Hill 1993), nicht als ernstzunehmende Kritik am Konzept selbst gewertet werden.

Unbestreitbar ist, daß die BA-Gewinner auf teilweise bemerkenswerte Erfolge verweisen können (vgl. auch Homburg 1994a sowie Stauss 1994a). Diese Erfolge erstrecken sich von nachhaltigen Qualitätssteigerungen, Senkungen der Qualitätskosten, deutlichen Senkungen der Durchlaufzeit über Produktivitätssprünge bis hin zu Marktanteilsgewinnen und deutlichen Profitabilitätssteigerungen. Auch was das Engagement und die Zufriedenheit der eigenen Mitarbeiter angeht, sind in den meisten Unternehmen deutliche Erfolge erkennbar. Man mag in einzelnen Fällen die Frage stellen, inwieweit die erzielten Erfolge tatsächlich mit dem Total Quality Management des jeweiligen Unternehmens zusammenhängen; ein exakter Nachweis einer solchen Kausalität ist selbstverständlich nicht möglich. In ihrer Summe sprechen die Erfolge allerdings für sich.

Dennoch sollte eine gewisse Problematik der Anwendung des BA-Konzepts nicht verkannt werden. Sie liegt nach den Erfahrungen des Verfassers insbesondere darin, daß das Konzept sehr breit ist und die Gefahr besteht, sich bei der Anwendung zu verzetteln. Auch ist darauf hinzuweisen, daß der Aufwand erheblich sein, ja - hierüber berichten auch einige BA-Gewinner - sogar ausufern kann. Vor diesem Hintergrund befaßt sich der letzte Abschnitt mit der Anwendung des BA-Konzepts.

4. Die Anwendung des BA-Konzepts

Ziel dieses letzten Abschnitts ist es, dem Leser eine Reihe von Empfehlungen zu vermitteln, wie das BA-Konzept sinnvoll zur Anwendung gelangen kann. Basis der folgenden Ausführungen sind Erfahrungen des Verfassers bei der Einführung des BA-Konzepts in zahlreichen Unternehmen unterschiedlichster Branchen.

Die wichtigste Empfehlung bei der Anwendung des BA-Konzepts ist die der *Fokussierung*. Es ist nach den Erfahrungen des Verfassers kaum sinnvoll, ein derart umfassendes Konzept von Anfang an in seiner ganzen Breite anzuwenden. Vielmehr erscheint es sinnvoll, sich zunächst auf ausgewählte Bereiche des Qualitätsmodells in Abbildung 2 zu beschränken.

Im Zusammenhang mit der Frage, *welche* Bereiche dies sein sollten, ist eine systematische *Kundenzufriedenheitsuntersuchung* das aussagefähigste Instrument. Unsere Empfehlung besteht daher darin, zu Beginn eines TQM-Prozesses eine Kundenzufriedenheitsanalyse durchzuführen. Hierbei handelt es sich offensichtlich um eine *externe* Analyse. Parallel dazu sollte eine *interne* Analyse des Unternehmens anhand der Kriterien des Baldrige Award erfolgen. Hierbei empfehlen wir, nicht zu sehr in Details zu gehen. Eine Grobanalyse der einzelnen Kategorien (vgl. Abbildung 2 sowie Tabelle 1) reicht u.E. in dieser frühen Prozeßphase aus. Ein solches *BA-Audit* bieten mittlerweile spezialisierte Unternehmensberater an. Es empfiehlt sich nicht, eine solche Analyse selbst durchzuführen, da die Objektivität der Ergebnisse kaum gegeben sein wird.

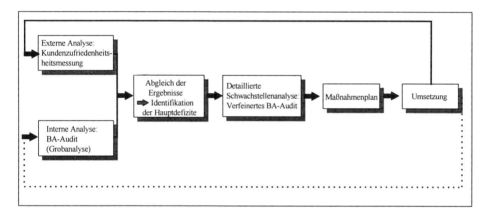

Abbildung 3: Prozeß der Anwendung des BA-Konzepts

Im Anschluß an diese beiden Analysen erfolgt ein Abgleich der jeweiligen Ergebnisse (vgl. Abbildung 3). Hierbei zeigt sich in aller Regel recht klar, wo die Kerndefizite liegen. Die im Rahmen des BA-Audits erkannten Schwachpunkte erfahren durch die Kundenzufriedenheitsuntersuchung eine externe Validierung und Gewichtung. Defizite, die sich im Rahmen der Kundenzufriedenheitsmessung offenbaren, hängen unmittelbar kausal mit Problemen, die das BA-Audit zutage fördert, zusammen.

Die identifizierten Kerndefizite sind im Anschluß hieran einer detaillierten Schwachstellenanalyse zu unterziehen, bei der wiederum das BA-Konzept angewendet werden kann. Hieraus resultiert ein Maßnahmenplan. Der Erfolg der eingeleiteten Maßnahmen kann zu gegebener Zeit wiederum über eine Kundenzufriedenheitsbefragung gemessen werden. Auch eine nochmalige Durchführung von Teilen des BA-Audits kann (beschränkt auf die Schwachstellenbereiche) sinnvoll sein.

Eine solche schrittweise ins Detail gehende BA-Untersuchung unter Hinzuziehung externer Kundenzufriedenheitsdaten ist nach unseren Erfahrungen ein ausgesprochen sinnvolles Instrument zur Erreichung hoher Kundenzufriedenheit.

Jürgen Weber

Controlling von Kundenzufriedenheit

1. Controlling von Kundenzufriedenheit - ein weißes Feld

Marketing und Controlling sind in vielen Unternehmen Bereiche, die weder eng zusammenarbeiten noch in Denkweise und Vorgehen viel miteinander zu tun haben:

„Viele Controller kommen aus dem Rechnungswesen und haben ihre Entwicklung zum Controller über die Erarbeitung von Daten und die Erstellung von Abweichungsanalysen genommen. Ihnen haftet manchmal noch eine Buchhaltermentalität an. Ich habe einen hohen Respekt vor der Buchhaltung, aber eine den Controllern manchmal noch innewohnende Tendenz zur „Sicherheit über alles" und der Suche nach der mathematischen Beweisführung für den Erfolg jeder vorgeschlagenen Marketing-Maßnahme, ist oft schwer mit der Risikobereitschaft zu vereinbaren, die der Marketing-Manager haben muß. Ein Plan, speziell natürlich der in Zahlen ausgedrückte kurz- oder mittelfristige Ergebnis- und Renditeplan, ist für die Herren des Rechnungswesens und die noch „Rechnungswesen orientiert" denkenden Controller naturgemäß etwas Heiliges, in sich Wertvolles und unbedingt zu Verteidigendes. Der gleiche Plan ist für die Marketing-Leute von einem Moment auf den anderen Makulatur, die im Papierkorb verschwindet, wenn der Wettbewerb es so will" (Haag 1982, S. 73).

Auch in anderer Hinsicht ist die Welt sauber aufgeteilt: Der Controller beschränkt sich auf die Messung, Abbildung und Überprüfung finanzieller Werte (Kosten, Erlöse, Erlösschmälerungen); alle anderen Informationen sind Sache des Marketing-Managers (vgl. Weber 1988). Insofern verwundert es nicht, daß das Wort „Kundenzufriedenheit" weder in der neuesten Auflage des Standardlehrbuchs „Controlling" von Horváth (1994) noch in der des Handwörterbuchs des Rechnungswesens (Chmielewicz/Schweitzer 1993) erscheint.

Folgt man einer solchen Sichtweise, hat sich das Thema „Controlling von Kundenzufriedenheit" von selbst erledigt. Dies wäre zwar für den Autor dieses Beitrags der einfachste Weg, hätte er seine schriftstellerische Aufgabe doch sehr elegant und mit wenig Ressourceneinsatz erledigt. Allerdings verstieße er damit gegen die Intention der Herausgeber dieses Buches - und gegen seine eigene Auffassung: Das gestellte Thema ist sowohl praxisrelevant und -bedeutsam als auch von theoretischem Interesse, stellt doch das Konstrukt Kundenzufriedenheit aufgrund seiner schweren Faß- und Meßbarkeit besondere Anforderungen an die Controllinggestaltung. Auf diesen einleitenden Abschnitt folgt deshalb nicht die Zusammenfassung, sondern ein Kapitel über unterschiedliche Controlling-Auffassungen und die daraus resultierenden Konsequenzen für die Kundenzufriedenheit.

2. Controlling von Kundenzufriedenheit in Abhängigkeit von bestimmten Controlling-Auffassungen

Ein nicht unbeträchtlicher Teil der betriebswirtschaftlichen Literatur kommt dadurch zustande, daß sich jeder Autor genötigt sieht, die von ihm verwendeten Begriffe zu definieren, am besten so, daß sie marginal von dem vorherrschenden Begriffsverständnis abweichen.

Wenn es auch hier im folgenden darum geht, unterschiedliche Begriffsauffassungen voneinander abzugrenzen, geschieht dies nicht, um dieser - zuweilen sehr unliebsamen - Tradition zu folgen. Vielmehr sind die konkreten Ausgestaltungen eines Controlling von Kundenzufriedenheit zu divergent, um auf die Abgrenzung verzichten zu können. Darüber hinaus erweist sich das konzeptionelle Spektrum als geeignet, die möglichen Aufgabenbestandteile eines Controlling von Kundenzufriedenheit systematisch darzustellen.

2.1 Controlling als Informationsversorgungsfunktion

Zur Begriffsausprägung ist folgendes festzuhalten:
Ein in Theorie und Praxis nicht unerheblicher Teil der Controlling-Auffassungen sieht in diesem eine Informationsversorgungsfunktion. So bezeichnet Heigl (1978, S. 3) Controlling als „Beschaffung, Aufbereitung und Prüfung von Informationen für deren Anwendung zur Steuerung der Betriebswirtschaft auf deren Ziel hin". Dies wird den Rechnungswesenswurzeln des Controlling ebenso gerecht, wie es für einige der adäquate Weg erscheint, dem „Omnipotenz-Anschein" (vgl. Link 1982) des Controlling entgegenzuwirken. Unklar bleibt, ob das Controlling für die Informationsversorgung schlechthin oder aber nur für den Teil zuständig sein soll, der sich unmittelbar auf die Formalziele bezieht. Funktional bestehen Abgrenzungsprobleme zur Informationswirtschaft, institutional u. a. zum DV-Bereich (vgl. zu einer ausführlichen Darstellung Weber 1993).

Es existieren nun die verschiedensten Controlling-Aufgaben:
Bezieht man die Informationsversorgungsfunktion des Controlling auf (potentiell) führungsrelevante Informationen, also solche, die Planungs-, Kontroll-, Organisations- und Personalführungsprozesse unterstützen sollen (vgl. Wild 1974), so sind die Erfassung, Aufbereitung und Weitergabe von Kundenzufriedenheitswerten inkludiert. Die dabei zu lösende Aufgabe läßt sich - wie auch Abbildung 1 zeigt - in zwei Teilbereiche unterteilen.

Aspekte der Informations- erfassung	Aspekte der Informations- weitergabe (Berichte)
• *Aussagefähigkeit und Konsistenz* (Bilden die erfaßten Merkmale Kundenzufriedenheit hinreichend ab?) • *Einheitlichkeit und Konstanz* (Wird Kundenzufriedenheit nach einem durchgängigen Prinzip gemessen?) • *Richtigkeit* (Sind die ausgewiesenen Werte richtig verdichtet?) • *Verläßlichkeit* (Sind die Erhebungsmethoden ausreichend gegen Verfälschungen gesichert?) • *Funktionsfähigkeit* (Läßt sich ein stabiles Erfassungssystem für Kundenzufriedenheit implementieren?) • *Zeitnähe* (Sind die Zufriedenheitswerte ausreichend aktuell?)	• *Objektivität* (Ist die Kundenzufriedenheit in den Berichten adäquat wiedergegeben?) • *Nachvollziehbarkeit* (Ist es für den Berichtsempfänger möglich, die Herkunft der ausgewiesenen Zufriedenheitswerte nachzuverfolgen?) • *Benutzeradäquanz* (Versteht der Berichtsempfänger angesichts seiner Vorbildung die ausgewiesenen Kundenzufriedenheitswerte richtig?) • *Problemadäquanz* (Ist der Beberichtsempfänger dazu in der Lage, die ausgewiesenen Kundenzufriedenheitswerte für eine Vertriebswegeentscheidung richtig in Bezug zu Umsätzen und Deckungsbeiträgen zu setzen?)

Abbildung 1: Kundenzufriedenheit als Objekt der Informationsversorgung

Bezogen auf die Information*serfassung* sind zunächst Fragen allgemeiner Meßprobleme des komplexen Konstrukts Kundenzufriedenheit zu beantworten. Hierauf sei nicht näher eingegangen, da sich mehrere Beiträge in diesem Buch explizit mit Zufriedenheitsmessung befassen (vgl. u. a. die Beiträge von Homburg/Rudolph/Werner und Stauss/Seidel in diesem Band). Angesprochen seien dagegen Erfassungsfragen im engeren Sinne, die sich teils aus allgemeinen Wirtschaftlichkeitsüberlegungen, teils aus dem konkreten Informationsbedarf der angesprochenen Führungsteilfunktionen ergeben:

– Erweist sich Kundenzufriedenheit zunehmend als strategischer Erfolgsfaktor in allen Märkten, so ist sie in alle Geschäftsfeldplanungen einzubeziehen. Zwar ist zu erwarten, daß die konkreten Meßgrößen von Geschäftsfeld zu Geschäftsfeld unterschiedlich sein werden, nicht jedoch die Meßlogik. *Einheitlichkeit* sichert Vergleichbarkeit. Vergleichbarkeit erleichtert die Verdichtung der einzelnen Teilstrategien zu einer Gesamtstrategie.

– *Konstanz* der Erfassung von Kundenzufriedenheit im Zeitablauf ermöglicht den Aufbau von Erfahrung und bildet die Basis für Ergebniskontrollen: Geplante Zufriedenheitswerte können den tatsächlich erzielten Werten gegenübergestellt werden. Hierzu sind an die Qualität der erhobenen Zufriedenheitswerte erhebliche Anforderungen zu stellen. Die Erfassungsgüte muß hoch genug sein, um auch kleine Veränderungen der Zufriedenheit verläßlich abzubilden. Außerdem darf nicht die Situation eintreten, daß nur diejenigen Facetten der Kundenzufriedenheit von den jeweils Verantwortlichen verfolgt werden, die auch gemessen werden. Die Konstanz der Erfassung von Kundenzufriedenheit begünstigt schließlich auch die Formalisierung und Instrumentalisierung entsprechender Erfassungssysteme, was die *Funktionsfähigkeit* der Zufriedenheitsmessung erhöht.

– *Richtigkeit* und *Verläßlichkeit* der erfaßten Zufriedenheitswerte sind Voraussetzung für die zweckbezogene Verwendbarkeit der Informationen. Während der erste Aspekt durch technische Maßnahmen sichergestellt werden kann und in der praktischen Anwendung unproblematisch sein sollte, erweist sich der zweite Aspekt als bedeutsamer und erfordert mehr Aufmerksamkeit. Kundenzufriedenheit ist ein multidimensionales Konstrukt. Dies führt zu - etwa im Vergleich zur Erhebung von Umsatzdaten - komplexeren Erfassungsmodi. Solche bergen stets die Möglichkeit, gewollte Ungenauigkeiten oder gar Verfälschungen zuzulassen bzw. vorzunehmen, die ohne ins Detail gehende Überprüfungen unbemerkt bleiben. Diese Gefahr ist um so größer, je stärker der Anteil derjenigen Personen an der Erfassungsaufgabe ausfällt, die direkt oder indirekt an den Kundenzufriedenheitswerten gemessen werden. Dieses Problem ist in der externen Rechnungslegung unter dem Stichwort „Bilanzpolitik" bekannt. Der Anspruch hoher Verläßlichkeit der erfaßten Zufriedenheitswerte legt damit eine Trennung zwischen Erfassenden und davon Betroffenen nahe.

– Zufriedenheit von Menschen hat komplexe Ursachen, die bislang in ihrer Zahl und in ihrem Zusammenwirken nicht hinreichend bekannt sind. In der Motivationsforschung gibt es fast so viele Erklärungsmodelle, wie es Autoren gibt, die sich mit dem Thema beschäftigen. Unstrittig erscheint jedoch u. a., daß Zufriedenheiten stark von temporären Ereignissen beeinflußt werden. Erfaßte Kundenzufriedenheitswerte sollten folglich zum einen um die Information möglicher punktueller Einflüsse ergänzt werden (z.B. Verspätung einer Lieferung oder Qualitätsprobleme kurz vor der Messung der Zufriedenheit). Zum anderen bedeutet die starke Situationsprägung neben dem Erfassungsaufwand eine weitere Grenze für die *Zeitnähe* der Zufriedenheitswerte. Immer dann, wenn das Unternehmen vor allem Stammkundengeschäft betreibt, sollte die Messung der Zufriedenheit nicht laufend, sondern nur in größeren Abständen erfolgen. Kurzfristige Ausschläge haben keinen Erklärungswert, sondern führen unter Umständen zu Fehlentscheidungen und Demotivation der entsprechenden Verantwortlichen.

Neben Fragen der Information*serfassung* beinhaltet die Wahrnehmung der Informationsversorgungsaufgabe auch die Information*sweitergabe*. Hier ist insbesondere das Berichtswesen angesprochen. Dieses zählt zu den „klassischen" Controlling-Funktionen:

– Über die erfaßten Werte ist objektiv und für den Berichtsempfänger nachvollziehbar zu berichten. *Objektivität* läßt sich als Verzicht auf gezielte, empfängerbezogene Informationsselektion interpretieren und steht in diesem Sinne in Konflikt mit der *Benutzeradäquanz*: Das Informationsaufnahme- und -verarbeitungsverhalten von Managern ist individuenspezifisch und damit unterschiedlich. Eine Lösung des sich hier auftuenden Dilemmas kann durch eine Aufteilung der Berichte in z.B. einen für jeden Kundenmanager identischen und einen jeweils individuell gestalteten Teil gelöst werden. Gegenstand individueller Ausgestaltung sind dabei sowohl die Menge (z.B. alle die Kundenzufriedenheit bestimmenden Merkmale oder nur diejenigen, die sich im Berichtszeitraum in ihrer Ausprägung signifikant verändert haben) als auch die Art der Aufbereitung (z.B. graphisch oder tabellarisch).

– Gerade bei einem so komplexen Meßgegenstand wie Kundenzufriedenheit ist es erforderlich, daß der Berichtsempfänger die im Bericht ausgewiesenen Werte hinreichend *nachvollziehen* kann. Bereits das Gefühl, den Werten blind vertrauen zu müssen, kann die Akzeptanz der Informationen erheblich beeinträchtigen. Entsprechende Erfahrungen mit Kostenstellenberichten in der Produktion zeigen, wie schnell das Berichtswesen zur ungeliebten Formalie degenerieren kann.

– Schließlich ist erhebliche Sorgfalt darauf zu richten, falsche Verwendungen der berichteten Zufriedenheitswerte zu vermeiden. Weist man etwa zur Beurteilung des Vertriebserfolgs eines Kundenmanagers die Zufriedenheit seiner Kunden in ihren vielfältigen Facetten neben den kargen, wenige Zeilen benötigenden Kundendeckungsbeiträgen aus, so muß die jeweilige Wertigkeit der Informationen berücksichtigt werden. Dies läßt sich wiederum durch eine entsprechende Stufung der Berichterstattung erreichen.

Dritter wesentlicher Untersuchungspunkt ist die Trägerschaft der Controlling-Aufgaben:
Controlling bezeichnet - unabhängig von der konkreten Begriffsauffassung - eine Funktion, keine Institution. In der Praxis wird dies oftmals durcheinandergeworfen. Wenn von „unserem Controlling" die Rede ist, meint man zumeist den Controllerbereich. Controller, Controllership (als Aufgaben von Controllern) und Controlling sollten strikt auseinandergehalten werden. Controlling wird durch Controller und die Linie gemeinsam realisiert: „There have been some indications that the use of the word „controller" is unfortunate in that he does not control the business. His function is that of reporting and advising, of providing valuable control mechanisms. The operating men in the

company do the real controlling, if any is done" (Heckert/Willson 1963, S. 11). Die Aufgabenteilung zwischen beiden kann dabei sehr unterschiedlich ausfallen und deutlich von der im Zitat wiedergegeben Sicht abweichen (vgl. zu Aufgaben von Controllern z.B. von Landsberg/Mayer 1988).

Im folgenden sei - wie auch Abbildung 2 zeigt - von drei Beurteilungskriterien ausgegangen:

- Mit *Fachkompetenz* sei die Fähigkeit bezeichnet, Kundenzufriedenheit zu definieren, Meßkonstrukte zu bestimmen, Meßverfahren auszuwählen, Messungen durchzuführen und Meßergebnisse auszuwerten. Bei der Analyse und Gestaltung der Informationsversorgung wird in den meisten Unternehmen ein eindeutiges Übergewicht auf der Fachseite, d. h. im Marketingbereich, liegen. Für die Implementierung können Erfahrungsvorteile von Controllern mit anderen Informationssystemen den Kompetenzvorteil kompensieren; im Betrieb von Informationssystemen dürften Controller die höhere Fachkompetenz besitzen.

- *Kapazität* stehe für die Frage, wieviel Zeit zur Wahrnehmung einer Aufgabe aufgebracht werden kann. Selbst Tendenzaussagen sind hier kaum möglich, da von Unternehmen zu Unternehmen sehr unterschiedliche Bedingungen vorliegen. Die in Abbildung 2 angegebenen Ausprägungen sind allein exemplarisch. Unterstellt wurde die Situation, daß die Analyse und Gestaltung der kundenzufriedenheitsbezogenen Informationsversorgung ihrer Nähe zur Kundenmanagementfunktion wegen in den Aufgabenbereich des Marketingmanagements fällt, die Implementierung und der Betrieb des Informationssystems dagegen zum typischen Kapazitätsnutzungsspektrum der Controller zählt.

- Mit *Neutralität* sei schließlich der Aspekt angesprochen, in welchem Maße die Informationsversorger von den erhobenen und ausgewiesenen Informationen selbst betroffen sind. Es ist unmittelbar einsichtig, daß hier Controllern der Vorzug zu geben ist. Sieht man von möglichen dysfunktionalen „Entgleisungen" (Nutzung von Informationen zur Erlangung und Ausübung personaler Macht) ab, hat der Controller keinerlei Anreize, die Kundenzufriedenheitswerte bewußt zu selektieren oder gar zu verzerren. Eine derartige Neutralität ist bei Marketingmanagern per se nicht zu erwarten.

Kriterien	Teilaufgaben	Aufgabenträger	
		Marketing-Manager	Controller
Fachkompetenz Analyse	Analyse	●	
	Gestaltung	●	
	Implementierung	●→	
	Betrieb		●
Kapazität	Analyse	●	
	Gestaltung	●	
	Implementierung		●
	Betrieb		●
Neutralität	Analyse		●
	Gestaltung		●
	Implementierung	←●	
	Betrieb		●

Abbildung 2: Raster zur Zuordnung der Controlling-Aufgaben auf Marketingmanager und Controller: Informationsversorgung

2.2 Controlling als Koordination von Planung, Kontrolle und Informationsversorgung

Eine zweite wichtige Gruppe von *Begriffsausprägungen* weitet das Aufgabenspektrum des Controlling über die Informationsversorgung auf Planung und Kontrolle aus. Im Kern dient Controlling dann der *Koordination* dieser drei Führungsbereiche (so erstmals Horváth 1978). Controlling derart als Koordinationsfunktion zu sehen, ist auch der Marketingliteratur nicht fremd (vgl. Köhler 1982) und korrespondiert mit dem empirischen Tatbestand, daß die Controllership trennscharf erst durch die gemeinsame Wahrnehmung von Planungs-, Informations- und Kontrollaufgaben beschrieben werden kann (vgl. Weber/Bültel 1992).

Von der ersten skizzierten Begriffsausprägung unterscheidet sich die nun betrachtete dadurch, daß zum einen zusätzliche Aufgabenbereiche definiert werden, zum anderen aber zugleich eine Aufgabenreduktion erfolgt: Die Koordination des Informationssystems beeinhaltet *nicht* den *Betrieb* der Informationsversorgung, *nur* deren *Gestaltung* und *Abstimmung* mit den anderen Führungsteilbereichen.

Die *Controlling-Aufgaben* gemäß der nun betrachteten Controlling-Auffassung lassen sich in Verankerung der Kundenzufriedenheit in Planung, Kontrolle und Informationsversorgung (Systembildung) sowie in Gewährleistung deren koordinierten Zusammenwirkens (Systemkopplung) unterteilen.

Im Zusammenhang mit der Systembildung sind folgende Punkte relevant:

Kundenzufriedenheit im *Planungssystem* zu verankern, betrifft zunächst die strategische Planung. Hier ist die Geschäftsfeldplanung originärer Anknüpfungspunkt. Sind die Geschäftsfelder primär kunden(gruppen)bezogen gebildet, hat die Zufriedenheit unmittelbar den Charakter eines weiteren strategischen Ziels. Als eine Steuergröße des Gewinns kann sie unter Umständen sogar zum zentralen Zielwert werden. Liegen produktbezogene Geschäftsfelder vor, so hängt die Integration der Kundenzufriedenheit von der Heterogenität der Kunden ab. Gegebenenfalls führt das Bemühen um Kundenzufriedenheit zu einer kundengruppenbezogene Unterteilung des Geschäftsfelds.

Aufgabe des Controlling ist es, innerhalb der Geschäftsfeldplanung sicherzustellen, daß

- die jeweilige Bedeutung von Kundenzufriedenheit in den unterschiedlichen Geschäftsfeldern analysiert wird (Kundenzufriedenheit als strategischer Erfolgsfaktor oder als „nice-to-have"-Kriterium?),
- die Zufriedenheit der Kunden mit dem eigenen Unternehmen und mit Wettbewerbsunternehmen verglichen wird,
- wettbewerbsstrategieadäquate Zielwerte der Kundenzufriedenheit gesetzt werden.

Allerdings beschränkt sich die Verankerung von Kundenzufriedenheit nicht auf Geschäftsfeldstrategien. Auch die Funktionalstrategien sind betroffen. Wenn Kundenzufriedenheit nicht als zentrales Merkmal z.B. in der Forschungs- und Entwicklungsstrategie oder der Personalentwicklungsstrategie verankert wird, besteht eine hohe Wahrscheinlichkeit dafür, daß sich gewollte Zufriedenheitswerte in Geschäftsfeldstrategien schnell als strategische Wolken erweisen, die sich nicht operativ abregnen. Nur die Gesamtsicht des Planungssystems bietet die Chance für eine Ausrichtung des Unternehmens an der Zufriedenheit seiner Kunden. Die Gesamtsicht aller Teilplanungen in ihrem Zusammenwirken ist aber ein Kernbestandteil des Controlling.

Diese Gesamtsicht stellt auch die Verbindung zwischen der strategischen und der operativen Planung dar. Meilensteine in strategischen Programmen müssen zu Planwerten in operativen Plänen führen; zu erreichende Zufriedenheitswerte zählen hierzu ebenso wie aufgrund dieser Zufriedenheit erzielte Kundendeckungsbeiträge. In der Verbindung von Zufriedenheit als Steuergröße des Gewinns und dem Gewinn selbst liegt eine wesentliche Herausforderung für die Gestaltung der operativen Planung und damit eine zentrale Controlling-Aufgabe.

Neben dem Planungssystem ist noch das *Kontrollsystem* zu beachten:
Kontrollen lassen sich kurz als Vergleich eines vorgegebenen Soll mit einem eingetretenen Ist definieren (vgl. Weber 1994). Das vorgegebene Soll stammt dabei entweder aus Plänen (Ergebnisvorgabe) oder aus Regeln (Verfahrensvorgabe). Entsprechend ist in Ergebnis- und Verfahrenskontrollen zu differenzieren. Verfahrenskontrollen werden institutionell überwiegend der Internen Revision, Ergebniskontrollen dem Controllerbereich zugeordnet.

Systembildungsaufgaben innerhalb des *Kontrollsystems* beinhalten, sämtliche Plan- oder Regelbestandteile zu überprüfen, die sich auf Kundenzufriedenheit beziehen. Dabei ist zwischen feedback- und feedforward-gerichteten Kontrollen zu unterscheiden.

- *Feedback-Kontrollen* dienen primär der Sicherstellung der Plan- bzw. Normerreichung. Wird mit einem Key-Account-Manager ein bestimmter Zufriedenheitswert seiner Kunden am Periodenbeginn vereinbart, so zielt die feedback-Kontrolle darauf, daß der Kunde am Jahresende tatsächlich im geplanten Maße zufrieden ist. Feedback-Kontrollen sind im Marketing - glaubt man Aussagen wie die zu Beginn dieses Beitrags zitierten - nicht sehr beliebt. Insbesondere dann, wenn Kundenzufriedenheit als Zielsetzung tiefer in den Unternehmen verankert ist, läßt sich jedoch kaum begründen, warum Feedback-Kontrollen nicht sinnvoll und notwendig sein sollten.

- *Feedforward-Kontrollen* dienen primär der Anpassung oder Neuformulierung des Sollwerts. Ein wichtiges Beispiel für diese Kontrollart sind Prämissenkontrollen, die in der strategischen Führung die zentralen Grundlagen der strategischen Ausrichtung überprüfen und bei Prämissenänderungen eine Neuplanung anstoßen. Kontrollen dieser Art werden im hier betrachteten Kontext zum einen dafür erforderlich sein, laufend die fortbestehende strategische Bedeutung kundenzufriedenheitsstiftenden Verhaltens zu hinterfragen. Zum anderen werden kundenzufriedenheitsbezogene Planungen zunächst nicht auf Erfahrungen aufbauen können und folglich mit hoher Ungenauigkeit behaftet sein. Bis zur Erreichung eines ausreichenden Erfahrungsniveaus signalisieren Soll-Ist-Abweichungen also eher Planungs- als Realisationsdefizite.

Zum *Informationssystem* sind an dieser Stelle keine weiteren Ausführungen erforderlich. Es sei auf den Abschnitt 2.1 dieses Beitrags verwiesen, allerdings ergänzt um den nochmaligen Hinweis, daß die Durchführung der Informationsversorgung nach der im Augenblick diskutierten Controlling-Auffassung keine Controlling-Aufgabe darstellt, Controlling vielmehr auf die Systemgestaltung beschränkt ist.

Zweite Controlling-Aufgabe neben der Systembildung ist die Systemkopplung. Das Zusammenwirken von Planung, Kontrolle und Informationsversorgung läßt sich am besten anhand eines Regelkreises veranschaulichen, den Abbildung 3 zeigt. Auf ihn beziehen sich die weiteren Ausführungen.

Ausgangspunkt sind die kundenzufriedenheitsbezogenen Planungen. Damit diese nicht zum Selbstzweck werden, sind sie mit einer systematischen Kontrolle verbunden, die sowohl feedback- als auch feedforward-gerichtet ist. Die Kontrolle läßt sich nur dann valide durchführen, wenn die tatsächlich erreichten Zufriedenheitswerte adäquat gemessen werden. Zufriedenheitsbezogene Informationen bieten darüber hinaus auch die Grundlage für valide Planungen gewünschter Kundenzufriedenheit.

Einen derartigen Regelkreis aufzubauen und am Leben zu erhalten, macht die Systemkopplungsaufgabe des Controlling aus. Im Kopplungsprozeß werden dabei Friktionen sichtbar, die Systemanpassungsbedarfe signalisieren. In realiter sind folglich die Systembildungs- und die Systemkopplungsaufgabe nicht voneinander zu trennen.

Auch im Rahmen der Betrachtung des Controlling als Koordination von Planung, Kontrolle und Informationsfunktion lassen sich Aussagen zur Trägerschaft der Controlling-Aufgaben machen. Wichtig ist in diesem Zusammenhang, welchem Träger die beschriebenen Controlling-Aufgaben zugewiesen werden sollte. Die Abbildung 4 zeigt eine beispielhafte Zuordnung. Die Wertungen zur Fachkompetenz bezüglich der kundenzufriedenheitsbezogenen Ausgestaltung des Informationssystems sind aus den Angaben der Abbildung 2 abgeleitet. Sie führen übertragen auf das Planungssystem zu einer gleichen Einschätzung. Aufgrund des weitgehend kontrollobjektunspezifischen Know-how-Bedarfs erfolgt beim Kontrollsystem eine abweichende Bewertung. Schließlich ist beim Systemkopplungsbedarf deshalb ein Fachkompetenzvorteil auf Seiten der Controller zu vermuten, weil Systemkopplungsaufgaben - wie angesprochen - generell einen erheblichen Anteil an der Controllership ausmachen.

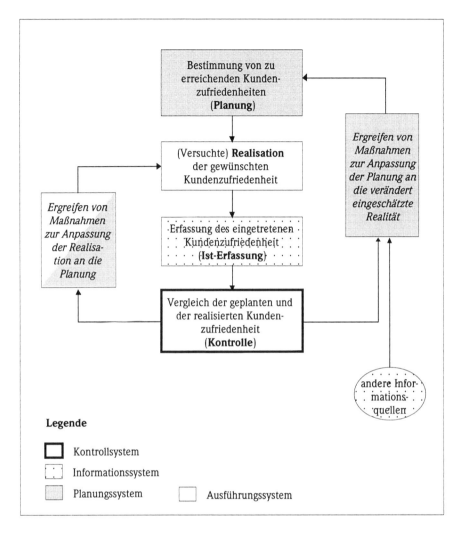

Abbildung 3: Kundenzufriedenheit als Objekt koordinierter Planung, Kontrolle und Informationsversorgung

Das Kapazitäts- und Neutralitätskriterium führt überwiegend oder durchweg zu einer Präferenz der Aufgabenzuordnung zu Controllern. Werden diese im Marketingbereich nicht allein auf die Wertesphäre eingegrenzt und sind sie in der Lage und bereit, sich in die Materie Kundenzufriedenheit einzuarbeiten, scheint eine Zuordnung der gesamten Controlling-Aufgabe zu Controllern sinnvoll, wobei ein Teil der Systembildung in enger Abstimmung bzw. gemeinsam mit den Marketingmanagern erfolgen sollte.

Kriterien	Teilaufgaben	Aufgabenträger	
		Marketing-Manager	Controller
Fachkompetenz	Systembildung Planungssystem	◖	
	Systembildung Kontrollsystem		◖
	Systembildung Informationssystem	◖	
	Systemkopplung		◖
Kapazität	Systembildung Planungssystem		◖
	Systembildung Kontrollsystem		◖
	Systembildung Informationssystem	◖	
	Systemkopplung		◖
Neutralität	Systembildung Planungssystem		◖
	Systembildung Kontrollsystem		◖
	Systembildung Informationssystem		◖
	Systemkopplung		◖

Abbildung 4: Raster zur Zuordnung der Controlling-Aufgaben auf Marketingmanager und Controller: Systembildungs- und -kopplungsaufgaben im Planungs-, Kontroll- und Informationssystem

2.3 Controlling als Koordination aller Führungsfunktionen

Die dritte und letzte *Begriffsauffassung* des Controlling ist die zugleich jüngste. Sie geht auf Schmidt (1986), Küpper (1987) und Weber (1992) zurück und unterscheidet sich von der unter 2.2 genannten lediglich durch die Einbeziehung zusätzlicher Teilbereiche der Führung in den Koordinationsumfang. Diese sind das Wertesystem, die Organisation und die Personalführung. Die Differenzierung von Systembildungs- und -kopplungsaufgaben bleibt bestehen. Ebenso wird die Durchführung der jeweiligen Funktionen (bzw. der Betrieb der jeweiligen Führungsteilsysteme) nicht zur Controlling-Aufgabe gerechnet.

Nach den Ausführungen im Abschnitt 2.2 reicht es hier aus, die drei hinzukommenden Führungsteilsysteme in Hinblick auf die Verankerung bzw. Berücksichtigung von Kundenzufriedenheit kurz zu skizzieren.

Im Rahmen der *Controlling-Aufgaben* lassen sich das Wertesystem, das Personalführungssystem und das Organisationssystem unterscheiden. Das *Wertesystem* beinhaltet die grundlegenden Werte und Normen, die ein Unternehmen und ihre wesentlichen Träger kennzeichnen. Es bildet die Referenz für die anderen Führungsteilsysteme, entzieht sich einer rein rationalen Betrachtungsweise und ist nur in größeren Zeiträumen Veränderungen zugänglich.

Letztere Aussage läßt sich unmittelbar auf die Verankerung von Kundenzufriedenheit im Wertesystem beziehen, denn letztlich kann man den gesamten Marketing-Ansatz als einen solchen Versuch interpretieren: Marketing ist die „Philosophie der Unternehmensführung..., die die erwerbswirtschaftlichen Zielsetzungen über die Maximierung der Kundenzufriedenheit erreichen will" (Kotler 1982, S. 23). Vielleicht ist es etwas böswillig, wenn man formuliert, daß das Marketing genau an dieser Stelle den Sprung von der Absatzwirtschaft zu einer neuen Disziplin nicht geschafft hat. Ein anderes Konzept, das Total Quality Management, übernimmt aktuell den Versuch, Kundenzufriedenheit tief in jedem Mitarbeiter zu verankern.

Das *Personalführungssystem* befaßt sich mit allen Instrumenten, Prozessen und Beziehungen, die auf die Motivation von Mitarbeitern gerichtet sind und die zu deren Förderung spezielle Anreize ausüben. Hierzu zählen z.B. Entgeltsysteme, Elemente der Arbeitsgestaltung oder auch der Karriereentwicklung.

Will man Kundenzufriedenheit über die Verankerung im Wertesystem und die damit verbundenen motivatorischen Wirkungen hinaus konkret in die Anreizgestaltung einbeziehen, so müssen die entsprechenden Anreize den üblichen Anforderungen genügen, die Abbildung 5 zeigt.

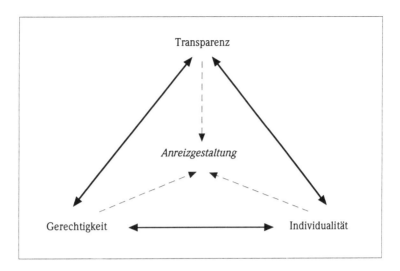

Abbildung 5: „Dreieck der Anforderungen" an Anreizgestaltung

Anreize müssen auf die Motivstruktur des *einzelnen* Mitarbeiters eingehen. Einem Ingenieur in der Entwicklungsabteilung ist Kundenzufriedenheit mit anderen Anreizen „schmackhaft zu machen" als einem Key-Account-Manager. *Anreizindividualität* erhöht für sich allein genommen die Wirksamkeit der Anreize. Allerdings führt sie auch zu einer erheblichen Komplexität des Anreizsystems mit entsprechenden Kosten der Systemgestaltung und Systempflege. Darüber hinaus beeinflußt sie auch die beiden anderen Anforderungskategorien:

– Komplexität führt unmittelbar zu einer abnehmenden Überschaubarkeit der Anreizstruktur.
– Individuelle Anreize werden am leichtesten dann von allen als gerecht erachtet, wenn die Unterschiedlichkeit in der Heterogenität der Anreize, nicht in ihrer Ausprägung liegt. Gleichbehandlung im *Prinzip* der Anreizgestaltung konkurriert mit der Gleichbehandlung in der Anreiz*höhe*.

Die Anforderung der *Transparenz* zielt primär auf die Erkennbarkeit der Anreize durch den Mitarbeiter. Die Transparenz wird insbesondere durch die Komplexität der Anreizsysteme beeinflußt. Die begrenzte Informationsverarbeitungsfähigkeit von Menschen setzt vergleichsweise enge Grenzen für Zahl und Zusammenwirken von einzelnen Anreizen. Kundenzufriedenheit als einen neben einer Vielzahl anderer Anreize zu implementieren, macht deshalb vermutlich wenig Sinn, es sei denn man sieht in ihr einen strategischen Erfolgsfaktor.

Gerechtigkeit läßt sich schließlich als dritte zentrale Anforderung an die Anreizgestaltung anführen. Sie muß in hohem Maße subjektive Urteile der Geführten aufnehmen und umsetzen. Dieses Gerechtigkeitsempfinden richtet sich zum einen auf die sich in den Anreizen ausdrückenden, einzelpersonenbezogenen Einschätzung durch den Führenden (erhält ein Vertriebsmitarbeiter für seinen Einsatz, hohe Kundenzufriedenheit zu erreichen, die Benefits, die er selbst als adäquat erachtet?). Zum anderen betrifft sie das Verhältnis des individuellen Anreizes zu den Anreizen anderer, vergleichbarer Mitarbeiter. Die subjektiv empfundene Gerechtigkeit steht in Wechselwirkung mit der Anreizindividualität und der Anreiztransparenz.

In dem als letztes anzusprechenden Führungsteilsystem *Organisation* geht es um die Bildung von abgegrenzten Komplexen von Ausführungshandlungen (Aufgaben bzw. Aufgabenbereichen) und deren Zuordnung zu Aufgabenträgern. Die Lösung dieses Problems führt zu bestimmten (z.B. hierarchischen) Beziehungsstrukturen, die eine Koordination der arbeitsteilig spezialisierten Aufgabenbereiche sicherstellen.

Fragen einer organisatorischen Umsetzung der Kundenzufriedenheit sind in diesem Buch in mehreren Beiträgen umfangreich angesprochen. Auf entsprechende Aspekte muß deshalb an dieser Stelle nicht näher eingegangen werden.

Fragt man nun abschließend nach der adäquaten *Trägerschaft* der zusätzlich betrachteten Koordinationsaufgaben, so muß der für den Abschnitt 2.1 und 2.2 gewählte Raster verlassen werden. Weder Marketing-Manager noch Controller kommen üblicherweise als Aufgabenträger zum Zuge:

– Fragen der Organisationsgestaltung sind in den meisten Unternehmen entweder einer speziellen Organisationsabteilung oder aber - bei gewichtigeren Veränderungen - der Unternehmensleitung direkt unterstellt.
– Für Fragen von Anreizgestaltung ist überwiegend nicht eine einzelne Linienabteilung, sondern der Personalbereich zuständig.
– Alle Fragen im Zusammenhang mit dem Wertesystem sind originäre Kompetenzfelder des Top-Managements. Dies zeigt sich etwa in TQM-Konzepten, die vom Vorstand ausgehend das gesamte Unternehmen umfassen.

Damit ergibt sich in der Gesamtschau eine Aufsplitterung aller systembildenden und -koppelnden Gestaltungsmaßnahmen auf unterschiedliche Aufgabenträger. Hieraus resultiert ein Koordinationsbedarf. Ob dieser durch die Unternehmensspitze tatsächlich stets zur Zufriedenheit gedeckt wird, sei hier nicht näher hinterfragt.

3. Zusammenfassung

Nachdem anfangs das Ansinnen, einen Beitrag zum Controlling von Kundenzufriedenheit für dieses Buch zu verfassen, als auf den ersten Blick problematisch präsentiert wurde, haben die weiteren Ausführungen doch ein breites Spektrum aktuell wenig diskutierter - und damit potentiell fruchtbarer - Fragestellungen aufgezeigt.

Wie weit das Feld gesteckt werden soll, hängt vom gewählten Begriffsverständnis ab. Recht überschaubar erwies sich die Problemsituation bei einer stark informationsbezogenen Fokussierung. Über die an anderer Stelle des Buches ausführlich diskutierte inhaltliche Fragen des Meßkonstrukts Kundenzufriedenheit hinausgehende Aspekte konnten aufgezeigt werden.

Deutlich breiter und heterogener wurde das Aufgabenfeld, als der Fokus auf die Koordination von Planung, Kontrolle und Informationsversorgung gerichtet wurde. Systembildungsaufgaben stehen hier gleichberechtigt neben Systemkopplungsaufgaben.

Die Ausweitung auf sämtliche Führungsteilsysteme läßt Controlling von Kundenzufriedenheit gänzlich zu einem zentralen Führungsthema werden. Dies ist aber - glaubt man den anderen Beiträgen in diesem Buch - der Kundenzufriedenheit in ihrer Tragweite und aktuellen Bedeutung durchaus angemessen!

Auch für die Trägerschaft der so umrissenen Controlling-Aufgaben stehen sehr unterschiedliche Möglichkeiten zur Verfügung. Je nach Ausprägung, teilen sich Marketingmanager, Controller, die Unternehmensspitze und ggf. auch der DV-Bereich die Gesamtaufgabe. Weitergehende, präzisere Aussagen sind nicht möglich, da sie nur unternehmensindividuell zutreffen - bis auf eine Ausnahme: Wenn derzeit einem Abbau der Controllerbereiche in den Unternehmen das Wort geredet wird („Das beste Controlling ist das ohne Controller"), so muß man sorgfältig beachten, auf welche Kontextsituation derartige Aussagen bezogen sind: Ein Produktionsmanager, der über Jahre hinweg mit einem Controller zusammengearbeitet hat, sollte - ceteris paribus - tatsächlich dazu in der Lage sein, einen nicht unbeträchtlichen Teil der Aufgaben seines Controllers zu übernehmen. Bei der Verankerung von Kundenzufriedenheit in der Führung handelt es sich jedoch um eine neue bzw. neu betonte Aufgabenstellung, für die kein Standardwissen in vergleichbarer Breite und Tiefe zur Verfügung steht. Deshalb spricht viel dafür, daß das Controlling von Kundenzufriedenheit zunächst nicht ohne Controller erfolgen sollte.

William H. Davidow/Bro Uttal

So wird Ihr Kundendienst unschlagbar

1. Einleitung

Selbstverständlich, Dienst am Kunden muß sein. Aber wie soll er eigentlich konkret aussehen? Unternehmen, die zuviel des Guten tun, verzetteln sich leicht und geraten oft sehr schnell unter existenzgefährdenden Kostendruck. Und wer zu wenig tut, dem laufen die Kunden davon. Gegen diese Gefahren helfen nur wohlüberlegte Segmentierungsstrategien: Sie erschließen nicht nur den Zugang zu bestimmten Kundengruppen, sondern stellen zudem sicher, daß die Palette der gebotenen Leistungen den tatsächlichen Wünschen und Erwartungen der umworbenen Zielgruppen entspricht. Vorsicht jedoch: Zwar soll der Service die Erwartungen der Kunden getreulich erfüllen, ja vielleicht sogar um einiges übertreffen - doch nicht um allzuviel. Denn dann schrauben diese Unternehmen die Ansprüche ihrer Kunden höher und höher - und die Kosten auch.

In einer von steigenden Kosten geplagten Branche liefert das Shouldice-Hospital nahe Toronto ein Modell für kostendämpfende Produktivität. Hier bleiben Patienten nach einer Operation nur dreieinhalb Tage, in den meisten vergleichbaren Krankenhäusern hingegen sind es fünf bis acht Tage. Die Ärzte führen mehr Operationen durch als anderswo üblich (obwohl sie dabei weniger verdienen). Und die Krankenschwestern haben mehr Patienten zu betreuen als in vielen derartigen Häusern sonst. Dazu kommt: Die Patienten sorgen für sich selbst, kommen auf eigenen Beinen in den Operationssaal, marschieren anschließend auch selbständig in ihre Krankenzimmer zurück und essen gemeinsam im Speisesaal.

Klingt das nicht eher nach dürftiger und liebloser Fließbandabfertigung? Genau das Gegenteil ist der Fall. Denn allein daran gemessen, wie oft sich Patienten wegen des gleichen Gesundheitsproblems nachbehandeln lassen müssen, steht das Shouldice zehnmal günstiger da als andere Krankenhäuser. Ehemalige Patienten sind von dieser Anstalt derart begeistert, daß sie alljährliche Erinnerungstreffen abhalten - ein Wiedersehen im Torontoer Royal York Hotel zog im Januar 1988 rund 1500 „Ehemalige" an.

Und noch etwas ist ungewöhnlich an diesem Bild eines erstaunlichen Dienstleisters: Die meisten Krankheitsfälle werden vom Shouldice gar nicht akzeptiert; Leute mit gebrochenen Beinen, Gallensteinen oder verstopften Arterien etwa müssen sich anderswo behandeln lassen, denn das Shouldice akzeptiert als Patienten nur, wer an einem Leistenbruch leidet. Selbst Kranke, in deren Anamnese Herzkrankheiten auftauchen, die sich in den zurückliegenden zwölf Monaten bereits einer Operation unterziehen mußten oder die mehr wiegen, als das Shouldice empfiehlt, weist dieses Krankenhaus ab.

Offenbar liegt hier eine Segmentierungsstrategie vor, die das Angebot an Operationsleistungen strikt begrenzt und damit den Grundstein zum Erfolg legt: In Konzentration auf eine einzige Nische kann das Shouldice-Hospital operative Eingriffe so preisgünstig durchführen, daß ihm gleichwohl eine ansehnliche Rendite bleibt. Hunderte von Leistenbrüchen werden nun Jahr für Jahr behandelt, wobei die Ärzte dank einer speziellen Technik und großer Erfahrung beste Ergebnisse erzielen. Normalerweise werden Vollnarkosen vermieden, da sich die örtliche Betäubung bei Leistenbrüchen gut bewährt hat, sicherer und obendrein billiger ist. Und indem die Patienten sofort aufstehen und sich bewegen, kommen sie schneller wieder zu Kräften, während das Shouldice gleichzeitig die Kosten für einen Fuhrpark an Rollstühlen und -bahren samt eines Heers schiebender Hilfskräfte sowie eine Menge Lastenaufzüge einspart. Statt dessen gibt es weite, hallenartige Gänge, bequeme teppichbelegte Treppen mit niedrigen Stufen und einen ausgedehnten, sehr gepflegten Park, in dem die Patienten herumschlendern können. Dazu ermutigt die zentrale Lage der Fernsehräume und Toiletten sie, Spaziergänge zu unternehmen, was dem Krankenhaus auch allerlei Geld läßt.

Mit seiner gezielten Ausrichtung auf Leistenbrüche kann das Shouldice also eine höchst konkurrenzfähige, markante Dienstleistung erbringen. Dennoch ist das nicht einmal der Hauptgrund für den Shouldice-Erfolg. Denn auch andere Einrichtungen, etwa das bekannte Lichtenstein Hernia Institute in Los Angeles, behandeln Leistenbrüche ebenfalls kostengünstig und in medizinischer Hinsicht gleich gut. Ohnehin verfügen die Patienten - und das sind die meisten - über eine Krankenversicherung und entwickeln damit wenig Sinn für die Kosten ihrer Heilbehandlung. Und soweit sie einen eigenen Hausarzt haben, neigen sie dazu, dessen Rat zu befolgen - üblicherweise rät der jedoch dazu, einen Leistenbruch im Krankenhaus vor Ort operieren zu lassen.

Nein, die Menschen strömen hauptsächlich deshalb ins Shouldice, weil sie von früheren Patienten hören, welch angenehme Erfahrung der Aufenthalt dort gewesen war. Das Krankenhaus erwirbt sich diese begeisterte Mund-zu-Mund Propaganda dadurch, daß es seine Hauptdienstleistung mit wichtigen (wenn auch immateriellen) Beigaben aufwertet. Die meisten Menschen können die medizinische Qualität der Krankenhausleistung sowieso nicht genau beurteilen. Was sie aber bewerten können und auch sehr schätzen - zumindest, wenn sie nicht allzu krank sind -, das sind die Eindrücke von dem Anmeldungsverfahren, vom Verhalten der Leidensgenossen, von der Aufmerksamkeit und Kompetenz der Ärzte und Krankenschwestern.

Könnte das Shouldice auch ohne seine klare Strategie so Hervorragendes für seine Kunden/Patienten leisten? Wahrscheinlich nicht, es sei denn, es würde sein System der medizinischen und sozialen Betreuung gänzlich neu konzipieren und seine Preise beträchtlich anheben. Das Shouldice ist eben nicht auf die Behandlung von gebrochenen Beinen oder schwachen Herzen eingestellt, nicht auf Hilfe für Patienten, denen das Laufen schwerfällt, die schon eine schwere Operation hinter sich haben, die intravenös ernährt werden oder sich von einem plastisch-chirurgischen Eingriff erholen müssen. (Solche Menschen suchen auch in der Regel keine Gesellschaft.) Zwar haben die Shouldice-

Manager auch schon über die Möglichkeit leichterer Augenoperationen sowie die Entfernung von Krampfadern oder Hämorrhoiden nachgedacht - Maßnahmen, die eine sehr ähnliche Ausstattung erfordern wie Operationen von Leistenbrüchen. Aber „sehr ähnlich" ist nicht ähnlich genug; daher wurde entschieden, in dem Segment zu bleiben, in dem man sich bestens auskennt und das sich am effizientesten bedienen läßt (vgl. Heskett 1986).

Im Gegensatz zu diesem Fall führen unklare oder widersprüchliche Strategien zu keinem guten Service. Das lehrt ein Blick zurück auf People Express. 1981 hatte sich diese Fluglinie auf Flugäste mit schmalem Geldbeutel eingerichtet - Studenten, Rucksacktouristen, Urlauber und andere, die bereit waren, wegen billiger Tarife auf bequeme Flugzeiten und Anschlüsse zu verzichten; diesen Passagieren reichten der von der Fluggesellschaft weithin verkündete Service „ohne Extras". So konnten sie beim Einchecken wählen, ob sie sich an Bord selbst verpflegen oder für einen Imbiß bezahlen wollten, ob sie ihr Gepäck selbst schleppen oder das gegen drei Dollar pro Koffer besorgen ließen. Tickets konnten nur an Bord und nicht im voraus gekauft werden. In fünf Jahren wuchs die People-Express-Flotte von drei auf 117 Flugzeuge, und die Umsätze schnellten von 38 Millionen auf fast eine Milliarde Dollar.

Doch People Express expandierte zu schnell. Zwar hielt die Gesellschaft täglich Tausende von Flugsesseln vor, aber ihre Festkunden wollten vorwiegend an Wochenenden, im Laufe des Sommers und der Ferien fliegen. Das Überangebot an freien Plätzen hatte 1984 einen Verlust von 3,7 Millionen Dollar zur Folge, so daß People Express sich gedrängt sah, mit seiner Flotte mehr Umsatz zu machen. Also plante man für die Maschinen so viele Flüge wie möglich ein und überbuchte sie in hohem Maße; das sollte einen Ausgleich für jene Kunden schaffen, die zwar gebucht hatten, aber dann nicht zum Start erschienen. Zusätzlich bemühte sich die Linie um Geschäftsreisende, die zumeist zwischen Montag und Freitag fliegen und mithin ausersehen schienen, das Nachfragehoch der Billigflieger am Wochenende zu ergänzen. Um Führungskräfte nachhaltig anzulocken, wurden sogar ein luxuriöser First-Class-Service samt Ledersitzen eingerichtet.

Freilich nahezu alles, was People Express unternommen hatte, um den Billigfliegern gerecht zu werden, stand dieser neuen Strategie entgegen. Geschäftsleute verabscheuen nun einmal zutiefst ungünstige Flugzeiten und verpaßte Anschlüsse, Extraausgaben für Mahlzeiten an Bord oder das Einchecken des Gepäcks sowie beim Ticketkauf das Warten bis zur letzten Minute. Aus dem engen Flugeinsatzplan resultierten zahlreiche Verspätungen; und die Überbuchungen führten häufig dazu, daß Passagiere mit reservierten Plätzen abgewiesen werden mußten. Der „Volksexpress" bekam den Beinamen „Volkselend".

Die Geschäftsleute blieben wieder weg, und bis 1986 hatte die Airline Nettoverluste von 300 Millionen Dollar eingeflogen, ehe sie von Texas Air übernommen wurde. Wäre sie dabei geblieben, allein Billigflieger zu bedienen, und hätte sie zum Abbau der überhöhten Kapazitäten besser Fluggerät verkauft oder verleast, dann könnte People Express noch heute existieren. Aber die Gesellschaft wollte nicht von einem breiteren Serviceangebot lassen und verwässerte damit ihre anfängliche Gewinnstrategie auf unheilvolle Weise.

2. Märkte und Marktsegmente

Doch für manche Manager schmeckt die Entwicklung einer besonderen Strategie für den Dienst am Kunden mehr nach Zeitverschwendung. Was braucht es schon an Strategie, um einen Kundendienstmann in Marsch zu setzen oder einen Rechnungsfehler zu korrigieren? Und in der Tat scheinen diese vermeintlich einfachen Tätigkeiten kaum etwas zur Zufriedenheit des Kunden oder zum Betriebsergebnis beizutragen - es sei denn, sie sind Teil einer sorgfältig überlegten Strategie. Ohne eine solche wissen Sie aber kaum, wer Ihre Kunden sind, welchen Wert diese verschiedenen Serviceaspekten beimessen, wieviel Sie aufwenden müssen, um sie zufriedenzustellen und wie sich das wahrscheinlich auszahlen wird. Ohne Strategie können Sie kein Servicekonzept entwickeln, das die Mitarbeiter in Schwung bringt, können Sie Konflikte zwischen Unternehmensstrategie und Kundengefallen nicht ausgleichen, können Sie keine Methoden zur Messung der Serviceleistung entwickeln oder der Qualität, wie Kunden sie empfinden. Kurzum, ohne Strategie können Sie unmöglich erstklassig werden.

Die Entwicklung einer Servicestrategie ist ein wichtiger Schritt in Richtung auf den optimalen Angebotsmix und die Serviceniveaus für unterschiedliche Kundengruppen. Bieten Sie zuwenig oder die falschen Leistungen, bleiben die Abnehmer weg; bieten Sie zuviel, selbst wenn es völlig in Ordnung ist, dann wird Ihr Unternehmen scheitern oder sich über den Preis selbst aus dem Markt katapultieren.

Den Beweis für diese schlichte Wahrheit erbrachte ein Versuch von General Electric (GE). Über eine Spanne von zwei Jahren variierte man den Umfang der Reparaturleistungen für Geräte, die nicht mehr unter Garantie fielen. Dabei mußte GE feststellen, daß diese Art von Kundendienst sehr merklich dem Gesetz abnehmender Grenzerträge unterliegt: Von einem bestimmten Punkt ab brachte jeder zusätzliche Einsatz - im Vergleich zum jeweils letzten Einsatz davor - einen abnehmenden Ertrag. Die einzige Methode, diesen Punkt herauszufinden, besteht darin, die Kunden zu segmentieren, dann festzustellen, wie unterschiedlich sie umfängliche Serviceleistungen goutieren und schließlich Kosten und Erträge einer angemessenen Betreuung jeder dieser Kundengruppen abzuschätzen.

Bei hervorragendem Service mit einer einfachen Preisgestaltung zu operieren, garantiert noch keinen hohen Ertrag, wie die Service Supply Corporation, das „Haus der Millionen Schrauben" in Indianapolis, eigentlich wissen müßte. Wäre eine überzeugende Servicestrategie vorhanden, dann hätte das Unternehmen seine 15.000 Kunden danach klassifiziert, wie wichtig diesen bei bestimmten Sorten von Befestigungsmitteln jederzeitige Lieferbarkeit ist, um Lagerbestände und Preis entsprechend differenzieren und jede dieser Gruppen mit den jeweils höchstmöglichen Gewinnen bedienen zu können. Doch Service Supply offeriert derzeit allen Kunden seinen herausragenden Service - unterschiedslos, ohne darauf zu achten, welche Leistung genau diese Kunden typischerweise benötigen und auch besonders zu honorieren bereit wären. Am Ende kann die Firma für ihre Dienste im Mittel nicht soviel fordern, daß ihr Gesamtgewinn den branchenüblichen Durchschnitt erreicht.

Das Kernstück der Strategie jedes Dienstleisters liegt darin, „seine" Kunden von den übrigen zu isolieren. Wie bei der klassischen Marktaufspaltung muß er sich bemühen, eine hinreichend homogene Gruppe zu bestimmen, die sich rentierlich bedienen läßt. Freilich unterscheiden sich diese Servicemarktsegmente von den üblichen Gütermarktsegmenten in signifikanter Weise: Zum einen sind sie tendenziell schmaler; zum anderen sind die Kundenerwartungen an Serviceleistungen recht individuell. Zwar dürften viele ganz unterschiedliche Servicenutzer mit dem Kauf der gleichen Leistung zufrieden sein. Dennoch werden sie wohl nicht das Gefühl bekommen, ihre Erwartungen seien erfüllt oder übertroffen worden, wenn die empfangene Serviceleistung standardisiert ist oder voller Routine erbracht wird.

Überdies zielt Marktsegmentierung bei Waren auf das, was Menschen oder Organisationen brauchen, wohingegen Leistungssegmentierung auf das gerichtet ist, was sie erwarten. Anbieter ziehen gern Spontankäufe heran, wenn sie beurteilen sollen, ob ein Marktsegment richtig bestimmt ist. Weil sie Kaufentscheidungen dualistisch verstehen - es kommt zum Kauf oder nicht -, sieht es für sie so aus, als lasse sich die Gültigkeit bestimmter Segmentabgrenzungen leicht abschätzen.

Gelegentlich stimmen Marktsegmente überein, insbesondere bei Serviceunternehmen mit einer richtig gezielten, umfassenden Marketingstrategie. Solche Strategien können einem weiten Spektrum von Erwartungen an den Service gerecht werden. So ist zum Beispiel die Strategie von Federal Express darauf angelegt, den Erwartungen hinsichtlich aller Maßnahmen zu genügen, von denen die Kunden annehmen, sie hätten sie auch bezahlt. Das schließt nicht nur die Abholung und Anlieferung der Sendungen ein, sondern auch das Ausstellen der Belege und Informationen über die Transportabwicklung.

Trotzdem läuft das Festlegen von Leistungssegmenten häufig auf ein erneutes Überdenken großer Marktsegmente und jener Möglichkeiten hinaus, die überlegenen Service behindern. Eine wohl fundierte Marktaufspaltung kann die Produktivität und die Rentabilität der Leistungsangebote an die Kunden verändern, wie die Shouldice-Strategie belegt. Große Produktivitätsgewinne erreichen zu wollen, indem Arbeitskräfte durch Kapital und Technologie substituiert werden, ist nicht so einfach. Denn zu einem anspruchsvollen Dienst am Kunden gehören selbstverständlich viele geschmeidige und freundliche Kontakte von Mensch zu Mensch. Doch persönlichen Service suchen Manager oft durch technische Vorkehrungen zu ersetzen - so offerieren sie in Hotels dann etwa vollautomatische Abreiseformalitäten anstelle der gewohnten Abmeldung an der Rezeption.

Allerdings begrüßen manche Kunden diese Einrichtungen ohne weiteren Personalkontakt, während andere darin Maßnahmen zur Kostensenkung sehen, die der Qualität des Service schaden. Im Gegensatz zu Geschäftsreisenden werden Touristen den vollautomatischen Check-out in einem Luxushotel kaum als angenehm empfinden - dafür aber als eine mißliche, kaltherzige Erfahrung zum Schluß ihres Hotelaufenthalts. Erfahrene Benutzer größerer Geräte im Haushalt mögen es womöglich vorziehen, bei Störfällen Reparaturtips per Telefon einzuholen; Neulinge dagegen werden wohl eher ein menschliches Wesen, einen Monteur erwarten, der persönlich nach dem Rechten sieht. Erst wenn ein Unternehmen seine Kunden kategorisiert und dabei herausgefunden hat, welchen es eigentlich zu Diensten sein sollte, kann es entscheiden, wo sich Formen persönlicher Dienstleistungen streichen lassen, um Produktivitätssteigerungen zu erreichen, die der Kundenzufriedenheit keinen Abbruch tun.

Segmentierung hilft auch, eines der dornigsten Probleme im Dienstleistungsgeschäft zu lösen - nämlich Angebot und Nachfrage in Einklang zu bringen. Warenhersteller mit Überkapazitäten können auf Lager produzieren, Maschinen stillegen oder/und Arbeitskräfte entlassen. Übersteigt die Nachfrage das Angebot, bauen sie Lagerbestände ab, lasten ihre Anlagen stetiger aus, fahren Sonderschichten oder stützen sich zusätzlich auf die Kapazitäten anderer Hersteller.

Dienstleister haben da weniger Spielraum, denn ihre Leistungen sind nicht lagerfähig. Nur selten lassen sich die eigenen Dienste durch die eines anderen Anbieters so ersetzen, daß sie trotzdem den Erwartungen der Kunden entsprechen. Denn diese Erwartungen beruhen auf einer einzigartigen Erfahrung und nicht auf einem austauschbaren Produkt. Eine plötzliche Zu- oder Abnahme der Kapazität (hauptsächlich in Gestalt von Menschen) führt zu schlechterer Qualität oder gar zum Zusammenbruch der Service-"Fabrik". Das kann jedermann bestätigen, der schon einmal anläßlich einer Tagung in einem großen Hotel weilte. Da die Nachfrage nach Serviceleistungen inhomogen ist - jeder Gast wünscht sich eine etwas andere Art von gutem Service - brauchen derartige

Dienstleistungsbetriebe stille Kapazitäten, um ihr Produkt einem so wechselnden Nachfragemix anzupassen. Diverse Schätzungen legen nahe, daß die Servicequalität drastisch absinkt, sobald die Nachfrage auch nur geringfügig mehr als 75 % der theoretischen Kapazität beansprucht (vgl. Heskett 1986).

Ein Hotelbetrieb oder ein Trupp Computertechniker im Außendienst wird immer wieder gewaltige und offenbar zufällige Nachfrageschwankungen erleben, ehe er segmentiert. Aber diese Maßnahme verdeutlicht für gewöhnlich nur, daß sich ein Gesamtbild der Nachfrage erst aus mehreren kleineren, leichter prognostizierbaren und deshalb besser zu bewältigenden Komponenten ergibt. Zum Beispiel bewirken Kongreßbesucher, normale Geschäftsreisende, ausländische Touristen und urlaubende Familien zusammen das Schwanken der Nachfrage nach Hotelserviceleistungen. Die Verhaltensmuster dieser unterschiedlichen Nachfragegruppen lassen sich vorhersagen.

Segmentierung kann sogar aufdecken, daß die eine oder andere Nachfrage unerwünscht ist und nicht befriedigt werden sollte: etwa der Wunsch von Nichtkunden einer Bank, Geld zu wechseln oder das Ansinnen an die Feuerwehr, Katzen von Bäumen zu retten. Freilich ist das Unbeachtetlassen solcher Nachfragen fast immer mit Gefahren verbunden. Verprellte Nichtkunden der Bank und Großmütter, deren Katzen im Baum hocken bleiben müssen, können den Ruf eines Unternehmens genauso untergraben wie wirkliche Kunden. Besser als unerwünschte Anfragen einfach zu übergehen, ist es daher, die Erwartungshaltung auf Seiten solch unerbetener Nachfrager einzuschränken: So kann die Feuerwehr etwa alle wissen lassen, wie sehr sie die Brandbekämpfung beschäftigt oder sie könnte für das Bergen von Katzen prohibitiv hohe Gebühren berechnen.

Eine der wirkungsvollsten Methoden, die eigene Servicekapazität mit der Nachfrage zu variieren, besteht darin, Kunden in die Bereitstellung der Leistung intensiver einzubinden, sie im Endeffekt zu Koproduzenten zu machen. Bis zu einem gewissen Umfang trägt der Kunde ja immer zum Entstehen einer Dienstleistung bei, so wenn er eine Gebrauchsanleitung studiert, ein Gerät zur Reparatur bringt, einen Bestellschein ausfüllt oder an dem Bedienungsritual in einem In-Restaurant teilnimmt. Das Herausfinden von Möglichkeiten, wie sich die Rolle des Kunden erweitern und dieser zur Selbstbedienung hinführen läßt, setzt häufig eine pfiffige Segmentierung voraus.

Bankautomaten beispielsweise verstärken die Kundenbeteiligung bei der Nutzung gewisser Bankdienstleistungen. Dazu steht das ganze für höchst anpassungsfähige Kapazität: Je höher die Nutzung dieser Apparate, desto höher ist die Kapazität, die Kunden sich selber erschließen (wenigstens solange, wie die Schlage nicht zu lang wird). Aber die richtigen Kunden anzusprechen, ist bei diesen Automaten und Kontoauszugsdruckern entscheidend. Rentner und sonstige ältere Menschen, zumal in Kleinstädten, verhalten sich hier eher ablehnend. Genauso reagieren auch viele Superreiche, die bei der Abwicklung ihrer einträglichen Geschäfte doch die Aufmerksamkeit menschlicher Wesen erwarten.

Das Herausschneiden eines Segments aus dem Marktkuchen ist für nicht wenige Unternehmen eine Überlebensfrage. Stellen Sie sich also dem Gedanken: Wenn ich schon eine Nische aufspüren kann, indem ich einen Superservice anbiete, läßt sich dann vielleicht nicht auch eine Nische finden, indem ich praktisch keinen Service anbiete? Die Antwort lautet: Gewiß doch, nur müssen Sie die Nische richtig auswählen und richtig mit ihr umgehen. Ein Marktsegment, das zu „unbemittelt" ist, um Geld für Service zu bezahlen, sind Studenten. Die East Lansing State Bank prosperierte enorm, seit sie Studenten der Michigan State University ohne Mindestguthaben als Kunden akzeptiert - aber nur bei voll computerisierter Kontenführung. Die Studenten erhalten monatlich fünf Schecks gegen eine Gebühr von einem Dollar und zahlen 50 Cent extra für jede Transaktion am Bankschalter. Die Bank weiß, wo sie die Studenten haben möchte - am Geldautomaten und nicht am Schalter, wo sie den normalen Kunden nur im Wege stehen würden.

3. Die Kunden klassifizieren

Die meisten Unternehmen können in Wirklichkeit ihre Kunden nicht so klar segmentieren, wie es das Shouldice Hospital oder die East Lansing State Bank tun. Üblicherweise sind die bereits vorhandenen Kunden zu ungleich, um in eine einzige Schublade zu passen. Am schwierigsten ist die Sache naturgemäß für Produktionsunternehmen, da diese gewöhnlich an einen weitgesteckten Kundenkreis verkaufen und dazu Vertriebskanäle nutzen, die sie von direktem Wissen über ihre Kunden fernhalten.

Dennoch kann jedes Unternehmen nützliche Segmente aufspüren, sie nach deren Attraktivität einordnen und eine zielgerichtete Servicestrategie entwickeln - sofern es einige wenige Schlüsselkriterien für seine Kunden und sein Geschäft untersucht. Finanzielle Kriterien stehen offensichtlich an erster Stelle. Wie stark variieren bei den Kunden die typische Auftragsgröße und die Wahrscheinlichkeit von Wiederholungsverkäufen? Was kostet jeweils erklassiger Service für die unterschiedlichen Kundentypen? Über die Antworten zu diesen Fragen ergibt sich eine grobe Segmentierung und eine erste Vorstellung von Nutzen und Kosten unterschiedlicher Servicestrategien.

Normalerweise hängt in jedem gut geführten Unternehmen das Serviceniveau vom Auftragsumfang ab. In einem billigen Laden mit preiswerten Anzügen von der Stange werden Sie keine Beratung bezüglich Modetrends, Paßform oder geeigneter Accessoires bekommen (oder nicht erwarten). Sollten Sie aber einen Termin bei Bijan haben, der hinter gepanzerten Schaufenstern auf dem Rodeo Drive in Beverley Hills und an der Fifth Avenue in New York 15.000-Dollar-Anzüge feilhält, dann erwarten Sie Modetips von Kopf bis Fuß sowie jede gewünschte Änderung, und nach dem Kauf einen Anruf, bei dem sich jemand vergewissert, daß alles wirklich so paßt, wie Sie es sich vorgestellt hatten.

Als der Autojournalist Martin Stein 26 Kundendienstorganisationen und ihren Einfluß auf den Grad der Kundenzufriedenheit überprüfte, war er von dem Befund nicht überrascht: Kundendienste arbeiteten um so sorgfältiger, je teurer die Automarke war. Hersteller wie Mercedes und Acura praktizieren die „Methode des offenen Ohrs" - was immer die Kunden sich wünschen, sie bekommen es, einen Pannendienst rund um die Uhr eingeschlossen.

Umgekehrt waren die Unternehmen mit der schlechtesten Servicequalität und der geringsten Kundenzufriedenheit aber nicht etwa jene mit den billigsten Autos oder dem absolut niedrigsten Kundendienstniveau; es waren jene, denen eine Servicestrategie überhaupt fehlte und die es versäumt hatten, Serviceniveaus und Absatzzahlen aufeinander abzustimmen. Abgesehen vom Sonderfall Cadillac wandte General Motors eine kosmetische Methode an: Es schleuste seine Kundendienstmanager durch ein Seminar, wo sie lernten, Wünsche nach Serviceleistungen artig abzuwimmeln. Dazu wurde eine (gebührenfreie) „800er"-Telephonnummer eingerichtet, bei der Beschwerden vorgebracht werden konnten. „Das ganze Verfahren ist ein Rohrkrepierer", meint Stein. „Die Kunden finden, GM sei 'anmaßend'. Denn zwar gebe man sich 'außerordentlich höflich, aber wirklich in Ordnung bringen wolle man das Auto nicht'. Höfliche Ausflüchte indes bringen die Leute noch mehr auf, als wenn Sie einfach sagen, dies oder das sei nicht zu machen. Taktisch gesehen ist der 800er-Ruf nicht falsch; angesichts der fehlenden Servicestrategie aber können die Manager von GM keine Steigerung der Kundenzufriedenheit feststellen."

So ihre Produkte es erlauben, halten wache Unternehmen nach Kundensegmenten Ausschau, die sich weniger kostspielig bedienen lassen. Ein Teil des Erfolgsgeheimnisses vom Shouldice Hospital liegt darin, daß im Prinzip gesunde Menschen preiswerter behandelt werden können als ernsthaft erkrankte. Ältere, eher konservative Autobesitzer aus den Vororten stehen für weniger Reparaturen als Leute zwischen 20 und 30 in großstädtischen oder ländlichen Regionen - ein Umstand, den schlaue Autohändler und Versicherer beachten.

Über Gesundheit, Alter oder Standort hinaus haben manche Segmente weitere Charakteristika, die die Kosten des Kundendienstes senken. Viele Kunden sind sogar glücklich darüber, bestimmte Servicepflichten selber mitzutragen - etwa die Nutzer von Selbstbedienungsläden oder jene Einkäufer in der Industrie, die Teile oder Materialien über eine direkte Computerverbindung abrufen. Und wieder andere sind bereit, ihre Servicenachfrage den Vorgaben des Anbieters anzupassen, etwa jene preisbewußten, die den People Express ohne Extras akzeptierten.

Auch von dem Lernvermögen der Kunden werden die Preise für Serviceleistungen beeinflußt, von der Fähigkeit und Bereitschaft zur Kooperation, wenn es um einen bestimmten Service geht. Käufer von Halbleiterchips erwarten, daß sie mit den aufgegebenen Spezifikationen übereinstimmen. Diese zu erfüllen ist also ein ganz wichtiger Aspekt des Service der Hersteller. Aber sobald der Käufer seine automatischen Prüfgeräte nicht denen des Chip-Fabrikanten angleicht und nicht die gleichen Meßmethoden verwendet, wird er womöglich Partie um Partie Chips zurückweisen, da sie angeblich nicht den Spezifikationen entsprechen. Da können dann laut Testanordnung des Chip-Herstellers alle Stücke einwandfrei sein, ehe sie die Fabrik verlassen.

Network Equipment Technologies (NET) braucht für seine Kommunikations-Multiplexer (zum Einsatz in Computernetzwerken) besonders kompetente Kunden. Darum konzentriert sich der kalifornische Hersteller auf Großunternehmen mit anspruchsvollem Kommunikationsbedarf und tüchtigen Kommunikationsmanagern. Die Anlagen sind mit Diagnoseeigenschaften ausgestattet, die es NET leicht machen, bei Störfällen Ferndiagnosen zu stellen. Mit telefonischer Hilfe sind die meisten Bezieher imstande, ihre Anlage selbst wieder in Ordnung zu bringen. Folge: Die eigenen Kundendienstingenieure müssen nicht auf Reisen gehen, nur in 240 von 1000 Fällen ist das noch erforderlich. NET kann so seinen Service für die kompetenten Kunden preisgünstig ausweiten, und - was am wichtigsten ist - sie können ihre Anlagen schneller überholen und wieder einsetzen. Das sorgt für glücklichere Abnehmer.

Werden Kunden danach eingestuft, was ihnen Service bedeutet und welche Ansprüche sie an ihn hegen, dann ergibt das häufig eine grobe Vorstellung von den Kosten, mit denen sie sich zufriedenstellen lassen. Am lohnendsten sind jene Kunden, bei denen der Vergleich mit voraussichtlichen tatsächlichen Servicekosten am günstigsten ausfällt. Obwohl Umfang und Häufigkeit der Aufträge ein gutes Maß für den Wert eines Kunden darstellen, gibt es doch auch weitere Gruppen: Kunden etwa mit einer wahrscheinlich überdurchschnittlich rasch wachsenden Nachfrage, einflußreiche Kunden, die eine mächtige Mundpropaganda betreiben, und natürlich alte Kunden. Besonders anspruchsvolle, raffinierte oder technisch fortgeschrittene Abnehmer stehen oft ganz oben auf der Rangliste, denn der Service für diese verschaffen einem Lieferanten Einsichten in die Bedürfnisse der Normalkunden.

Kunden nach ihrem Wert zu klassifizieren, ist lebenswichtig für jedes Servicegeschäft, das mit großen Schwankungen der Gesamtnachfrage zu tun hat und seine Kapazität diesen Schwankungen nicht schnell anpassen kann. Klassen oder Rangfolgen führen zu richtiger Allokation der Ressourcen. Reichen die Kapazitäten nicht aus, denken geschickte Lieferanten zuerst an ihre besten Kunden und schränken den Service für weniger wertvolle ein. So verfahren besonders beliebte Restaurants zu Spitzenzeiten, indem sie ihren Stammkunden Plätze reservieren und Laufkundschaft lieber warten lassen.

Verlustreiche Erfahrungen lehrten manche Dienstleister, daß derselbe Betrieb nicht unterschiedliche Marktsegmente bedienen oder ein Segment nicht mit sehr unterschiedlichen Serviceleistungen bedient werden sollte - meist geht das schief. Beispielsweise ist Pepsi-Tochter Frito-Lay, Marktführer bei Kartoffelchips, für den Kundendienst berühmt. Eine Armee von 10.000 Verkaufsfahrern besucht die meisten Läden, darunter viele kleine Einzelhändler, zwei- bis dreimal wöchentlich, um sicherzustellen, daß die Ware frisch und sichtbar gut ausgestellt ist. Irgendwann beschloß das Unternehmen, auch abgepacktes Gebäck anzubieten und auf dieselbe Weise und im selben Zeitrhythmus auszuliefern.

Der Versuch schlug fehl. Die Infrastruktur von Frito-Lays Service, zugeschnitten auf Kartoffelchips und dabei sehr effizient, bewältigte die Verteilung der Backwaren nicht. Leo Kiely, Leiter Verkauf und Marketing, erklärt es so: „Oberflächlich gesehen sah es einfach aus, aber es gab verdeckte Probleme. Unsere anderen Produkte werden etwa innerhalb von sieben Tagen umgeschlagen, was sehr schnell ist. Gebäck liegt 60 bis 90 Tage im Regal, der Umschlag ist also viel langsamer. Unseren Fahrern entstehen daraus unterschiedliche Auffüllungsprobleme, so daß sich unsere üblichen Anfahrten bei Gebäck als untauglich herausstellten." Wieviel besser haben es da jene wenigen Unternehmen, die nur ein einziges Kundensegment zu bedienen brauchen.

4. Was erwarten Kunden eigentlich?

Ist der Markt segmentiert, wissen Sie also, welche Kunden Sie anpeilen sollten, dann müssen anschließend - per Marktforschung und -analyse - deren Wünsche und Erwartungen herausgefunden werden. Gute Analysen zahlen sich in handfesten Umsätzen und Gewinnen aus. In Norwegen, wo Kunden besonders empfänglich auf den Service reagieren, hatte Toyota seine Autos zunächst als problemlose Erzeugnisse verstanden. Doch dann begann man sich alle Vertriebserfahrungen anzuschauen und nach der Art von Service zu fragen, den die Kunden erwarteten. Wie sich ergab, plagten diese nicht nur Gedanken an Zuverlässigkeit und Leistung des Autos, sondern auch an Bequemlichkeit des Kaufs, an die Kfz-Versicherung und die Reparaturanfälligkeit. Toyota reagierte und führte sehr preiswerte Finanzierungs- und Versicherungsangebote ein sowie einen kostenlosen Diagnoseservice. 1985 und 1986 stieg der Toyota-Absatz in Norwegen jeweils um mehr als 30 %, der Gewinn stieg von 12 auf den Gegenwert von 22

Millionen Dollar. Weil bloße Annahmen über das, was Kunden erwarten, nicht zu effektiven Servicestrategien führen, hatte Toyota sorgfältig beobachtet, welche Bedeutung die Kunden bestimmten Serviceaktivitäten beimessen.

Guter Service hat nichts mit dem zu tun, was ein Anbieter dafür hält, sondern ausschließlich damit, was seine Kunden dafür halten. Guter Service heißt, daß ein Lieferant die Kundenerwartungen befriedigt oder sogar übertrifft. Das Maß der Erwartungen auf Seiten der Kunden richtig zu treffen, darauf kommt es an. Dabei kann dieses Maß durchaus unterschiedlich hoch sein und gleichwohl können die Kunden sich zufrieden fühlen. McDonald's bietet einen exzellenten, voll durchrationalisierten Service mit nur wenigen Angestellten für viele Kunden. Ein teures Restaurant dagegen, mit vielen Kellnern im Smoking, kann aus Sicht der Gäste unter Umständen außerstande sein, den Erwartungen zu entsprechen.

Das Maß dessen, was Kunden erwarten sollten, richtig anzusetzen, kann selbst Serviceexperten sehr schwerfallen. Jedes Unternehmen stößt da auf Grenzen, die schärfste ist die Wirklichkeit. Nicht viele Gäste eines Nobelhotels lassen sich dazu bewegen, anderes als Luxus zu erwarten. Und nur wenige Menschen, die die Erfahrung schlechten Services gemacht haben, können davon überzeugt werden, künftig nicht dasselbe zu erwarten.

Kundenerwartungen setzen sich aus vielen, nicht kontrollierbaren Faktoren zusammen: aus Erfahrungen mit anderen Unternehmen und deren Werbung bis hin zur psychologischen Verfassung des Empfängers zum Zeitpunkt der Bedienung. Strikt gesagt: Was Kunden erwarten, ist ebenso unterschiedlich wie ihre Erziehung, ihre Wertvorstellungen und ihre Kenntnisse. Dieselbe Werbung, die dem einen „persönlichen Service" glaubhaft verheißt, sagt einem anderen nur, daß da einer wohl mehr verspricht, als er halten kann.

Dennoch - eine geradlinige Taktik trägt dazu bei, die Erwartungen mit der Servicestrategie in Einklang zu bringen. Grundsätzlich ist die Aufgabe vergleichbar mit der Positionierung eines Unternehmens oder Produkts am Markt. Positionieren des Service geht von vier Gegebenheiten aus: den angezielten Kundengruppen, deren Erwartungen, der Strategie zum Übertreffen dieser Erwartungen und den Positionen der Mitbewerber (das meint die Images, die diese sich für ihre Betriebe in den Augen der Kunden geschaffen haben.)

Eine erfolgreiche Serviceposition erfüllt zwei Kriterien: Sie hebt ein Unternehmen eindeutig von der Konkurrenz ab, und sie bringt die Kunden dazu, etwas weniger an Service zu erwarten, als das Unternehmen leisten kann. So verfuhr Avis vor Jahren, indem der Autovermieter sich selbst auf Rang zwei einstufte und verkündete, sich viel Mühe geben zu müssen. Und nichts anderes tut Avis heute noch: Das Unternehmen tritt als ein Anbieter auf, der sich deshalb stärker anstrengen müsse, weil er seinen Angestellten gehöre. Gleiches machte Maytag, indem es seine Waschmaschinen als so zuverlässig darstellt, daß sich der Mann vom Maytag-Kundendienst zu Tode langweilt.

Als Kommunikationsinstrumente zum Positionieren von Kundendienstaktivitäten kommen die gleichen in Betracht, die jeder Marktanbieter einsetzt: Werbung, Public Relations und alles, was von Einfluß ist auf die überaus wichtige Mund-zu-Mund Propaganda. Aber Servicebotschaften unterscheiden sich von den meisten Formen der Marketingkommunikation. Services sind immateriell, also muß die Werbung besonders dafür sorgen, sie in einer Weise zu dramatisieren, die ihre Vorzüge klar und handfest erscheinen lassen. Alle Formen der Kommunikation sollten sich direkt auf die Zielgruppe richten, wiewohl deren Erwartungen an den Service auch stark von sonstigen Gruppen abhängen, die diese Werbung erreicht. Das Erreichen der falschen Adressaten kann sich katastrophal auswirken: Eine Geschäftsfrau, die in einem preiswerten Motel übernachten möchte, ändert ihre Erwartungen radikal, wenn sie im Foyer einen schlafenden Trunkenbold entdeckt.

Das Positionieren von Kundendiensten unterscheidet sich noch auf andere Weise vom üblichen Positionieren. So reagieren Kunden etwa höchst empfindlich auf äußerliche Servicemerkmale wie die Beschaffenheit von Uniformen, Reparaturfahrzeugen, Broschüren oder Hotelhallen.

Häufig können sie nicht einmal sagen, ob überhaupt eine Kundenleistung fällig war, es sei denn, sie sehen einen zusätzlichen Beweis dafür, etwa den sorgfältig ausgefüllten Arbeitszettel eines Automechanikers oder den Streifen Papier, der im Hotel demonstrativ auf der WC-Brille liegt, um anzuzeigen, daß die Toilette tatsächlich gereinigt wurde. Kundenerwartungen an den Service steigen und sinken beträchtlich allein aufgrund solch scheinbar nebensächlicher Fingerzeige.

Der Kern erfolgreicher Positionierung eines Kundendienstes besteht nicht darin, Erwartungshaltungen zu kreieren, denen der Service Ihres Unternehmens anschließend nicht gerecht werden kann. Darin muß sich das ganze Unternehmen einig sein. Network Equipment Technology zum Beispiel zieht Verkäufer zur Rechenschaft, die zuviel versprechen, denn man hat erkannt, daß es auf eine permanente Herausforderung hinausläuft, die Erwartungen exakt auf dem richtigen Niveau zu halten - just gerade unterhalb dem jener Leistung, die für den Kunden erbracht und die von diesem als richtig empfunden wird.

5. Drei nötige Maßnahmen

Große Serviceanbieter informieren die Kunden darüber, was sie erwarten dürfen und übertreffen dann ihr Versprechen. Nicht alle Kunden wünschen oder verdienen ein hohes Serviceniveau. Aber alle haben Anspruch auf das, was ihnen - ausdrücklich oder implizit - zugesagt wurde. Die Strategie großer Anbieter hat einen gemeinsamen Nenner, fast jedes dieser Unternehmen unternahm die gleichen drei Schritte:

- *Erstens* segmentierten sie den Markt mit Sorgfalt und entwickelten Kernprodukte und Fernserviceleistungen, um die Bedürfnisse ihres Kundenstammes zu befriedigen. Vor allem begriffen sie, daß nicht alle Kunden, die das gleiche Produkt oder die gleiche Dienstleistung kaufen, auch die gleichen Bedürfnisse bezüglich des Kundenservice besitzen.

- *Zweitens* erkannten sie, daß nur der Kunde beziehungsweise die Kundin selber weiß, was er/sie möchte. Deshalb untersuchten sie die Bedürfnisse ihrer Stammkunden eingehend - sowohl mit Hilfe förmlicher Analysen als auch durch aufmerksames Zuhören, wenn Kunden sich äußern.

- *Drittens* setzten sie die Kundenerwartungen behutsam auf das richtige Maß an. Sie versprachen weniger und lieferten mehr. Für guten Service zu sorgen, ist eine gewaltige Herausforderung. Es gibt viele Gründe, warum Unternehmen und ganze Branchen bei ihren Bemühungen scheitern - selbst dann noch, wenn sie über eine perfekte Strategie verfügen. Ohne eine gerichtete Servicestrategie allerdings ist es unmöglich, der Herausforderung gerecht zu werden.

Bernd Günter

Beschwerdemanagement

In zunehmendem Maße transportieren Medien in Deutschland Kundenbeschwerden, die gegenüber den „Verursacher-Unternehmen" nicht oder nicht erfolgreich vorgebracht wurden. Damit werden Vorgänge in die Öffentlichkeit getragen, die Defizite in Kundenorientierung und Beschwerdebehandlung zeigen. Daß dabei Geschäftsbeziehungen in Krisen geraten und Käufer dem „Erheben ihrer Stimme" die Abwanderung zum Wettbewerber (vgl. Hirschman 1974) folgen lassen, ist die eine Seite der Medaille. Die andere ist das Versagen des angeblich kundenorientierten Anbieters, das Scheitern seiner Marketing-Konzeption. Schlußfolgerung müßte präventives Total Quality Management sein und - wenn schon Unzufriedenheit und Beschwerdegründe nicht ganz vermeidbar sind - ein im Marketing-Denken verankertes, systematisches und aktives Beschwerdemanagement.

1. Beschwerdemanagement im System modernen Marketing-Denkens

Marketing wird heute nachfrage- und konkurrenzorientiert als Management des komparativen Konkurrenzvorteils (KKV) verstanden (vgl. Backhaus 1992). Marketing-Konzeptionen und Marketing-Denken richten sich letztlich auf die Existenzsicherung durch Stabilisierung von Marktanteilen und Geschäftsbeziehungen. Abbildung 1 zeigt schematisch, wie die Kernelemente des Marketing-Denkens auf dieses Ziel gerichtet sind. Erreicht werden kann die genannte langfristige Zielsetzung nur durch Kundenbindung. Voraussetzung hierfür ist die Erzeugung von Kundenzufriedenheit durch Erwerb, Ausbau und Weiterentwicklung von KKV-Positionen. Zentrales Vehikel zur Erzielung von Wettbewerbsvorteilen wiederum ist die in jüngerer Zeit vielbeschworene Markt- und Kundenorientierung (vgl. für viele andere Homburg 1995, Kohli/Jaworski 1990, Ruekert 1992, Shapiro 1988,).

Innerhalb dieses Systems setzt Beschwerdemanagement unmittelbar am Konstrukt Kundenzufriedenheit an und ist damit weitestgehend Element des After-sales-Marketing (vgl. Hansen/Jeschke 1992, die von Nachkaufmarketing sprechen). Allgemein geht es im Beschwerdemanagement um die Handhabung von Nachfragerreaktionen auf Anbieteraktionen, soweit in diesen Nachfrageraktivitäten Unzufriedenheit mit dem Anbieter artikuliert wird. In einer besonders engen Sicht des Beschwerdemanagements sind nur die gegenüber dem betroffenen Anbieter artikulierten Beschwerden Inhalt, evtl. sogar noch beschränkt auf Produktreklamationen. Dieser engen Fassung schließen wir uns nicht an, werden aber auf der anderen Seite das Beschwerdemanagement nicht so weit fassen, daß unter diesen Begriff auch der gesamte Bereich präventiver Maßnahmen zur Erzeugung von Kundenzufriedenheit subsumiert wird; im weiter unten dargestellten Beschwerdemanagement-System wird lediglich in einem Baustein auf Qualitätsmaßnahmen als Vorbedingung für die (Wieder)Erreichung von Kundenzufriedenheit verwiesen.

Abbildung 1: Grundgedanken des Marketing

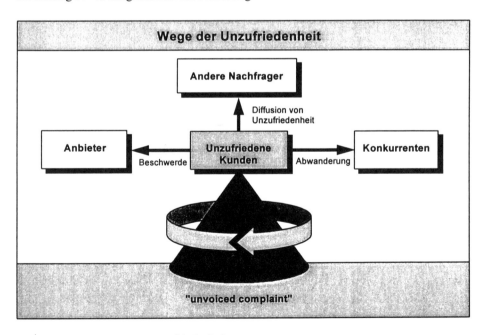

Abbildung 2: Wege der Unzufriedenheit

Es geht also beim Beschwerdemanagement unter Marketing-Aspekten um die anbieterseitige Handhabung von geäußerter oder nicht artikulierter Kundenunzufriedenheit. Abbildung 2 zeigt überblicksartig die Wege der Unzufriedenheit(-sinformation), wobei zusätzlich die Verbreitung von Unzufriedenheit als zumeist additiv hinzutretender Weg berücksichtigt ist (Diffusion von Unzufriedenheit, vgl. z.B. Richins 1983).

2. Kundenzufriedenheitsinformationen als Voraussetzungen für das Beschwerdemanagement

Die Behandlung von Reaktionen unzufriedener Kunden durch einen Anbieter kann entweder passiv-reaktiv und dann eher unsystematisch erfolgen oder aktiv auf der Basis eines geplant gestalteten Beschwerdebehandlungssystems. Ziel dürfte in beiden Fällen die Herstellung bzw. Wiederherstellung von Kundenzufriedenheit sein („Total Customer Satisfaction"). Voraussetzung ist in beiden Fällen die Kenntnis des Zufriedenheitsgrades eines einzelnen Kunden bzw. ganzer Kundengruppen und Marktsegmente.

Die derzeit überaus aktuelle Ermittlung und Messung von Kundenzufriedenheit (vgl. etwa Stauss/Hentschel 1992b, Kokta 1993) kann drei durchaus unterschiedliche Zielsetzungen verfolgen, von denen die Auswahl des Meßinstrumentariums sowie auch Implikationen, die aus den Meßergebnissen abgeleitet werden, abhängen (vgl. Abbildung 3).

Zielsetzungen von Kundenzufriedenheitsstudien

1. Behebung von Einzelfällen ("Reparaturfunktion")

2. Ermittlung von Verbesserungspotentialen ("Lernfunktion")

3. Kennzahlen für das Human Resource Management ("Anreizfunktion")

Abbildung 3: Zielsetzungen von Kundenzufriedenheitsstudien

Die unmittelbare Behebung des Kundenproblems („Reparaturfunktion") steht zumeist im Vordergrund, insbesondere im rein reaktiven Beschwerdemanagement. Bei stärker aktiver Orientierung wird daneben das längerfristige Ziel der Verbesserung der Anbieterleistungen und der Leistungsträger („Lernfunktion") wichtig. Schließlich tritt in jüngster Zeit ein controllingorientierter Gedanke hinzu, die Findung von Meßlatten für die Vertriebssteuerung und für das Personalmanagement („Human Ressource Management-Funktion"). Dabei sollen Kundenzufriedenheitsindikatoren als Maßstab für kundenorientiertes Verhalten und als Meßlatte des Marketing-Controllings dienen.

Die Information über Kundenzufriedenheit wirkt auf verschiedene Weise auf den Prozeß des Beschwerdemanagements ein. Eine direkt oder indirekt über Absatzmittler bzw. Außendienstmitarbeiter erfolgende Unzufriedenheitsartikulation von Abnehmern ist Auslöser der Beschwerdebehandlung. Systematisches Beschwerdemanagement kann nur dann betrieben werden, wenn die Informationskanäle offen sind, die „Feedback-Pipeline" also nicht verstopft ist. Zudem besteht in derartigen Fällen „mehrstufigen Zufriedenheits-Feedbacks" stets die Gefahr der Filterung und Verzerrung (vgl. Günter/Platzek 1994).

Da die Beschwerderate - gemessen als Zahl der Beschwerdeführer im Verhältnis zur Zahl der unzufriedenen Kunden, die Grund zur Beschwerde haben bzw. wahrnehmen - empirisch nie 100% beträgt, im Gegenteil oft sogar erstaunlich niedrig ist, reicht die Information durch tatsächlich vorgebrachte Beschwerden (Beschwerdeerfassung) allein nicht aus. Vielmehr muß mit unterschiedlich hohen Anteilen von „Unvoiced Complaints" (vgl. Gierl/Sipple 1993) gerechnet werden. Eine auch darauf gerichtete, umfassende Zufriedenheitsinformation ist folglich nur durch Zufriedenheitsanalysen, insbesondere Kundenbefragungen, zu erhalten.

In jüngster Zeit sind die Operationalisierungsprobleme des Konstruktes Kundenzufriedenheit und damit die praktischen Fragen der Zufriedenheitsmessung intensiv diskutiert worden. Dabei waren Verfahren der Einstellungsforschung und der Bestimmung der Dienstleistungsqualität hilfreich. Für Fragen des Beschwerdemanagements kann aus der Diskussion um die Messung folgendes vorläufiges Fazit gezogen werden. Merkmalsorientierte Verfahren (attributorientierte Messungen) geben nur dann Hinweise auf Ansatzpunkte für das Beschwerdemanagement, wenn die für die multikriterielle Bewertung herangezogenen Attribute gleichzeitig als Beschwerdeursachen identifiziert und interpretiert werden können. Den zweiten Typ von Meßverfahren stellen ereignisorientierte Verfahren dar, insbesondere die „Critical Incident Technique" (vgl. Stauss/Hentschel 1992b). Hier wird explizit auf Unzufriedenheitsursachen Bezug genommen, so daß diese Analyseverfahren direkte Hinweise auf Handlungsbedarf im Beschwerdemanagement geben.

Generell gilt, daß nur ein möglichst unverzerrter Informationsfluß über Kundenzufriedenheit das erforderliche Feedback aus dem Markt zurück ins Anbieterunternehmen gewährleistet, das einen systematischen Beschwerdemanagementprozeß in Gang setzen kann.

3. Entscheidungsfelder im Beschwerdemanagement

Beschwerdemanagement als System von Handlungsanweisungen und deren Implementierung verfolgt zwei Ziele, die mit den Zielsetzungen (1) und (2) in Abbildung 3 korrespondieren. Die Übersicht in Abbildung 4 zeigt, daß ein kundenorientiertes Vorgehen zwei Motive verfolgt. Eine erste Zielsetzung besteht darin, über die Wiederherstellung von Kundenzufriedenheit durch „Ausbessern" der Versäumnisse (Beschwerdursachen) zu erhöhter Kundenbindung zu gelangen. Das zweite Motiv ist das Bestreben, über die Auswertung von Leistungsdefiziten Ansatzpunkte für Innovationen, Weiterentwicklungen und damit Marktchancen zu gewinnen. Diesen Zielsetzungen - vor allem der letztgenannten - dient ein systematisches aktives Beschwerdemanagement mit organisationalen „Spielregeln" eher als ein zufälliges, rein reaktives Verhalten.

In vielen Unternehmen sehen sich unzufriedene Kunden eher reaktivem und unsystematischem Handeln gegenüber. So decken empirische Befunde immer wieder typische Defizite auf. Kunden haben für Beschwerden keine Ansprechpartner, schätzen den Erfolg einer Beschwerde zu gering ein, werden im Beschwerdefall abgewimmelt oder von Stelle zu Stelle verwiesen, von Abteilung zu Abteilung „weitergereicht". Ein typisches Anbieterverhalten, gerade im Konsumgüterhandel und in ähnlichen Dienstleistungsbereichen, besteht darin, dem reklamierenden Kunden nachzuweisen, daß er den aufgetretenen Fehler selbst verursacht habe. Häufig mangelt es an klaren Verhaltensrichtlinien für Personal im Kundenkontakt, auch an Kompetenz zu schneller, kundennaher Problemlösung. Dieser Ausschnitt aus realen Problemfeldern, deren mangelhafte Lösung jedes Abwanderungspotential erhöht und die Diffusion von Unzufriedenheit verstärkt, weist auf wesentliche Defizite im praktischen Zufriedenheitsmanagement hin. Die hier manifest werdenden Entscheidungs- und Handlungsfelder des Beschwerdemanagements faßt Abbildung 5 zusammen.

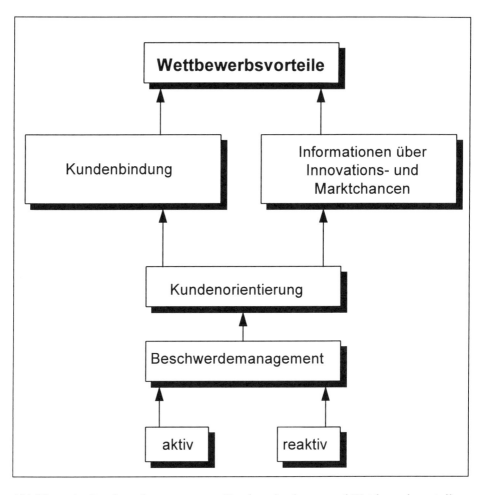

Abbildung 4: Beschwerdemanagement, Kundenorientierung und Wettbewerbsvorteile

Entscheidungsfelder im Beschwerdemanagement

1) Kundenanalyse, Zufriedenheitsanalyse und -messung, Analyse des Beschwerdeverhaltens (Prozeßflußanalyse)

2) Feedback-Kanäle/Rückkopplung vom Kunden:
   a) Durchlässigkeit für Zufriedenheitsinformationen
   b) Analyse von Verzerrungen, Filterung und Versickereffekten

3) Analyse der Beschwerdeentstehung, -ursachen

4) Erarbeitung von Verhaltensregeln ("Spielregeln") für die Beschwerdebehandlung

5) Zentrale oder dezentrale Beschwerdebehandlung

6) Kommunikation mit dem Beschwerdeführer

7) Empowerment

8) Kontrolle der Beschwerdezufriedenheit

9) Lernsystem (Aufbereitung und Weiterentwicklung)

10) Kosten-Nutzen-Analyse des Beschwerdemanagement

11) Personalpolitische Maßnahmen

Abbildung 5: Entscheidungsfelder im Beschwerdemanagement

4. Präventiver und informationsbezogener Handlungsbedarf

Ein erster Handlungsbereich, der Grundlage für aktives Beschwerdemanagement ist, besteht in den Aufgaben, Unzufriedenheit von Kunden möglichst nicht erst entstehen zu lassen: Wenn sie aber auftritt, sind frühzeitig Informationen über Zufriedenheitsgrad bzw. Ursachen von Unzufriedenheit zu erfassen. Präventives Beschwerdemanagement („Beschwerdeprophylaxe") greift zurück auf den Grundgedanken und die Methoden des Total Quality Management (vgl. Engelhardt/Schütz 1991, Stauss 1994b). Kundenanalyse und eine sorgfältige Anforderungsspezifizierung im Pre-sales-Marketing sowie Qualitätsorientierung in den Prozessen der Leistungserstellung tragen dazu bei, Unzufriedenheit von Abnehmern nicht erst entstehen zu lassen. Dabei ist zu berücksichtigen, daß die Gestaltung aller Parameter, auf die sich Kundenunzufriedenheit richten kann (Produkt, Leistungserstellungsprozeß und Personen), präventiven Maßnahmen unterliegen muß.

Unter Informationsaspekten geht es in erster Linie darum, mögliche Unzufriedenheit aufzudecken. Grundlage für die Beschwerdebehandlung ist entweder die reaktive Aufnahme von Kundenanfragen und -beschwerden (Beschwerdeerfassung) oder die aktive Abfrage von Zufriedenheitsinformationen. In aller Regel wird die erste Vorgehensweise - die allerdings unabdingbar ist - nur begrenzte Daten liefern. Ein vollständigerer Überblick wird erst durch regelmäßige Untersuchungen, durch Außendienst-, Kundendienst- und Händlerinformationen sowie durch besondere Maßnahmen des Kundenkontaktes erzielt, etwa Customer Call-Einrichtungen, User Groups oder Customer Care-Funktionen. Zielsetzung ist es, die Feedback-Kanäle zu öffnen und dabei Informationsverlust wie Versickern oder interessenbedingte Verzerrungen zu reduzieren.

5. Unmittelbar kundenbezogener Aktionsbedarf

Einzelfallbezogenes und einzelkundenbezogenes Beschwerdemanagement betrifft die „Reparaturfunktion". Bei einer Philosophie der Kundenorientierung wird die Zielsetzung verfolgt, zumindest „im zweiten Anlauf" Kundenzufriedenheit herzustellen. Grundlage dafür ist die Zufriedenheitsinformation durch artikulierte Kundenbeschwerde oder das anbieterseitige Aufdecken von „Unvoiced Complaints", in Einzelfällen auch das Sammeln von indirekter Information über Empfänger der von unzufriedenen Kunden verbreiteten Zufriedenheitsinformationen, zu erhalten. Daneben müssen Beschwerdeursachen identifiziert werden und ggf. Beschwerdewege verfolgt werden. In Studien, wie sie der Verfasser in Unternehmen der Investitionsgüterbranche angestellt hat, konnte festgestellt werden, daß in manchen Unternehmen feste Verfahrensregeln für die Beschwerdeführung bestehen. So trifft man auf Firmen, in denen Maschinen- und

Geräteverwender sich nicht unmittelbar beim Lieferanten beschweren dürfen bzw. sollen. Vielmehr läuft der formal festgelegte Beschwerdeweg zumeist über Einkaufs-/Beschaffungsfunktionen. In Einzelfällen konnte ermittelt werden, daß damit Filter entstehen und z.B. wegen begrenzter technischer Kenntnis ein Teil der Unzufriedenheit nicht weitergegeben wird (vgl. Günter/Platzek 1992 und 1994).

Die meisten Fälle von Kundenunzufriedenheit erfordern eine für die Anbieter-Dienstleistung „Beschwerderegelung" typische Mitwirkung des Kunden (sog. „Integrativität" der Dienstleistung, vgl. Engelhardt/Kleinaltenkamp/Reckenfelderbäumer 1993). Sowohl die Information über den Zufriedenheitsgrad als auch die „Reparatur" des angerichteten Schadens machen ein Eingreifen des Kunden in den Leistungsprozeß des Anbieters nötig. Von der Einstellung des Kunden zum Anbieter wird es abhängen, ob er hierzu bereit ist, ob er mit latenter Unzufriedenheit („Unvoiced Complaints") oder gar mit Abwanderung reagiert.

Eine oft wenig beachtete kundenbezogene Funktion des Beschwerdemanagement ist die Erfassung der Beschwerdezufriedenheit. Dabei geht es darum zu prüfen, ob der unzufriedene Kunde mit der Beschwerdebehandlung als solcher zufrieden ist und sich sein Zufriedenheitsgrad nach der Beschwerdebehandlung erhöht hat oder nicht. Der übliche Weg zur Ermittlung der Beschwerdezufriedenheit besteht in telefonischen „Nachfaßaktionen".

6. Organisationsbezogener Lern- und Schulungsbedarf

Die zweite bedeutsame Funktion des Beschwerdemanagements besteht darin, aus Informationen über Unzufriedenheit ein Maximum an Anregungen für Verbesserungen und Weiterentwicklungen zu extrahieren. Dazu müssen Beschwerden erfaßt, stimuliert und ausgewertet werden. Vor allem sind Unzufriedenheitsursachen und -objekte zu identifizieren. In weiteren Schritten erfolgt eine Implementierung der expliziten oder impliziten Verbesserungsvorschläge - durchaus im Sinne der in der Praxis verwendeten Methoden des „kontinuierlichen Verbesserungsprozesses KVP".

Ein System zur systematischen Auswertung von Beschwerden muß eine zentrale Schnittstelle mit Maßnahmen und Funktionen des Innovationsmanagements besitzen. Wegen der praktischen Implementierungsprobleme von Kundenorientierung, Beschwerdemanagement und Innovation ist auch der Bereich der „Human Resources" angesprochen. Der Umgang mit unzufriedenen Kunden stellt für Mitarbeiter wie Führungskräfte eine besondere und zumeist belastende Aufgabe dar. Hier besteht nach den Erfahrungen der Praxis ein erheblicher Schulungs- und Trainingsbedarf. Kernaufgabe ist dabei das Vermitteln und Einüben kundenorientierten Verhaltens sowie das Befolgen der aufgestellten „Spielregeln" des Beschwerdemanagements.

7. Bausteine eines Aktiven Beschwerdemanagement-Systems (ABMS)

Aus empirischen Befunden und Überlegungen zu einem effizienten Kundenmanagement lassen sich Bausteine eines Beschwerdemanagement-Systems ableiten. Dieses ist als ein proaktiven Regeln folgendes, aktiv zu handhabendes System konzipiert - anders als die unsystematische, punktuelle und reaktive Verhaltensweise, die in vielen Unternehmen und öffentlichen Institutionen vorzufinden ist. Das ABMS besteht aus zehn Bausteinen, die in Abbildung 6 aufgelistet sind. Einige davon besitzen prophylaktischen Charakter (Bausteine 1 und 2, partiell aber auch die Bausteine 6 und 8), teilweise handelt es sich um Module für Einzelfallbehandlung und Weiterentwicklung (vgl. dazu auch Abbildung 4). Die zehn Bausteine umfassen an bestimmten im folgenden erläuterten Stellen die in Abbildung 5 bereits genannten aktuellen Entscheidungsfelder des Beschwerdemanagements.

Bausteine eines aktiven Beschwerdemanagement-Systems (ABMS)

1. Systematische Kundenanalyse
2. Vorbeugende Qualitätspolitik
3. Einrichtung eines Informationssystems
4. Einrichtung eines Handlingsystems für Beschwerden
5. Einrichtung eines Lernsystems
6. Unternehmensübergreifendes Qualitätsmanagement
7. Einsatz der Vertragspolitik als Marketing-Instrument
8. Personelle Sicherung des ABMS
9. Aufstellung von Grundsätzen und Richtlinien für das Beschwerdemanagement
10. Außendarstellung zur Erzielung von Außenwirkungen

Abbildung 6: Bausteine eines ABMS

Baustein 1 besteht in einer systematischen Analyse der Kundenanforderungen. Dafür sind strategische Zielgruppenauswahl und Buying Center-Analysen Voraussetzung. Erst wenn die entscheidungs- und damit letztlich zufriedenheitsrelevanten Anforderungen ermittelt sind, ist es möglich, am Markt kundenorientiert Leistungen anzubieten.

Baustein 2 umfaßt die in jüngerer Zeit diskutierten und angewandten Instrumente des Total Quality Management. Dabei spielen „Zero-Defect-Maßnahmen" und FMEA-Methoden (Fehler-Möglichkeits- und -einfluß-Analyse = „Failure Mode and Effects Analysis", vgl. Oess 1991) eine besondere Rolle, um späteren Beschwerden vorzubeugen. Hier sind auch umfassende, sorgfältige und aus Kundenperspektive entwickelte Verwenderinformationen und Technische Dokumentationen (Bedienungsanleitungen, Anlagen-Dokumentationen u.ä.) einzuordnen.

Externe Instrumente	Interne Instrumente
z.B.	z.B.
- Einzelstudien (Zufriedenheitsmessung)	- Computergestütztes Beschwerden- und Anfragensystem
- Intensivierung der Kundenbesuche	- Berichtssystem
- Garantien	- internes Vorschlagswesen
- Hotline	- Prämienanreize
- Ansprechpartner	- interne Customer Care-Funktion
- Hausmessen	- Einrichtung von Customer Satisfaction Teams
- Schulung von Kunden	- Schulung von Mitarbeitern
- Dokumentation Kundenzufriedenheit	- Dokumentation Kundenzufriedenheit
- externe Customer Care-Funktion (Kundenombudsmann)	

Abbildung 7: Instrumente zur Feedback-Intensivierung

Baustein 3 enthält nach traditionellem Verständnis die Beschwerdeerfassung, nach umfassenderem Verständnis das gesamte Feedback über Kunden(un)zufriedenheit. Hier gilt es, die Informationskanäle zu öffnen und durch Anreizmechanismen offenzuhalten für möglichst unverzerrte Informationen. Abbildung 7 zeigt mögliche Maßnahmen zur Verstärkung der Rückkopplung vom Markt. Sie betreffen einerseits die Öffnung der Informationskanäle für Einzelfallbeschwerden. Dabei ist nach empirischen Befunden von besonderer Bedeutung, daß dem unzufriedenen Kunden ein Ansprechpartner bekannt ist und daß möglichst ständige Erreichbarkeit gewährleistet ist (vgl. die „Responsiveness" im Qualitätsbeurteilungsmodell von Parasuraman/Berry/Zeithaml 1985). Zum anderen geht es um permanente Information über Unzufriedenheit, die sich nicht fallbezogen in offenen Reklamationen äußert, also um die Ermittlung der „Unvoiced Complaints". Deren Erfassung ist praktisch ausschließlich über mündliche Interviews mit Kunden möglich.

Die Einrichtung eines Response- und Handling-Verfahrens für aktuell einlaufende Anfragen und Beschwerden ist der im Sinne einer „Reparaturfunktion" zentrale Baustein 4. Entscheidend für ein systematisches kundenorientiertes Beschwerdemanagement sind dabei folgende Aspekte: die insbesondere für den Kunden unkomplizierte Aufnahme der Beschwerde, eine klare Systematisierung des Beschwerdeinhalts sowie eine transparente Spielregel für die weitere Bearbeitung bis zur Behebung der Beschwerdeursache. Dazu dienen z.B. Diagnosesysteme und organisatorisch überschneidungsfreie Aufgabenzuweisungen. Daneben erwarten Kunden eine Information über den weiteren Ablauf der Beschwerdebehandlung und ggf. weitere Ansprechpartner sowie Zwischenbescheide über den Stand der Beschwerdebearbeitung, vor allem im Falle von Produktreklamationen. Im Sinne einer möglichst schnellen Bearbeitung werden heute zunehmend Hotlines und 24 Stunden Services eingerichtet. Ziel mancher Unternehmen ist die systematische, meist stufenweise Reduzierung der Response-Zeit. Derartige zeitbezogene Kennzahlen für die Bearbeitung von Anfragen und Beschwerden dienen dem Marketing-Controlling. Zur Vermeidung von Verzögerungen werden Eskalationsregelungen installiert, z.T. mit einer computergestützten „Automatik" versehen. Dabei werden nach Überschreiten einer Bearbeitungsfrist auf einer bestimmten Unternehmensebene über Meldungen an die nächsthöhere Hierarchieebene Kontroll- und Beschleunigungsmechanismen inganggesetzt. Die Häufigkeit der Inanspruchnahme solcher Eskalationsschritte kann ebenfalls als Kennzahl im Sinne des Controlling von Kundenorientierung dienen.

Der *5. Baustein* kann als Lernsystem bezeichnet werden. Dabei geht es darum, für das gesamte Unternehmen Beschwerden auszuwerten, um durch Weiterentwicklungen Marktchancen wahrzunehmen und Innovationen zu generieren. Nachdem in verschiedenen Branchen mehr als die Hälfte der Innovationen abnehmerinduziert sind (vgl. von Hippel 1988), stellt die Auswertung von Beschwerden ein zentrales Instrument zur Findung markt- und kundenorientierter Neuproduktideen und Produktvariationen dar. Die Auswertung muß so gestaltet sein, daß alle Funktionsbereiche im Unternehmen, insbesondere Vertrieb, Service, Entwicklung/Konstruktion u.a., ihre Planungen überprüfen und ggf. modifizieren können. Dabei entstehen alle Probleme des Schnittstellenmanagements, wie sie im internen Marketing auftreten (vgl. Stauss/Schulze 1990, Hilker 1993). In Fällen, in denen der Servicebereich als selbständiges Profit Center organisiert ist und dieser Hauptanlaufstelle für Beschwerden und Anregungen ist, muß der Informationsdurchfluß z.B. in den Vertrieb und in die Konstruktionsabteilung gewährleistet werden.

Die „Reparaturfunktion" des Beschwerdemanagements erfordert eher dezentrale Erfassung und Bearbeitung, wenn das Ziel der Kundenorientierung konsequent verfolgt wird. Die „Lernfunktion" hingegen ist nur effizient zu realisieren, wenn die kundeninduzierten Verbesserungsideen - trotz zumeist dezentraler Erfassung - zentral ausgewertet und weiterverfolgt werden. Damit sind zugleich wesentliche Entscheidungskriterien formuliert für die Frage, ob es effizient ist, eine zentrale Beschwerdestelle oder -funktion im Unternehmen zu installieren. Gefahren einer zu starken Zentralisierung der Beschwerdebehandlung sind einerseits in verringerter Kundennähe, Flexibilität und Schnelligkeit zu sehen, andererseits sollte keinem Mitarbeiter die Möglichkeit gegeben werden, Defizite in kundenorientiertem Verhalten durch den Hinweise auf eine zuständige Anlaufstelle (Beschwerdestelle) zu entschuldigen.

Baustein 6 weist darauf hin, daß ein unternehmensübergreifendes Qualitätsmanagement erforderlich ist. Das bedeutet, daß Lieferanten(stufen) wie auch Absatzmittler und Abnehmerstufen wie etwa Weiterverarbeiter in das Zufriedenheitsfeedback und in die Beschwerderegelungen einbezogen werden müssen. In ähnlicher Weise muß das Beschwerdemanagement Kooperationspartner (Komplementär-Lieferanten, Prüf- und Zertifizierungsinstitutionen und Medien) berücksichtigen oder sogar einbeziehen.

Ein *7. Baustein* betrifft den Einsatz der Vertragspolitik (Kontrahierungspolitik) als Marketing-Instrument. Über die Abgabe von Garantien soll Vertrauen erzeugt, Zufriedenheit erhöht und im Falle von Beschwerden deren Artikulation gegenüber dem Lieferanten angeregt werden (siehe auch Abschnitt 8). Dabei werden gleichzeitig „Spielregeln" für die Kundenbehandlung festgelegt, auf die sich der Anbieter und ggf. seine Partner verpflichten; es geht also um die Erzeugung von „Commitment" und um die Transparenz der Ansprüche von Beschwerdeführern. Dabei wird üblicherweise in Kauf genommen, daß eine detaillierte Veröffentlichung der Beschwerdebedingungen und daraus ableitbarer Ansprüche einen Anreiz zur Beschwerdeartikulation darstellt, ggf. auch zum Mißbrauch, wie es gelegentlich im Touristiksektor vorkommt.

Baustein 8 betrifft personalpolitische Maßnahmen im Zuge des Beschwerdemanagements. Mit den Instrumenten des „internen personalorientierten Marketing" (vgl. Stauss/Schulze 1990, Stauss 1992) sind Anreizsysteme zu schaffen, die anstelle der oft lästigen passiven Entgegennahme von Beschwerden aktive Maßnahmen der Kundenorientierung fördern. In den meisten Unternehmen sind Verhaltensänderungen der Mitarbeiter und Führungskräfte einzuleiten, insbesondere bei Personal, das an Punkten des Kundenkontaktes tätig ist. Es geht also um Aus- und Weiterbildung im Hinblick auf Kundenorientierung und den Umgang mit unzufriedenen Kunden. Schließlich sind

Maßnahmen des „Empowerment" erforderlich. Voraussetzung hierfür ist die Erhöhung der fachlichen Qualifikation. Das „Empowerment" selbst besteht in der Zuweisung größerer Handlungsspielräume, um kundennahes Handeln und schnelle Reaktionen zu ermöglichen. Dabei ist auch der Verfügungsspielraum über Ressourcen einschließlich Finanzmittel zu erhöhen. Ein Mißbrauch solcher Handlungsspielräume durch Mitarbeiter ist nach punktuell vorliegenden empirischen Erfahrungen nicht zu erwarten.

Baustein 9 umfaßt die Aufstellung von Grundsätzen und Richtlinien für das Beschwerdemanagement sowie das Controlling im Sinne einer planmäßigen Kosten-Nutzen-Analyse. Die Planung eines Beschwerdemanagement-Systems wird zweckmäßigerweise damit abgeschlossen, daß die aufgestellten Regelungen in eine feste, transparente Form „gegossen" werden, die möglichst mit Zielformulierungen und „Meßlatten" verbunden wird. Die „Spielregeln" erhalten für Führungskräfte und Mitarbeiter den erforderlichen Grad an Verbindlichkeit; für das Controlling werden operationale Maßstäbe erreicht und eine Kosten-Nutzen-Analyse ermöglicht (vgl. Hoffmann 1990).

Die Wirtschaftlichkeitsanalyse für ein aktives Beschwerdemanagement-System stößt auf die typische Asymmetrie der Rechnung, wie dies auch von anderen betrieblichen Entscheidungen und Systemen bekannt ist, die als Investitionen interpretiert werden können. Aktivitäten des Beschwerdemanagements, verstanden als Investition in Geschäftsbeziehungen (vgl. Plinke 1991), lassen sich auf der Auszahlungsseite weitestgehend quantitativ erfassen. Die Einzahlungsseite müßte Aussagen über zukünftige Erlöspotentiale aufgrund der erhöhten Beschwerdezufriedenheit machen, was nur unter engen Bedingungen gelingt. Einzelbeispiele und Argumentenbilanzen zeigen, daß konzentrierte Beschwerdemanagement-Systeme überwiegend positive Nettoeffekte auf Kundenstamm und die Entwicklung von Geschäftsbeziehungen haben (vgl. Goodman/Malech/Marra 1987, Hoffmann 1990).

Schließlich kann *Baustein 10* zur Verbesserung des Firmenimages eingesetzt werden. Existenz und Funktionsweise von Beschwerdemanagement-Systemen dürften geeignet sein, präventiv wie auch angesichts manifester Kundenunzufriedenheit das Erscheinungsbild des Unternehmens zu verbessern und Vertrauen zu schaffen bzw. zu erhöhen. Dazu sind Außendarstellungen wie z.B. die Publizierung der Rank-Xerox-Kundenzufriedenheitsgarantie, die L.L.Bean 100%-Guarantee oder die Darstellung von Ergebnissen des Deutschen Kundenbarometers in der Werbung geeignet. Gleiches gilt für Dokumentationen über erhaltene Qualitätsauszeichnungen (z.B. Malcolm Baldrige Award, European Quality Award (EQA) der European Foundation of Quality Management).

8. Informationsökonomische Aspekte des Beschwerdemanagements

Der zuletzt behandelte Baustein 10 des ABMS, aber auch vorgenannte Elemente wie etwa Baustein 7 (vertragliche Garantien) können eine informationsökonomische Interpretation der Unzufriedenheits- und Beschwerdesituation in Geschäftsbeziehungen stützen. Der typische Fall der Unzufriedenheit von Kunden enthält eine asymmetrische Informationssituation. In der ersten Phase bestehen Informationsdefizite der Leistungsträger auf Anbieterseite, die durch verschiedene Maßnahmen beseitigt werden können (vgl. Abschnitt 2). In der zweiten Phase geht es dem Anbieter darum zu verdeutlichen, daß er in der Lage ist, Kundenzufriedenheit wiederherzustellen. Dies kann über verschiedene Transaktionsdesigns erfolgen. Es bieten sich zunächst durchaus Signaling-Strategien an, also die Abgabe von Informationen über Leistung und Beschwerdebehandlung. Bei Vertrauensgütern wären - entsprechend derzeit vorliegenden theoretischen Vorschlägen - Reputationsmaßnahmen angezeigt. Ein Beschwerdefall läßt sich aber typischerweise eher in die Kategorie einer Transaktion mit „Erfahrungseigenschaften" einstufen, was im übrigen darauf verweist, daß das Auftreten von Such-, Erfahrungs- und Vertrauenseigenschaften von Transaktionsobjckten im einzelnen Kaufprozeß von der Vorkaufphase bis zur Nachkaufphase variieren kann. In der Situation asymmetrischer Information bei Beschwerden erscheinen vor allem Maßnahmen der Vertrags- und Garantiepolitik als zweckmäßige Transaktionsdesigns. Unter informationsökonomischen Gesichtspunkten kommen damit in erster Linie rechtlich bindende Garantien wie auch Selbstbindungen im psychologischen Sinne („Commitment") als Handlungsmuster innerhalb der Beschwerdemanagement-Aktivitäten in Frage, um letztlich Beschwerdezufriedenheit herzustellen.

Edward McQuarrie

Der Beitrag von Kundenbesuchen zur Kundenzufriedenheit

1. Einleitung

In den letzten Jahren haben viele Unternehmen in Nordamerika damit begonnen, die Kundenzufriedenheit in regelmäßigen Abständen zu messen. Diese Messung wird typischerweise mit Hilfe eines Fragebogens durchgeführt, der an eine repräsentative Stichprobe ausgegeben wird. Die Fragen eines solchen Fragebogens liefern Antworten, die in eine numerische Skala übertragen werden können. Ist der Umfang der Stichprobe groß genug und wurde ihre Zusammenstellung sorgfältig genug durchgeführt, so können Veränderungen der Bewertung über einen gewissen Zeitraum hinweg als Anzeichen dafür gesehen werden, daß die Kundenzufriedenheit steigt oder sinkt. Da der Fragebogen eine ganze Anzahl von Fragen enthält, die die Leistungen des Unternehmens in speziellen Gebieten betreffen (vgl. den Beitrag von Homburg/Rudolph/Werner in diesem Band), können die Resultate dazu benutzt werden, Probleme aufzuzeigen, die beachtet und korrigiert werden müssen. Viele Firmen - nicht alle - beauftragen ein externes Marktforschungsinstitut mit der Durchführung der Befragung. Obwohl es kleine Unterschiede in der Gestaltung der Fragebögen und der Durchführung der Marktuntersuchung bei den einzelnen Marktforschungsunternehmen gibt, ähneln sich die meisten Methoden in ihren Grundprinzipien (vgl. Dutka 1993).

Dieser Beitrag befaßt sich damit, wie persönliche Besuche bei Kunden dazu genutzt werden können, die Messung von Kundenzufriedenheit zu unterstützen und zu verbessern. Der Besuch bei einem Kunden liefert eine ganz andere Art von Kundenkontakt als die oben beschriebene Befragung mittels Fragebogen und bringt sehr unterschiedliche, aber nicht weniger wertvolle Informationen hervor. Am Ende dieses Beitrags soll gezeigt werden, zu welchen allgemeineren Möglichkeiten der Verbesserung der Kundenzufriedenheit die Kundenbesuche führen können - über ihren Beitrag zur Unterstützung der Messung von Kundenzufriedenheit hinaus.

2. Das grundlegende Vorgehen bei Kundenbesuchen

Die folgenden Aktivitäten charakterisieren, wie Kundenbesuche bei führenden Unternehmen durchgeführt werden (vgl. McQuarrie 1993):

– Entscheidungsträger aus dem Unternehmen besuchen wenige ausgewählte Kunden persönlich (normalerweise 12-30). Unter einem „Entscheidungsträger" versteht man eine Person, die genug Autorität besitzt, um auf die Informationen der Kunden hin zu handeln. In nordamerikanischen Unternehmen ist dies oftmals ein Produkt- oder Projektmanager. Besteht das Ziel der Besuche darin, etwas über die Zufriedenheit der Kunden zu erfahren, sollten auch höhere Führungsebenen wie das Topmanagement eingeschlossen werden. „Aus dem Unternehmen" bedeutet, daß es sich um Mitarbeiter des eigenen Unternehmens handelt und die Kundenbesuche nicht an Marktforschungsunternehmen delegiert werden. Die eigenen Mitarbeiter sollten sowohl das Besuchskonzept erstellen als auch die Besuche durchführen und die Ergebnisse auswerten.

- Die Entscheidungsträger, die die Kundenbesuche durchführen, kommen häufig aus unterschiedlichen funktionalen Bereichen des Unternehmens, darunter Marketing, Konstruktion und Entwicklung, Produktion und Qualitätskontrolle. Ein Team von Mitarbeitern aus den verschiedensten Funktionsbereichen ist einer der Schlüssel zum Erfolg von Kundenbesuchen. Es nützt wenig, wenn nur Mitarbeiter aus dem Bereich Vertrieb die Möglichkeit bekommen, Kunden zu besuchen. Ebensowenig ist es hilfreich, wenn nur Mitarbeiter aus dem Kundendienst die Chance zur Teilnahme an Besuchsprogrammen haben. Auch wenn Marketingleute oft Besuche übernehmen, sollten sie nicht die einzigen Teilnehmer sein. Einige der größten Erfolge erzielt man durch die Teilnahme von Ingenieuren und Technikern sowie Mitarbeitern aus den Bereichen Forschung und Entwicklung oder Produktion und Produktionsplanung.

- Die Besuche werden im voraus geplant und als Programm konzipiert. Vorabplanung ist entscheidend, um die möglichen Vorteile eines funktionsbereichsübergreifenden Teams zu nutzen. Einige der Themen, die im Rahmen der Planung angesprochen werden müssen, sind der Gegenstand der Untersuchung, welchem der Besuch dienen soll, die Anzahl und Auswahl der Personen, die besucht werden sollen, die Erstellung eines Diskussionsleitfadens, um die Gespräche mit dem Kunden zu lenken sowie die Zusammenstellung eines Teams für die Analyse und das Verfassen der Berichte. Es ist die Art der Planung der Besuche, die erfolgreiche und fortschrittliche Unternehmen von weniger erfolgreichen und fortschrittlicheren Unternehmen unterscheidet.

In den Vereinigten Staaten werden Kundenbesuche in der oben beschriebenen Form von führenden Computerherstellern wie Hewlett-Packard, Sun Microsystems, Compaq Computer, Apple Computer, Digital Equipment Corporation, Lotus Development oder IBM durchgeführt. Besonders bei Hewlett-Packard, wo die unternehmensinterne Weiterbildung seit 1988 Kurse zur Durchführung von Kundenbesuchen anbietet, ist die Vorgehensweise besonders ausgefeilt. Natürlich werden Kundenbesuche nicht nur in Nordamerika zur Gewinnung von Informationen genutzt; auch in England, Deutschland, Singapur und Japan wurden bereits Workshops zu diesem Thema veranstaltet. Die Idee, seine Kunden direkt und persönlich zu besuchen, ist in der Tat so naheliegend, daß sie schon oft spontan „wiedererfunden" und wiedereingeführt wurde.

3. Das Kundenbesuchsprogramm am Beispiel eines Computerherstellers

Ein führender Computerhersteller hat 1992 ein Team von Mitarbeitern aus verschiedenen Unternehmensbereichen, das „First Encounter Team", zusammengestellt. Der Hersteller war über eine ganze Zeit hinweg technologisch der Marktführer und besaß einen großen Marktanteil in seiner Produktkategorie. Allerdings änderte sich die Situation plötzlich: Kaufmännische Anwendungen kamen ergänzend zu den hightech-Anwendungen hinzu, auf denen das Geschäft ursprünglich aufgebaut war. Die neuen Kunden waren oft weniger vertraut im Umgang mit Computern als die Kunden, bei denen das Unternehmen bis dato so erfolgreich war. Angesichts vermehrter Beschwerden und einer wachsenden Unzufriedenheit unter den Kunden legte das Management größeren Wert auf die Qualität der Produkte. Die Aufgabe des „First Encounter Team" war es, den ersten Kontakt der Kunden mit den Produkten zu beobachten, beispielsweise den Prozeß vom Empfang der Lieferung über ihre Montage bis hin zum erfolgreichen Einsatz der Computer. Man hatte es sich zum Ziel gesetzt, sowohl offensichtliche als auch nicht sofort erkennbare Probleme, die beim Kunden während den verschiedenen Phasen dieses Prozesses entstehen könnten, zu identifizieren und zu beheben.

Das Team entwickelte ein Programm, das 55 Besuche umfaßte, die zwischen 1992 und 1993 durchgeführt wurden. Fast zwei Dutzend Angestellte aus den unterschiedlichsten Unternehmensbereichen wurden in Teams von 3 Personen zusammengefaßt, die die Besuche weltweit durchführten. Die Stichprobe von 55 Kunden wurde ausgewählt, um die unterschiedlichsten Arten von Kunden zu erfassen und die verschiedenen Märkte, die das Unternehmen mit Anwendungen versorgt, widerzuspiegeln. Von allen Teams wurde ein einheitlicher Leitfaden benutzt, um sicher zu stellen, daß das gesammelte Datenmaterial vergleichbare Informationen liefern würde (vgl. McQuarrie 1993). Besuchsberichte aller Teams und eine umfassende Produktbeschreibung wurden in ein „Client-Server"-Computernetzwerk eingespeist, wo sie per e-mail einsehbar waren. Die Archivierung umfaßte sogar beispielhaft Fotografien von Kundenanschlüssen und Computerausstattungen, mit Erklärungen zu den auf den Fotos nicht erkennbaren Innenansichten.

Ergebnis der Aktion war die Identifikation einer großen Anzahl von tatsächlichen und potentiellen Gründen für die Unzufriedenheit von Kunden. Einige Beispiele sind nachfolgend aufgeführt:

– Man entdeckte, daß sich die Lieferung der Computer dem Kunden oftmals als eine unübersichtliche Ansammlung von Kisten ohne genaue Inhaltsangabe darstellte. Es gab keine Hinweise, mit welchem Karton man anfangen sollte, welcher die elementaren Bausteine des Systems enthielt etc.

- Internationale Besuche deckten auf, daß in manchen europäischen Ländern die Computer als zu laut empfunden wurden, was dazu führte, daß Lärmschilde um diese gestellt wurden.
- Andere internationale Befragungen machten deutlich, daß Geräte, die zwar für nordamerikanische Verhältnisse die richtigen Maße aufwiesen, als zu sperrig für die kompakteren Büroeinrichtungen in einigen anderen Ländern empfunden wurden.
- Man stellte fest, daß Kunden in den USA, die mit Finanztiteln handelten, oft mehrere Computermonitore parallel benutzten und deshalb die Monitore kippten. Unglücklicherweise waren die Monitore der Firma so konstruiert, daß wichtige Knöpfe zur Bedienung im gekippten Zustand nur schwer zu erreichen waren.

Zusammenfassend läßt sich sagen, daß das Programm eine erste Bemühung darstellte, um grundlegende Fehlallokationen von Ressourcen aufzudecken. Aus dem bahnbrechenden Charakter und der weltweiten Durchführung des Konzepts resultierte eine ungewöhnlich große Anzahl an absolvierten Besuchen: So haben Besuchskonzepte, die nur in einem Land durchgeführt werden und schon öfter erprobt wurden, normalerweise einen wesentliche kleineren Umfang. Weiter sollte festgehalten werden, daß in diesem Beispiel die gewonnen Informationen sehr spezifisch und die Probleme oft nicht direkt erkennbar waren. Sie wurden nicht immer ohne weiteres mit der Computerleistung in Verbindung gebracht. Solche Probleme sind schwer zu entdecken, es sei denn, man untersucht sie vor Ort und führt tiefgehende Befragungen durch.

4. Der Beitrag von Kundenbesuchen zur Messung der Kundenzufriedenheit

Kundenbesuche sind ein Beispiel für qualitative Marktforschung. Genauso wie Fokusgruppen, Tiefenbefragungen, demographische Untersuchungen und andere Formen der qualitativen Forschung (vgl. Goldman/McDonald 1987, Greenbaum 1993, Gordon/Langmaid 1988, McCracken 1988, McQuarrie/McIntyre 1990b) liefern Kundenbesuche keine Meßwerte mit bekannten Konfidenzintervallen, die für statistische Untersuchungen geeignet sind. Hingegen spielen sorgfältig durchgeführte, möglichst große und statistisch repräsentative Stichprobe erfassende Befragungen mittels Fragebögen eine dominierende Rolle in der klassischen Kundenzufriedenheitsmessung. Eine wichtige Rolle der Kundenbesuche kann es sein, systematische Messungen der Kundenzufriedenheit *vorzubereiten* und *aufzubereiten*. Neben ihrem Beitrag zu einer verbesserten Messung der Kundenzufriedenheit sollen die Besuche das Bewußtsein der Mitarbeiter für eine hohe Kundenzufriedenheit fördern. Dies wird im folgenden noch gezeigt.

Um die Wichtigkeit des vorbereitenden Charakters der Kundenbesuche zu verdeutlichen, kann man sich folgendes Beispiel vor Augen halten: Ein Unternehmen hat bis jetzt noch keine systematischen Zufriedenheitsbefragungen durchgeführt. Dieses Unternehmen erstellt seinen ersten Fragebogen, ohne jemals vorher Kundenbesuche durchgeführt zu haben. Welche Risiken birgt ein solches Vorgehen? Die wichtigste Einschränkung erfährt eine solche Befragung durch die Qualität der Fragen. Sollten die Fragen wichtige Punkte auslassen oder nur triviale Aspekte der Kundenerfahrungen ansprechen, sind die Ergebnisse nicht zu gebrauchen.

In diesem Zusammenhang gibt es drei mögliche Informationsquellen zur Identifikation der typischen Fragen, wie sie immer wieder in Fragebögen zu finden sind:

- Urteile von unternehmensexternen Experten,
- Urteile von Managern innerhalb des Unternehmens, z.B. interne Experten,
- Vorbereitende Forschung durch Kundenbesuche.

Hierbei scheinen unternehmensexterne Expertenurteile die in Nordamerika am häufigsten genutzte Informationsquelle zu sein. Verschiedene Marktforschungsinstitute haben bereits einen Standardfragebogen für Kundenzufriedenheitsanalysen entwickelt und versuchen, diesen bei so vielen Klienten wie möglich zu verwenden. So können sie ihre eigene Gewinnspanne erhöhen (vgl. Dutka 1993). Natürlich wird der standardisierte Grundfragebogen um neue Fragen ergänzt und erweitert, die die Manager des Auftraggebers anregen, so daß auch hier die Auswahl von Fragen durch die dem Unternehmen angehörenden Experten mit einfließt. In der Literatur zur Kundenzufriedenheit findet man häufig die Aussage, daß so für einen Manager im Unternehmen die Möglichkeit besteht, selbst einen Fragebogen auf der Basis eigener Erfahrungen sowie Standardfragen, wie sie in entsprechenden Publikationen zu finden sind, aufzubauen. In beiden Fällen - Rückgriff auf Standardfragen aus der Literatur oder Zusammenarbeit mit einem Marktforschungsinstitut - leistet der zu befragende Kunde keine direkte Mitarbeit bei der Gestaltung des Fragebogens.

Verzichtet man auf Kundenbesuche oder andere vorbereitende Maßnahmen, kann nicht garantiert werden, daß die Antworten der befragten Kunden wirklich die wahren Gründe für deren Zufriedenheit erkennen lassen. In der Tat riskiert das Unternehmen, präzise Antworten auf die falschen Fragen zu erhalten. Es wird nicht wirklich herausgefunden, was die Kunden stört. Anders ausgedrückt gibt es keinen Grund zu der Annahme, daß eine Gruppe diskutierender Managern in der Lage ist, jeden einzelnen Punkt der Kundenzufriedenheit oder Unzufriedenheit, der den Kunden wirklich interessiert und der im Fragebogen angesprochen werden soll, zu erkennen; *außer* sie haben an Kundenbesuchen teilgenommen. Da Antworten immer nur so gut sind wie die zugehörigen Fragen, ist der Verzicht auf vorbereitende Forschung ein entscheidender Fehler.

Natürlich hat die wissenschaftliche Literatur zum Aufbau und der Erstellung eines Fragebogens immer darauf hingewiesen, wie wichtig und wünschenswert vorbereitende Forschung ist, insbesondere um Schlüsselthemen zu identifizieren oder auch nur um die Wortwahl in den Fragebögen zu verbessern. Wie auch immer, Wissenschaftler sind meist primär an der Analyse von Befragungsergebnissen interessiert, welche Testmaterial für neue Methoden der multivariaten Analyse bieten. Daher sind wenig konkrete Ratschläge darüber zu finden, wie man die richtige Basis für eine Befragung mittels Fragebogen legt. Darüberhinaus wird bei der Übertragung vom theoretischen Aufbau eines Fragebogens in die praktisch anwendbare Form oft die Relevanz der Vorbereitungsphase vergessen. Es ist ein Trugschluß, zu glauben, daß es für die ein Standardbündel an Erfolgsmaßen gibt, das immer und immer wieder auf die unterschiedlichsten Industriezweige angewendet werden kann. Dies wäre nur möglich, wenn man die Skalen auf ein so hohes Abstraktionsniveau bringt (z.B. Begriffe wie „Zuverlässigkeit"), daß die Antworten vage und unsicher werden.

Eine besserer Ansatz zur Entwicklung eines ersten Fragebogens (und danach weiterer in gleichmäßigen Abständen in den folgenden Jahren) wäre die Durchführung eines Besuchsprogramms bei einer größeren Zahl von Kunden. Ziel der Besuche ist, eine Anzahl von speziell auf das Geschäft des Unternehmens abgestimmten Erfolgsindikatoren zu identifizieren. Gespräche mit Kunden ohne Zeitlimit in hinreichender Tiefe und Genauigkeit decken auf, welche Gründe es für Zufriedenheit, Unzufriedenheit oder Frustration gibt. Tabelle 1 zeigt beispielhaft Fragen, wie sie Kunden während solcher Besuche gestellt werden sollten.

Tabelle 1:   Beispielhafte Fragen für Kundenbesuche

1. Nennen Sie Ihre Erfahrungen in der Anwendung dieses Produktes. Für uns sind sowohl positive wie negative Aussagen von Interesse.
2. Wenn Sie die Möglichkeit hätten, eine Produkteigenschaft zu ändern, welche wäre das?
3. Bitte ergänzen Sie die folgenden Sätze:
   „Besonders gut an dem Produkt ist... . Besonders schlecht an dem Produkt ist... ."
4. Warum haben Sie sich für den Anbieter entschieden? Wo haben Sie sich noch informiert? Wie vergleichen Sie die Leistungen? Sind Ihre Erwartungen erfüllt worden?
5. Wer ist Ihre Kundenzielgruppe und welche Erwartungen hat diese? Wie messen die Kunden Ihre Leistung?

Die Hinweise, die bei diesen Besuchen gewonnen werden, können weiterverwendet werden, um einen Basisfragebogen unternehmensspezifischen Bedürfnisse zuzuschneidern. Ein so erstellter Fragebogen wird wesentlich exaktere Messungen und eine genauere Darstellung von Trends und Entwicklungen der Kundenzufriedenheit ermöglichen.

Es gibt eine weitere Anwendung von Kundenbesuchen im Zusammenhang mit der Messung der Kundenzufriedenheit, die zwar weniger bekannt aber genauso nützlich ist. Es kann sinnvoll sein, ein Besuchsprogramm durchzuführen, *nachdem* bereits Ergebnisse aus einer Kundenzufriedenheitsuntersuchung vorliegen. Der Nutzen qualitativer Forschung als Unterstützung quantitativer Forschung wurde schon früh von Pionieren der Befragungsforschung erkannt (vgl. Lazarsfeld 1944). Manchmal ändern sich in Kundenzufriedenheitsuntersuchungen die Werte ohne einen ersichtlichen Grund. Beispielsweise kann es passieren, daß die Zufriedenheitswerte eines Unternehmens von 8.6 auf 7.9 fallen - aber warum? Das Problem einer jeden zusammenfassenden Beurteilung ist, daß sie genauso viele Fragen aufwirft wie sie beantwortet. Obwohl es sicher wichtig ist zu wissen, daß die Kunden in mancherlei Hinsicht jetzt weniger zufrieden als noch im letzten Quartal sind, geht es doch in erster Linie darum, was dagegen getan werden kann. Umfrageergebnisse vermögen selten mehr zu leisten, als auf den Rückgang der Kundenzufriedenheit bei einer Gruppe von Kunden hinzuweisen. Allerdings wird der Fragebogen typischerweise nicht aufdecken, warum die Kundenzufriedenheit zurückgegangen ist oder was dagegen getan werden könnte. Befragungen sind also nicht besonders geeignet, Fragen nach den Gründen („warum") zu beantworten; sie sind dann aussagekräftiger, wenn es darum geht Fragen nach dem „wieviel", „wie oft" oder „wie stark" zu eruieren.

Daher kann es von Nutzen sein, an diesem Punkt ein Kundenbesuchsprogramm durchzuführen. Man kann eine Gruppe von Kunden zusammenstellen, ähnlich der Gruppe, deren Zufriedenheit zurückgegangen ist, diese besuchen und mittels Diskussionen die Gründe für das Absinken der Zufriedenheit erforschen. Alternativ könnte man auch überlegen, mehrere verschiedene Kundentypen zu besuchen. So ist es z.B. möglich, sechs Kunden der Gruppe auszuwählen, deren Bewertung sich in der Kategorie A (etwa Service), sechs Kunden, deren Bewertung sich in der Kategorie B (etwa Produkte des Unternehmens) und vielleicht noch sechs Kunden, deren Bewertung sich in mehreren Bereichen verschlechtert hat. Ziel der Besuche sollte es dabei sein, ein Verständnis dafür zu bekommen, *warum* die Zufriedenheitswerte gesunken sind. Wie wichtig dieses Verständnis ist, wird deutlich, wenn man betrachtet, wie unterschiedlich die Maßnahmen zur erneuten Steigerung der Kundenzufriedenheit sind. Beispielsweise müßten die Maßnahmen in den drei folgenden Fällen völlig unterschiedlich sein:

1. Ein Fall, in dem die Kundenzufriedenheit zurückgegangen ist, weil sich die Konkurrenten verändert haben,
2. ein Fall, bei dem der Grund im Fehlverhalten des Verkäufers liegt,
3. ein Fall, bei dem sich die Geschäftsumgebung, der sich die Kunden gegenüber sehen, geändert hat.

Zusammenfassend wird deutlich, daß Forschung mittels Fragebögen zwar besonders dazu geeignet ist, Antworten auf Fragen der Form: *„Wie hoch* ist die Kundenzufriedenheit im Moment?"* zu geben. Allerdings ist sie wenig geeignet, Fragen wie: *„Warum* ist die Zufriedenheit tendenziell höher bzw. niedriger?"* oder *„Welche Gegenmaßnahmen* sind angezeigt?"* zu beantworten. Daher ist eine Kombination von qualitativer Forschung in Form von Kundenbesuchen und quantitativen Untersuchungen wesentlich effektiver als sich lediglich auf eine der beiden Methoden allein zu verlassen.

Nachfolgend soll gezeigt werden, daß Kundenbesuche noch andere Beiträge zur Kundenzufriedenheit liefern. Vorher soll allerdings noch ein kurzer Vergleich zwischen Kundenbesuchen und der Anwendung von „Fokusgruppen" stattfinden.

5. Vergleich von Kundenbesuchen und Fokusgruppen

In der Praxis nordamerikanischer Unternehmen sind die gängige Unterstützung der Fragebogenforschung nicht die Kundenbesuche, sondern eine Marktforschungsmethode, die als „Fokusgruppe" bekannt ist (vgl. Goldman/McDonald 1987, Greenbaum 1993). Ein professioneller Interviewer führt mit einer Fokusgruppe von sechs bis zehn Kunden eine ein bis zwei Stunden lange Diskussion durch. Die diskutieren Themen sind entsprechend den Bedürfnissen bzw. Wünschen des Auftraggebers eingegrenzt. Solche Diskussionen werden meist in speziellen Räumlichkeiten durchgeführt, die zur Beobachtung der Teilnehmer sowohl mit „One Way Mirrors" als auch mit Audio- und Videoaufnahmegeräten ausgestattet sind. Obwohl in Europa oder Asien nicht so gängig, ist diese Methode weltweit verbreitet. Deutlich wird dies u.a. daran, daß alle Bücher zur Marktforschung Anwendungen zur Vorbereitung auf und Unterstützung von Fragebogenforschung beschreiben (vgl. Morgan 1993). Auch heute bleibt die Fokusgruppe ein Standardwerkzeug der qualitativen, ergründenden Marktforschung.

Auf den ersten Blick scheinen Fokusgruppen und Kundenbesuche gleichermaßen zur Vor- oder Nachbereitung von Zufriedenheitsbefragungen mittels Fragebögen beitragen zu können. Trotzdem sollte man die Vor- und Nachteile beider Methoden betrachten. Fokusgruppen wurden zuerst von Unternehmen der Verbrauchsgüterindustrie durchgeführt, die relativ einfach gestaltete Produkte an einen Massenmarkt verkauften. Aus der

Überzeugung heraus, daß nur ein sehr gut ausgebildeter Interviewer in der Lage sei, über die offensichtlichen Erkenntnisse in einer bekannten Produktkategorie hinaus in ein neues, grundlegendes Gebiet der Beziehung zu den Kunden zu gelangen entwickelte sich die Praxis, einen professionellen Gesprächsleiter von außerhalb des Unternehmens zu beauftragen. Vor etwa zehn bis fünfzehn Jahren haben Industriegüter- und Technologieunternehmen begonnen, die Fokusgruppen in ihre Marktforschungsaktivitäten zu integrieren. Diese Methode gewann in der Folgezeit zunehmend an Bedeutung für die Marktforschung der Industriegüterunternehmen. In letzter Zeit sind allerdings einige Unternehmen von dieser Methode abgekommen. Die Gründe für die Enttäuschung über diese Methode hängen direkt mit den Vorteilen der Kundenbesuche in bezug auf die speziellen Herausforderungen, denen sich Industriegüter- und Technologieunternehmen gegenübersehen, zusammen.

Es gibt drei Gegebenheiten, die die Nutzung von Fokusgruppen für typische Bedürfnisse eines Industriegüterunternehmen erschweren. Diese Schwierigkeiten werden besonders deutlich, wenn die Firma einen relativ kleinen Kundenstamm hat, das Produkt teuer ist und eine hohe technische Komplexität aufweist. Unter diesen Umständen wird der Einsatz eines professionellen Interviewers problematisch. Der Interviewer wird selten Fachwissen über die Produkttechnologie haben. Dieses Fehlen an Fachwissen macht es für den Gesprächsführer schwierig, mit seinen Untersuchungen festzustellen, wenn die Käufer technische Themen ansprechen. Eine weitere Schwierigkeit wird durch die Besonderheiten des Industriegütermarketings erzeugt: die Tatsache, daß häufig eine *Gruppe* von Mitarbeitern des Unternehmens, das als Käufer auftritt, die Kaufentscheidung trifft (vgl. den Beitrag von Homburg/Rudolph/Werner in diesem Band). Nur eine dieser Personen wird für die Fokusgruppe ausgewählt, welche nun insgesamt aus Personen besteht, die aus ihrer Organisationsmatrix herausgerissen sind. Das Zusammenspiel zwischen den Mitgliedern einer Einkäufergruppe ist, um es noch einmal zu betonen, ein wichtiger Faktor. Läßt man ihn außer acht, können Interviews mit der Fokusgruppe wenig informativ sein oder sogar falsche Informationen liefern. Eine dritte Schwierigkeit ergibt sich durch die Produktkomplexität. Innerhalb einer Fokusgruppe kann ein einzelner Käufer höchstens fünfzehn oder zwanzig Minuten sprechen. Diese Beschränkung der Sprechzeit führt zu Problemen, wenn es Ziel der Diskussion ist, ein genaueres Verständnis der Funktionsweise und des Einsatzgebietes des eigenen Produktes im Unternehmen des Kunden zu bekommen.

Bedient man sich anstelle von Fokusgruppen jedoch der Kundenbesuche, treten diese Schwierigkeiten nicht auf. Da unternehmenseigene Manager die Kunden befragen, ist technisches Fachwissen gewährleistet. Darüberhinaus sind die Mitarbeiter des Unternehmens bis ins Detail mit der Firmenstrategie vertraut und sehen Ansatzpunkte für Fragen, die einem externen Interviewer entgehen würden. Außerdem können Gespräche mit mehreren Personen, die an der Kaufentscheidung beteiligt sind, verabredet werden, und die Interviews können so lange dauern, wie es die Ausdauer der Besucher und die Geduld der Kunden zuläßt, da die Besuche im Unternehmen, das als Käufer auftritt, stattfinden.

Ein Nachteil ist natürlich der, daß Manager und Ingenieure des eigenen Unternehmens nicht dieselbe Ausbildung in der Gesprächsführung haben wie ein professioneller Interviewer. Die eigenen Mitarbeiter schaffen es nicht, neutral zu bleiben. Desweiteren haben Fokusgruppen im Gegensatz zu Kundenbesuchen den Vorteil, einen straffen Zeitplan zu haben. Sie sind daher eine geringere Belastung für Manager, die ohnehin viele Pflichten haben. Schließlich muß der Name des Auftraggebers der Fokusgruppen in Nordamerika nicht bekannt gegeben werden. Das gilt nicht immer in anderen Ländern. Es kann aussagekräftiger sein, wenn die Kunden nicht wissen, ob die Firma hinter dem Spiegel Hewlett-Packard, Sun Microsystems, Digital Equipment Corporation oder IBM heißt. Bei Kundenbesuchen besteht immer die Möglichkeit, daß die Kunden ihre Antworten zurechtschneidern, bewußt oder unbewußt, gemäß ihren Annahmen über die Motive des Unternehmens, das die Besuche durchführt.

Insgesamt gesehen gibt es gute Argumente dafür, Kundenbesuchsprogramme als *die* Methode zur qualitativen Forschung für Industriegüter- und Technologieunternehmen zu sehen.

6. Der allgemeine Beitrag von Kundenbesuchen zur Kundenzufriedenheit

Natürlich ist das eigentliche Ziel der meisten Unternehmen nicht, die Kundenzufriedenheit nur zu *messen*, sondern sie zu verbessern bzw. auf einem hohen Niveau zu halten. Ein Unternehmen, das eine Organisationskultur entwickelt, die Aktivitäten wie Kundenbesuche fördert, d.h. Mitarbeiter zu Kundenbesuchen ermutigt, wird eine Reihe von Vorteilen daraus ziehen. Kundenbesuchsprogramme sind eine der Aktivitäten, die eine Marktorientierung fördern (vgl. Kohli/Jaworski 1990, McQuarrie/McIntyre 1990a, 1992, Narver/Slater 1990). Außerdem können sie ihrerseits eine Organisationskultur fördern, in der Kundenzufriedenheit zum zentralen Aspekt wird (vgl. Deshpande/Farley/Webster 1993). Die Vorteile von regelmäßigen Kundenbesuchen sind:

- motiviertere Mitarbeiter,
- bessere Nutzung von Marktinformationen,
- genauere Erkenntnisse über versteckte Erfahrungen der Kunden,
- ein besseres Verhältnis zu den Kunden.

6.1 Motiviertere Mitarbeiter

Es ist relativ einsichtig für Mitarbeiter aus dem Marketing, sich um Kundenzufriedenheit zu bemühen und nach den Wünschen der Kunden zu handeln. Marketing-Manager haben in den verschiedensten Zusammenhängen regelmäßig Kontakt zu den Kunden. Sie sehen die Kunden als Individuen, die von den Leistungen des Unternehmens zufriedengestellt oder verärgert sein können. Im Gegensatz dazu stehen Angestellte im Produktionsbereich oder Entwicklungsingenieure. Historisch bedingt treffen diese Mitarbeiter in vielen Unternehmen nur selten oder nie einen Kunden. Die wenigen Kontakte, die ein Ingenieur in dieser Hinsicht hat, beschränken sich meist auf verärgerte Kunden, deren Probleme ein ganz beträchtliches Ausmaß angenommen haben: Schirmt man die technischen Mitarbeiter weiterhin von den Kunden ab, können sich eine Reihe ungünstiger Entwicklungen einstellen. Hauptsächlich werden Probleme bzgl. der Einstellung dieser Mitarbeiter entstehen, wie sie im folgenden Zitat eines Produktionsingenieurs erkennbar sind:

„Ich komme aus der Produktion, und ich will ganz offen sein: Manchmal verhalten sich die Kunden eher wie Gegner als wie Freunde. Wissen Sie, sie beschweren sich über alles, sind nicht realistisch und stellen ständig neue Ansprüche. Früher hatten wir die Einstellung, daß wir genau das anbieten, was wir tun können und wann wir es tun können. Die Kunden konnten es in Anspruch nehmen oder lassen. Ich bin viele Jahre in diesem Unternehmen gewesen, bevor ich erstmals mit einem Kunden zusammengetroffen bin. Ehrlich gesagt, man sieht Kundenkontakte manchmal nicht als Notwendigkeit sondern als Übel an, wenn man in der Produktion arbeitet. Ich weiß, daß das nicht richtig ist, aber man läuft immer wieder Gefahr, sich trotzdem so zu verhalten. Der Kunde ist für den Produzenten meist weit weg."

Haben die technischen Mitarbeiter bisher keine eigenen Erfahrungen mit Kunden gemacht, so werden die Informationen aus dem Marketing als „Meinung der Marketingleute" abgetan. Das geht sogar soweit, daß Informationen von Kunden, die zu unangenehmer oder uninteressanter Arbeit führen könnten, von der Konstruktions- und Entwicklungsabteilung einfach ignoriert werden.

Wenn dagegen die technischen Mitarbeiter die Möglichkeit bekommen, Kunden zu besuchen, so werden diese für sie zu realen Personen. Die Vorstellung vom realen Kunden mit wirklichen Problemen wird so Teil des gedanklichen Hintergrunds, auf dem technische Entscheidungen getroffen werden. Es wird dadurch für die Ingenieure motivierender, die Produkte schon beim ersten Mal bestmöglich zu gestalten, denn die Auswirkungen eines fehlerhaften Produktes beim Kunden sind für sie besser vorstellbar.

6.2 Bessere Nutzung von Marktinformationen

Es ist eine Binsenweisheit, daß „jeder am meisten seinen eigenen Augen und Ohren traut". Mit anderen Worten, die Information, die man selbst erworben hat, ist die lebendigste und präsenteste. Es gibt kaum etwas überzeugenderes als einen verärgerten Kunden mit rotem Gesicht, der mit der Faust auf den Tisch schlägt und ausruft: „ Wenn Ihr Produkt dazu nicht in der Lage ist, ist es für mich nichts wert!". In Technologieunternehmen liegt die wahre Entscheidungsgewalt oft in den wissenschaftlichen oder technischen Abteilungen und nicht im Marketing. Manchmal beschweren sich Marketingverantwortliche in diesen Unternehmen, daß die Ingenieure keine Aufmerksamkeit für die Erkenntnisse aus dem Marketing aufbringen: „Wir haben dazu immer wieder Berichte geschrieben - wie schaffen wir es nur, daß die Konstruktionsabteilungen uns Beachtung schenken?" Die Antwort darauf ist, daß ein Bericht nie die Überzeugungskraft haben kann wie Selbstgehörtes und -erfahrenes. Daher sollte ein Team von Mitarbeitern aus den Konstruktionsabteilungen zusammengestellt werden, um gemeinsam entscheiden zu können, welche Informationen man braucht. Dann kann man zusammen die Kunden besuchen.

6.3 Genauere Erkenntnisse über versteckte Erfahrungen der Kunden

In dem Maß, in dem sich der globale Wettbewerb verschärft, wird es schwieriger, einen entscheidenden technologischen Vorsprung zu halten. Daher liegt der Schlüssel zur Wettbewerbsfähigkeit nicht immer darin, das Produkt einfach mit mehr Funktionen zu versehen. Stattdessen haben die Unternehmen den größten Erfolg, deren Produkte mit mehr Funktionen versehen *und* die ein Gespür dafür entwickeln, ihr Produkt in dem Umfeld zu sehen, in dem es benutzt wird. Solch ein Gespür kann zu Innovationen im Service, in der Unterstützung der Kunden, der Vereinfachung der Handhabung und anderen Aspekten bzgl. des erweiterten Produktverständnisses führen, die, obwohl keine neuen Basisfunktionen hinzugefügt wurden, das Produkt für den Kunden wertvoller machen.

Um die nicht direkt erkennbaren, in der Anwendung des Produktes liegenden Zusatznutzen aufzuspüren, ist es sehr hilfreich, sich die Produktionsstätten des Kunden anzusehen und das Produkt im Betrieb zu beobachten. So kann man einen Eindruck davon gewinnen, wo und wie es eingesetzt wird. Einer der größten Vorteile für die Techniker liegt darin, daß sie erkennen, daß der spätere Einsatz der Produkte selten mit ihren Vorstellungen während der Entwicklung übereinstimmt. Ein Sprichwort sagt: „Der Schreibtisch ist ein gefährlicher Ort, um Geschäfte zu machen.". Allgemeiner ausgedrückt bedeutet es, daß Informationen über weitere Kanäle ausgetauscht werden, wenn man seinem Gesprächspartner direkt gegenüber sitzt. Man kann dabei nicht nur hören, was der Kunde sagt, sondern auch beobachten, wie er es sagt, z.B. durch seine Stimmlage, die Körpersprache und andere unterschwellige Gefühlsäußerungen. Man kann außerdem nach Beispielen und genaueren Erläuterungen fragen. Dieses ganze Spektrum der Informationen - Beobachtungen sowie Gespräche, verbale sowie non-verbale Antworten - ist durch keine andere Marktforschungsmethode zugänglich. Genauere Informationen von Kunden erhöhen die Wahrscheinlichkeit, daß die Firmenentscheidungen zur Zielerreichung beitragen - der Steigerung der Kundenzufriedenheit.

6.4 Ein besseres Verhältnis zu den Kunden

Ein kleiner Widerspruch charakterisiert den letzten Vorteil. Kundenbesuche, die einzig zu dem Zweck durchgeführt werden, eine Beziehung zu den wichtigsten Kunden aufzubauen, liefern keinen besonders großen Nutzen. In dem Umfang, in dem Kunden überhaupt aus diesem Grund besucht werden sollten, wurde es sicher schon von den Mitarbeitern der Vertriebsabteilung getan. Es ist eher Zeitverschwendung für beide Seiten, wenn bereichsübergreifende Teams Kunden besuchen, ohne ein klares Erkenntnisziel vor Augen zu haben. Allerdings können hier Nebeneffekte, die die Beziehung zu den Kunden verbessern, auftreten und zwar dann, wenn ein Unternehmen Teams zu ihnen schickt, um ihnen zuzuhören und auch daraus zu lernen. Wie ein Manager sich einmal äußerte, „begrüßen Kunden es sehr, wenn Mitarbeiter der Produktion mit einbezogen werden. Sie sehen es, wie ich denke, als ein Zeichen, daß wir wirklich an ihnen und ihrem Geschäft interessiert sind und die Mühe auf uns nehmen, verschiedene Mitarbeiter zu ihnen zu Gesprächen zu schicken."

Der die Beziehung verstärkende Effekt von Kundenbesuchen zu Forschungszwecken basiert auf zwei Tatsachen. Zum einen wollen Kunden gehört werden. In vielen industriellen Geschäftsbeziehungen haben die Produkte des Verkäufers für den Käufer eine hohe Bedeutung. In einer Geschäftswelt, in der arrogantes oder ablehnendes Verkäuferverhalten oder auch deutlich gezeigte Gleichgültigkeit gegenüber der Position des Käufers immer noch gängig sind, ist es eine erfrischende Abwechslung, Unternehmen zu finden, die wirklich versuchen, den Standpunkt des Kunden zu verstehen, und sich ernsthaft darum bemühen. Desweiteren wollen die Kunden von Industriegüter- und Technologieunternehmen nicht nur Kontakt zum Personal der Vertriebsabteilung haben. Sie wollen mit den Entscheidungsträgern aus dem technischen Bereich sprechen. Eine Firma, die solche Kontakte fördert, verdient sich Respekt. Dienen Kundenbesuche sowohl dem Zweck der Marktforschung und werden sie auch sorgfältig durchgeführt, stiften sie durch eine verbesserte Beziehung zum Kunden noch einen weiteren Nutzen.

7. Hindernisse für das Gelingen von Kundenbesuchen

Die Idee, Kundenbesuche zu Forschungszwecken durchzuführen, ist weder vollkommen neu, noch ist sie besonders kompliziert. In den letzten zehn Jahren haben immer mehr Unternehmen, deren ursprünglicher Wettbewerbsvorteil hauptsächlich im technologischen Bereich zu finden ist, erkannt, wie vorteilhaft eine Markt- und Kundenorientierung ist. Hat man einmal eine solche Einstellung verinnerlicht, ist die nächste Maßnahme die Einführung von Kundenbesuchen. Denn es ist nicht so einfach, den wirklichen Nutzen der Kundenbesuche zu erkennen. So kann jedes der nachfolgend dargestellten Hindernisse den Erfolg einer Einführung von Kundenbesuchsprogrammen zunichte machen.

7.1 Schnittstelle zwischen Außendienst und Zentrale

Es ist eine Tatsache, daß das Marketing und die Forschungs- und Entwicklungsabteilung dazu neigen, sich zu reiben. Über die Marketing-F&E-Schnittstelle wurde in diesem Zusammenhang bereits viel geschrieben (vgl. Gupta/Raj/Wilemon 1986). Bezüglich der Kundenbesuche können die Probleme an der Schnittstelle zwischen dem Vertrieb und der Zentrale (oder, je nach Organisationsform, zwischen dem Außendienst und der Produktion) mindestens genauso gravierend sein. Wenn es ein Hindernis gibt, daß die Bemühungen, effektive Kundenbesuche zu erhöhen, gefährden kann, dann sind es solche Friktionen und Interessengegensätze.

Beim „typischen" Industriegüterunternehmen, das von Direktverkäufen abhängig ist, gehören Berichte des Vertriebs zur Routine. Mitarbeiter der Zentrale bzw. der Produktion benötigen meist eine besondere „Erlaubnis" für Kundenbesuche, die zudem vom Außendienst „abgesegnet" sein muß. Sind die Beziehungen zwischen Außendienst und Produktion sehr schlecht, können sich die Außendienstmitarbeiter weigern, solche Besuche überhaupt zu genehmigen (da sie den Schaden fürchten, den die nicht kontakterprobten Kollegen anrichten können). Oder sie schicken die Mitarbeiter aus der Produktion entweder zu Kunden, die vollkommen zufrieden sind und damit wenig neue Erkenntnisse beim Interview liefern oder zu extrem unzufriedenen Kunden, die wiederum kaum bereit sind über ein anderes Thema als die Abhilfe für ihre Probleme zu sprechen. Haben Außendienst und Produktion keine gute Arbeitsbeziehung, kommt das Ziel der Kundenbesuche, zuzuhören und dadurch zu lernen, zu kurz. Die Außendienstler, die typischerweise die Interviews führen, werden bemüht sein, die Gelegenheit zu nutzen, um dem Kunden etwas zu verkaufen.

Um diesem Problem zu begegnen, haben manche Unternehmen Kundenbesuche durchgeführt, bei denen *keine* Mitarbeiter des Außendienstes anwesend waren. Einerseits verlangt dies eine noch größere Vertrauensbasis zwischen Außendienst und Produktion, andererseits muß es nicht die beste Lösung sein, da Verkaufsmitarbeiter dabei helfen können, die Aussagen der Kunden zu interpretieren. Die erfolgreichsten Unternehmen suchen eine Lösung, die Verkauf und Produktion einbezieht. Die Mitarbeiter der Produktion erkennen das Einfühlungsvermögen und die größere Erfahrung der Verkaufsleute an, während diese akzeptieren, daß für die Ingenieure Kundengespräche ohne Verkaufszwang wichtig sind. Auch die erfahrensten und fähigsten Verkäufer werden erkennen, daß ihre Arbeit in der Zukunft einfacher sein wird, wenn sie der Produktionsseite helfen, die für sie wichtigen Kundeninformationen zu erheben.

7.2 Unterstützung durch das Management

Ein effektives Kundenbesuchsprogramm erfordert Zeit und Geld. Es braucht Zeit, die Besuche zu planen, die Kunden für die Teilnahme zu gewinnen und die Analyse der Ergebnisse durchzuführen. Wenn das Management diese Tatsachen nicht berücksichtigt, riskiert es, daß die mit der Koordination des Programms beauftragte Person überfordert wird. Die Kundenbesuche kosten natürlich auch Geld, da das Reisen mehrerer Mitarbeiter teuer sein kann. Manager, die gerne über die Wichtigkeit der Kenntnisse der Kundenbedürfnisse sprechen, aber Kundenbesuche oder Kundenforschung nicht finanzieren und unterstützen, schaffen eine Atmosphäre, in der sich Zynismus und Mißtrauen breitmachen können.

7.3 Grenzen der qualitativen Forschung

Kundenbesuche können Probleme aufdecken und Möglichkeiten aufzeigen, aber sie können keine Zahlen liefern, wie allgemeingültig oder fallspezifisch eine zustimmende oder ablehnende Kundenreaktion ist. Damit verbunden ist das Problem, daß die Manager, die die Besuche durchführen, ihre eigenen Annahmen und Auffassungen darüber haben, was die wichtigsten Ursachen von Zufriedenheit bzw. Unzufriedenheit sind. Gerade deshalb ist die Versuchung groß, nur das zu hören, was die eigenen Annahmen bestätigt. Die Angst vor Beeinflussung ist auch der Hauptgrund dafür, daß unabhängige Marktforschungsunternehmen beauftragt werden, um Fokusgruppenforschung und dergleichen durchzuführen. Die Lösung liegt hier darin, erstens Mitarbeiter zu finden, die wirkliches Interesse an der Wahrheit haben, zweitens diese über die Stärken und Schwächen der Kundenbesuche aufzuklären und drittens Mitarbeiter aus der Marktforschung als Berater hinzuzuziehen.

7.4 Nutzung und Umsetzung von Kundeninformationen

Ein letztes Hindernis tritt bei der Verteilung und Auswertung von bei Kundenbesuchen gesammelten Informationen auf. Es nutzt dem Unternehmen wenig, wenn das Wissen, das durch Kundenbesuche erworben wurde, in den Köpfen der Manager verborgen bleibt, die diese durchgeführt haben. Techniken des „Quality Function Deployment" (QFD) können hier hilfreich sein (vgl. den Beitrag von Hauser/Clausing in diesem Band). Darüberhinaus hat die qualitative Forschung bereits den Weg für die Anwendung von Matrizen zur Strukturierung der Ergebnisse der qualitativen Untersuchungen bereitet (Miles/Huberman 1994). Zusätzlich haben einige Firmen mit der Erstellung von Kundenprofilen, die die gewonnenen Einblicke kurz zusammenfassen, experimentiert. Ergänzt man diese Profile regelmäßig um neue Daten aus neuen Besuchen und erstellt so eine Datenbank, läßt sich daraus viel lernen. Generell ist das Thema der Analyse der Ergebnisse aus Kundenbesuchsprogrammen wenig bearbeitet worden. Unternehmen, die Lösungen dafür finden, können auf diesem Gebiet einen Vorteil gewinnen.

8.   Zusammenfassung

Kundenbesuche haben sich aus den typischen Bedürfnissen von Industriegüter- und Technologieunternehmen entwickelt. Sie dienen sowohl dazu, Informationen zu sammeln, als auch die Mitarbeiter dazu zu motivieren, diese zu nutzen. Kundenbesuche sind zum einen eine Marktforschungsmethode, sie fördern darüberhinaus die Beziehungen zu den Kunden. Sie können einerseits den Weg für eine systematische Befragung zur Kundenzufriedenheit ebnen, andererseits dabei helfen, die Befragungsergebnisse besser zu interpretieren. In irgendeiner Form werden Kundenbesuche bei annähernd allen Industriegüter- und Technologieunternehmen durchgeführt. Allerdings besteht immer die Möglichkeit, die Planung, Durchführung und Analyse gut oder weniger gut zu machen (vgl. McQuarrie 1993). Da die Marktorientierung eine immer größere Rolle spielt, wird Kompetenz bei der Durchführung von Kundenbesuchen zunehmend als erstrebenswert sowohl für einzelnen Mitarbeiter als auch für die gesamte Organisation gesehen.

Fünfter Teil

Erfahrungen aus ausgewählten Branchen

Christian Homburg/Bettina Rudolph/Harald Werner

Messung und Management von Kundenzufriedenheit in Industriegüterunternehmen

Während im Hinblick auf das Marketing von Konsumgütern ein starkes Interesse an Fragestellungen der Kundenzufriedenheit festzustellen ist (vgl. hierzu den Beitrag von Homburg/Rudolph in diesem Band), wurde der Zufriedenheit industrieller Kunden bislang wenig Aufmerksamkeit gewidmet. Dieses substantielle Defizit liegt unseres Erachtens vor allem in der Vielzahl von Besonderheiten begründet, die das Industriegütermarketing vom Konsumgütermarketing abgrenzen. Vor dem Hintergrund der Tatsache, daß den einzelnen Geschäftsbeziehungen im industriellen Bereich häufig eine wesentlich höhere Bedeutung zukommt, als dies im Konsumgüterbereich der Fall ist, muß diese Situation jedoch als vollkommen unbefriedigend bezeichnet werden. Nach einer Beleuchtung der Besonderheiten des Industriegütermarketing in Abschnitt 1 dieses Beitrags, erfolgt eine Betrachtung der Auswirkungen, die diese Besonderheiten auf die Messung von Kundenzufriedenheit haben (Abschnitt 2). In Abschnitt 3 wird ein Programm zur Vorgehensweise der Messung von Kundenzufriedenheit bei Herstellern von Industriegütern entwickelt. Abschnitt 4 schließt mit einer Betrachtung von Möglichkeiten zum Management von Kundenzufriedenheit in Industriegüterunternehmen.

1. Besonderheiten des Industriegütermarketing

Eines der aus unserer Sicht zentralen Abgrenzungskriterien des Industriegütermarketing zum Konsumgütermarketing ist die *Langfristigkeit* der Geschäftsbeziehungen. Während im Konsumgütermarketing „relationships of shorter duration" (Hutt/Speh 1992, S. 12) üblich sind, sind Beziehungen im Industriegütermarketing durch ihre dauerhafte und komplexe Struktur gekennzeichnet (vgl. Frazier/Spekman/O'Neal 1987, Hakansson 1982, Hutt/Speh 1992 und Ring/van de Ven 1992). Als wesentlicher Grund für das Entstehen solcher langfristigen Geschäftsbeziehungen wird häufig die Existenz von persönlichen Kontakten zwischen den Beteiligten angeführt (vgl. Backhaus 1992). Eine weitere Ursache für die Langfristigkeit industrieller Geschäftsbeziehungen ist darüber hinaus in der Tatsache zu sehen, daß sich der einzelne Kaufakt häufig als andauernder Prozeß, der in mehreren Phasen abläuft, darstellt (vgl. Backhaus/Günter 1976, Robinson/Faris/Wind 1967). Darüber hinaus spielen teilweise erhebliche Investitionen in die Beziehung (z.B. spezielle Maschinen und Anlagen, Systeme zum Datentransfer) eine wichtige Rolle (vgl. Gundlach/Murphy 1993, Macbeth 1994, Turnbull/Wilson 1989). Sie begünstigen durch den Aufbau von hohen Wechselkosten die Langfristigkeit und leiten die Partner zu kollaborativem Verhalten (vgl. Jarillo 1988). Das Management solcher Geschäftsbeziehungen wird dann zu einer zentralen Marketingaufgabe von Industriegüterunternehmen und gewinnt in neuerer Zeit unter dem Stichwort „Relationship Marketing" (vgl. z.B. Dwyer/Schurr/Oh 1987, Grönroos 1994, Sheth/Parvatiyar 1994 oder Tomczak 1994) bzw. „Beziehungsmanagement" (vgl. z.B. Diller/Kusterer 1988) stark an Bedeutung.

Eine zweite wesentliche Besonderheit des Industriegütermarketing ist die *hohe Markttransparenz*. Diese wird in erster Linie durch eine geringere Anzahl von Kunden (vgl. Bingham/Raffield 1990), aber auch Anbietern (vgl. Dichtl/Engelhardt 1980) bedingt und häufig durch enge Kontakte zwischen den Kunden (z.B. Informationskreise, denen Einkaufsmanager verschiedener Unternehmen angehören) noch intensiviert.

Ein weiterer wichtiger Unterschied zum Konsumgütermarketing besteht darin, daß sich der Bedarf an industriellen Produkten aus dem Bedarf nachgelagerter Stufen ergibt (vgl. Webster 1991) und sich somit als *derivativer Bedarf* darstellt. Unternehmen kaufen Industriegüter, um damit eigene Leistungen zu erstellen und damit eigene Absatzmärkte zu bedienen. Der Bedarf stellt somit eine abgeleitete Größe dar, an die Anforderungen, sowohl in quantitativer als auch in qualitativer und wertmäßiger Hinsicht von unter Umständen mehreren nachgelagerten Stufen gestellt werden. Dichtl/Engelhardt (1980) merken hierzu an, daß in vielen Bereichen letztlich sogar die Disposition der öffentlichen Hand die Nachfrage determiniert. Diese Situation hat Auswirkungen auf die Beziehung der industriellen Transaktionspartner untereinander, da die Erwartungshaltung der Kunden durch die Anforderungen nachgelagerter Stufen explizit beeinflußt werden kann (vgl. Grün/Wolfrum 1994).

Die im Zuge industrieller Austauschbeziehungen nachgefragten Absatzobjekte sind sehr häufig als ganze *Bündel von Leistungen* zu verstehen. Nicht nur das im Zentrum eines Austausches stehende Produkt wird dabei nachgefragt, sondern auch eine Vielzahl von begleitenden Nebenleistungen (vgl. Engelhardt/Kleinaltenkamp/Reckenfelderbäumer 1993, Homburg/Garbe 1995, Plinke 1991). In diesem Zusammenhang nehmen industrielle Dienstleistungen stark an Bedeutung zu (vgl. Simon 1993a). Hierbei ist eine ganze Palette von begleitenden Dienstleistungen denkbar, die von Beratungs- und Engineeringleistungen über Risikoübernahmen, Aus- und Weiterbildung, technischen Service, kaufmännische Unterstützung bis hin zu Finanzierungsdienstleistungen reicht (vgl. Plinke 1991, Simon 1993a). In Konsequenz führt dies allerdings dazu, daß im Industriegütermarketing bei Transaktionen „eine im Vergleich zum Konsumgüterbereich größere Variationsvielfalt" (Kleinaltenkamp 1993, S. 2) und somit Komplexität existiert.

Diese höhere Komplexität wird durch die im Industriegütermarketing häufig anzutreffende *Multiorganisationalität* und *Multipersonalität* noch verstärkt. Multiorganisationalität meint, daß in eine Transaktionsbeziehung im industriellen Bereich durchaus mehr als nur zwei Partner (nämlich Anbieter und Nachfrager einer industriellen Leistung) involviert sein können. Denkbar ist z.B. die Einschaltung von Ingenieurbüros in Planungsphasen, Speditionsunternehmen zur Abwicklung des physischen Produkttransfers oder Banken zur Finanzierung von Großprojekten (ein Beispiel für die Vielfalt von Unternehmen, die hier beteiligt sein können, findet sich bei Backhaus 1992, S. 1 ff.).

Tabelle 1:   Rollen der Mitglieder eines Buying Centers

ROLLE	AUFGABENINHALTE
Entscheider (Decider)	Entscheiden aufgrund formaler bzw. informaler Autorität über die Auftragsvergabe
Beeinflusser (Influencer)	Können trotz fehlender formaler Autorität durch ihre Aufgabe Einfluß auf die Entscheidung ausüben
Einkäufer (Purchaser)	Wählen aufgrund formaler Kompetenzen die Anbieter aus und tätigen Kaufabschlüsse; meist in zentraler Einkaufsabteilung tätig
Informations- selektierer (Gatekeeper)	Steuern den Informationsfluß zum und im Buying Center durch Selektion der Informationen und Informationsquellen
Benutzer (User)	Arbeiten mit dem relevanten Gut, verfügen daher über die notwendige Erfahrung und initiieren häufig den Entscheidungsprozeß

Multipersonalität bezeichnet die Tatsache, daß in einem bestimmten Kunden- bzw. Lieferantenunternehmen i.d.R. eine Vielzahl von Personen in die Beziehung bzw. in eine konkrete Transaktion eingebunden sind: „The business market involves multiple buying influences in almost all purchases - rarely does a single individual make a buying decision - and committee buying is commonplace" (Haas 1989, S. 31). Die Personengruppe, die in die Kaufentscheidung eingebunden ist, wird gemeinhin als „Buying Center" bezeichnet. Auf Lieferantenseite steht dem Buying Center oftmals ein „Selling Center" gegenüber. Beide zusammen bilden dann das „Transaction Center", in dem die Art und die Konditionen einer Transaktion letztlich festgelegt werden (vgl. Backhaus 1992). Größe und Zusammensetzung des Buying Centers variieren nach Art und Bedeutung der Transaktion sowie der Phase, in der sich die Transaktion befindet (vgl. Engelhardt/Günther 1981, empirische Untersuchungen über die Zusammensetzung des Buying Centers in verschiedenen Situation stammen bspw. von Brand 1972, Laczniak 1979, Doyle/Woodside/Michell 1979, Johnston 1981). Im allgemeinen werden fünf differenzierbare Rollen innerhalb eines Buying Centers betrachtet (vgl. Webster/Wind 1972, Bonoma 1982) - Entscheider, Beeinflusser, Einkäufer, Informationsselektierer und Benutzer (vgl. Tabelle 1). Bonoma (1982) hat mit dem Initiator noch eine sechste Rolle eingeführt, die bislang aber wenig Beachtung in der wissenschaftlichen Diskussion gefunden hat.

In der Praxis ist eine eindeutige Zuordnung der oben beschriebenen Rollen zu Rollenträgern jedoch nicht einfach. So kann eine Rolle von mehreren Personen wahrgenommen werden, es ist aber auch denkbar, daß eine Person mehrere Rollen (im Extremfall gar alle) ausfüllt (vgl. Backhaus 1992). Dies bedingt, daß die für eine Kaufentscheidung verantwortlichen Personen oft nur schwer zu erkennen und somit auch gezielt anzusprechen sind. Darüber hinaus verdeutlicht es, daß die Einstellung eines Mitgliedes des Buying Centers letztlich nicht als repräsentativ für das ganze Unternehmen betrachtet werden kann, eine Tatsache, der die Marketingbemühungen einer Unternehmung Rechnung tragen müssen.

Neben den bislang aufgezeigten Gründen ist auch eine höhere *Komplexität der Güter*, die Gegenstand des Austauschprozesses sind, für die höhere Komplexität des Industriegütermarketing gegenüber dem Konsumgütermarketing verantwortlich. Die Güter reichen von kleinen Einbauteilen bis hin zu ganzen Systeme und Anlagen, sind teilweise sehr erklärungsbedürftig und werden in sehr unterschiedlichen Zeitabständen gekauft (vgl. Dichtl/Engelhardt 1980).

Industriegütermärkte sind zum großen Teil *internationale bzw. globale Märkte* (vgl. Hutt/Speh 1992). Eine globale Orientierung ist in industriellen Märkten aufgrund der sich rasch verändernden Marktgegebenheiten in vielen Fällen unerläßlich. Verwiesen wird zur Begründung immer wieder auf weltweit bestehende Überkapazitäten, die, verbunden mit Marktsättigungserscheinungen in angestammten Märkten, viele Unternehmen dazu zwingen, ihre Absatzbemühungen auf bislang unerschlossene Marktgebiete auszudehnen (vgl. Ohmae 1990, Fieten 1994). Zusätzlich spielen immer schnellere Produktwechsel in diesem Zusammenhang eine Rolle. Sie machen es vielen Unternehmen unmöglich, steigende Aufwendungen für Forschung und Entwicklung in heimischen Märkten in der zur Verfügung stehenden Zeit zu amortisieren (vgl. Bayus 1994, Fieten

1994). Viele Industriegüterhersteller sind somit mit einer internationalen Problematik konfrontiert, die von den Unternehmen in Hinblick auf ihre Marketingbemühungen berücksichtigt werden müssen.

Die letzte der an dieser Stelle zu erwähnenden Besonderheiten des Industriegütermarketing ist die große *Kundenheterogenität*. Während sich im Konsumgütermarketing Endkunden vielerorts als eine weitgehend homogene und anonyme Masse darstellen, sind im Industriegütermarketing unterschiedlichste Kundentypen anzutreffen. Bingham/Raffield (1990) führen folgende Typologisierung an:

- Erstausstatter (OEMs - Original Equipment Manufacturers), die Produkte für den Einbau in ein Endprodukt kaufen
- Nutzerkunden, die Produkte (z.B. Maschinen) für den Einsatz in ihren Produktionsprozessen kaufen
- Zwischenhändler
- Unternehmen der öffentlichen Hand.

2. Konsequenzen für die Messung von Kundenzufriedenheit in Industriegüterunternehmen

Im Vergleich zur Messung von Kundenzufriedenheit im Konsumgüterbereich lassen sich für den Industriegüterbereich drei wichtige Konsequenzen aus den Besonderheiten des Industriegütermarketing ableiten. Diese sind in Tabelle 2 dargestellt.

Zunächst ist hier die tendenziell höhere *Wichtigkeit der Messung* zu erwähnen. Neben der Langfristigkeit der Geschäftsbeziehung ist vor allem die hohe Markttransparenz hierfür ausschlaggebend. Unzufriedene Kunden, deren Unzufriedenheit nicht oder nur unzureichend erkannt wird, können durch die Weitergabe ihrer Unzufriedenheit an andere Kunden der Unternehmung wesentlich höheren Schaden zufügen, als dies Kunden im Konsumgüterbereich können.

Desweiteren wirken sich fast alle der erläuterten Besonderheiten auf die *Komplexität der Messung von Kundenzufriedenheit* aus. Die hohe Komplexität der Lieferanten-Kunden-Beziehung, die durch die abgeleitete Nachfrage, die Bündelung von Leistungen unter Einbezug von Drittparteien, die Multipersonalität von Beschaffungsentscheidungen, die heterogene Kundenstruktur, die Internationalität sowie durch die hohe Produktkomplexität generiert wird, findet ihren unmittelbaren Niederschlag in der Messung der Kundenzufriedenheit.

319

Tabelle 2:   Die Besonderheiten des Industriegütermarketing und ihre Konsequenzen für die Messung der Kundenzufriedenheit

Konsequenzen / Besonderheiten	Wichtigkeit der Messung von Kundenzufriedenheit	Komplexität der Messung von Kundenzufriedenheit	Methodische Aspekte der Messung von Kundenzufriedenheit
Langfristigkeit	X		Ausfiltern von Störereignissen
Hohe Markttransparenz	X		
Abgeleitete Nachfrage		X	
Leistungsbündel als Absatzobjekte		X	Multiattributive Methoden notwendig
Multipersonalität		X	Differenzierung der Analyse nach Rollen der Beantworter im Buying Center; u.U. verschiedene Meßinstrumente
Produktkomplexität		X	Erhebung sowohl von Globalurteilen als auch von detaillierten Urteilen bzgl. einzelner Leistungsmerkmale
Internationalität		X	Differenzierung nach Ländern
Kundenheterogenität		X	Differenzierung; u.U. unterschiedliche Meßinstrumente

Desweiteren wirken sich fast alle der erläuterten Besonderheiten auf die *Komplexität der Messung von Kundenzufriedenheit* aus. Die hohe Komplexität der Lieferanten-Kunden-Beziehung, die durch die abgeleitete Nachfrage, die Bündelung von Leistungen unter Einbezug von Drittparteien, die Multipersonalität von Beschaffungsentscheidungen, die heterogene Kundenstruktur, die Internationalität sowie durch die hohe Produktkomplexität generiert wird, findet ihren unmittelbaren Niederschlag in der Messung der Kundenzufriedenheit.

Dies äußert sich vor allem in *Konsequenzen in methodischer Hinsicht*. Im Rahmen einer langfristigen Geschäftsbeziehung gibt es vielfältige Beziehungen zwischen Kunde und Lieferant. Wird ein Kunde nun zu einem bestimmten Zeitpunkt nach seiner Zufriedenheit befragt, so kann sein Urteil durch kurz zurückliegende positive oder negative Erlebnisse mit dem Lieferanten stark verzerrt werden. Bei der Messung der Zufriedenheit sollte man daher versuchen, solche Störereignisse auszufiltern. Eine Möglichkeit besteht darin, am Beginn der Befragung nach besonders unerfreulichen Erlebnissen zu fragen. Auf diese Weise wird dem Befragten zunächst die Möglichkeit geboten, seine Verärgerung über ein solches Erlebnis zu artikulieren und bei der Beantwortung der nachfolgenden Fragen somit unvoreingenommener zu agieren.

Aus der Tatsache, daß die Absatzobjekte häufig Leistungbündel darstellen, folgt die Notwendigkeit der Anwendung multiattributiver Methoden der Befragung (vgl. zur Einordnung dieser Methoden den Beitrag von Homburg/Rudolph in diesem Band). Dies bedeutet letztlich, daß zunächst eine gedankliche Zerlegung des gesamten Leistungsbündels in seine Bestandteile erfolgen muß, die dann mit Attributen, die geeignet sind, den jeweiligen Leistungsparameter zu beschreiben, belegt werden. Bezüglich dieser Attribute wird dann die Kundenzufriedenheit erhoben. Typischerweise geht es im industriellen Bereich um die Zufriedenheit mit Produkten, technischen und sonstigen Dienstleistungen sowie mit logistischen und kaufmännischen Prozessen.

Die Multipersonalität der Beschaffungsentscheidung erfordert die Differenzierung der Analyse nach den Rollen der am Beschaffungsprozeß beteiligten Mitglieder des Buying Centers. Dies setzt natürlich die eindeutige Identifikation der Rollen voraus, eine Aufgabe, die, wie weiter oben aufgezeigt, nicht immer einfach ist, und unter Umständen über Zusatzfragen erhoben werden muß. Besonderes Augenmerk muß hierbei natürlich auf die Gruppe der Entscheider, die letztlich für den Kauf oder Nicht-Kauf eines industriellen Gutes verantwortlich sind, gerichtet werden. Wegen des unter Umständen unterschiedlichen Informationsstands bei den verschiedenen Buying Center-Mitgliedern kann dies zur Folge haben, daß hier verschiedene Fragebögen oder auch Befragungsmethoden zum Einsatz kommen müssen.

Sind die im Rahmen der Kundenzufriedenheitsanalyse untersuchten Produkte von hoher Komplexität, ist eventuell die Messung auf verschiedenen Ebenen nötig. Ausgehend von Globalurteilen über das Produkt wird eine zunehmende Detaillierung der Fragen bezüglich der Zufriedenheit mit einzelnen Leistungsparametern angestrebt. Durch diese Vorgehensweise wird eine gedankliche Durchdringung des komplexen Produktes erreicht, die den Befragten auch Urteile zu hochkomplexen Produkten ermöglicht.

Aus der Internationalität und der Kundenheterogenität folgt die Forderung nach einer Aufspaltung der Analyse unter regionalen Gesichtspunkten (Länder oder eventuell sogar Regionen) bzw. nach der Art der Kunden. Da bezüglich unterschiedlicher Kundengruppen durchaus auch unterschiedliche Leistungsparameter von Interesse sein können, kann dies auch hier dazu führen, daß für verschiedene Kundengruppen unterschiedliche Fragebögen eingesetzt werden müssen.

3. Vorgehensweise der Messung der Kundenzufriedenheit und ausgewählte Beispiele

Grundlegendes Ziel einer Kundenzufriedenheitsuntersuchung im Industriegüterbereich ist die Beantwortung folgender zentraler Fragestellungen (vgl. Homburg/Rudolph 1995):

– Wie zufrieden sind die Kunden insgesamt und wie zufrieden sind sie mit einzelnen Leistungskomponenten?
– Wovon hängt ihre Zufriedenheit stark und wovon weniger stark ab?
– Wo liegen Ansatzpunkte zur Steigerung der Kundenzufriedenheit?
– Welche Wettbewerber halten die Kunden in bestimmten Bereichen für besonders vorbildlich (Benchmarking)?

Um zu sinnvollen Ergebnissen zu gelangen, die Basis weiterer Handlungsempfehlungen sein können, bedarf es eines mehrstufigen Prozesses zur Messung der Kundenzufriedenheit. Der Aufbau einer Kundenzufriedenheitsuntersuchung läßt sich hierbei grundsätzlich in sieben Schritte zerlegen (vgl. Abbildung 1).

Schritt 1: Als erstes sollte die *Zielgruppe definiert* werden: Wen wollen wir überhaupt befragen? Im Regelfall beschäftigt man sich mit bestehenden Kunden, da deren Erhaltung wesentlich einfacher und kostengünstiger als die Gewinnung neuer oder die Rückgewinnung verlorener Kunden ist. Häufig ist es erforderlich, auch unter den bestehenden Kunden eine Selektion vorzunehmen, was z.B. nach A/B/C-Kriterien erfolgen kann.

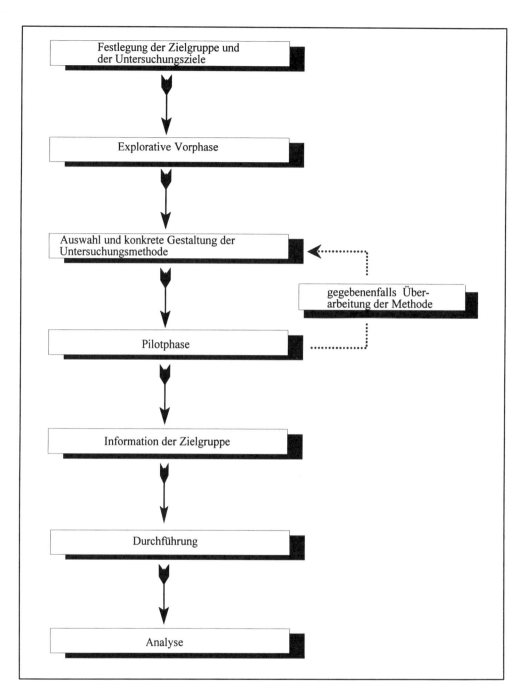

Abbildung 1: Die sieben Schritte einer Kundenzufriedenheitsuntersuchung im Industriegüterbereich

Zusätzlich zur Entscheidung, welche Zielgruppe man befragen möchte, muß man auch die *Personen* auswählen, die in der ausgewählten Zielgruppe befragt werden sollen. Um der Problematik der Multipersonalität in Industriegüterunternehmen gerecht zu werden, empfiehlt es sich, nicht lediglich eine Person im Kundenunternehmen zu befragen, sondern mehrere Personen. Eine Differenzierung nach Funktionsbereichen der Beantworter könnte beispielsweise folgende Kategorien umfassen:

– Einkäufer,
– Betriebsingenieure,
– Technische Planer und
– Normungs- und Qualitätssicherungsspezialisten.

Grundsätzlich ist zwischen der Befragung

– bestehender Kunden,
– ehemaliger Kunden und
– Kunden der Konkurrenz

zu unterscheiden. Es ist in der Regel nicht möglich, mehrere dieser Zielgruppen mit dem gleichen Instrument zu untersuchen, da die Untersuchungsziele für jede der oben genannten Zielgruppen anders sein können.

Jedes Ziel, das mit der Kundenzufriedenheitsmessung verfolgt wird, sollte klar, verständlich und *meßbar* sein.

Schritt 2: Vor der eigentlichen Gestaltung der Untersuchung muß in einer explorativen Vorphase Klarheit darüber gewonnen werden, welche Anforderungen bzw. Erwartungen Kunden an Produkte, Dienstleistungen und Prozesse im einzelnen haben und wen man bzgl. dieser Leistungsmerkmale befragen sollte. Hilfreich ist hier eine Zielgruppen-Leistungskomponenten-Matrix, wie sie beispielsweise in Abbildung 2 für ein Unternehmen der Medizintechnik dargestellt ist.

Leistungs-komponenten \ Zielgruppen	Ärzte und medizinisches Personal	Technische Leiter in Krankenhäusern	Verwaltungsleiter in Krankenhäusern	Fachhändler
Produkte	✓	✓		✓
Außendienst des Herstellers	✓		✓	
Verkaufsberater des Herstellers				✓
Technischer Service	✓	✓		
Auftragsabwicklung/Lieferung	✓		✓	✓
Beratung/Schulung/Information	✓	✓		✓
Marketing-Kooperation				✓

Abbildung 2: Zielgruppen-Leistungskomponenten-Matrix am Beispiel eines Herstellers von medizinischen Ausrüstungsgegenständen

Wie zu erkennen ist, existieren vier Zielgruppen der Befragung, die bzgl. der Leistungs-komponenten, die erhoben werden sollen sehr heterogen sind. Beschäftigte in Kranken-häusern sind im Gegensatz zu Fachhändlern z.B. nicht mit der Marketing-Kooperation konfrontiert. Fachhändler dagegen können z.B. bezüglich des technischen Service nicht befragt werden. Für Verwaltungsleiter sind nur zwei der Leistungkomponenten von Belang (Außendienst des Herstellers und Auftragsabwicklung/Lieferung). Eine Diffe-renzierung der Leistungskomponenten kann darüber hinaus nicht nur auf der gezeigten Grobebene nötig werden, sondern auch auf der Ebene der einzelnen Fragen. Dies muß dann durchgeführt werden, wenn, wie im vorliegenden Beispiel tatsächlich der Fall, zwar gleiche Leistungsparameter abgefragt werden, die Perzeption dieser Parameter aber unterschiedlich ist. So kommt es bspw. für Ärzte bzgl. der untersuchten Produkte auf Faktoren wie Handhabung, Patientenkomfort, Hygiene etc. an, während für Fach-händler eher die Montage- oder Servicefreundlichkeit oder die Akzeptanz bei den End-kunden von Belang ist.

Aus der explorativen Vorphase ergeben sich wesentliche Erkenntnisse für die Auswahl und die Gestaltung der Untersuchungsmethode. Die Vorphase besteht in der Regel aus einigen ausführlichen Gesprächen mit ausgewählten Kunden aus der Zielgruppe. Es empfiehlt sich, diesen die Absicht, eine Kundenzufriedenheitsuntersuchung durchzuführen, mitzuteilen und um Unterstützung zu bitten.

Schritt 3: Im Zusammenhang mit der Auswahl einer Untersuchungsmethode sind verschiedene Entscheidungen zu treffen. Zunächst sollte geklärt werden, ob eine Totalerhebung (sinnvoll bei kleiner Zielgruppe) oder eine Stichprobenerhebung geeigneter ist. Da der Markt für bestimmte Industriegüter überschaubar ist, ist hier eine Vollerhebung weitaus eher möglich als im Konsumgüterbereich (vgl. Dichtl/Engelhardt 1980). Allerdings entscheidet man sich normalerweise, vor allem aus Kostengründen, für die Befragung einer geeigneten Stichprobe. Folgende Fragen sind hierbei zu klären (vgl. hierzu auch den Beitrag von Jung in diesem Band):

– Welches Verfahren der Stichprobengewinnung soll zur Anwendung kommen: Trifft man eine Zufallsauswahl oder eine bewußte Auswahl, beispielsweise aufgrund von Quotenvorgaben (zum Beispiel nach A/B/C-Kunden)?
– Soll die Stichprobe proportional (entsprechend der Kundenstruktur) oder disproportional (höhere Repräsentanz von wichtigen, aber zahlenmäßig kleineren Kundengruppen) sein?
– Wie groß muß der Stichprobenumfang sein? Dies hängt stark davon ab, inwieweit man auch für Untergruppen von Kunden aussagefähige Daten ermitteln möchte.

In der Industriegütermarktforschung hat sich die Quotenauswahl als das dominante Stichprobenverfahren herausgestellt (vgl. Muchna 1984).

Schließlich muß man sich konkret für eine Erhebungsmethode zu entscheiden. Ob

– telefonisch,
– schriftlich oder
– persönlich befragt werden soll,

ist situationsabhängig. So ist zum Beispiel eine telefonische Befragung bei Entscheidungsträgern, die schwer erreichbar sind, kaum empfehlenswert. Bei langer Interviewdauer (detaillierte Fragestellungen) und einer kleinen, überschaubaren Zielgruppe ist die persönliche Befragung häufig die angemessene Methode.

In Tabelle 3 sind die wichtigsten Vor- und Nachteile der verschiedenen Befragungsformen im Überblick zusammengestellt (vgl. hierzu auch Berekoven/Eckert/Ellenrieder 1993, Churchill 1991, Hammann/Erichson 1990). Insgesamt erweist sich im Industriegüterbereich in den meisten Fällen die schriftliche Befragung als die beste Methode. Für sie sprechen insbesondere die geringen Kosten und die hohe Objektivität der Ergebnisse. Man ist hier, im Gegensatz zum telefonischen oder persönlichen Interview, nicht gezwungen, die Durchführung an externe Berater zu vergeben.

Tabelle 3:   Vor- und Nachteile verschiedener Befragungsformen

Befragungs- formen Kriterien	Telefonische Befra- gung	Schriftliche Befra- gung	Persönliches Interview
Antwortrate	hoch (+)	tendenziell niedri- ger, aber sehr stark beeinflußbar (?)	hoch (+)
Kosten	hoch (-)	mittel - gering (++)	sehr hoch (--)
Kontrolle der Erhe- bungssituation	gut (+)	gering (Wer füllt den Fra- gebogen wirklich aus?) (-)	sehr gut (++)
Objektivität der Er- gebnisse	problematisch (Interviewereinfluß) (-)	hoch (++)	sehr proble- matisch (Interviewer- einfluß) (--)
Notwendigkeit ex- terner Unterstüt- zung bei der Durch- führung	Notwendigkeit gege- ben (--)	Notwendigkeit nicht gegeben (++)	Notwendigkeit gegeben (--)

Das Kernproblem der schriftlichen Befragung ist die Antwortrate. Einerseits sind Beispiele bekannt, bei denen diese nur bei etwa 10 % lag. Andererseits haben Unternehmen bei schriftlichen Kundenzufriedenheitsbefragungen Antwortquoten von 60 % und darüber erzielt! Wie entstehen solche Unterschiede? Erfahrungsgemäß kann ein Unternehmen sehr viel tun, um die Antwortrate zu beeinflussen. Die in Tabelle 4 genannten Maßnahmen können die Antwortrate einer schriftlichen Befragung beträchtlich erhöhen.

Tabelle 4: Beeinflussungsmöglichkeiten der Antwortrate bei schriftlicher Kundenzufriedenheitsbefragung im Industriegüterbereich

---

❑ *Commitment signalisieren*

Für den Kunden muß ersichtlich sein, daß das Unternehmen gewillt ist, sich ernsthaft mit seinen Aussagen auseinanderzusetzen und sie zur Verbesserung seiner Leistungen zu verwenden. Ein Brief der Unternehmensleitung vor dem Versand der Fragebögen signalisiert ebenso Commitment wie die selbständige Durchführung der Befragung (das heißt ohne externe Interviewer oder Marktforscher).

❑ *Einfachheit ernst nehmen*

Ein knapper Fragebogen (*maximal* 10 Minuten Zeit zum Ausfüllen) mit einfachen Fragen, klarer Strukturierung und ansprechender optischer Gestaltung fördert die Akzeptanz beim Kunden nachhaltig.

❑ *Beharrlichkeit zeigen*

Nachfassen (schriftlich, mit nochmaliger Zusendung eines Fragebogens, unter Umständen auch ergänzt durch telefonisches Nachfassen) bringt ebenfalls sehr viel. Auch so kann man Commitment signalisieren.

❑ *Individualität praktizieren*

Der Begleitbrief zum Fragebogen muß personifiziert sein. „Sehr geehrte Damen und Herren" ist im Zeitalter des Database Marketing nicht mehr akzeptabel.

Im Anschluß an die Form der Befragung ist die Form der einzelnen Fragen festzulegen. Hinsichtlich der Antwortformulierung lassen sich offene und geschlossene Fragen unterscheiden (vgl. Hammann/Erichson 1990): Offene Fragen sehen keine festen Antwortkategorien vor. Sie verlangen vom Befragten, daß er seine Antworten selbst formuliert. Positiv ist, daß durch diese Art der Fragestellung unbewußte Sachverhalte entdeckt werden können. Besonders wichtig bei den offenen Fragen ist eine aktive Frageformulierung. Der Interviewpartner wird beispielsweise nicht danach gefragt, *ob* er Verbesserungsvorschläge hat, sondern *welche* Verbesserungsvorschläge er zu einem bestimmten Thema hat.

Bei geschlossenen Fragen werden die Antwortkategorien schon vorgegeben. Die einfachste Form der Vorgabe ist die „Ja"- oder „Nein"-Antwort, wobei meist noch eine neutrale Kategorie, wie „keine Antwort" oder „keine Beurteilung möglich" aufgeführt wird. Nicht jeder Kunde hat bereits Erfahrungen mit allen Leistungskomponenten eines Unternehmens und könnte folglich auch keine Meinung dazu haben. Eine Spezialform der geschlossenen Fragen ist die Skalafrage, bei der die Kategorien abgestufte Zustimmung bzw. Ablehnung repräsentieren. Die konkrete Ausgestaltung kann sehr unterschiedlich sein. Häufig verwendet man graphische Skalen und benennt nur die Extremwerte, nicht jede einzelne Kategorie. Einzelne Beispiele zur Formulierung werden in Tabelle 5 wiedergegeben.

Tabelle 5:   Beispiele zur Formulierung von Fragen

– <u>Geschlossene Fragen:</u>   „Wie zufrieden sind Sie mit der Einhaltung der Liefertermine durch unser Unternehmen?"

sehr zufrieden   sehr unzufrieden   keine Beurteilung möglich

❑   ❑   ❑   ❑   ❑   ❑

– <u>Offene Fragen:</u>   „Welche sonstigen Kritikpunkte oder Verbesserungsvorschläge haben Sie bezogen auf unseren Außendienst?"

– <u>Benchmarking Fragen:</u>   „Fällt Ihnen spontan ein Wettbewerber ein, den Sie bezüglich der Außendiensttätigkeit als besonders vorbildlich empfinden?"

❑ nein   ❑ ja, die Firma _____

Letztendlich muß bei der Gestaltung der Fragen unabhängig davon, welche Form bevorzugt wird, darauf geachtet werden, daß alle Fragen einfach, eindeutig und neutral gestellt sind. Ein Fragebogen muß absolut selbsterklärend sein.

Schritt 4: Bevor man die eigentliche Erhebung durchführt, muß die Untersuchungsmethode noch erprobt werden (Pilotphase). Auch kleinere Fehler bei der Gestaltung der Untersuchungsmethode gefährden den Erfolg der gesamten Kundenzufriedenheitsmessung. Es empfiehlt sich daher, die Untersuchungsmethode in der Pilotphase an einer kleinen Zahl von Kunden (maximal 20 Personen) schon einmal zu testen. Gegebenenfalls kann dann die Untersuchungsmethode noch einmal überarbeitet werden.

Schritt 5: Vor der eigentlichen Durchführung der Untersuchung der Kundenzufriedenheit sollten die Kunden über die anstehende Befragung informiert werden. Dies wird am

Beispiel eines Fragebogenversands verdeutlicht: 10-14 Tage vor dem eigentlichen Fragebogenversand sollte ein personifiziertes Anschreiben an die befragten Kunden verschickt werden, in dem die Befragung angekündigt wird. Das Schreiben enthält die Bitte um Zusammenarbeit. Jetzt ist es möglich, im Begleitschreiben des Fragebogens auf den ersten Brief Bezug zu nehmen. Die Distanz, die sich bei der schriftlichen Befragung zwischen Befrager und Befragtem durch den fehlenden unmittelbaren Kontakt zwangsläufig einstellt, wird durch die doppelte persönliche Ansprache reduziert, die Motivation zur Beantwortung vergrößert. Dies gilt insbesondere dann, wenn die Befragung von der Geschäftsleitung angekündigt wird.

Schritt 6: Jetzt erst wird die eigentliche Untersuchung durchgeführt. Nach Abschluß der Untersuchung sollte noch zusätzlich ein Schreiben als Feedback an die Ansprechpartner gesandt werden. Das ist dann besonders wichtig, wenn Kundenzufriedenheit regelmäßig gemessen wird.

Schritt 7: Abschließend erfolgt die Analyse der Daten. Zur besseren Darstellung der errechneten Zufriedenheitswerte werden die Skalen üblicherweise auf eine Skala von 0 bis 100 transformiert. Abbildung 3 verdeutlicht dies an einem Beispiel. Ein Kundenzufriedenheitswert von 68 ist sicherlich anschaulicher als ein Wert von 2,7.

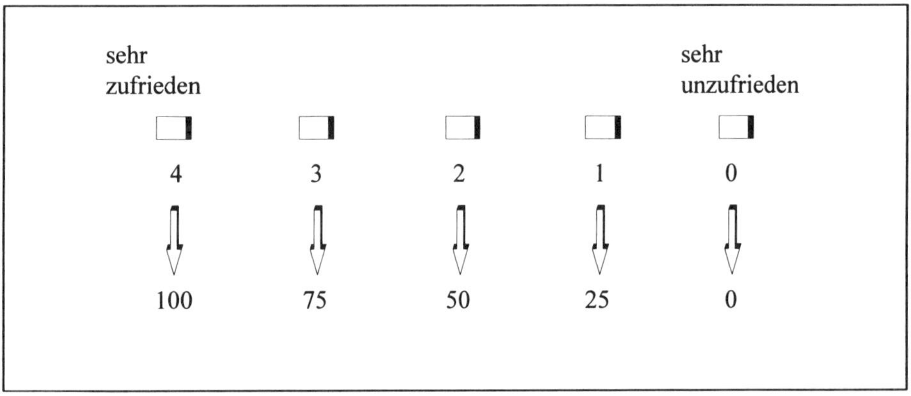

Abbildung 3: Skalentransformation

Welche Ergebnisse solch eine Kundenzufriedenheitsuntersuchung erzielen und wie für das einzelne Industriegüterunternehmen der Handlungsbedarf konkret sichtbar gemacht werden kann, soll anhand einiger Beispiele dargestellt werden. So kam man bei der Analyse der Kundenzufriedenheit eines Herstellers von Druckmaschinen zu den in Abbildung 4 dargestellten Ergebnissen: Abbildung 4a verdeutlicht, wie wichtig die aus den Besonderheiten des Industriegütermarketing resultierende Anforderung der Differenzierung nach bestimmten Leistungskomponenten ist.

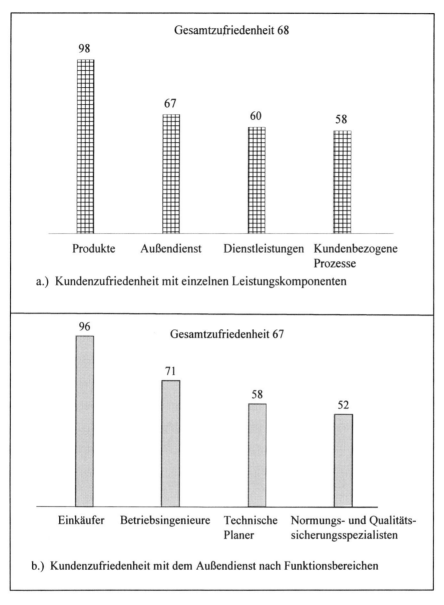

Abbildung 4: Differenzierte Kundenzufriedenheitsmessung (Index 0 bis 100)
am Beispiel eines Herstellers von Druckmaschinen

Insgesamt erreicht die Kundenzufriedenheit einen durchschnittlichen Wert von 68. Allerdings ergibt die Differenzierung nach Leistungskomponenten ein völlig anderes Bild: Die Vernachlässigung der Dienstleistungen und kundenbezogenen Prozesse wird jetzt erst offensichtlich. Lediglich mit den Produkten sind die Kunden zufrieden. Doch auch die Funktionsbereiche der Beantworter müssen differenziert gesehen werden (vgl. Abbildung 4b). Deutlich tritt die zu starke Konzentration der Kundenbearbeitung auf den Einkaufsbereich zu Tage. Eine pauschale Auswertung der Kundenzufriedenheit ist zu oberflächlich, um Schwachpunkte im Unternehmen aufzudecken und damit Hinweise auf Verbesserungsmöglichkeiten zu geben.

Neben der Frage nach den Zufriedenheiten mit einzelnen Leistungskomponenten ist auch deren *Bedeutung* für die Kunden zu ermitteln. Dies geschieht am besten auf dem indirekten Weg der Assoziation zwischen den Zufriedenheiten mit einzelnen Leistungskomponenten und der unabhängig davon erfragten Gesamtzufriedenheit. Von einer *direkten* Befragung der Kunden nach der Wichtigkeit der einzelnen Leistungskomponenten ist dagegen abzuraten. Zum einen wird der Fragebogen unnötig aufgebläht, zum anderen liefert das keine sinnvollen Ergebnisse. Für Auswertungen der oben dargestellten Art bieten sich verschiedene statistische Methoden an, wie beispielsweise die Regressionsanalyse oder die Kausalanalyse (vgl. zur Kausalanalyse Homburg/Sütterlin 1990).

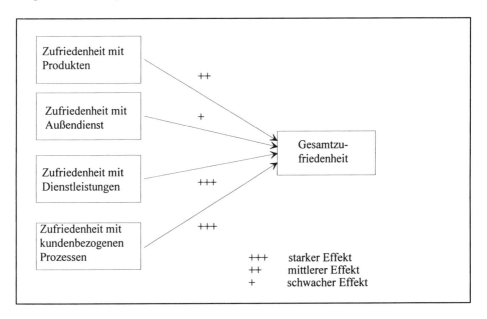

Abbildung 5: Bedeutung einzelner Leistungskomponenten im Hinblick auf die
              Gesamtzufriedenheit der Kunden
              (am Beispiel eines Herstellers von Druckmaschinen)

Bei unserem Hersteller von Druckmaschinen wurde die Bedeutung der einzelnen relevanten Leistungskomponenten mit Hilfe der Kausalanalyse ermittelt. Die Ergebnisse sind in Abbildung 5 dargestellt: Es zeigt sich, daß für die Gesamtzufriedenheit die Zufriedenheit mit kundenbezogenen Prozessen und Dienstleistungen ausschlaggebend ist. Das Produkt spielt eine geringere Rolle, was typisch für Marktsituationen ist, in denen die Produktqualität der Wettbewerber annähernd identisch ist. Solch eine Situation wird von Industriegüterunternehmen immer noch häufig unterschätzt. Das Ergebnis der Fehleinschätzung ist dann die Überbetonung der Produktqualität und eine daraus resultierende Konzentration auf die Kundenzufriedenheit mit den Produkten. Daß diese nur wenig zur Steigerung der Gesamtzufriedenheit beiträgt, verdeutlicht bereits Abbildung 4a: Trotz einer hohen Zufriedenheit mit den Produkten (98), weist die Gesamtzufriedenheit nur einen Wert von 68 auf.

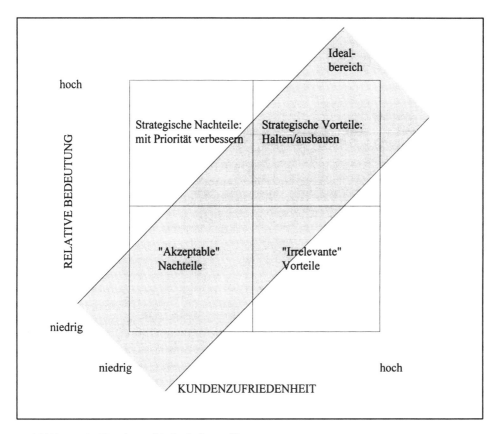

Abbildung 6: Kundenzufriedenheitsprofil

Konkreter Handlungsbedarf wird dann besonders deutlich, wenn die Kundenzufriedenheit mit einzelnen Leistungskomponenten und die relative Bedeutung der Leistungskomponenten im *Kundenzufriedenheitsprofil* gegenübergestellt werden (vgl. Abbildung 6). Hieraus lassen sich verschiedene strategische Handlungsempfehlungen ableiten. Im Feld links oben ist die relative Bedeutung der abgefragten Leistungskomponenten sehr hoch, das heißt die dort angesiedelten Leistungen tragen in hohem Maße zur Gesamtzufriedenheit bei. Gleichzeitig ist die Kundenzufriedenheit aber niedrig. Hier ist es wichtig, die Kundenzufriedenheit mit höchster Priorität zu steigern. Langfristig sollte man versuchen, die Leistungskomponenten von hoher relativer Bedeutung rechts oben zu plazieren, um damit strategische Vorteile gegenüber der Konkurrenz aufzubauen.

Da die Leistungskomponenten, die im Bereich links unten liegen, von den Kunden als nicht so wichtig eingestuft werden, kann man es akzeptieren, daß die Kundenzufriedenheit mit diesen Komponenten nicht sehr hoch ist. Dies ist auch unter dem Gesichtspunkt zu sehen, daß man in der Regel nicht bei allen Leistungskomponenten Spitzenwerte bei der Kundenzufriedenheit erzielen kann. Solange die relative Bedeutung der einzelnen Leistungskomponenten nicht steigt, ist daher auch die Steigerung der Kundenzufriedenheit in diesem Fall nicht von höchster Priorität.

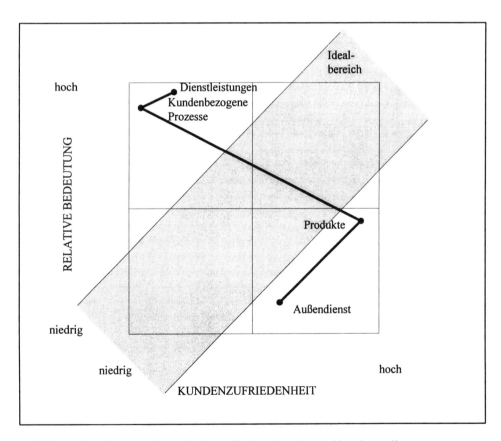

Abbildung 7: Kundenzufriedenheitsprofil eines Druckmaschinenherstellers

334

Die Vorteile, die man durch eine hohe Kundenzufriedenheit mit den Leistungskomponenten im Feld rechts unten hat, sind von geringer Bedeutung, da sie von den Kunden als nicht sehr wichtig eingestuft werden. Man sollte sich dort Gedanken darüber machen, ob die Leistungsvorteile, die man bei diesen Leistungskomponenten besitzt, nicht mehr Kosten als Nutzen verursachen. Insgesamt sollte das Kundenzufriedenheitsprofil also von rechts oben nach links unten verlaufen (vergleiche den Idealbereich in Abbildung 6).

In Abbildung 7 wird für unseren Hersteller von Druckmaschinen das Verbesserungspotential aufgezeigt: Deutlich wird eine sichtliche Schwäche bei den Dienstleistungen und den kundenbezogenen Prozessen, obwohl diese die höchste Bedeutung für die Kunden haben. Die Steigerung der Einzelzufriedenheiten mit diesen Leistungskomponenten trägt entscheidend zur Steigerung der Gesamtzufriedenheit bei. Dagegen ist eine Konzentration auf den Außendienst nicht so wichtig, da dessen Leistung nur in geringem Maße zur Gesamtzufriedenheit beiträgt. Insgesamt zeigt sich, daß alle Leistungskomponenten im Kundenzufriedenheitsprofil außerhalb des Idealbereiches positioniert sind!

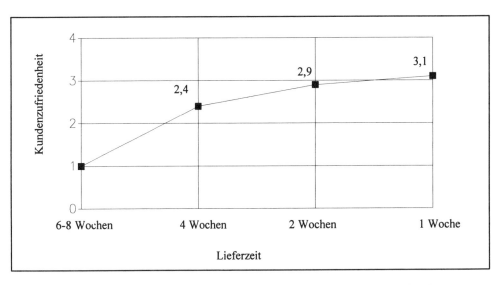

Abbildung 8: Anwendung der Conjoint Analysis am Beispiel eines Maschinenbauers

Eine weitere Frage im Zusammenhang mit der Analyse der Kundenzufriedenheit lautet: Wie gut müssen Leistungen überhaupt sein, um hohe Kundenzufriedenheit zu erzielen? Zur Beantwortung der Frage kann bei der Auswertung der Daten die *Conjoint Analysis* angewendet werden abhängt (vgl. zur Conjoint Analysis auch den Beitrag von Sebastian et al. in diesem Band). Diese zeigt, wie die Kundenzufriedenheit von bestimmten Ausprägungen eines Leistungsmerkmals abhängt.

Zum besseren Verständnis soll wiederum ein Beispiel herangezogen werden: Abbildung 8 zeigt die Anwendung der Conjoint Analysis am Beispiel eines Maschinenbauunternehmens: Deutlich wird, daß eine Verkürzung der Lieferzeiten unter zwei Wochen die Kundenzufriedenheit nur noch wenig zu erhöhen vermag. Die geringfügigen Steigerungen der Kundenzufriedenheit rechtfertigen nicht mehr den Aufwand, dessen es bedarf, um die Lieferzeiten derart zu verkürzen.

Abschließend ist auch noch die Frage nach der Einschaltung eines externen Beraters bei einer Kundenzufriedenheitsmessung zu überprüfen. Generell sollten folgende Empfehlungen berücksichtigt werden:

– Die Untersuchung sollte vom Unternehmen selbst durchgeführt werden. So signalisiert man dem Kunden höheres Commitment („Um die wichtigen Dinge kümmert man sich selbst!"). Dies setzt eine Befragung auf dem schriftlichen Wege voraus. Entscheidet man sich dagegen für telefonische Befragung oder persönliche Interviews, so ist der Einsatz externer Interviewer wohl unerläßlich.

– Für die Konzeption und Analyse ist es allerdings besser, einen externen Spezialisten hinzuzuziehen. In diesem Falle tritt der Berater nicht gegenüber den befragten Kunden in Erscheinung. Die meisten Industriegüterunternehmen verfügen weder über qualifiziertes Personal noch über genügend Erfahrung mit Kundenzufriedenheitsmessung, so daß möglicherweise die Zufriedenheit der Kunden falsch eingeschätzt und dementsprechend die Prioritäten für Veränderungsmaßnahmen falsch gesetzt werden.

4. Management von Kundenzufriedenheit in Industriegüterunternehmen

Neben den kurzfristigen Zielen, wie z.B. die sofortige Reaktion auf massive Beschwerden, kommt in Industriegüterunternehmen aufgrund der über längere Zeithorizonte ausgerichteten Geschäftsbeziehung der langfristige Aspekt der Verbesserung von Kundenzufriedenheit zum Tragen. Um die Kundenzufriedenheit langfristig zu steigern, reicht es nicht aus, diese nur zu messen: Es bedarf auch eines konsequenten Managements der Kundenzufriedenheit. Das bedeutet, die Ergebnisse der Messung sinnvoll in Strategien und Maßnahmen umzusetzen. Grundsätzlich sollte ein ernsthaftes Management von Kundenzufriedenheit die in Tabelle 6 dargestellten Merkmale aufweisen:

Tabelle 6:   Merkmale eines erfolgreichen Managements von Kundenzufriedenheit

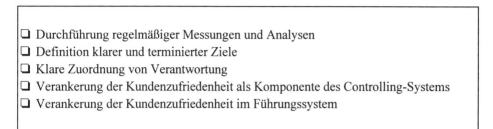

❑ Durchführung regelmäßiger Messungen und Analysen
❑ Definition klarer und terminierter Ziele
❑ Klare Zuordnung von Verantwortung
❑ Verankerung der Kundenzufriedenheit als Komponente des Controlling-Systems
❑ Verankerung der Kundenzufriedenheit im Führungssystem

Einmalige Messungen der Kundenzufriedenheit zeigen zwar die Schwachstellen eines Unternehmens auf. Die Wirksamkeit der getroffenen Maßnahmen wird jedoch erst bei *regelmäßiger Messung* über längere Zeiträume sichtbar. Abbildung 9 gibt die Veränderung der Kundenzufriedenheit für einen Hersteller von Rohrleitungskomponenten während eines Zeitraumes von drei Jahren wieder. Es besteht zusätzlich die Möglichkeit, dies für alle einzelnen Bereiche, statt nur aggregiert als Gesamtzufriedenheit mit dem Unternehmen, zu berechnen. Allerdings müssen die Kunden nicht in jedem Fall zu allen Leistungskomponenten befragt werden. Die Konzentration auf die besonders kritischen Bereiche, in denen dringende Verbesserungen notwendig erscheinen, ist oft ausreichend.

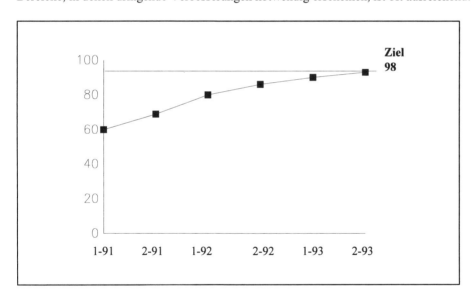

Abbildung 9: Veränderung der Kundenzufriedenheit im Zeitablauf (Hersteller von
Rohrleitungskomponenten)

Unumgänglich ist die *Definition klarer und zeitlich genau abgegrenzter Ziele*. Nur wer weiß, was er erreichen möchte, kann nachprüfen, ob er es erreicht hat. Und dazu gehört auch, daß die Ziele realistisch gesetzt werden und - vor allem - meßbar sind. Ansonsten wird die Überprüfung der Zielerreichung fast unmöglich. Die Definition der Ziele schließt ebenfalls die Terminierung der Zielerreichung mit ein. Man sollte nicht nur wissen, was man bei der Kundenzufriedenheit erreichen möchte, sondern auch bis wann. Dies ist insbesondere deshalb wichtig, weil aufgrund der Multipersonalität in Industriegüterunternehmen mehrere Personen an den Entscheidungsprozessen beteiligt sind. Dies bedeutet auch, daß in der Regel mehrere Personen in die Verbesserung der Zufriedenheit involviert sind. Orientierungspunkte, an denen sich dann jeder Einzelne bzw. alle an der Verbesserung beteiligten Personengruppen ausrichten können, sind daher von besonderer Bedeutung.

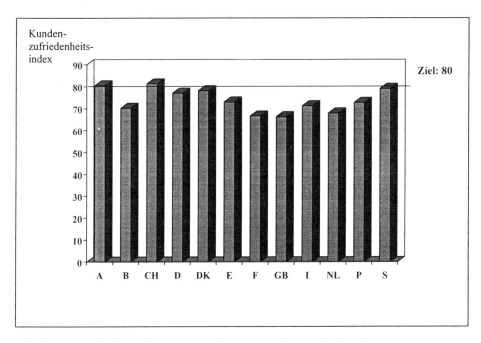

Abbildung 10: Kundenzufriedenheitsindizes in zwölf europäischen Ländern
(am Beispiel eines Maschinenbauunternehmens)

Ein weiteres Merkmal für ein professionelles Management der Kundenzufriedenheit ist die *klare Zuordnung von Verantwortung*. Diese basiert auf der bei der Analyse vorgenommenen Differenzierung nach Geschäftsgebieten, Leistungskomponenten, Funktionsbereichen oder Abteilungen. In Abbildung 10 hat beispielsweise ein deutsches Maschinenbauunternehmen Kundenzufriedenheitsindizes bei seinen Kunden in zwölf europäischen Ländern ermittelt. Lediglich in Österreich und der Schweiz wird das Ziel einer

Gesamtzufriedenheit von mindestens 80 erreicht. Bis auf Dänemark und Schweden liegen die Werte deutlich darunter. Die Ergebnisse und somit die Verantwortung für die Steigerung der Kundenzufriedenheit lassen sich nun eindeutig zuordnen, in diesem Fall dem Management der Vertriebsgesellschaften in den einzelnen Ländern. Deutlich wird, daß die klare Zuordnung von Verantwortung sehr wichtig ist, wenn ein Unternehmen auf mehreren nationalen und internationalen Märkten tätig ist.

Auch die Verbindung der Kundenzufriedenheitsmessung mit den zur Erfolgsmessung verwendeten Größen ist ein unerläßlicher Bestandteil des zielgerichteten Managements der Kundenzufriedenheit. Dies kann letztlich nur durch die explizite *Verankerung der Kundenzufriedenheit in dem Controlling-System* geschehen (vgl. zu einer Diskussion des Zusammenhangs zwischen Kundenzufriedenheit und Controlling auch den Beitrag von Weber in diesem Band).

Empfehlenswert ist insbesondere ein Kundenzufriedenheitsbericht, der nach jeder Befragung erstellt wird und als Controlling-Instrument dient. Auf diese Weise wird eine gezielte Steuerung von Veränderungen der Kundenzufriedenheitswerte erleichtert. Inhalt können u.a. folgende Punkte sein:

– Kundenzufriedenheit (Ist-Zustand),
– Veränderung der Kundenzufriedenheit im Zeitablauf, Bedeutung der einzelnen Leistungskomponenten im Hinblick auf die Gesamtzufriedenheit und
– Benchmarking-Informationen.

Durch die Dokumentation der Veränderungen der Kundenzufriedenheit im Zeitablauf ist es u.a. möglich, die Wirkung bereits durchgeführter Verbesserungsmaßnahmen zu beurteilen. Gleichzeitig ist damit ein Instrument zur Früherkennung kritischer Ereignisse geschaffen. Dies ist vor dem Hintergrund der zuvor angesprochenen Dynamik der Umwelt von Industriegüterunternehmen äußerst relevant.

Neben der Verankerung im Controlling-System ist auch die *Implementierung der Kundenzufriedenheit im Führungssystem* möglich. Zu einer echten Verankerung der Kundenzufriedenheit im Führungssystem gehört nicht nur das Commitment der Führungsebene zu dem Unternehmensziel „Steigerung der Kundenzufriedenheit". Man sollte die Kundenzufriedenheit in das Vergütungssystem der Führungskräfte und u.U. auch einzelner Mitarbeiter einfließen lassen. Der Motivationsaspekt solcher zusätzlichen finanziellen Anreize darf auf keinen Fall unterschätzt werden.

Am oben dargestellten Beispiel des Maschinenbauunternehmens (vgl. Abbildung 10) wäre dies möglich, indem man die variable Gehaltskomponente der Leiter der einzelnen

Vertriebsgesellschaften teilweise von der im relevanten Zeitraum ermittelten Kundenzufriedenheit abhängig macht. Der durchschlagende Erfolg dieser Maßnahme konnte bereits bei einigen Gewinnern des Malcolm Baldrige Awards in den USA beobachtet werden (vgl. hierzu den Beitrag von Homburg in diesem Band).

Karl-Heinz Sebastian/Rainer Paffrath/Dieter Lauszus/Ton Runneboom

Messung von Kundenzufriedenheit bei industriellen Dienstleistungen

1. Einleitung

Industrielle Dienstleistungen sind in hohem Maße personal- und kostenintensiv. Die Zusammenhänge und Wirkungen auf Kundenzufriedenheit und Loyalität sind komplex und machen es zwingend erforderlich, die Effektivität jeder einzelnen Dienstleistung zu analysieren. Eine kritische Erfolgsgröße bei der Bewertung von Dienstleistungen stellt die Kundenzufriedenheit dar.

So findet neben den gemeinhin bekannten Kenngrößen wirtschaftlicher Leistungsfähigkeit wie Umsatz, Gewinn, Deckungsbeitrag, Marktanteil, Return on Investment das Niveau der Kundenzufriedenheit Berücksichtigung. Autohändler in den USA messen z.B. nach jedem Werkstattbesuch die Zufriedenheit der Kunden durch einen Telefonanruf (vgl. hierzu den Beitrag von Dünzl/Kirylak in diesem Band). Gleiches wird auch von deutschen Automobilhändlern durchgeführt (z.B. Telefonreport von Volkswagen). In Zusammenarbeit mit den Händlern wird die Zufriedenheit der Kunden mit der Händler- und Produktleistung nach dem Kauf gemessen (so z.B. das Opel-CSI-Programm). Durch dieses Vorgehen und daraus resultierenden Maßnahmen erreichen diese Händler eine weitaus höhere Kundenzufriedenheit als der Durchschnitt.

Die bekannteste und prestigeträchtigste amerikanische Qualitätsauszeichnung, der Malcolm Baldrige Award, setzt Messungen der Kundenzufriedenheit voraus. Die Bewertung geschieht hier anhand verschiedener Kriterien, unter denen das Kriterium Kundenorientierung das wichtigste ist (vgl. Homburg 1994c sowie Homburg in diesem Band).

Im vorliegenden Artikel werden alternative Verfahren zur Messung der Kundenzufriedenheit bei industriellen Dienstleistungen erörtert. Es wird dargestellt, welche Meßverfahren den Anforderungen einer zuverlässigen Messung der Kundenzufriedenheit am ehesten gerecht werden. Die Autoren favorisieren dabei eine Messung mit Hilfe der Kunden-Wert-Analyse.

2. Industrielle Dienstleistungen

Industrielle Dienstleistungen werden von Unternehmen erbracht, deren Hauptgeschäft aus der Herstellung und dem Vertrieb von Maschinen, Produkten, Halbfertigfabrikaten u. a. besteht (vgl. Homburg/Garbe 1995). Sie stehen in unmittelbarem Zusammenhang mit dem Kerngeschäft dieser Unternehmen, indem sie den Einsatz bzw. die Nutzung des „Kernproduktes" unterstützen und fördern. Sie unterscheiden sich folglich von „normalen" Dienstleistungen, die von reinen Dienstleistungsunternehmen erbracht werden und die darin ihren primären Geschäftszweck sehen, wie z.B. Telekommunikations- und Luftfahrtunternehmen in dem Transport von Personen, Gütern und Informationen.

Industrielle Dienstleistungen ähneln zwar „normalen" Dienstleistungen, indem auch auf sie die Eigenschaften der Immaterialität, Untrennbarkeit und Nicht-Lagerbarkeit zutreffen (vgl. Simon 1993b, Backhaus/Weiber 1993). Darüber hinaus sind allerdings weitere Aspekte kennzeichnend:

- Das Spektrum industrieller Dienstleistungen ist breit gefächert und in aller Regel sehr kundenspezifisch. Betrachtet man eine Kunden-Lieferanten-Beziehung von der Problemidentifikation des Kunden bis hin z.B. zur Entsorgung des Produkts, so werden zu jedem Zeitpunkt in dieser Beziehung Dienstleistungen angeboten.

Betrachtet wird das Beispiel eines Chemieunternehmens, das Spezialfasern zur Produktion von Reibbelägen, Flachdichtungen und Packungen herstellt. Kunden des Unternehmens sind zu einem großen Teil Hersteller von Kupplungs- und Bremsbelägen. Die Phasen im Herstellungsprozeß eines typischen Produzenten von Kupplungs- bzw. Reibbelägen sind in der folgenden Abbildung graphisch visualisiert.

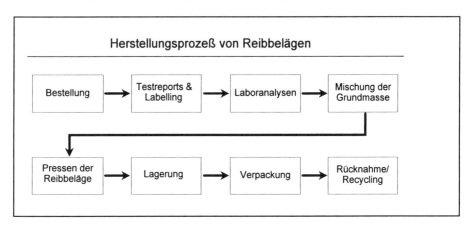

Abbildung 1: Herstellungsprozeß von Reibbelägen

In jeder Phase und insbesondere auch an den Phasenübergängen (Schnittstellen) werden Dienstleistungen angeboten. So finden z.B. in den Phasen vor der Auftragserteilung Beratungs- und Planungsdienstleistungen statt. Beim Einsatz der Spezialfaser unterstützt z.B. eine „anwendungstechnische" Beratung oder ein „24-Stunden-Service" den reibungslosen Ablauf der Produktion. Spezielle Informationsdienste unterstützen die Entsorgung und Wiederverwertung der Fasern. Optionale Lieferservices zielen auf bedarfs- und kostengerechte Produktverfügbarkeit ab.

Das Dienstleistungsspektrum des Lackherstellers Herberts umfaßt im Unternehmensbereich Autoreparaturlacke mehr als vierzig eigenständige Services, die es ihren Händler- und Lackiererkunden ermöglichen, mehr als zehntausend Farbnuancen permanent und problemlos umzusetzen.

Das „typische" Dienstleistungsspektrum des Zementanlagenherstellers Humboldt Wedag umfaßt folgende Dienstleistungen: Anlagen-, Ofen- und Mühlenvermessung, Optimierung des Brenners, Maschinenprüfung/-überwachung, Staubmessungen, Rohmaterialanalysen, Qualitätskontrollen, Schulungen, Preventive Maintenance (Beratung des Kunden, um die Anlage schonend zu fahren) und Wirtschaftlichkeitsstudien.

Diese Vielschichtigkeit und Komplexität ist typisch für industrielle Dienstleistungen. Eine hohe Kundenzufriedenheit zu erreichen stellt bei stark abweichenden Kundenerwartungen (Segmentierung) und wegen des nicht originären Geschäftszwecks eine Herausforderung für jeden Hersteller bzw. Lieferanten dar.

– In den Prozeß der industriellen Zusammenarbeit sind typischerweise mehrere Abteilungen bzw. Funktionen involviert (vgl. hierzu den Beitrag von Homburg/Rudolph/Werner in diesem Band). Innerhalb dieser Abteilungen bzw. Funktionen sind in der Regel mehrere Personen beteiligt, die Interaktionen mit dem Anbieter der industriellen Dienstleistungen haben. Dieses Charakteristikum industrieller Dienstleistungen muß bei Befragungen zur Messung der Kundenzufriedenheit berücksichtigt werden. So sind hier die Meinungen von Personen aus verschiedenen Abteilungen bzw. Funktionen einzuholen. Diese Personengruppen geben bei der Befragung entweder eine Gruppenmeinung oder Einzelmeinungen ab, die geeignet zu aggregieren sind.

Im vorliegenden Beispiel sind Mitarbeiter aus den Bereichen Technik/Produktion/F&E, Einkauf und Geschäftsführung zu befragen. Für jede dieser Personengruppen werden computerunterstützt Befragungsinhalte konzipiert, die der jeweiligen Kompetenz des Mitarbeiters entsprechen. Technisch orientierte Mitarbeiter geben Auskunft über die Zufriedenheit mit technischen Serviceleistungen des Faserproduzenten, während Einkäufer in der Hauptsache über die Zusammenarbeit im kaufmännischen Bereich urteilen.

– Ein weiteres Kennzeichen industrieller Dienstleitungen ist die starke Spezialisierung. Zumeist sind kundenspezifische Lösungen zu erbringen. Analog zu Produkten ist die „Produktion" der spezialisierten Dienstleistung kostspieliger als die einer Standard-Dienstleistung, was die Notwendigkeit einer detaillierten Wert-Analyse unterstreicht.

Zusammenfassend läßt sich feststellen, daß es sich bei industriellen Dienstleistungen um äußerst vielgestaltige, produktbegleitende und kundenspezifische Problemlösungen mit multipersonalen Entscheidungsprozessen handelt. Wegen ihrer hohen Personal- und damit Kostenintensität und wegen der Möglichkeit zur Leistungsdifferenzierung auf eng umkämpften Märkten (vgl. Simon 1993a) sind sie äußerst sorgfältig im Rahmen eines Dienstleistungs-Controllings zu planen (vgl. Sebastian/Hilleke 1994). Den Dateninput für eine derartige Controlling-Funktion liefern Messungen der Kundenzufriedenheit, wie sie im folgenden erörtert werden.

3. Messung der Kundenzufriedenheit

Unter *Kundenzufriedenheit* soll im folgenden der *Grad der Erfüllung der Kundenerwartung* verstanden werden. Das Konstrukt der Kundenzufriedenheit besteht somit quasi aus zwei Komponenten: zum einen aus einem Anspruchsniveau und zum anderen aus der Bewertung einer Leistung (vgl. Schütze 1992 sowie den Beitrag von Homburg/Rudolph in diesem Band). Die Kunst der Messung der Kundenzufriedenheit ist es, beide Komponenten zuverlässig zu bestimmen und diese in einem weiteren Schritt so zueinander in Beziehung zu setzen, daß der ermittelte Zufriedenheitsgrad dem tatsächlichen Umfang der Zufriedenheit entspricht.

3.1 Ziele der Kundenzufriedenheitsmessung

Das Ziel der Kundenzufriedenheitsmessung ist es, ein zuverlässiges Feedback der eigenen Unternehmensleistung zu erhalten, um Handlungen so zu steuern, daß eine langfristige Kundenbeziehung entsteht bzw. fortdauert. Die Zuverlässigkeit der Messung bezieht sich auf die generelle Forderung an die Güte von Einstellungs- bzw. Zufriedenheitsmessungen (vgl. Hamman/Erichson 1990), worauf hier jedoch nicht weiter eingegangen wird.

Für das Entstehen bzw. das Fortdauern von langfristigen Kundenbeziehungen muß zunächst geklärt werden, welche Inhalte die Zufriedenheit bestimmen. Innerhalb dieser Inhalte muß eine Wichtigkeitsabstufung erfolgen, denn nicht alle Eigenschaften liefern einen gleich großen Beitrag zur Gesamtzufriedenheit. Für die Entwicklung einer langfristigen Kundenbeziehung sind auch Hinweise zur zukünftigen Entwicklung der Wichtigkeit von Zufriedenheitsdeterminanten von hoher Bedeutung.

Nun muß eine verläßliche Aussage darüber getroffen werden können, wie die Leistung des Unternehmens vom Kunden wahrgenommen wird. Verknüpft man die Informationen der Wichtigkeit und der wahrgenommenen Unternehmensleistung, so können Defizite bzw. Übererfüllungen bei einzelnen industriellen Dienstleistungen ermittelt werden.

Auf eng umkämpften Märkten werden die Erwartungen (Soll-Werte) über die Dienstleistung von Wettbewerbern definiert. In solchen Fällen ist es notwendig, nicht nur die Erfüllung von Erwartungen zu überprüfen, sondern die eigene Leistung auch mit der der Wettbewerber zu vergleichen.

Wichtig ist, daß nicht nur Zufriedenheits- bzw. Unzufriedenheitsquellen lokalisiert werden, sondern auch Handlungsmöglichkeiten aufgezeigt werden. So ist es wünschenswert, spezielle Erkenntnisse zur zielgerichteten Bearbeitung von strategischen Einzelkunden zu gewinnen. Sie sollen helfen, einzelne Leistungen zu bestimmen, in denen höhere Anstrengungen besonders honoriert werden, bzw. solche Leistungen, die vom Kunden nicht wahrgenommen werden oder nicht zu einer Steigerung des Zufriedenheitsgrades führen.

3.2 Inhalte und Zeitpunkte der Messung

Messungen der Zufriedenheit können sowohl die generelle Geschäftsbeziehung, als auch Teilaspekte der Geschäftsbeziehung (z.B. Kaufberatung, Lieferprozeß oder After-Sales-Service) zum Inhalt haben. Je nachdem, welcher Aspekt betont werden soll, sind Zeitpunkt und Ort bzw. Personenkreis der Messung auszuwählen.

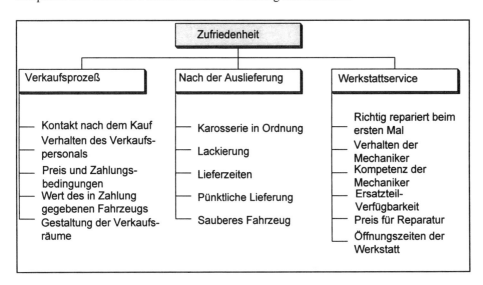

Abbildung 2: Leistungskriterien zur Kundenzufriedenheit

Der Automobilhersteller Opel/Vauxhall mißt die Kundenzufriedenheit bzgl. des Verkaufsprozesses, nach der Auslieferung des Fahrzeugs und die Zufriedenheit/Erfahrung im Gebrauch sowie mit der Inanspruchnahme des Werkstattservices. Die Leistungskriterien, die die Kundenzufriedenheit mit den Dienstleistungen des Händlers steuern, stellen sich in der Übersicht gemäß Abbildung 2 dar.

Es bestehen grundsätzlich zwei Möglichkeiten für den Zeitpunkt der Kundenzufriedenheitsmessung. Entweder wird der Zeitpunkt vom Eintreten eines bestimmten Ereignisses abhängig gemacht (z.B. Akquisition, Inbetriebnahme einer Maschine, nach Ablauf der Garantie), oder die Messung wird regelmäßig (z.B. einmal pro Jahr) durchgeführt. Bei der jährlichen Messung steht die generelle Geschäftsbeziehung im Vordergrund, während Teilaspekte der Zufriedenheit im Rahmen von ereignisbezogenen Messungen ermittelt werden. Folgende allgemeine Punkte sind bei der Auswahl des Zeitpunktes zu bedenken:

– Wird der Kunde nach dem Eintreten eines bestimmten Ereignisses befragt, so hat er sich gerade intensiv mit der entsprechenden industriellen Dienstleistung auseinandergesetzt. Dies sichert, daß Handlungen direkt nach einer Unzufriedenheitssituation eingeleitet werden können.

    Das Unternehmen Rank Xerox z.B. führt u. a. Kundenbefragungen zur Zufriedenheitssituation der Kundschaft durch. Dabei werden die Kunden 90 Tage nach der Produktlieferung einmalig kontaktiert. Von 1989 bis 1992 konnte der Anteil der unzufriedenen Kunden nahezu halbiert werden (von 7,7 % auf 3,9 %).

– Die regelmäßige Messung der Kundenzufriedenheit soll dazu genutzt werden, um im permanenten Kontakt mit dem Kunden zu bleiben. Außerdem ist die Erstellung einer Längsschnittanalyse möglich, die die Zufriedenheitsentwicklung und die Wirkung von zwischenzeitlich eingeleiteten Maßnahmen zeigt.

– Zu häufige Messungen können dem Kunden lästig werden, was sicherlich nicht zu einer Steigerung der Gesamtzufriedenheit führt. Außerdem lassen sich in geringen Zeitabständen keine Veränderungen sinnvoll bewirken bzw. feststellen.

3.3 Verfahren zur Messung der Kundenzufriedenheit

In der Praxis werden unterschiedlichste Verfahren für die Messung der Kundenzufriedenheit industrieller Dienstleistungen verwendet (vgl. Andreasen 1982 sowie den Beitrag von Homburg/Rudolph in diesem Band zu einem Überblick über die Möglichkeiten zur Messung der Kundenzufriedenheit). Grundsätzlich bestehen zwei Möglichkeiten,

Informationen über Zufriedenheit bzw. Unzufriedenheit zu gewinnen: Zum einen läßt sich die Zufriedenheit aus dem Verhalten des Kunden ableiten, zum anderen kann man ihn über dieses Thema befragen. Letzte Alternative steht im Vordergrund dieses Artikels, denn nur mit ihr lassen sich die in Abschnitt 3.1 genannten Ziele realisieren. Denn leitet man die Zufriedenheit aus dem tatsächlich beobachteten Verhalten des Kunden ab (sog. objektive Verfahren), mißt man also z.B. die Abwanderungsrate oder das Wiederkaufverhalten - weitere vorstellbare Indikatoren sind z.B. Marktanteil, Umsatz, Wiederkaufrate und Brand-Switching-Behaviour (vgl. Schütze 1992) -, so hat dieses Vorgehen ein grundlegendes Problem: Der Rückschluß, daß ein z.B. abgewanderter Kunde unzufrieden ist, ist unzulässig. Sollte der Rückschluß dennoch zutreffen, so sagt diese Information nur etwas über den Zufriedenheitsgrad des Kunden in der Vergangenheit aus. Die Information kommt jedoch zu spät, um auf ihrer Basis kundenspezifische Handlungen einzuleiten. Außerdem sind ihr keine Ursachen für Zufriedenheit bzw. Unzufriedenheit enthalten.

Die objektiven Verfahren müssen zur Erfassung der Kundenzufriedenheit als wenig hilfreich eingeschätzt werden. So kann beispielsweise eine Firma mit ihren Leistungen durchaus einen hohen Umsatz aufweisen, obwohl diese den Kunden in keiner Weise zufriedenstellen. Mögliche Ursachen hierfür sind etwa ebenfalls kritikwürdige Leistungen alternativer Anbieter, die Existenz von Komplementärprodukten, Monopolen (Behörden, Transportunternehmen wie Bahn und Flugzeug, aber auch Quasimonopole der Banken) etc. Zudem werden die objektiven Indikatoren von anderen externen Faktoren wie etwa der generellen wirtschaftlichen Situation beeinflußt (vgl. Rapp 1992).

Besonderes Augenmerk wird also im folgenden auf den Befragungskonzepten liegen.

3.4 Messung der Kundenzufriedenheit durch Befragung

Die vorzustellenden Befragungsmethoden haben zum Ziel, aus der Auskunft eines Kunden, Informationen über die Zufriedenheit mit industriellen Dienstleistungen herauszufiltern. Sie unterscheiden sich dabei von anderen subjektiven Verfahren, die Indikatoren nutzen, um einen Rückschluß auf das vorhandene Zufriedenheitsniveau zu ziehen. Subjektive Verfahren stellen im Gegensatz zu objektiven Verfahren auf individuell unterschiedlich ausgeprägte Zufriedenheitsempfindungen ab.

Der am häufigsten genutzte Indikator ist die Erfassung und Analyse von Beschwerden (vgl. Schütze 1992): In diesem Zusammmenhang ist es wichtig, sowohl die Anzahl der Reklamationen als auch die Zufriedenheit mit den Reaktionen des Unternehmens auf diese Beschwerde hin zu erfassen.

Typische Fragen wären hier zum Beispiel:

- Wieviel Prozent der Kunden beschweren sich über mangelhafte Dienstleistungen?"
- „Welche konkreten Probleme bei der Dienstleistungserbringung führen zur Kundenbeschwerde?"
- „Wie zufrieden sind die Kunden mit der Reaktion auf ihre Beschwerde?"

Für die Messung der Kundenzufriedenheit ist das Beschwerdemangement unzureichend, denn Kunden äußern selten aktiv ihre Unzufriedenheit. Diese manifestiert sich dann meist durch Abwanderung zur Konkurrenz.

Illustriert werden kann dies am sog. „Eisberg-Irrtum" (vgl. Homburg/Rudolph 1995): Der aus dem Wasser herausragende Teil eines Eisbergs (ca. 15 % der Eismasse) entspricht dem Teil der Kundschaft, die sich aktiv beschwert. 85 % der Kunden sind demnach unzufrieden, äußern ihre Unzufriedenheit jedoch nicht.

Zu einer zuverlässigen und detaillierten Ermittlung der Kundenzufriedenheit bieten sich also in erster Linie Messungen mittels Kundenbefragungen an.

a)   *Die globale Abfrage*

Die globale Messung der Kundenzufriedenheit mit industriellen Dienstleistungen kann auf direkten Wege unter Zuhilfenahme einer Zufriedenheitsskala erfolgen. An dieser Stelle sei darauf hingewiesen, daß wir uns nicht an dem - nicht zu lösenden - Methodenstreit der Marktforscher beteiligen wollen und nicht ellenlange Abhandlungen, ob nun Vierer-, Fünfer-, Siebener-, Neuner- oder Zehner-Skalen einzusetzen sind, verfassen. Eine typische Fragestellung, um die Zufriedenheit mit dem technischen Service des Spezialfaserproduzenten herauszufinden, könnte etwa lauten:

„Wie zufrieden sind Sie mit dem *technischen Service* der Firma X? Bitte geben Sie Ihr Zufriedenheitsurteil anhand der folgenden Skala an:

Ich bin mit dem *technischen Service* ...

(1)	(2)	(3)	(4)	(5)
sehr unzufrieden	nicht zufrieden	teilweise zufrieden	zufrieden	sehr zufrieden

Die Befragung kann dabei schriftlich mit einem Fragebogen durchgeführt werden. Wegen des einfachen Sachverhaltes ist es sogar möglich, die Informationen telefonisch zu erfragen.

Mit dieser Methode können Zufriedenheits- bzw. Unzufriedenheitsquellen identifiziert werden. Resultiert ein relativ hoher Wert (vier bis fünf) kann von Zufriedenheit ausgegangen werden, während relativ niedrige Werte (< 3) auf Unzufriedenheit hindeuten.

Die skalierte Ermittlung der generellen Zufriedenheit kann anhand des obigen Beispiels illustriert werden: Für einen Kunden wurde neben anderen Aspekten die Dienstleistungszufriedenheit in den Bereichen technischer und kommerzieller Service untersucht. Folgende Zufriedenheitswerte wurden ermittelt.

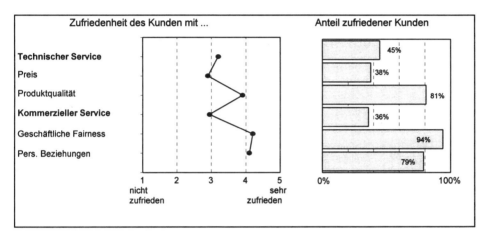

Abbildung 3: Graphische Darstellung von Zufriedenheitswerten

Die individuelle Analyse über die Zufriedenheit dieses Kunden ermittelt Defizite in den Bereichen des technischen und kommerziellen Services, denn nach dem Preis werden diese mit dem niedrigsten Wert eingestuft.

Betrachtet man den Anteil zufriedener Kunden, d.h. die mit 4 oder 5 geurteilt haben, so läßt sich ein ähnliches Urteil fällen: Mit dem technischen Service sind nur 45 % der Befragten zufrieden mit dem kommerziellen Service sogar nur 36 %.

Die Auswertung der Zufriedenheitswerte kann auch segmentweise erfolgen. Äußern im obigen Beispiel z.B. gerade Befragte aus dem Bereich Technik oder Forschung & Entwicklung ihre Unzufriedenheit mit dem technischen Service, so ist dieses Urteil besonders ernst zu nehmen, weil substanziell und höchste Eile geboten.

Das Beispiel zeigt die Grenzen der globalen Abfrage der Kundenzufriedenheit. Erfahrungsgemäß differenzieren die Befragten nicht zwischen Zufriedenheit und erbrachter Leistung. So ist es zwar möglich, Defizite zu identifizieren, nicht jedoch Aussagen bzgl. eines konkreten Handlungsbedarfs abzuleiten. Das Chemieunternehmen im obigen Beispiel sollte den technischen Service nur dann nachhaltig verbessern, wenn der Kunde eine Wertschätzung für diese Dienstleistung besitzt. Hat der technische Service für die Kunden hingegen nur eine untergeordnete Bedeutung, so wird sich dieses Defizit kaum negativ auf die Gesamtkundenzufriedenheit auswirken und somit für die Firma X keine Nachteile mit sich bringen.

Fazit: Zur Ermittlung genereller Zufriedenheits- bzw. Unzufriedenheitsquellen oder zur Überprüfung mittels anderer Verfahren ermittelter Zufriedenheitswerte („Ergebnisvalidierung") ist die globale Abfrage ein geeignetes Verfahren. Zudem ist sie ein relativ kostengünstiges Verfahren, da die Informationen telefonisch oder durch schriftliche Befragung via Fax auf schnelle Art und Weise gewonnen werden können. Darüber hinaus hält sich der Aufwand der Datenverarbeitung in Grenzen, was die Praktikabilität des Verfahrens unterstreicht.

b) Der Soll-Ist-Vergleich
Bei der Bestimmung der Zufriedenheit werden Erwartungen („Soll") und tatsächliche Leistung („Ist") zueinander in Beziehung gesetzt. Soll und Ist können separat erhoben werden. Die Erhebung der benötigten Daten geschieht mittels eines Fragebogens. Der relativ hohe Detaillierungsgrad der Befragung erlaubt in der Regel nicht die Durchführung von Telefoninterviews. Die Daten sollten im persönlichen Gespräch oder schriftlich erhoben werden.

Persönliche Interviews mit unabhängigen Interviewern haben zwei Vorteile: Zum einen sichert das Auftreten einer neutralen Person, daß keine Gefälligkeitsurteile an den Kunden vergeben werden, zum anderen kann der Interviewer durch seine „Mitarbeit" im Gespräch motivieren und damit höhere Datenqualität und bessere Differenzierung in den Urteilen erzielen. Den Vorteilen stehen höhere Aufwendungen an Zeit und die Notwendigkeit zu Reisen und damit höhere Kosten gegenüber (vgl. zur Steigerung der Kundenzufriedenheit durch Kundenbesuche auch den Beitrag von McQuarrie in diesem Band).

Die relevanten Fragestellungen zur Zufriedenheitsmessung der industriellen Dienstleistung „Technischer Service" könnten lauten:

Stufe 1:

„Wie *wichtig* ist Ihnen, im Vergleich zu anderen Faktoren in der Zusammenarbeit, die Dienstleistungseigenschaft *technischer Service?"*
(Bitte geben Sie die *Bedeutung* anhand der folgenden Skala an!)

Skala: Der *technische Service* ist für mich ...

(1)	*(2)*	*(3)*	*(4)*	*(5)*
weniger wichtig				extrem wichtig

Stufe 2:

„Wie *beurteilen* Sie den *technischen Service* der Firma X?"
(Bitte geben Sie Ihr *Leistungsurteil* anhand der folgenden Skala an!)

Skala: Der *technische Service* der Firma X ist ...

(1)	*(2)*	*(3)*	*(4)*	*(5)*
in keiner Weise ausreichend				extrem gut

Die Beurteilung der Unternehmensleistung sollte im Wettbewerbsumfeld erfolgen. Auch Anforderungsstandards werden nicht nur durch rein technische Anforderungen definiert, sondern hängen von dem ab, was der Konkurrent leistet. Das Beispiel einer Erhebungsmatrix ist in Abbildung 4 verdeutlicht. Diese enthält neben der Spalte für die Wichtigkeit mehrere Spalten für die Leistungsbeurteilung des befragenden Unternehmens und seiner Konkurrenten.

		Wichtigkeit	Konkurrent 1	Konkurrent 2	Firma X	...	Konkurrent M
Eigenschaft 1							
Eigenschaft 2							
Eigenschaft 3							
Eigenschaft 4							
Eigenschaft 5							
Eigenschaft 6							
...							
Eigenschaft N							

Wie wichtig sind die folgenden Eigenschaften für Ihre Kaufentscheidung?

Die Skala reicht von
1 = „weniger wichtig" bis
5 = „sehr wichtig"

Wie beurteilen Sie die Leistung der Anbieter in den nachfolgenden Eigenschaften?

Die Skala reicht von
1 = „in keiner Weise ausreichend" bis
5 = „extrem gut"

Abbildung 4: Beispiel für eine Erhebungsmatrix

Die Messung der Kundenzufriedenheit mit Soll-Ist-Vergleichen dient zur Identifizierung von Zufriedenheits- bzw. Unzufriedenheitsquellen. Darüber hinaus werden Handlungsalternativen aufgezeigt, denn besonders in wichtigen Eigenschaften sollen hohe Zufriedenheitswerte erzielt werden, während Leistungssteigerungen in unwichtigen Eigenschaften unnütz sind. Das in Abbildung 5 dargestellte Beispiel illustriert dies.

Sowohl die Wichtigkeiten, differenziert nach den verschiedenen Dienstleistungskomponenten als auch die einzelnen Leistungswerte können zunächst in der Profildarstellung visualisiert werden (individuell oder aggregiert). Durch die Sortierung der Eigenschaften nach ihrer Wichtigkeit sind wichtige Dienstleistungsbestandteile direkt erkennbar. Zum anderen sind Defizite sichtbar. In der folgenden Abbildung wird das Beispiel des Produzenten von Spezialfasern aufgegriffen. In der Profildarstellung sind sowohl Soll- als auch Ist-Werte eines Kunden enthalten.

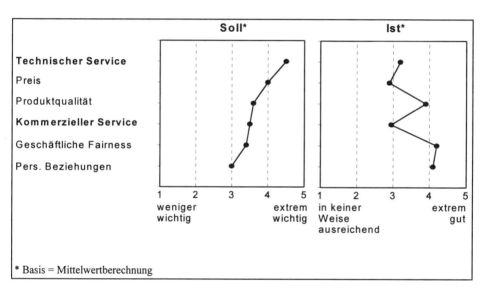

Abbildung 5: Profildarstellung der Soll- und Ist-Werte

Das graphische Beispiel zeigt oben genannten Defizite der Firma X in den Bereichen „Technischer Service" und „Kommerzieller Service". Der Kunde verfügt über kein eigenes Servicepersonal, deswegen ist die Eigenschaft „Technischer Service" sehr wichtig, wie sich am Soll-Wert in Höhe von 4,5 ablesen läßt. Firma X ist nicht optimal positioniert, denn bei der wichtigen Eigenschaft wird eine nur mäßige Leistung erzielt.

Der kommerzielle Service hingegen wird weit weniger wichtig eingestuft, weshalb eine nur mittelmäßige Leistung hier nicht so stark ins Gewicht fällt.

Dies verdeutlicht auch die folgende Abbildung 6 der entsprechenden Zufriedenheitsmatrix. In Zufriedenheitsmatrizen werden Soll-Werte auf der Ordinate und Ist-Werte auf der Abszisse abgetragen. Ordinaten- und Abszissenwerte sind Abweichungen von den jeweils mittleren Werten. Zufriedenheitsmatrizen enthalten zur Visualisierung geeignet positionierter Angebote einen „Konsistenzbereich“, der von der linken unteren bis zur rechten oberen Ecke der Matrix reicht. Konsistent ist das Angebot dann, wenn bei wichtigen Merkmalen (z.B. technischer Service) eine überdurchschnittliche Leistung geboten wird und wenn bei relativ unwichtigen Attributen auf besonders gute Leistungen verzichtet wird.

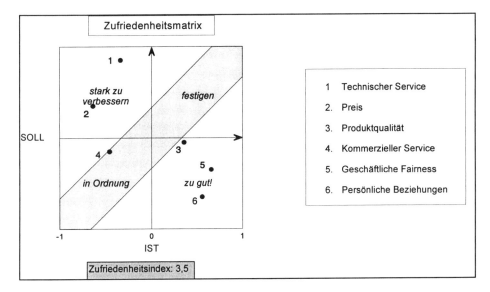

Abbildung 6: Zufriedenheitsmatrix

Der Punkt „Technischer Service“ liegt links vom Konsistenzbereich, worin sich die Unzufriedenheit des Kunden mit dieser wichtigen Eigenschaft äußert. Beim kommerziellen Service fällt die relativ schlechte Leistung nicht ins Gewicht.

Der unterhalb der Zufriedenheitmatrix angegebene Zufriedenheitsindex ist das mit den Soll-Werten gewichtete Mittel der einzelnen Leistungsurteile. Er vermittelt eine generelle Zufriedenheitsstimmung, wobei wichtige Eigenschaften stärker berücksichtigt werden als unwichtige. Die Zufriedenheit des im Beispiel befragten Kunden bewegt sich demnach auf einem eher mittelmäßigen Niveau.

Fazit: Die Messung der Kundenzufriedenheit mit Hilfe eines Soll-Ist-Vergleichs ist ein operables Verfahren, das detailliert über Zufriedenheit bzw. Unzufriedenheit Auskunft gibt. Die hohe Operabilität ist Resultat der relativ leichten Erhebbarkeit und Analyse der

Daten. Profile, Zufriedenheitsmatrizen und Zufriedenheitsindizes sind sehr anschaulich und vermitteln schnell ein zuverlässiges Bild der Zufriedenheitssituation. Der Soll-Ist-Vergleich ist ein Verfahren, mit dem die meisten der in 3.1 genannten Ziele der Messung der Kundenzufriedenheit erfüllt werden. Insbesondere wird konkreter Handlungsbedarf aufgezeigt, wenn auf wichtigen Eigenschaften eine schlechte Leistung erzielt wird.

c) Die Kunden-Wert-Analyse

Mit Hilfe der Kunden-Wert-Analyse wird ermittelt, wie hoch die Wertschätzung („wahrgenommener Wert") eines Kunden für Bestandteile eines Produkts oder einer Dienstleistung ist (vgl. Sebastian/Lauszus 1994). Die wichtigste Methode innerhalb der Kunden-Wert-Analyse zur Kalibrierung des „wahrgenommenen Wertes" ist Conjoint Analysis. Conjoint Analysis hat sich in den letzten Jahren als eine Methode zur Messung von Nachfragerpräferenzen bewährt (vgl. Wittink/Vriens/Burhenne 1992) und wird hier mit Modifikationen als Verfahren zur Messung von Kundenzufriedenheit vorgestellt.

Die Idee von Conjoint Analysis-Studien ist, aus empirisch erhobenen, globalen Kundenurteilen Nutzenwerte der Ausprägungen von Objekteigenschaften zu errechnen, die als Äquivalente der Wertschätzung aufgefaßt werden können. Eine Conjoint Analysis-Studie zur Messung der Kundenzufriedenheit besteht aus mehreren Phasen (vgl. Kucher/Simon 1987): Nach einer Konzeptionsphase und der Datenerhebung werden die Nutzenwerte berechnet. Bereits jetzt können Zufriedenheitsgrade und Verbesserungspotentiale ermittelt werden. In einem weiteren Schritt werden Leistungsänderungen des Anbieters simuliert und Einflüsse auf die Kundenzufriedenheit exakt beziffert. Im folgenden wird jede dieser Phasen detailliert beschrieben.

Phase 1: Konzeptionsphase

In der Konzeptionsphase wird ein Modell erstellt, das alle relevanten Komponenten des Dienstleistungsangebots (Eigenschaften) enthält. Diese Eigenschaften müssen bestimmten Kriterien genügen (vgl. Backhaus et al. 1994).

In einer jährlich sich wiederholenden Kundenzufriedenheits-Studie des Faserproduzenten setzte sich das Modell der relevanten Eigenschaften u.a. aus den Eigenschaften „Technischer Service" und „Logistischer Service" zusammen. Jede dieser Eigenschaften läßt sich durch weitere „Untereigenschaften" charakterisieren, wie sich der folgenden Abbildung 7 entnehmen läßt.

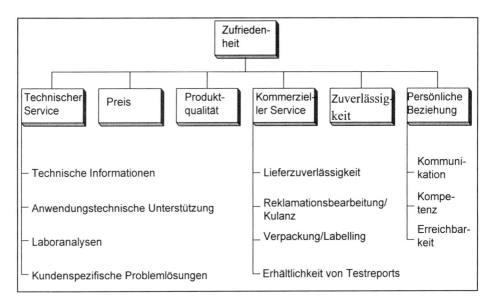

Abbildung 7: Relevante Eigenschaften für Kundenzufriedenheit

Jede dieser Eigenschaften kann verschiedene Ausprägungen (Leistungsgrade) annehmen. Die Eigenschaft „Lieferzuverlässigkeit" aus dem kommerziellen Service z.B. kann
die polaren Werte „Lieferzuverlässigkeit in 90 % der Fälle" und „Lieferzuverlässigkeit
in 100 % der Fälle" annehmen. Es sind aber auch weitere Ausprägungen zwischen diesen Polen, z.B. „angemessen" oder „in 95 % der Fälle erfüllt" möglich. Bei der Definition der Eigenschaften und der Ausprägungen wird der Grundstein für eine zuverlässige
Messung der Kundenzufriedenheit gelegt. So sind einerseits Leistungsgrade zu definieren, die das minimale Serviceangebot charakterisieren und andererseits Ausprägungen,
die ein maximal vorstellbares Niveau der jeweiligen Eigenschaft darstellen. Für die
Messung der Kundenzufriedenheit ist es darüber hinaus notwendig, die aktuelle Leistung des Unternehmens als Ausprägung zu berücksichtigen. Die Bestimmung der Eigenschaften und ihrer Ausprägungen bzw. der Formulierung wird auf der Basis einer
Vorstudie durchgeführt.

Phase 2: Datenerhebung
Die Datenerhebung wird während eines persönlichen Gesprächs mit einem Kunden
durchgeführt. Wie schon erwähnt, sind wegen der multipersonalen Entscheidungspro-
zesse mehrere Entscheidungsträger zu befragen. Die Erhebung geschieht entweder in
Einzelgesprächen oder aber in einem „Round-Table-Gespräch", bei dem alle Entscheidungsträger anwesend sind und bei dem eine Gruppenmeinung erarbeitet wird. Es ist
denkbar und unter ökonomischen Gesichtspunkten sinnvoll, daß z.B. Außendienstmitarbeiter zumindest einmal jährlich ein solches Gespräch mit den Kunden durchführen.
Während dieses Gesprächs wird ein PC-gestütztes Interview durchgeführt.

PC-gestützte Interviews besitzen große Vorteile gegenüber konventionellen „Paper and Pencil-Interviews". Die Hauptvorteile sind die Zusammenstellung eines individuellen Interviews abhängig von den Antworten des Kunden, die höhere Motivation des Kunden, der selber den PC bedienen kann, und nicht zuletzt stark reduzierte Analysezeiten, da der Vorgang der Dateneingabe entfällt. Es ist sogar möglich, dem Kunden direkt nach dem Interview erste Ergebnisse der Befragung zu zeigen, und so mit ihm über bestimmte Komponenten des Dienstleistungsangebots zu diskutieren, mit denen er nicht zufrieden ist (vgl. auch Hamman/Erichson 1990).

Während dieses Interviews werden dem Kunden mehrmals je zwei Dienstleistungspakete zur Bewertung vorgelegt. Jedes dieser Dienstleistungspakete enthält die Ausprägungen von verschiedenen Serviceeigenschaften. Der Kunde muß seine Präferenz für eines der Pakete äußern, indem er einen Skalenwert angibt.

Ein möglicher Paarvergleich auf einem PC-Bildschirm ist in der folgenden Abbildung 8 zu sehen:

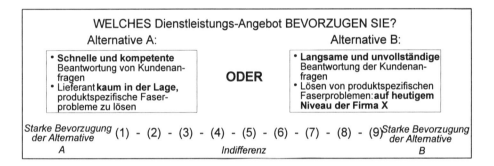

Abbildung 8: Paarvergleich

Der befragte Kunde muß seine Präferenz für eines dieser Serviceangebote äußern. Er wird dabei vor eine realitätsnahe Situation gestellt, denn er muß zwischen den verschiedenen Ausprägungen der Servicemerkmale abwägen und verschiedene Produkte als Ganzes bewerten.

Der befragte Kunde muß seine Präferenz für eines dieser Serviceangebote äußern. Er wird dabei vor eine realitätsnahe Situation gestellt, denn er muß zwischen den verschiedenen Ausprägungen der Servicemerkmale abwägen und verschiedene Produkte als Ganzes bewerten.

Im vorliegenden Paarvergleich muß der Kunde zwischen anwendungstechnischer Unterstützung und kundenspezifischen Problemlösungen abwägen. Er muß sich die Frage stellen, ob er die schnelle und kompetente Beantwortung von Lieferanfragen mit einer schlechteren Leistung bei den kundenspezifischen Problemlösungen erkauft, oder ob er bei kundenspezifischen Problemlösungen nicht unter das aktuelle Niveau gehen möchte, obwohl gleichzeitig Kundenanfragen nur langsam und unvollständig beantwortet werden.

Der Kunde kann nicht nur die Entscheidung für das eine oder das andere Dienstleistungspaket treffen, sondern kann auch die Intensität seiner Präferenz äußern, indem er einen entsprechenden Wert auf der jeweiligen Skala angibt.

Die Ausprägung „auf heutigem Niveau" bei kundenspezifischen Problemlösungen in Alternative B ist zwischen der minimalen und der maximalen Leistung in dieser Eigenschaft anzusiedeln. Kunden verbinden mit der Formulierung „auf heutigem Niveau" unterschiedliche Leistungen. Wird die aktuelle Leistung eher in der Nähe von dem maximal möglichen Niveau gesehen, ist von relativ hoher Zufriedenheit auszugehen. Andernfalls, wenn „auf heutigem Niveau" eher mit der schlechten Leistung in Verbindung gebracht wird, ist der Kunde unzufrieden.

Angenommen, der Kunde aus dem obigen Beispiel entscheidet sich für den Wert vier, zieht also Alternative A leicht vor. Sogleich wird ihm der nächste Paarvergleich präsentiert. Dieser liefert zum vorhergehenden nur einen Unterschied in Alternative B. Hier wird nun das maximal vorstellbare Niveau in der Eigenschaft „Kundenspezifische Problemlösungen" angeboten.

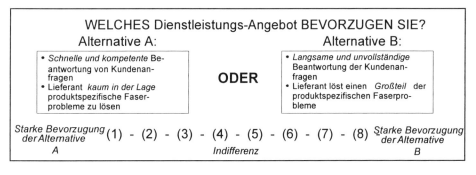

Abbildung 9: Paarvergleich

Führt nun die Leistungssteigerung in Alternative B dazu, daß der Kunde eine starke Vorliebe für Alternative B entwickelt, so besteht offenbar zwischen dem heutigen Niveau und der maximal vorstellbaren Leistung bei kundenspezifischen Problemlösungen eine große Differenz, die zu einem Wechsel in der Entscheidung führt. Dies ist ein Indiz für die Unzufriedenheit des Kunden mit der aktuellen Leistung.

Weitere Paarvergleiche mit anderen Eigenschaftsausprägungen ermitteln die relative Bedeutung einzelner Leistungsgrade.

Phase 3: Berechnung von Nutzenwerten
Aus den globalen Urteilen in den Paarvergleichen werden mit Hilfe multivariater statistischer Verfahren sog. Nutzenwerte für jede Ausprägung der Dienstleistungseigenschaften berechnet (vgl. Backhaus et al. 1994). Diese Nutzenwerte stellen die Wertschätzung für eine Eigenschaftsausprägung in einem Zahlenwert dar. Mit Nutzenwerten kann genauso argumentiert werden wie mit Temperaturwerten, die auf einer Celsius-Skala gemessen werden: ein höherer Temperaturwert bedeutet zum einen größere Hitze. Genauso wie Temperaturunterschiede lassen sich darüber hinaus auch Nutzenunterschiede sinnvoll bestimmen:

Für die Ausprägungen der Eigenschaften „Anwendungstechnische Unterstützung" und „Kundenspezifische Problemlösungen" wurden die in Abbildung 10 dargestellten Nutzenwerte ermittelt, wobei die Nutzenwerte der jeweiligen Minimalausprägung auf den Wert Null normiert wurden.

Leistungsgrad Anwendungstechnische Unterstützung	Nutzen-wert	Leistungsgrad Kundenspezifische Problemlösungen	Nutzen-wert
Schnelle und kompetente Beantwortung von Kunden-anfragen	70	Lieferant löst einen Großteil der produktspezifschen Faserprobleme	100
Beantwortung von Kunden-anfragen: auf heutigem Niveau der Firma X	56	Lösen von produktspezifischen Faserproblemen: auf heutigem Niveau der Firma X	80
Langsame, unvollständige Beantwortung der Kunden-anfragen	0	Lieferant kaum in der Lage, produktspezifische Faserprobleme zu lösen	0

Abbildung 10: Darstellung von Nutzenwerten

Für den Kunden ist also die Tatsache, daß der Lieferant einen Großteil der produktspezifischen Faserprobleme löst, wichtiger als die „Schnelle und kompetente Beantwortung von Kundenanfragen", weil hier ein höherer Nutzenwert erzielt wird. Außerdem präferiert er die Steigerung vom heutigen auf ein besseres Niveau in „Kundenspezifischen Problemlösungen" gegenüber der analogen Leistungsverbesserung in der anwendungstechnischen Unterstützung.

Die Nutzenwerte sind die Datenbasis für die Messung der Kundenzufriedenheit. Zunächst sind einfache Kennzahlen zu ermitteln. Durch den Vergleich von Nutzenwerten von Ausprägungen, die das Leistungsangebot des befragenden Anbieters charakterisieren und Nutzenwerten, die einen Sollstandard kennzeichnen, kann nun für jeden Bestandteil des Dienstleistungsangebots ein Zufriedenheitsgrad gemessen werden. Zufriedenheitsgrade von 80% und mehr drücken hohe Zufriedenheit aus, während bei Zufriedenheitsgraden von unter 50% von Unzufriedenheit gesprochen werden muß.

In eine weitere Kennzahl, das Verbesserungspotential, das in absoluten Nutzeneinheiten gemessen wird, fließt als zusätzliche Information die relative Wichtigkeit der Serviceeigenschaften ein.

Aus der Aussage, daß die Leistungskriterien „Anwendungstechnische Unterstützung" und „Kundenspezifische Problemlösungen" die gleichen Zufriedenheitsgrade (80%) aufweisen, läßt sich nicht schließen, daß der Kunde gleiche Leistungsverbesserungen in diesen Eigenschaften auf gleiche Weise honoriert. Vielmehr müssen (die ebenfalls aus Conjoint-Measurement-Nutzenwerten ermittelbaren) relativen Wichtigkeiten der Serviceeigenschaften zusätzlich berücksichtigt werden. Beide Informationen (Zufriedenheitsgrad und relative Wichtigkeit) lassen sich in der Kennzahl „Verbesserungspotential" verdichten. Abbildung 11 verdeutlicht diesen Zusammenhang.

Die Zufriedenheitsgrade der anwendungstechnischen Unterstützung und von kundenspezifischen Problemlösungen sind gleich. Die Eigenschaft „Kundenspezifische Problemlösung" wird vom Kunden allerdings wesentlich wichtiger eingestuft (43% gegenüber 32%). So wird es stärker honoriert, die kundenspezifische Problemlösung zu verbessern, als bessere anwendungstechnische Unterstützung zu bieten, was sich in einem höheren Verbesserungspotential für kundenspezifische Problemlösungen widerspiegelt.

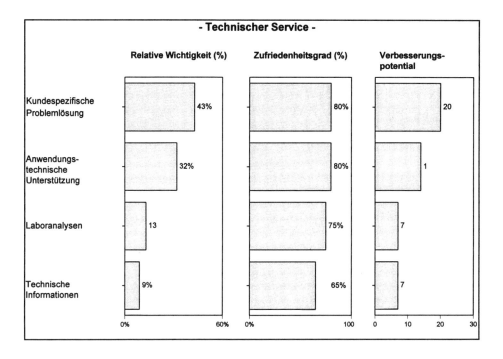

Abbildung 11: Die Kennzahl „Verbesserungspotential"

Phase 4: Simulation von Leistungsverbesserungen

Verbesserungspotentiale sind ein Anhaltspunkt dafür, wie Leistungsverbesserungen von Kunden wahrgenommen werden. Genaueren Aufschluß über Zufriedenheitsverläufe geben jedoch Simulationen von Leistungsverbesserungen. Dabei ist es möglich, die Auswirkungen einzelner oder kombinierter Verbesserungen von Dienstleistungskomponenten auf die Zufriedenheit der Kunden zu simulieren. Ergebnis derartiger Simulationen sind sog. Preis- und/oder Volumenpremiums. Ein Preispremium gibt an, wieviel ein Kunde bereit wäre, mehr zu zahlen, wenn eine oder mehrere Leistungsverbesserungen in Servicekomponenten vorgenommen würden. Zu oft werden industrielle Dienstleistungen jedoch nicht berechnet, da sie nicht Gegenstand des Kerngeschäftes sind. Dann ist es aber notwendig zu wissen, ob der Kunde bereit ist, mehr vom Kernprodukt zu kaufen, wenn eine Steigerung der Zufriedenheit stattfindet (sog. Volumenpremium).

Zur Ermittlung eines Preispremiums wird die erwartete Nutzensteigerung in Preiseinheiten umgerechnet. Volumenpremiums werden mit Hilfe eines Marktanteilssimulationsmodells berechnet, wobei annahmegemäß ein Zusammenhang zwischen dem erzielten Gesamtnutzen und den Marktanteilen besteht (vgl. Green/Srinivasan 1990, Simon/Kucher 1988)

Im Beispiel des Faserproduzenten wurden die folgenden *Preis- und Volumenpremiums* ermittelt:

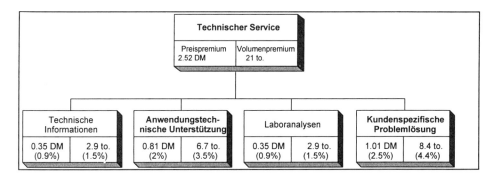

Abbildung 12: Preis- und Volumenpremiums für Faserproduzenten

Würde also in allen Komponenten der Dienstleistung „Technischer Service" eine Leistungsverbesserung auf das maximal vorstellbare Niveau vorgenommen - und würde dies auch von dem befragten Kunden wahrgenommen -, so wäre dieser bereit, 2.52 DM pro kg des Fasergrundstoffes mehr zu bezahlen als bisher (+ 6.3%).

Ist diese Preiserhöhung beim Kunden nicht durchzusetzen, so könnte der Produzent eine Mengensteigerung in Höhe von 21t (+10.9%) realisieren.

Durch eine (Ceteris-Paribus-) Verbesserung in der Eigenschaft „Kundenspezifische Problemlösung", bei der oben das relativ größte Verbesserungspotential innerhalb des technischen Services festgestellt wurde, kann ein um 2.5% höherer Preis (+1,01 DM) durchgesetzt werden. Alternativ - bei gleichem Preis wie bisher - würde der Kunde 4.4% Rohmaterial (+8,4 to.) mehr abnehmen.

Preis- und Volumenpremiums dienen als wichtige Größen für Target Costing (vgl. Laker 1993) bzw. als Argumente für die Reduzierung des „Service-Overkills" (vgl. Sebastian/Hilleke 1994) und als Markteintrittsbarriere für die Konkurrenz.

Fazit, Bewertung und Ausblick: Kunden-Wert-Analysen sind ohne Zweifel die fortgeschrittenste Methode der Messung von Kundenzufriedenheit. Mit keiner anderen Methode kann zuverlässiger und ausführlicher Auskunft über die Zufriedenheitssituation und -entwicklung gegeben werden als mit ihr. Das gesamte Spektrum von in Kundenzufriedenheitsmessungen ermittelbaren Informationen ist in der Kunden-Wert-Analyse abgedeckt. So wird sowohl Zufriedenheit bzw. Unzufriedenheit identifiziert, als auch differenziert über Leistungskomponenten berichtet. Die Informationen reichen aus, detaillierte Handlungsmöglichkeiten aufzuzeigen und deren Profitabilität zu beziffern. Überzeugend ist auch die Qualität und Zuverlässigkeit der Informationen.

Kunden-Wert-Analysen besitzen einen weiteren Vorteil: in den verwendeten Paarvergleichen wird die Information indirekt abgefragt. Es besteht somit zum einen keine Möglichkeit zur „strategischen" Beantwortung der Fragen, zum anderen fühlt sich der Befragte nicht durch eine zu direkte Befragungsweise in die Enge getrieben.

Für das Unternehmen AKZO-NOBEL, das weltweit Messungen der Kundenzufriedenheit mit Hilfe der Kunden-Wert-Analyse durchführt, hat dies einen wesentlichen Vorteil. Der Vorgang der Datenerhebung kann vom eigenen Außendienstpersonal durchgeführt werden, ohne daß dies zu einer systematischen Verfälschung der Ergebnisse führte. Der aufwendige und kostspielige Einsatz von unabhängigen Interviewern kann entfallen.

4. Abschließende Bemerkungen

Die Messung der Kundenzufriedenheit mit industriellen Dienstleistungen birgt mehrere Problemfelder in sich. Zum einen ist das Konstrukt der Zufriedenheit kein objektiv meßbarer Tatbestand. Zum anderen erschweren es die Vielgestaltigkeit und Vielschichtigkeit der Beziehungen zwischen Anbietern und Kunden und die Verschiedenartigkeit der industriellen Dienstleistungen, ein zuverlässiges Bild der Zufriedenheitssituation widerzugeben.

Die vorgestellten Methoden - insbesondere die Kunden-Wert-Analyse - werden diesen Anforderungen gerecht. Derartige Messungen müssen systematisch, regelmäßig, differenziert nach Segmenten und kundenbezogen erfolgen.

Die Kundenzufriedenheitsmessung muß in ein Dienstleistungs-Controlling eingebettet werden, das - strategisch - entscheidet, welche Dienstleistungen bereitgestellt werden, und - operativ -, welcher Leistungsumfang zu welchem Preis angeboten wird. Die Messungen der Kundenzufriedenheit unterstützen Entscheidungen in diesem dynamischen Prozeß.

Hemjö Klein

Management von Kundenzufriedenheit bei der Deutschen Lufthansa AG

1. Lufthansa im Wettbewerbsumfeld

1.1 Aktuelle Situation der Luftfahrtindustrie

In den Jahren 1991 - 1993 hat die zivile Luftfahrt mehr Verluste eingeflogen, als sie seit dem Erstflug der Gebrüder Wright im Jahre 1908 an Gewinnen erwirtschaftet hat. Das kumulierte Defizit der Luftverkehrsbranche seit 1990 liegt bei ca. 16 Mrd. Dollar. Ein trauriger Rekord und warnendes Signal für strukturelles Fehlverhalten einer ganzen Industrie.

In vielen geographischen Teilmärkten herrscht ein ruinöser Preiskampf. Aber Preiskampf ist nur Wirkung, Ursache ist die fatale Kapazitätspolitik einzelner Gesellschaften aufgrund eines fehlgeleiteten Strebens nach „Economies of Scale". „Economies of Scale" - Rationalisierung durch Menge - gilt aber nur, wenn der Kostenansatz stimmt. Ein „falscher" Kostenansatz als Wachstumsbasis führt sehr schnell zu „Economies of Fail".

Die westlichen Fluggesellschaften hatten Anfang 1993 2.500 feste Flugzeugbestellungen plaziert, obwohl gleichzeitig 730 Flugzeuge in der Wüste von Arizona geparkt wurden. Die für den Luftverkehr prognostizierten Zuwachsraten von 5 % im Passageverkehr p.a. reichen nicht aus, um die bestehenden Überkapazitäten wettzumachen, und erste Marktbelebungen führen bei einzelnen Gesellschaften erneut zu einem „Kapazitäts-Übermut", so daß der Preis- und Wettbewerbsdruck auf mittlere Sicht nicht nachlassen wird.

Kein Zweifel: Es müssen Ansätze für ein neues Regelwerk der Kapazitäten gefunden werden; preisliche Regularien sind hier kein hoffnungsfroher Ansatz. Dies ist für die gesamte Branche wichtig, denn es ist die Glaubwürdigkeit gegenüber unseren Kunden, die wir existentiell gefährden: Die Ernsthaftigkeit unserer kaufmännischen Qualifikation, die Verläßlichkeit unserer wirtschaftlichen Vernunft und die technologische Innovationskraft unserer Branche stehen auf dem Spiel.

1.2 Lufthansa 1993 - 1994

Die Lufthansa steht in ihrem Heimatmarkt mit über 80 Luftverkehrsgesellschaften im Wettbewerb, die im Linienverkehr in oder von/nach Deutschland fliegen. Zusätzlich steht sie in Konkurrenz zum Charterflugverkehr, der in zunehmendem Maße auch Linienverkehr durchführt, und - im Inland sowie im grenznahen Ausland - zu den immer besser, schneller und attraktiver werdenden Bodenverkehrsmitteln.

Lufthansa ist, wie fast alle Fluggesellschaften, seit 2 Jahren von erheblichem unternehmerischem Druck betroffen. Rezession in den wichtigsten Märkten der Welt, Überkapazitäten und Preiskriege zusammen mit überproportionaler Kostenentwicklung haben das Ergebnis stark negativ beeinflußt.

Heute können wir feststellen: Wir haben unsere Schularbeiten gemacht. Wir haben sorgfältig unsere Stärken und Schwächen analysiert, die Chancen und Notwendigkeiten in allen Märkten der Welt prognostiziert und die Auswirkungen der Liberalisierung antizipiert. Trotz der schwierigen wirtschaftlichen Rahmenbedingungen verzeichnete der Flugreisemarkt von/nach/über Deutschland auch 1993 einen Zuwachs von 2 Mio. Reisen. In 1994 stieg der Flugreisemarkt gegenüber dem Vorjahr um 6 % bzw. 1,6 Mio. Reisen.

In diesem Markt, in dem ca. 200 IATA Fluggesellschaften vertrieblich um die Gunst der Passagiere werben, konnte sich die Lufthansa AG trotz der oben ausgeführten Schwierigkeiten gut behaupten. Mit 30 Mio. beförderten Fluggästen hatte Lufthansa 4,5 % mehr Passagiere in 1994 als im Jahr 1993. Der Sitzladefaktor konnte im gesamten Streckennetz um 1,2 Prozentpunkte auf 67,5 % erhöht werden.

Gegenüber dem Höchststand im Jahre 1992 sind über 8.500 Beschäftigungsjahre abgebaut worden, dies entspricht 17 % der Mitarbeiter. Lufthansa ist damit durch den zum Personalabbau parallel verlaufenden Anstieg der beförderten Passagiere gegenüber 1991 um 21 % produktiver geworden.

Ende 1994 umfaßte die Konzernflotte 313 Flugzeuge. Mit einem Flottenalter von durchschnittlich 5,4 Jahren liegt Lufthansa weltweit an der Spitze und bietet die jüngste Flotte aller Fluggesellschaften. Im Gegensatz zu den meisten Wettbewerbern ist der größte Teil der Flottenerneuerung bereits geleistet.

Dabei liegt der Anteil der geleasten Flugzeuge im LH-Konzern bei 24 % und damit deutlich unter dem Leasinganteil der Wettbewerber in Europa und Nordamerika. Im Durchschnitt aller europäischen Carrier liegt er bei 38 %, bei amerikanischen Carriern sogar bei 52 %. Im Geschäftsjahr 1993 konnte Lufthansa trotz der anhaltend ungünstigen Rahmenbedingungen den Verlust im Vergleich zum Vorjahr deutlich verringern.

Im dritten Quartal 1994 hat LH einen Gewinn vor Steuern von 220 Millionen DM erzielt - eine Verbesserung gegenüber dem gleichen Vorjahreszeitraum von 52 %. Für die ersten neun Monate weist das Unternehmen einen Gewinn vor Steuern von 325 Millionen DM aus. Das entspricht einer Verbesserung von 401 Millionen DM gegenüber dem Vorjahreszeitraum. Für das vierte Quartal zeichnet sich bei Lufthansa ein ausgeglichenes operatives Ergebnis ab. Lufthansa wird das Geschäftsjahr 1994 mit einem Bilanzgewinn abschließen und die Zahlung von Dividenden an die Aktionäre wieder aufnehmen können.

1.3 Strategische Ziele der Lufthansa AG

Als Global Carrier erfolgreich in den Märkten der Welt operieren! Um dieses Ziel zu sichern, hat Lufthansa ihre Passage-Strategie neu entwickelt und in konkreten Teilzielen zur Basis der Maßnahmen und Planungen gemacht.

Die Passage-Strategie beruht auf 5 Säulen:

1. Europa wird der Heimatmarkt von Lufthansa und wird den Kernmarkt Deutschland ersetzen. Europa mit seinen 700 Mio. Einwohnern - damit mehr als doppelt so viel wie der derzeit größte Markt der Welt, die USA - gilt als einer der Wachstumsmärkte von morgen. Ziel ist, Lufthansa als die führende Airline in Europa zu etablieren.

Das notwendige Wachstum - schneller als der Markt - sichert Lufthansa durch kooperative Allianzen mit europäischen Partnern. Kooperative Allianzen bestehen schon mit Lauda Air, Luxair und Finnair. Zusätzlich wird die Position in Europa durch das bereits bestehende weltweite Netzwerk gesichert und ausgebaut werden. Mit dem Abschluß der Kooperationsabkommen mit United Airlines, Varig und Thai Airways wurden für Lufthansa wichtige globale Netzpartnerschaften umgesetzt. Die Kooperation mit United Airlines erschließt Lufthansa über das Code-Sharing den Zugang zum größten Luftverkehrsmarkt der Welt.

Ziel ist ein globales Flugnetz mit 3000 täglichen Flügen zu 400 Destinationen in 90 Ländern. Gemeinsam mit Thai Airways und United Airlines hat Lufthansa das weltweit größte Streckennetz mit mehr Zielen und Flügen als jede andere Kooperation.

2. Obwohl „Lufthansa" zu den bedeutendsten „Brands" der Welt und aller Airlines zählt, war die praktizierte Lufthansa-Markenwelt heterogen und vereinzelt für den Kunden nicht nachvollziehbar. Ein neues Markenkonzept soll „Lufthansa" weltweit als „Qualitätssymbol für Fliegen" positionieren.

Aus der Markenartikelindustrie haben wir gelernt, was auf einen Dienstleister übertragbar ist: Eine Konzentration auf das Preisargument führt nicht nur zu sinkenden Erträgen, sondern auch zu sinkender Markenloyalität bis hin zum Verlust der Markenidentität im Kopf des Verbrauchers und damit zur völligen Austauschbarkeit.

3. Die Reiseindustrie ist vom Schatten der Veränderungen im Handel eingeholt worden. Die Abhängigkeit des Produzenten vom Vertrieb wird zunehmend deutlich, so daß zunehmend Preise, Konditionen, Distributionswege vom Handelspartner beeinflußt und bestimmt werden. Die Abhängigkeit des Produzenten vom Vertrieb wird durch die mittlerweile in der Reisemittlerbranche weit fortgeschrittenen Konzentrationstendenzen verstärkt. Daraus ergibt sich die strategische Notwendigkeit, den Einfluß auf Vertriebswege und Vertriebssysteme in den Schlüsselmärkten zu sichern und auszubauen. Vertrieblicher Einfluß wird durch Ansätze der vertikalen Integration bspw. über minderheitliche Beteiligungen gesichert werden müssen. Das alleine reicht jedoch nicht! Der Vertrieb von morgen wird durch andere Technologien bestimmt, die allgemein unter „Communication Highway", dem Synonym für Fortschritt, subsumiert werden. Lufthansa wird auf diese Informationstechnologie als Vertriebsinstrument nicht verzichten.

4. Lufthansa, in den Augen vieler traditionell ein Geschäftsreisecarrier, partizipierte bisher nur unterdurchschnittlich am großen Privatreisemarkt. Dieser Markt der privat veranlaßten Reisen wird voraussichtlich in Zukunft 80 % des Wachstums gestalten. Mit der Konzerngesellschaft CONDOR und anderen Beteiligungen hat Lufthansa bereits heute eine starke Position im touristischen Segment.

Ziel der Lufthansa ist es, die touristische Leistungsfähigkeit im wachstumsstärksten Teilmarkt auszubauen und Lufthansa auch als touristischen Leistungsträger zu positionieren. Lufthansa soll in der Touristik eine vergleichbare Kompetenz erreichen, die sie bei Geschäftsreisen schon seit Jahrzehnten unter Beweis stellt.

5. Alle vorgenannten Komponenten reichen jedoch nicht aus, um eine erfolgreiche und rentable Airline dauerhaft zu sichern. Entscheidend für den Erfolg wird die Fähigkeit sein, differenziert anzubieten, schneller und gezielter auf Marktveränderungen zu reagieren und Produktvorteile wirkungsvoll an die Kunden zu kommunizieren. Diese Innovationen sollen schwerpunktmäßig am Boden, an Bord und am Lufthansa Drehkreuz Frankfurt erfolgen.

Die Innovationskraft ist der Schlüssel zur Steigerung des Kundennutzens und letztlich zur langfristigen Unternehmenssicherung. Wer als Unternehmer keinen Kundennutzen produziert, verliert langfristig die Zugangsbedingung zum Markt.

1.4 Lufthansa - Regionaler Anbieter oder Global Player

Heute ist LH - und war es jahrelang erfolgreich - eine international operierende Airline „made in Germany". Nationale Märkte werden zunehmend verschwinden; es wird langfristig keine nationalen Kunden mehr geben. Statt Abgrenzung heutiger Zielländer wird es zu einer Angleichung der Lebensstile in Europa kommen. So wie es nicht den typischen Amerikaner, sondern den Italo-, China-, Deutschamerikaner gibt, wird sich auch Europa zu einer Internationalisierung von Lebensstilen entwickeln.

Auf Dauer wird es auch keinen nationalen Produzenten mehr geben. Nationale Produzenten sind dann Regionalanbieter. Deshalb zielt Lufthansa auf ein Netzwerk internationaler Partnerschaften. Die Tugenden des Begriffes „made in Germany" legen wir in unseren Firmennamen und handeln weltweit nach ihnen.

Um in dem Spannungsfeld Wettbewerb - Kundenerwartung erfolgreich zu bestehen, ist das Ziel der weltweiten Etablierung der Qualitätsmarke Lufthansa von zentraler Bedeutung. Diese Überzeugung ist in den strategischen Grundpositionen festgeschrieben:

„Lufthansa wird in Zukunft noch stärker für den Kunden da sein, Service soll meßbar als Qualitätsversprechen praktiziert werden."

„Wir wollen eine globale, profitable Fluggesellschaft sein. 'Made by Lufthansa' wird zum Qualitätssiegel in den Märkten der Welt." Auf dem Weg zur Erreichung der zuvor skizzierten Säulen der Strategie wird das Prinzip der Kundenorientierung zur Selbstverpflichtung für die Mitarbeiter der Lufthansa und ist gleichzeitig Leitfaden des Qualitätsmanagements. In der Mission des Passage Ressorts ist dies verankert. Hier heißt es u.a.:

- Wir sind ein Dienstleistungsunternehmen. Unsere Arbeit bezahlt der Kunde. Ihm dienen wir, für ihn leisten wir.
- Wir sind Lufthansa: jeder von uns, jeden Tag, jederzeit, überall.
- Kundennutzen ist unser Produkt. Vor, während und nach der Reise setzen wir Maßstäbe in Qualität für unsere Kunden.

2. Qualitätsmanagement

2.1 Qualität

Die Betriebswirtschaftslehre hat sich lange schwergetan und tut es noch heute, die richtigen Instrumentarien für die Definition von Qualität, ihre erfolgsorientierte Messung und daraus abgeleitete Entscheidungen zu finden (vgl. zum Qualitätsbegriff den Beitrag von Homburg in diesem Band).

Das Teuerste, das Beste und das Schönste sind kein Synonym für Qualität, obschon diese Begriffe einiges damit zu tun haben. Qualität ist kein absoluter Wert wie Geld oder Gewicht. Qualität ist die Übereinstimmung von Versprechen und Erwartung. Wenn Leistung ihren Preis wert ist, stimmt die Qualität. Hat man den Eindruck, daß die Leistung besser ist als der Preis, wird Qualität zum positiven Argument und kaufentscheidend. Leistung, die den Erwartungen der Kunden entspricht bzw. diese übertrifft, ist eine qualitativ hochwertige Leistung.

„Qualität verkauft sich selbst", dennoch muß sie kommuniziert werden. Da Qualität immer ein differenzierendes Argument ist, steigt ihre Bedeutung proportional zur Intensität des Wettbewerbs.

Steigt zusätzlich noch als Ergebnis größeren verfügbaren Einkommens die Marktattraktivität, entwickelt sich die Qualitätsbedeutung sogar überproportional. Qualität wird zum Verkaufsargument. Qualität als Urteil des Kunden über die Marke und damit über das gesamte Unternehmen hat sich vieltausendfach bewährt, vielfach bis zur Legende: z.B. Persil, Mercedes, Deutsche Bank, nicht zuletzt eines der größten Beispiele für Qualität und ihre Wirkungsmechanismen „Made in Germany".

2.2 Aufgabe und Bedeutung des Qualitätsmanagements

Qualitätsmanagement wird bei Lufthansa als systematisches Management des Qualitätssicherungsprozesses verstanden.

Entgegen viel verbreiteter Annahmen ist Qualitätsmanagement rsp. Qualitätspolitik eines Dienstleistungsunternehmens Aufgabe des gesamten Unternehmens und nicht nur einzelner Bereiche mit Kundenkontakt. Der Kunde selbst ist nicht nur statisch passives Objekt im Dienstleistungsprozeß, sondern aktiver Beteiligter. Das Ergebnis einer Dienstleistung hängt entscheidend von der Kundenbeteiligung ab.

Konsequentes Qualitätsmanagement ist eine Aufgabe für alle Mitarbeiter, sei es in Produktion, Technik oder Logistik/Vertrieb und eine dauerhafte Verpflichtung des gesamten Unternehmens über alle Wertschöpfungsstufen und alle Bereiche.

Den Qualitätsanforderungen entsprechende Produkte und Dienstleistungen erhöhen die Kundenzufriedenheit, die Kundenbindung, die Marktausschöpfung und das Image des Unternehmens. Besonders gilt dies im Wettbewerb der Verkehrsträger, wo letztlich die erlebte Reisequalität zum für den Kunden entscheidenden Selektionskriterium wird.

Während die Qualitätssicherungskosten jedoch notwendige Kosten sind, sind Qualitätsfehlerkosten durchaus vermeidbar. Im Ergebnis breit angelegter Untersuchungen werden in Deutschland bei Industrie und Dienstleistungsunternehmen die Kosten für die Abweichung von den definierten Qualitätsanforderungen - also Qualitätsfehlerkosten - mit 10 bis 30 % vom Umsatz definiert.

Die Kosten für die Tätigkeiten der Fehlerbeseitigung werden durch ein konsequentes, vorbeugendes Qualitätsmanagement wesentlich vermindert und die Verbesserung der Prozesse führt zu einer Fehlerverhütung statt Fehlerbeseitigung.

2.3 Qualität in der Wertschöpfungskette einer Airline

Das Produkt eines Dienstleistungsunternehmens wie der Lufthansa besteht aus einer Vielzahl von Einzelelementen. Neben materiellen Komponenten wie Sitze, Mahlzeiten, Getränke, Fluggerät gehören zur Dienstleistung auch immaterielle Faktoren wie persönliches Engagement, Haltung, Aufmerksamkeit, Freundlichkeit und Flexibilität des einzelnen Mitarbeiters, Atmosphäre von Verkaufsbüros oder in der Flugzeugkabine.

Untersuchungen haben gezeigt, daß der menschliche Faktor, die „weiche" Servicequalität, von entscheidender Bedeutung für das subjektive Erlebnis von Servicequalität beim Kunden ist.

Viel stärker als bei Investitionsgütern und auch deutlich ausgeprägter als im Konsumgüterbereich lebt die Dienstleistung somit von der subjektiv empfundenen Qualität ihrer Leistung durch den Kunden. Bei Investitions- und Konsumgütern läßt sich Qualität physikalisch messen. Anders verhält sich dies jedoch bei der Dienstleistung und damit auch bei einer Airline. Eine Dienstleistung läßt sich bekanntlich nicht lagern, geschweige denn stapeln. Die Leistung, in der nüchternen Kalkulationssprache Sitzkilometer, ist gleichzeitig verbraucht, wenn sie produziert wird. Qualität erhält dadurch eine ganz besondere Bedeutung, da sie anstelle der fehlenden objektiven Qualitätsmerkmale zum wettbewerblichen Differenzierungsinstrument wird.

Aber nicht die Tatsache, daß die Leistungserstellung und der Absatz simultan erfolgen, begründet den wesentlichen Unterschied. Gleichsam gewichtig ist die Immaterialität der Leistung. Der „Vertrag" zwischen einem Dienstleistungsersteller und dem Kunden beruht auf einem Leistungsversprechen, dessen Einhaltung oberstes Gebot ist, dessen Sicherung die Qualität individueller Leistung sein wird.

Ist ein Fluggast von einem Lufthansa Mitarbeiter erst einmal falsch behandelt und verärgert worden, ist der Koffer nach Ankunft der Maschine nicht vorhanden, ist das Essen beim Service kalt, ist der gebuchte Platz schon vergeben, dann ist aus der Serviceleistung eine Fehlleistung geworden und beim Kunden eine mangelhafte Ware „Dienstleistung" angekommen. Im Gegensatz zur Güterproduktion kann ein Luftverkehrsunternehmen kein mit Mängeln behaftetes Teil der Produktion bei einer Zwischen- oder Endkontrolle aus dem Produktionsprozeß herausnehmen und nachbessern, bevor es den Kunden erreicht.

Wenn Qualität die Erfüllung der Kundenwünsche durch den Dienstleister Lufthansa darstellt, wird die Qualität des Flugerlebnisses zum Konkurrenzvorteil: Einhalten, was wir versprochen haben; erfüllen, was der Passagier als Qualität begründet erwartet. Diese Passagierabhängigkeit einerseits und die Identität von Leistungsabsicht und Erstellung andererseits sind die großen Herausforderungen an das Qualitätsmanagement der Airline - eine ganz besondere Herausforderung an den Dienstleister Lufthansa.

Qualität hat im Luftverkehr viele Kriterien, die den Kundennutzen definieren. Unbestritten gehören dazu eine moderne, technisch hoch entwickelte Flotte, ein auf die Wünsche der Kunden abgestimmter Flugplan mit dichten Frequenzen und hoher Verfügbarkeit. Aber diese Facetten bestimmen den Erfolg nicht allein. Die hohe technische und fliegerische Kompetenz, die Faktoren Sicherheit und Zuverlässigkeit und die Pünktlichkeit, ergänzt um emotionale Kundennutzen, bestimmen die Qualität einer Airline. Zur Qualität gehören aber nicht nur die aufgezählten Komponenten oder die verlockende Vielfalt des Angebots an Bord, sondern auch die Vermeidung bestehender Unannehmlichkeiten für den Passagier. Service heißt auch Verzicht auf produktionsorientierte Schritte, die für den Passagier keinen Nutzen stiften, wie z.B. stop and go auf dem Weg zum Flugzeug und danach. Eine der größten Herausforderungen an die Airlines heißt: Fliegen wieder schnell machen, wo es seine Schnelligkeit verliert: am Boden.

Betreuung und Serviceabläufe erleben die Kunden vorrangig - aber nicht nur - am Flughafen und im Flugzeug. Der Gesamteindruck einer Flugreise und damit die Qualität der Lufthansa Dienstleistung ergibt sich für den Kunden aus der Summe aller Einzeleindrücke entlang der gesamten Wertschöpfungskette.

Alle von verschiedenen Mitarbeitern unterschiedlicher Bereiche erbrachten Betreuungsleistungen und gestalteten Serviceabläufe und die dabei angebotenen materiellen Produkte sind für den Kunden einfach nur „der Flug mit Lufthansa" und damit lediglich ein einziger Vorgang.

In allen Teilen dieser Servicekette ist die persönliche Leistung der Mitarbeiter - Einfühlungsvermögen, Bereitschaft zur Kundenbetreuung, Leistungskompetenz - die entscheidende Dimension der Dienstleistung. Jeder Mitarbeiter ist dabei Repräsentant des ganzen Unternehmens und personifiziert dabei die Summe all unserer Leistungsversprechen. Wenn der Mitarbeiter vor den Passagier tritt, ist dies - für alle - der Augenblick der Wahrheit.

Schwachstellen beeinflussen das Kundenurteil dabei überproportional. Unter Umständen reicht ein Mangel in einem Teilprozeß, um den Gesamteindruck von Lufthansa vom Positiven ins Negative zu wenden.

Schließlich sind für den Fluggast die interne Organisation aller Serviceabläufe und ihre Interdependenzen irrelevant. Ihn interessiert nicht, wer für ein bestimmtes Anliegen zuständig ist bzw. gewesen wäre. Er erwartet eine schnelle und einwandfreie Bearbeitung von dem Mitarbeiter, an den er sich wendet. Für das Qualitätsmanagement bedeutet dies nicht nur Identifizierung und Gestaltung kundenorientierter Produkte und Mitwirkung im Ausbildungs- und Schulungsbereich, soweit Betreuungsaspekte angesprochen sind, sondern verstärkt auch Prozeßbeobachtung und Förderung innerbetrieblicher Prozeßverbesserungen innerhalb des gesamten internen Kunden-Lieferanten-Netzwerks über alle Abteilungsgrenzen hinweg.

Um all dies zu erreichen, nutzen wir Lufthansa-weit Total Quality Management als Führungsinstrument, mit dem Ziel: Jedem Mitarbeiter das zu vermitteln und zu ermöglichen, was unverzichtbar ist für seinen persönlichen Erfolg und damit dem Erfolg des Unternehmens: Selbstbewußtsein und Selbstwertgefühl, nicht aber die sprichwörtliche Arroganz. Der Schlüssel zur Professionalität in Dienstleistungsunternehmen liegt heute nicht mehr in der Dienstvorschrift oder dem definierten Standard, sondern darin, daß alle Mitarbeiter selbständig wie Kunden denken und handeln.

3. Erfolgsfaktor Kundendialog im Qualitätsmanagement

Das kundenorientierte Qualitätsmanagement im Verkauf und Marketingbereich konzentriert sich auf die übergreifende Sicherung und Verbesserung der Qualität derjenigen Produkt- und Servicebestandteile im Passagebereich, die der Fluggast außerhalb eher technisch orientierter Unternehmensleistungen (Wartung der Flugzeuge, Flugsicherheit) erlebt.

Wie erwähnt, hängt das Ergebnis der Dienstleistung entscheidend von der Kundenbeteiligung ab. Gerade deshalb ist es für eine konsequente Qualitätspolitik von immenser Bedeutung, Art und Ausmaß möglicher Wechselwirkungen zwischen Kunden und Mitarbeitern zu erkennen. Wo es notwendig ist, sind Passagiere stärker in den Planungs- und Entscheidungsprozeß einzubinden und mit ihnen ein aktiver Qualitätsdialog zu initiieren und zu praktizieren. Stets steht im Mittelpunkt die Überzeugung, daß Qualität in Dienstleistungsunternehmen ausschließlich eine Antwort auf individuelle Kundenerwartungen ist. Denn die Kunden sind es letztlich, die die Qualität der Lufthansa durch ihre Erwartungen und Wünsche definieren: Der Kunde als Mitarbeiter im Unternehmen.

Eine höhere Kundenzufriedenheit, Kundenbindung, vielfach günstigere Kosten und vor allem ein objektiveres Leistungsprofil sind der langfristig erzielbare Lohn solcher Maßnahmen.

Wegen der Bedeutung der Qualität für den Unternehmenserfolg liegt in der möglichst objektiven Erfassung und Operationalisierung der Kundenzufriedenheit eine der größten Herausforderungen an das Qualitätsmanagement. Wenn vielfach Service und dessen Qualität noch als Zusatznutzen angesehen wird, den man sich leisten kann, wenn es einem gut geht, hat die Qualität für den Passagier heute in ihrer Wertigkeit längst existentielle Bedeutung erlangt. Es ist ein Basisnutzen, den er erwartet. Die Zufriedenheit der Passagiere als Übereinstimmung von Qualitätsanforderung, der erlebten Qualität und Preisniveau ist Voraussetzung dafür, daß sie wieder mit Lufthansa fliegen und als zufriedene und loyale Kunden als Multiplikatoren fungieren. Zufriedene Kunden sind der Garant für den Unternehmenserfolg.

Die Messung der Qualitätserwartung, der wahrgenommenen Qualität und der relativen Qualitätsverbesserungen nimmt deshalb eine entscheidende Rolle ein. Es genügt nicht mehr, sich auf das Gespür und das Gefühl des Vertriebs und des Marketing zu verlassen, sondern ein systematischer Prozeß der Messung der Kundenzufriedenheit muß stattdessen initiiert werden. Nachfolgend sollen verschiedene Verfahren der Qualitätsmessung bei der Deutschen Lufthansa AG kurz dargestellt werden. Im Mittelpunkt stehen dabei die Methoden zur Messung der Passagierzufriedenheit (vgl. zur Messung von Dienstleistungszufriedenheit auch den Beitrag von Stauss/Seidel in diesem Band).

3.1 Kundendialog als Voraussetzung für Qualitätsentwicklung

Der Kundendialog nimmt innerhalb des Regelkreises des Qualitätsmanagements einen zentralen Stellenwert ein. Qualitätsmanagement heißt dabei, bei aller Subjektivität und Immaterialität einen methodischen Regelkreis aufzubauen.

Kontinuierliche Marktforschung bedeutet auch kontinuierlichen Kundendialog. Um die Produktentwicklung voll an den Kundenwünschen auszurichten, wird bei der Deutschen Lufthansa bereits seit 1969 laufend die Segmentierung des Marktes nach Zielgruppen beobachtet.
Damit lassen sich hochdifferenziert selbst für kleine Märkte und einzelne Strecken die Nachfragegruppen bestimmen und so unterschiedliche Produktentwicklungen für verschiedene Zielgruppen priorisieren und hinsichtlich ihrer Erfolgswahrscheinlichkeit quantifizieren.

– Regelmäßig wird mit verschiedensten ad hoc Untersuchungen die Qualitätserwartung gemessen, und zwar bei Lufthansa Kunden und bei Kunden unserer Wettbewerber.

In einfacheren Erhebungen geht es um die Wichtigkeit neuer oder die Akzeptanz existierender Produktbestandteile, jeweils im Kontext der vorhandenen Produkte und der über das Image der Lufthansa definierten Erwartungen an das Unternehmen.

– In komplexeren Studien wird vorzugsweise mit Conjoint Analysis der Trade Off veränderter Qualität bestimmt (vgl. zur Conjoint Analysis auch den Beitrag von Sebastian et al. in diesem Band). Damit erkennen wir z.B., wie ein höherer Grad an Aufmerksamkeit unserer Flugbegleiter gegenüber dem Gast die Produktakzeptanz und damit die Kaufwahrscheinlichkeit erhöht, selbst wenn an den materiellen Serviceabläufen an Bord nichts verändert wird. Unterschiedlichste Produkteigenschaften lassen sich so gegeneinander abwägen - beispielsweise mehr Flüge in einen Zielort (Flexibilität bei der Reiseplanung) versus Verbesserung des Sitzkomforts oder Marke des Anbieters. Über die Kombination mit der Produkteigenschaft Preis läßt sich die Preiselastizität (Zahlungsbereitschaft) bei Produktveränderungen erfassen. Im Ergebnis werden mit solchen Daten aufeinander aufbauende Marktszenarien bewertet, die mit dem Status quo beginnen und dann schrittweise die Marktauswirkungen von unterschiedlichen produktpolitischen Maßnahmen und möglichen Wettbewerberreaktionen simulieren.

Über die Messung der Qualitätserwartung der Kunden und potentieller neuer Kunden hinaus hilft die Trade Off Messung, zielgruppenspezifisch die richtigen Prioritäten bei Investitionen in verbesserte Qualität zu setzen. Chancen und Risiken werden für die Business Pläne betriebswirtschaftlich bewertbar und damit zu einer weiteren Grundlage für langfristige Zielsetzungen und Zielvereinbarungen bei der Umsetzung der Qualitätsveränderungen.

Für Lufthansa als weltweit operierenden Dienstleister ist es selbstverständlich, sich auch weltweit dieser Form des Kundendialogs - Einbeziehung der Passagiere in die Produktentwicklung - zu bedienen. Maßstab unserer Entscheidungen sind die Kunden im engeren Kernmarkt Deutschland ebenso wie Kunden in Nordamerika oder Asien. Als Beispiel daraus resultierender Produktveränderungen kann der Einsatz von japanischen Flugbegleitern auf Flügen nach Japan gelten: Wir wollen unsere japanischen Fluggäste in Landessprache und in Übereinstimmung mit der Servicekultur ihres Landes an Bord bedienen.

– Schon im Stadium der Produktentwicklung ist somit die Beteiligung von Kunden unerläßlich, um die Kundenwünsche durch Marktforschung laufend zu verfolgen. So werden gesellschaftliche, politische und soziale Entwicklungen in bezug auf den Flugreisemarkt beobachtet und dessen quantitativer Umfang weltweit - nach Märkten, Nachfragegruppen und Wettbewerber - analysiert.

– Die Identifizierung von homogenen Konsumentengruppen ermöglicht eine zielgruppenspezifische Ausrichtung einzelner Produktbestandteile und Produktangebote. Ziel der Marktsegmentierung ist es, Menschen zusammenzufassen, die sich in ihren Ansprüchen an Produkte und Dienstleistungen ähneln. So haben beispielsweise Geschäfts- und Privatreisende ein deutlich differierendes Anforderungsprofil. Während von Geschäftsreisenden der durch den Termin vorgegebene Ort möglichst schnell, auf direktem Weg und pünktlich erreicht werden muß, dadurch auch Flexibilität und Umbuchungsmöglichkeiten gefragt sind, stehen diese Kriterien bei Privatreisenden weiter hinten in der Bedürfnishierarchie: Hier bestimmen Preis und dem Preis angemessener Komfort die Kaufentscheidung.

– In speziellen Studien (Conjoint Analysis) werden die subjektiven Nutzenwerte einzelner Produkteigenschaften für die Kaufentscheidung zielgruppenspezifisch ermittelt und die Gesetzmäßigkeiten und ihr ganzheitliches Zusammenwirken untersucht. Denn der Kunde bewertet und vergleicht Produkte und Services nicht nur nach einzelnen Elementen, sondern in erster Linie ganzheitlich als Kombination von Produkteigenschaften.

Produktlinien werden daher bei Lufthansa aus der Kombination bestimmter Produkteigenschaften entwickelt, die genau auf die Bedürfnisbündel einzelner Zielgruppen abgestimmt sind. Ein Ergebnis der Conjoint Analysis war beispielsweise, daß der Zeitfaktor für Geschäftsreisende die größte Priorität im Kurzstreckenverkehr besitzt.

Dieser Erkenntnis wird mit unserem neuen innerdeutschen Expreß Angebot Rechnung getragen, indem verschiedene Serviceelemente eingeführt werden, die ein schnelles, einfaches und preiswertes Reisen ermöglichen.

– Vor der Einführung von neuen Serviceabläufen und innovativen Einzelprodukten erhält die Marktforschung weitere wichtige Impulse aus der sogenannten „Productclinic". Hier werden Kunden z.B. in einer Flugzeugattrappe oder während einer Flugsimulation unter realistischen Bedingungen mit neuen oder veränderten Produktbestandteilen zusammengebracht und im Anschluß daran interviewt.

So wurde beispielsweise die Entwicklung unseres neuen Sitzes für die Business Class auf Kontinentalstrecken durch verschiedene Produktkliniken begleitet. Die Ergebnisse dieser Untersuchungen führten zu einem optimal auf die Bedürfnisse unseres Business Class-Kunden zugeschnittenen Sitzkomfort. Der neue Sitz ist breiter und bequemer, da sich nur noch fünf Plätze in einer Reihe befinden. Dem Business Class-Reisenden wird also mehr Komfort und damit ein qualitativ hochwertigeres Produkt geboten.

3.2 Kundendialog als Instrument der Qualitätssicherung

Nicht nur im Vorfeld der Produktentwicklung wird der Kundendialog als Instrument des Qualitätsmanagement genutzt, sondern auch und gerade als Voraussetzung für qualitätssichernde und qualitätsverbessernde Maßnahmen.

– Zur permanenten Ermittlung und Überprüfung der Kundenzufriedenheit tritt neben Kundendialogsystemen für Positionierung gegenüber dem Wettbewerb und der Produktgestaltung die Erfassung der vom Kunden wahrgenommenen Qualität - besonders an den Flughäfen und an Bord. Seit Ende der 70er Jahre werden dazu jährlich ein Prozent aller Kunden, d. h. rund 270.000 Passagiere, mit Hilfe von Fragebögen in allen wichtigen Sprachen während des Fluges systematisch befragt.

Diese Umfrage besteht aus einem sehr detaillierten Basisfragebogen zu den Themen Produkt- und Betreuungsqualität; erfaßt werden Freundlichkeit, Effizienz und Informationsbereitschaft der Mitarbeiter ebenso wie Check-in und Einsteigevorgang, Komfort des Sitzplatzes an Bord, Mahlzeiten- und Getränkeservice und das Unterhaltungsprogramm.

Mit etwa 70 % ist der Rücklauf an beantworteten Fragebögen ungewöhnlich hoch - ein Zeichen dafür, daß das Interesse der Lufthansa Kunden, ihre Meinung und Einstellung zu den gebotenen Dienstleistungen zu artikulieren, groß ist. Ein entsprechend umfangreiches Berichtswesen (Lufthansa Qualitätsprofile) informiert Vorstand, Top Management, Verantwortliche in den Fachbereichen, Verkaufsleitungen und Netzmanagement über die neuesten Entwicklungen.

– Maßstab für Produktentwicklung und die Formulierung eigener Qualitätsziele ist neben den Anforderungen der Kunden schließlich die Einschätzung der Qualität der Wettbewerber. Ständige Beobachtung und Analyse in Form eines „Image Monitor" geben aus der Sicht der eigenen Kunden und der Kunden unserer Wettbewerber Aufschluß über die Bindung an einzelne Luftverkehrsgesellschaften, die Definition der idealen Airline und den Grad der Übereinstimmung oder Abweichung von Lufthansa und ihren Konkurrenten von diesem Ideal.

Voraussetzung für die Ableitung von Qualitätszielen aus dem Image Monitoring ist dabei die sehr differenzierte Abfrage sowohl des Produkt- bzw. Leistungs- als auch des Unternehmensimage. Verfahren wie Faktor- und Clusteranalysen sind geeignet, Zusammenhänge zwischen unterschiedlichsten Beurteilungs- und Wahrnehmungsattributen aufzuzeigen. Damit sind die den generellen Qualitätseindruck prägenden bzw. erklärenden Images und Beurteilungen zu identifizieren. Umgesetzt werden diese Erkenntnisse dann sowohl in der Produktentwicklung als auch - ebenso wichtig - zielgruppenspezifisch in der Kommunikation mit unseren Kunden.

Parallel dazu werden mit einem eigenen Monitoringinstrument regelmäßig Kunden von Wettbewerbern zur Einschätzung der Qualität der Konkurrenten befragt. Hieraus ergeben sich Hinweise zur Qualitätsverbesserung und zur Festlegung bzw. zur Modifikation eigener Qualitätsziele.

Mit den gleichen Qualitäts- und Imagebefragungen wie sie für die Lufthansa Kunden eingesetzt werden, lassen sich bei Interviews mit Kunden der Konkurrenz Benchmarks definieren. Anforderungen an die „ideale Airline" einerseits und „Best Practice" der Wettbewerber andererseits setzen Maßstäbe und Qualitätsrahmen und lassen den Spielraum für erfolgsbestimmende Qualitätsveränderungen im freien Wettbewerb um den Kunden erkennen.

– Ansätze qualitativer Verbesserungen und vor allem neuer Ideen zeigen „Customer Advisory Boards" auf. Sie werden von Lufthansa aktiv initiiert und weltweit als permanenter regionaler Kundendialog eingesetzt. Dabei finden alle Zielgruppen, vom Geschäftsreisenden über den Touristen bis zum potentiellen Fluggast, Berücksichtigung.

Customer Advisory Boards sollen dabei jeweils einem konkreten Thema der Produktqualität gewidmet sein, um einen echten qualitativen Beitrag zur Produktverbesserung zu leisten. Den teilnehmenden Kunden muß bewußt werden, daß ihre Meinung und ihre Ratschläge aus Kundensicht nicht nur gefragt sind, sondern auch in Verbesserungen umgesetzt werden. Dafür ist nach einem Customer Advisory Board das persönliche Feedback an die Teilnehmer notwendig: Welche Anregungen konnten in welchen Abläufen berücksichtigt werden - oder: Welche Hindernisse stehen dem noch entgegen. Wichtig für den Erfolg dieser Veranstaltungen ist die Leitung durch psychologisch geschulte und in qualitativer Forschung erfahrene Moderatoren.

- Kundenorientierung und Qualität in einem Dienstleistungsunternehmen drückt sich nicht nur während der Erbringung der Dienstleistung aus, sondern auch in der Bearbeitung von Kundenanliegen nach einer Reise. Deshalb kommt dem Beschwerdemanagement als Teil der Qualitätssicherung, aber auch als akquisitorische Aufgabe, erhebliche Bedeutung zu (vgl. zum Beschwerdemanagement den Beitrag von Günter in diesem Band).

Neben der Informationsgewinnung aus Reklamation als Grundlage weiterer Qualitätssicherungsmaßnahmen ist es das Ziel der Lufthansa, durch die intensive Bearbeitung von Kundenschreiben eventuell entstandene materielle oder immaterielle Schäden auszugleichen und so die Kundenzufriedenheit und Kundenbindung sicherzustellen.

- Qualitätssichernde Maßnahmen im Vertrieb nehmen bei Lufthansa breiten Raum ein und wirken zum einen auf den Flugreisenden selbst, zum anderen aber auch auf die Vertriebspartner. Im Vertrieb liegt der Fokus des Qualitätsmanagements auf der fachlichen Beratung und der Kompetenz der Mitarbeiter, die neben dem konkreten Angebot vor allem auch die qualitätsrelevanten Aspekte des Lufthansa Produktes vermitteln sollen. Permanentes Vertriebsmonitoring und Testkäufe helfen dabei, die Qualität der Beratung ständig zu beobachten und Schwachstellen zu identifizieren.

- Von zentraler Bedeutung zur Aufnahme des Kundendialogs in der täglichen Arbeit eines Dienstleistungsunternehmens ist die telefonische Erreichbarkeit in dem Augenblick, in dem der Kunde sein Interesse signalisiert. Individuelle Information zu jeder Zeit ist eine der wichtigsten Anforderungen der Lufthansa Kunden.

Daher werden mit Hilfe entsprechender Einrichtungen in den weltweiten Reservierungen weltweit ständig die Anzahl der Anrufversuche und die Länge der Wartezeit bis zur Gesprächsannahme durch die verantwortlichen Reservierungsleiter verfolgt und routinemäßig an das zentrale Qualitätsmanagement gemeldet.

3.3 Qualität als Ergebnisfaktor

Herkömmliche Beobachtung kennt Aufwand und Ertrag als Indikatoren für das Ergebnis. Qualität kommt dabei häufig zu kurz.

Was nicht gemessen wird, wird nicht getan. Deshalb hat Lufthansa Qualität als dritte Ergebnissäule neben Aufwand und Ertrag im gesamten Unternehmens-Controlling eingeführt. Die Ergebnissäule Qualität wird heruntergebrochen auf insgesamt 16 Produkt- und Servicekomponenten, die zusammengefaßt als „Customer Service Index" alle Kriterien von Image, Kundenpräferenz und Benchmark des Wettbewerbs berücksichtigen.

Über einen Customer Service Index werden nachprüfbare, objektive, gewichtete und permanent angepaßte Zielwerte mit Istwerten gemessen und neben Aufwand und Ertrag als Ergebnisindikator geplant, mit personifizierter Verantwortung vorgegeben, gemessen und bewußt bis zur Konzernspitze kommuniziert.

4. Schlußbetrachtung

Das am Beispiel der Lufthansa und ihrer Qualitätsphilosophie aufgezeigte Qualitätsmanagement versteht sich als Regelkreis,

- der permanent die Qualitätsanforderungen und die damit verbundene Wirtschaftlichkeit definiert,
- der versucht, kontinuierlich die Qualitätsfehlerkosten zu reduzieren,
- der in den Köpfen der Mitarbeiter ein Qualitätsbewußtsein gegenüber den Kunden schafft und verankert und
- der einen aktiven Qualitätsdialog mit den Kunden initiiert und praktiziert. Qualität ist eine Antwort auf individuelle Kundenerwartungen. Die Qualität der erbrachten Dienstleistung leitet sich ab aus kontinuierlichen Umfragen über die kundenrelevanten Qualitätsmerkmale. Kundenorientierung muß an erster Stelle des Handelns stehen. Langfristiger Erfolg bedingt Kundenbindung, Kundenbindung bedingt Kundenkontakt. Der direkte Kontakt Kunde-Mitarbeiter ist für die Qualitätsversprechung des Unternehmens deshalb der für die Kunden erlebbare Augenblick der Wahrheit. Die Einhaltung des Versprechens im Augenblick der Wahrheit sichert die Kundenzufriedenheit, und zufriedene Passagiere fungieren als positive Multiplikatoren und festigen loyale Kundenpotentiale.

Für Kunden da sein, Service als ein Qualitätsversprechen zu praktizieren, das für den Passagier den erwarteten Kundennutzen stiftet; Kundenproblemen auch dort Vorrang und Priorität zu geben, wo firmenintern besonders dringend Lösungen anstehen; all dies ist für einen Dienstleister selbstverständlich, und gelegentlich besonders schwer einzuhalten, wenn ein ganzes Unternehmen erfolgreich Sanierung betreibt. Für Kunden da sein, ist keine Frage von Geld und Organisation: Kundennutzen ist Frage der Geisteshaltung eines ganzen Unternehmens, die Beziehung aller Mitarbeiter in Herzen und Köpfen zu ihren Kunden.

Anton Meyer/ Peter Westerbarkey

Zufriedenheit von Hotelgästen - Entwurf eines selbstregulierenden Systems

1. Kundenzufriedenheit durch Feedback

Die Qualität von Hotelangeboten und damit die Gästezufriedenheit entscheiden sich nicht selten im unmittelbaren Kontakt zwischen Mitarbeiter und Kunden. Speziell in Großbetrieben sind diese Interaktionen durch das Management nicht immer direkt kontrollierbar und zumindest potentiell eine Quelle möglicher Negativerfahrungen für die Gäste. Zur Verringerung der Gefahr von Fehlentscheidungen seitens der Mitarbeiter bieten sich Feedback-Prozesse an. Sie geben dem Personal Orientierunghilfen, welchen Zielen oder Kriterien im Rahmen ihrer Arbeitsaufgaben entsprochen werden soll. Mechanismen dieser Art entlasten das Management und liefern den Mitarbeitern Hinweise zur stärkeren Fokussierung von Leistungen auf die Kundenerwartungen, bei gleichzeitiger Steigerung des Verantwortungsbewußtseins und Vermeidung von Mißverständnissen in der eigenen Rollenauffassung.

Besonders gut lassen sich Regelkreis- oder Feedback-Modelle anhand biologischer Vorgänge verdeutlichen. So ist beispielsweise eine Schwankung der menschlichen Körpertemperatur um ein halbes Grad im allgemeinen ein Krankheitszeichen und eine dauerhafte Veränderung um 5 Grad als lebensbedrohlich aufzufassen. Die Eigenart biologischer Systeme in einem Gleichgewichtszustand zu verharren, nennt man „Homeostasis". Analysen von Regelkreismodellen werden mit dem Begriff „Kybernetik", dem griechischen Wort für Steuermann ($\kappa\upsilon\beta\epsilon\rho\nu\eta\tau\eta\zeta$) umschrieben (vgl. Wiener 1968). Bedeutenden Einfluß haben Regelkreismodelle auf die Entwicklung der Ingenieurwissenschaften (vgl. Ashby 1985, Forrester 1972, Hall 1962), der Biologie (vgl. Bertalanffy 1950, Cannon 1932, Kermack/McKendrik 1927, Lotka 1925, McCullock/Pitts 1943, Sommerhoff 1950), Psychologie (vgl. Adams 1968, Ammons 1956, Annett 1969, Bilodeau/Bilodeau 1961), Soziologie (vgl. Deutsch 1948, Lewin 1947, Richardson 1991), mathematischen Logik (vgl. Gödel 1931) und der Wirtschaftswissenschaften (vgl. Beer 1981, Espejo/Schwanninger 1992, Senge 1990) genommen. Kybernetische Konzepte beschreiben als interdisziplinärer Wissenschaftsansatz selbstregulierende Systeme aller Art.

Wie in Abbildung 1 am Beispiel eines Feedback-Modells verdeutlicht, umfassen Regelkreismodelle stets mehrere Elemente, die möglichst ohne Zeitverzögerung Prozesse kontrollierend beeinflussen. Ausgehend von den Unternehmenszielen eines Hotels werden beispielsweise Leistungsstandards definiert, die die Erwartungen der externen Faktoren (Hotelgäste) prägen und die Ausgestaltung interner Kontaktfaktoren (Mitarbeiter, Umgebung) beeinflussen. Der eigentliche Prozeß der Leistungserstellung endet mit einem Ergebnis (Output). Prozeß- und Ergebniswahrnehmung sowie subjektive Konsequenzen daraus führen zu entsprechend ausgeprägter Kundenzufriedenheit, die gemessen wird und Ansatzpunkte für die Gewährung von Informationsfeedback und Anreizen gegenüber den Mitarbeitern bieten kann. Viele Leistungsprozesse im Bereich der Hotellerie sind in zeitlich abgeschlossene Leistungssequenzen einteilbar und werden sowohl aus theoretischer Sicht als auch von den Kunden einzeln wahrgenommen und sind infolgedessen separat gestaltbar. So betritt ein Gast das Hotel, regelt alle notwendigen Formalitäten an der Rezeption (Sequenz 1), wird zum Zimmer begleitet und erhält dort einen ersten Eindruck von der Qualität der Räumlichkeiten (Sequenz 2), um abschließend mit Geschäftsfreunden im Hotelrestaurant zu essen (Sequenz 3) (vgl. zur Zerlegung des Dienstleistungsprozesses auch den Beitrag von Stauss/Seidel in diesem Band). Diese aus Sicht des Gastes klar definierbaren Teilprozesse können in ihrem Einfluß auf die Kundenzufriedenheit separat gemessen, mit den jeweiligen Leistungsstandards verglichen und einem Feedback-Mechanismus eingegliedert werden. Damit ist das Grundmodell eines sich selbststeuernden Regelkreismodells entworfen, das sich Veränderungen dynamisch anpaßt und selbst bei infinitesimalen Abweichungen von den Zielvorgaben korrigierend eingreift.

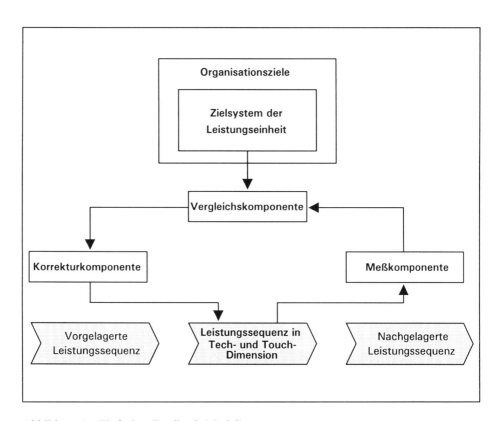

Abbildung 1: Einfaches Feedback-Modell

390

Eine der ersten Studien zur Wirkung von Feedback-Informationen ist von Thorndike (1927) durchgeführt worden. Zwei Gruppen von Versuchspersonen wurden die Augen verbunden und dann gebeten über mehrere Tage hinweg Linien von 3, 4, 5 bzw. 6 inch Länge zu zeichnen. Der eigentlichen Versuchsgruppe hat man die Ergebnisse ihrer Aktivitäten mitgeteilt, die entsprechende Kontrollgruppe blieb über den eigenen Leistungsstand uninformiert. Allein die Kenntnis des Ergebnisses verbesserte bei diesem Experiment die Richtigkeit der Linienlängen bei der Versuchsgruppe ganz entscheidend, obwohl beide Gruppen während der gesamten Versuchsreihe nicht mit eigenen Augen kontrollieren konnten (vgl. Seashore/Barelas 1941, Trowbridge/Cason 1932). Eine Bestätigung dieser Aussage findet sich in den Studien von Schunk (1983), bei denen sich zeigte, daß Feedback das Selbstvertrauen stärkt und zu besseren Leistungen befähigt. Feedback-Informationen scheinen eine gewisse motivationale Kraft zur Lenkung menschlicher Tätigkeiten zu besitzen und können damit zur Zielvorgabe und Motivierung von Leistungsträgern herangezogen werden. Individuen und Gruppen fokussieren ihren Arbeitseinsatz deshalb häufig auf Bereiche, in denen Leistungsqualitäten gemessen werden und Feedback offeriert wird.

Prinzipiell muß zwischen den zwei Systemen eines positiven und eines negativen Regelkreises unterschieden werden. Positive Regelkreise sind dadurch gekennzeichnet, daß sich die Modellgrößen im Laufe der Zeit vom Ausgangspunkt weg bewegen (vgl. Forrester 1972), wie es beispielsweise beim biologischen Wachstum häufig der Fall ist. Ein anfänglich positiver Effekt wird nochmals vergrößert, ein zu Beginn negativer Effekt bleibt weiterhin negativ und wird ebenfalls verstärkt. Feedback negativer Art zeigt sich in Systemkorrekturen, um unbeabsichtigte Veränderungen im positiven wie negativen Sinne rückgängig zu machen (vgl. Katz/Kahn 1978) und dadurch Abläufe zu verlangsamen oder umzukehren. Negative Feedback-Systeme sind tendenziell als stabil zu bezeichnen, da auf dynamische Veränderungen systemstabilisierende Korrekturen einwirken.

Das in Abbildung 1 entworfene System soll als negatives Feedback-Modell funktionieren und Veränderungen der Kundenzufriedenheit gegenüber gesetzten Hotelstandards korrigieren. Wichtige Voraussetzung für die Leistungsfähigkeit dieses Systems ist eine möglichst genaue Anpassung der Standards an die Kundenwünsche und eine valide Messung der Gästezufriedenheit.

2. Qualitätsdimensionen

Die Zufriedenheit von Hotelgästen wird in direkter Art und Weise durch die Qualität der angebotenen Hotelleistungen bestimmt. Entgegen der Meinung einiger Autoren (Lewis/Chambers 1989, Waack 1978, Walterspiel 1969) ist die Hotellerie dabei nicht ausschließlich dem Dienstleistungssektor zuzurechnen, sondern erbringt Systemleistungen, da neben Dienstleistungen gewisse Produktionsaufgaben (Gastronomie) und Vermittlungs-/Handelsfunktionen (Tickets für Veranstaltungen, Getränke etc.) ebenfalls erstellt werden (vgl. Meyer 1994). Gleichwohl hebt die Notwendigkeit, viele Hotelangebote durch persönlich erbrachte Leistungen zu begleiten oder durch Mitarbeiter zu erstellen, die Dienstleistungskomponente aus Sicht der Kunden zu einem entscheidenden Faktor heraus.

Bei der Qualitätswahrnehmung kann zwischen einer sogenannten technischen Dimension („Tech Quality") und der menschlichen Seite der Leistungserstellung („Touch Quality"), die angibt wie eine Tätigkeit erbracht wird (vgl. Meyer/Westerbarkey 1991), unterschieden werden. Morris (1985) bestätigt in ihrer Untersuchung einer kanadischen Hotelkette die Vermutung, tangible Aspekte der Tech Quality (44 %) beeinflußten die Zufriedenheit der Gäste weniger als die intangiblen Kriterien der Touch Quality (56 % aller Beschwerden). Am Beispiel eines Hotels sind in Abbildung 2 mögliche Einflußgrößen der Qualität vor, während und nach dem eigentlichen Gastaufenthalt differenziert in Tech- und Touch-Dimensionen beispielhaft dargestellt.

Teilqualitäten	Qualitätsdimensionen	
	Tech-Dimensionen	**Touch-Dimensionen**
Qualitätsaspekte vor Hotelaufenthalt (Potentialqualität)	Hotelarchitektur, Technische Ausstattung, Sichtbare Hotelauszeichnungen, etc.	Aussehen und Persönlichkeit des Personals, etc.
Qualitätsaspekte während Hotelaufenthalt (Prozeßqualität)	Restaurantangebot, Zimmerausstattung, Tagungseinrichtungen, etc.	Atmosphäre, Einstellung und Verhalten des Personals, Erreichbarkeit, etc.
Qualitätsaspekte nach Hotelaufenthalt (Ergebnisqualität)	Check-out, Transfer zum Flughafen/ Bahnhof, etc.	Beschwerdeverhalten, Zufriedenheit, Kommunikative Nachbetreuung, etc.

Abbildung 2: Mögliche Indikatoren der Hotelqualität

Während die Tech-Dimensionen vergleichsweise einfach beobachtet und mit Hilfe statistischer Verfahren (vgl. Callan 1992, Deming 1991, Feigenbaum 1983, Ishikawa 1985) kontrollierbar sind, erweisen sich die Gestaltung der Touch-Dimensionen als schwieriger, da diese durch ihren Dienstleistungscharakter (vgl. Meyer 1994) einem qualitätsbestimmenden Einfluß der Hotelgäste unterliegen und eher subjektiv verschieden wahrgenommen werden. Untersuchungen zur Trinkgeldvergabe in Restaurants (z.B. Crusco/Wetzel 1984, Hornik 1992, Komaki/Blood/Holder 1980, Stephen/Zweigenhaft 1986) verdeutlichen exemplarisch, wie stark die Interpretation und Wahrnehmung der Touch Quality zwischen Hotelgästen variieren können.

3. Meßansätze

3.1 Ereignisorientierte Verfahren

Wenn die Vermutung von Lewis (1983) stimmt, wird über kaum eine andere Leistung mehr gesprochen, als über Erlebnisse in Restaurants und Hotels. Bei der Vielzahl möglicher Konsumsituationen in Beherbergungsbetrieben und dem breiten Angebot von Interaktionspunkten zwischen Gast und Mitarbeiter, sind es häufig individuelle Kontakterlebnisse, die die Qualitätswahrnehmung der Nachfrager nachhaltig positiv oder negativ beeinflussen können. Die Methode der kritischen Ereignisse (vgl. Flanagan 1954, Hentschel 1992) ermöglicht die ungestützte Abfrage von Konsumerlebnissen, die den Kunden in diesem Sinne nachhaltig im Gedächtnis geblieben sind. Neben der Erforschung der Arbeitszufriedenheit (vgl. Herzberg 1964, 1986, Herzberg/Mausner/Syndermann 1959, Latham/Wexley 1981) sind dabei vor allem Studien bei Hotels, Restaurants und Fluglinien (vgl. Bitner/Booms/Tetreault 1990, Mohr/Bitner 1991, Nyquist/Bitner/Booms 1985) sowie Kfz-Reparaturbetrieben (vgl. Hentschel 1992, Stauss/Hentschel 1992a) zu nennen. Persönliche Gespräche, deren Verlauf auf Tonband festgehalten und in niedergeschriebener Version später einer Inhaltsanalyse unterzogen werden, bilden die Ausgangsbasis zur Identifikation möglicher kritischer Leistungssequenzen.

Eine Variante diese Meßansatzes, die bisher jedoch empirisch selten erprobt wurde, stellt die sequentielle Ereignismethode dar. Mit Hilfe eines Blueprints, der graphischen Visualisierung aller Leistungsprozesse innerhalb eines Unternehmens (Abbildung 3), werden die Kunden gebeten, ihre Erfahrungen mit dem Betrieb zu schildern und die einzelnen Kontaktsequenzen möglichst genau darzustellen. Die „Line of Visibility" bezeichnet dabei die Grenze, der für die Gäste sichtbaren Arbeitstätigkeiten. Da es sich bei diesem Verfahren um eine gestützte Abfrage von Kundenerlebnissen handelt, werden nicht nur die außergewöhnlichen Ereignisse, sondern alle Kenntnisse des Kunden ermittelt und damit zusätzliche Informationen über mögliche Chancen zur Verbesserung der Kundenzufriedenheit gewonnen.

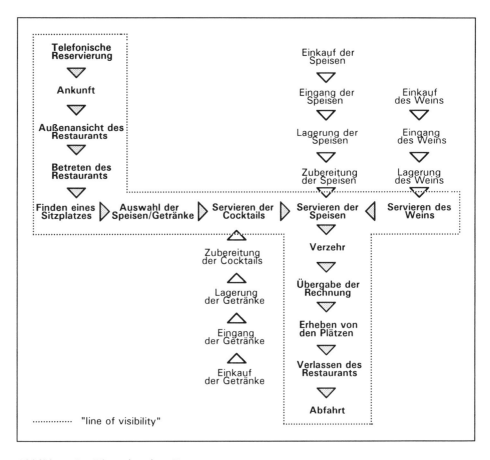

Abbildung 3: Blueprint eines Restaurants
(Quelle: Stauss 1991, S. 353, eigene Ergänzungen)

3.2 Attributive Methoden

Die bislang vielfach getrennt diskutierten Gedanken des SERVQUAL-Ansatzes der
Dienstleistungsqualität (vgl. Parasuraman/Berry/Zeithaml 1985) und des
„Disconfirmation-Paradigms" im Rahmen der Messung von Produktangeboten (z.B.
Oliver 1993, Yi 1989) definieren Kundenzufriedenheit als Resultat subjektiven Ab-
gleichs von gewünschter bzw. erwarteter und tatsächlich erhaltener Leistung. Studien
zur Konsumentenzufriedenheit („Consumer Satisfaction/Dissatisfaction") und somit des
„Disconfirmation-Paradigms" beschreiben den Beurteilungsprozeß als Vergleich der
tatsächlich erhaltenen Leistung mit den Erwartungen, die durch unterschiedliche Normen oder Standards gebildet wurden (vgl. Meyer/Westerbarkey 1994). Die Messung
kann als „Inferred Disconfirmation" zu zwei Zeitpunkten erfolgen, wobei Erwartungen

und erhaltene Leistung getrennt erfaßt werden, oder im Sinne der „Direct Disconfirmation" beide Größen implizit in einer Frage ex post erheben. Abbildung 4 verdeutlicht anhand eines Beispiels diesen Ansatz (vgl. zur merkmalsorientierten Messung von Kundenzufriedenheit auch den Beitrag von Homburg/Rudolph in diesem Band).

Wie hat es Ihnen bei uns gefallen ?	☺	☺	☹
Bitte beurteilen Sie uns in den folgenden Punkten:			
Anfahrtsbereich	☺	☺	☹
Gepäckservice	☺	☺	☹
Empfang/Check-in	☺	☺	☹
Portier	☺	☺	☹
Hotelkasse/Check-out	☺	☺	☹
Telefonzentrale	☺	☺	☹
Zimmermädchen	☺	☺	☹
Wäschedienst	☺	☺	☹
Schwimmbadbereich	☺	☺	☹
Garagenservice	☺	☺	☹

Abbildung 4: Gästefragebogen mit „Direct Disconfirmation-Ansatz"

Entspricht die erhaltene Leistung eines Teilprozesses den Erwartungen oder übertrifft diese sogar, resultiert ein Gefühl der Zufriedenheit. Leistungen, die den gesetzten Erwartungen nicht entsprechen, induzieren eine negative Abweichung und damit Unzufriedenheit. Nach Grönroos (1990) sind insofern vier verschiedene Vergleichsergebnisse, die er als „Underquality, Confirmed Quality, Positively Confirmed Quality and Overquality" bezeichnet, prinzipiell denkbar, wobei er unter „Overquality" die Situation versteht, daß ein Unternehmen mehr Qualität anbietet, als zur Zufriedenstellung der Kunden notwendig wäre und sich damit vermeidbare Mehrkosten aufbürdet. Zwar steigt die Erwartungshaltung der Gäste im Zeitablauf (vgl. Boulding et al. 1993), jedoch sollte die tatsächliche Leistung die Kundenerwartungen nicht so stark übertreffen, daß „Overquality" entsteht. Auf Grund dieses wachsenden Anspruchsdenkens sind auch die Leistungsstandards im Rahmen von Feedback-Systemen (vgl. Abbildung 1) in regelmäßigen Zeitabständen den veränderten Kundenwünschen anzupassen.

Aus theoretischer Sicht ist die Frage, ob bei genauer Erfüllung der Erwartungen, Zufriedenheit resultiert, durchaus strittig. Die Konzeption der Erwartungshaltung nicht als punktueller Wert, sondern als Bandbreite entspricht den Annahmen der Assimilations-Kontrast Theorie (vgl. Sherif/Hovland 1961), wonach geringe Abweichungen

(„Disconfirmations") vom Nachfrager nicht wahrgenommen, größere Abweichungen, die den Wert der Bandbreite überschreiten, jedoch zu (Un-)Zufriedenheit führen können. In neueren Abhandlungen (vgl. Liljander/Strandvik 1993) wird diese Erkenntnis durch eine „Zone of Indifference" wieder aufgegriffen. Bei punktuellen Werten müßte die Angebotsleistung permanent verbessert werden, um im relativen Abgleich von dynamisch wachsender Erwartung und tatsächlichem Ergebnis durchweg positiv abzuschneiden.

Für die Entscheidung, wie Kundenzufriedenheit gemessen werden sollte bzw. Standards oder Normen gesetzt werden sollten, ist nach Lijander/Strandvik (1993) von verschiedenen Anspruchsebenen auszugehen (vgl. Abbildung 5), die unterschiedliche Operationalisierungskonzepte bedingen.

Best Brand Norm (Hohes Anspruchsniveau)
„Denken Sie an ihren besten Hotelaufenthalt, den Sie jemals erlebt haben. Wie würden Sie dieses Hotel entsprechend der folgenden Leistungsattribute bewerten?

Product Norm (Mittleres Anspruchsniveau)
„Stellen Sie sich einen Aufenthalt in einem typischen Vier-Sterne Hotel vor und bewerten Sie unser Haus im Vergleich.

Adequate Offer (Niedriges Anspruchsniveau)
„Wie meinen Sie, sollte ein Hotelangebot mindestens aussehen? Vergleichen Sie dieses Hotel mit Ihren Vorstellungen."

Abbildung 5: Beispiele unterschiedlicher Erwartungsbildungen

Kritisch bleibt anzumerken, daß die von Kunden herangezogenen Vergleichsmaßstäbe im Zeitablauf variieren können (vgl. Sirgy 1984, Wilton/Nicosia 1986) und möglicherweise eher ein meßtheoretisches Artefakt abbilden, da sie, wie in der Studie von Cadotte, Woodruff und Jenkins (1987) gezeigt, vielfach miteinander hoch korrelieren. Andere Autoren (z. B. Bolfing/Woodruff 1988) betonen aus diesem Grund die bessere Aussagekraft von direkten Messungen und den Verzicht auf das „Disconfirmation-Paradigm" (vgl. Meyer/Dornach 1992b, 1994b).

3.3 Indikator-Systeme

Die aufgezeigten Meßmodelle setzen die Existenz von Gästefragebögen voraus, was speziell in größeren Betrieben der Normalfall sein dürfte. Bei der Aufstellung, der in diesen Fragebögen zu berücksichtigenden Qualitätskriterien, kann eine Vielzahl vorliegender Untersuchungen zu den Gästewünschen (vgl. Ananth et al. 1992, Knutson 1988, Lewis 1983, 1985, Lewis/Klein 1987, Lewis/Pizam 1981, Lutz/Ryan 1993, McCleary/Weaver 1992, Mehta/Vera 1990, Moeller/Lethinen/Rosenquist/Storbacka 1985, Nightingale 1983, Forster 1991, Saleh/Ryan 1991, Spiegel Verlag 1988) hilfreich sein und erste Ansatzpunkte für eine valide Erhebung der Kundenmeinung ermöglichen. Zusammen mit internen Checklisten (vgl. Momberger 1991) oder „Silent Shopper-Aktivitäten" (vgl. Lewis/Booms 1983), Beschwerdeinformationen, Daten des Rechnungswesens (z. B. Kundenbindung), Bewertungen von Hotel- und Restaurantführern, Fokusgruppeninterviews (vgl. Touzin 1986) und Mitarbeiterbefragungen durch Qualitätszirkel (vgl. Orly 1988) kann ein mehrdimensionaler Indikator zur Feststellung der Gästezufriedenheit aufgebaut werden (vgl. Abbildung 6), der aufgrund seiner vielen Meßpunkte ein gutes Bild des eigenen Qualitätsniveaus offeriert, ohne von Extremwerten in typischem Maße beeinflußbar zu sein. Wichtig erscheint in diesem Kontext, möglichst langfristig mit den gleichen Methoden (bzw. Methodenansätzen) zu messen, um eine Vergleichbarkeit der Ergebnisse sicherzustellen.

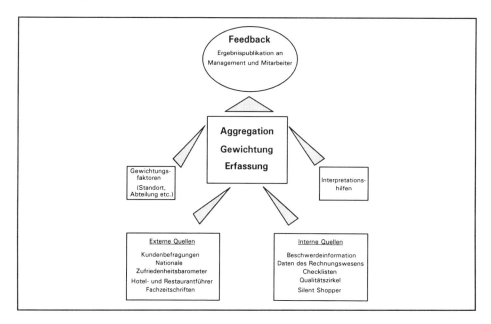

Abbildung 6: Indikator-System

Obwohl für unterschiedliche Gästegruppen verschieden (vgl. Day/Bodur 1977, Day et al. 1981, John/Wheeler 1991, Liefeld/Edgecombe/Wolfe 1975, Robinson/Berl 1980, Teare 1991, Zaichkowsky/Liefeld 1977) und durch Kundenanreize (vgl. Lewis/Pizam 1981, Trice/Layman 1984) beeinflußbar, liegt die Rücklaufquote von ausgelegten Gästefragebögen - als der meistpraktizierten Methode - bei genauer Analyse häufig bei weniger als einem Prozent (vgl. Lewis/Chambers 1989). Auf solch niedrige Antwortquoten, die sich darüber hinaus in der Mehrzahl aus extrem zufriedenen oder überdurchschnittlich unzufriedenen Gästen rekrutieren, sollte keine Analyse dieses bedeutsamen Elements von Indikator-Systemen aufgebaut sein.

Statistisch aussagekräftigere Methoden zur Erhebungen der Gästezufriedenheit kommen nach Kenntnis der Verfasser bei den international operierenden Hotelgesellschaften Hilton, Marriott, Sheraton und Westin (vgl. Lewis/Chambers 1989) zum Einsatz und ermöglichen dort Vergleiche zwischen verschiedenen Leistungsstandorten. Beim „Guest Satisfaction Tracking System (GSTS)" von Hilton werden von jedem Hotel dieser Kette, in den sieben wichtigsten Verkaufsregionen (Australien, Deutschland, Frankreich, Großbritannien, Japan, Kanada und den USA), einmal im Monat per zufälliger Computerauswahl 600 Gästeadressen an das Hauptquartier übermittelt. Dort selektiert ein elektronischer Rechner pro Hotel 50 Adressen, an die in der jeweiligen Landessprache, ein standardisierter Fragebogen zur Beurteilung der Qualität versandt wird. Innerhalb eines Jahres werden auf diese Weise fast 75 Tsd. Gäste angeschrieben, die bei einer erwarteten Rücklaufquote von 25 - 30 Prozent eine solide Auswertungsbasis zur Ermittlung der „Overall Service Performance" und des „Service Attribute Index" ermöglichen. Der Hoteldirektor kann seine Werte mit anderen nationalen und internationalen Hilton Hotels vergleichen und mögliche Gegenmaßnahmen initiieren. Zu kritisieren ist allerdings die fehlende Gewichtung verschiedener Standortfaktoren (Alter des Hotels, Konkurrenzumfeld etc.) und der Verzicht auf eine Eichung der Beurteilungsskalen entsprechend der unterschiedlichen Nationalität und damit Erwartungshaltung der Hotelgäste (vgl. Crosby 1992).

Aus wissenschaftlicher Sicht muß darauf hingewiesen werden, daß Ergebnisse von Zufriedenheitsbefragungen stets dynamischen Veränderungen unterliegen. Üblicherweise kreuzen Befragte tendenziell zu positiv an, und direkte Analysen zeichnen aus diesem Grund eher ein geschöntes Bild der Nachfragermeinung. Diese optimistische Meinungsäußerung verringert sich mit zunehmendem zeitlichen Abstand zum abgefragten Erlebnis (vgl. Peterson/Wilson 1992), so daß die Ergebnisse des GSTS von Hilton im Vergleich zur Check-out Befragung ein schlechteres Qualitätsbild zeigen müßten. Ohne Zweifel sind beim Vergleich von Zufriedenheitswerten solche Umfeldfaktoren zu berücksichtigen.

Beim „Sheraton Customer Rating Index" werden per Zufallsauswahl Gäste beim Check-in, um das Ausfüllen eines zwanzig Attribute umfassenden Fragebogens gebeten. Die aus diesen Erhebungen gewonnenen Informationen dienen dem Vergleich des eigenen Fortschritts zu anderen Sheraton Hotels und den größten Konkurrenten vor Ort.

In Marriotts Hotelkette „Fairfield Inn" kommt ein ähnlicher Ansatz zur Erhöhung der Rücklaufquote und Vermeidung ausschließlicher Sammlung von Extrempositionen zum Einsatz (vgl. Heskett/Sasser/Hart 1990, Jones/Ioannon 1993). Beim Check-out wird jeder Hotelgast gebeten, auf einem Computerbildschirm vier unternehmensweit standardisierte Fragen zu beantworten, die per Zufallsauswahl aus einem Pool von sechs Fragen gewählt werden. Da die Mitarbeiter aufgrund der Qualitätsbeurteilung einen Bonus erhalten können, wird die Beantwortung der Fragen durch die Rezeptionsmitarbeiter forciert. Mit einer Responsequote zwischen 26 und 45 Prozent resultiert diese Vorgehensweise in bis zu 1.000 Gästemeinungen pro Woche.

Indikator-Systeme dieser Art messen die Leistungswerte in möglichst vielen Leistungsbereichen und ermöglichen eine Beurteilung auch von Mitarbeitern, die nicht im direkten Kundenkontakt arbeiten. Die potentielle Gefahr der Mißachtung von Leistungsanstrengungen durch Situationen, in denen eine handvoll ausgewählter Mitarbeiter permanent Feedback erhält und die große Mehrheit keinerlei Anerkennung (vgl. Luthans/Waldersee 1992), ist durch die diversen Meßpunkte und unterschiedlichen Instrumente weitgehend ausgeschlossen.

4. Feedback-Optionen

Die verhaltensbeeinflussende Wirkung des Feedbacks von Kundenmeinungen an die Mitarbeiter hängt in entscheidendem Maße von der Umsetzung ab, die den ganzen Prozeß hemmen oder unterstützen kann. Aussagen über die Wirksamkeit von Informationsrückkopplungen sind deshalb stets vor dem Hintergrund der jeweiligen Gestaltungsdimensionen zu beurteilen.

Generell erscheint eine gruppenbezogene Rückkopplung weniger effektiv (vgl. Newby/Robinson 1983), da der einzelne Mitarbeiter sich weniger angesprochen fühlt als bei individuellem Feedback. Je größer die Macht, das Prestige und die Glaubwürdigkeit der Person, die die Leistung beurteilt und das Feedback übermittelt, desto stärker der Leistungsanreiz (vgl. Prue/Fairbank 1981). Nach der Art der Informationsrückkopplung ist aus diesen Gründen ein Feedback der Kundenmeinungen auf individueller Basis und durch das Hoteidirektorium anzustreben. Bereits bei der Erfassung der Gästemeinung sollte die Möglichkeit zur Nennung einzelner Mitarbeiter eingeräumt werden, um hoch-

aktivierendes persönliches Feedback zu ermöglichen und multifunktionalen Personal-
verwendungen gerecht zu werden.

Eine wichtige Frage ist, in welchem Zeitabstand eine Rückkopplung an die Mitarbeiter
gegeben werden soll. Tägliches Feedback (vgl. Shook/Johnston/Uhlmann 1978), nach
einer Woche (vgl. Andrasik/McNamara 1977), im Abstand von zwei oder drei Monaten
(vgl. Komaki/Waddell/Pearce 1977) oder aber ein monatlicher Rückkopplungsprozeß
(vgl. Miller 1977) sind beispielsweise denkbar, um eine Verhaltensänderung im Sinne
einer Leistungssteigerung hervorzubringen. Studien von Ammons (1956) kommen jedoch zu der Erkenntnis, daß der Lerneffekt desto geringer ist, je größer die Rückkopp-
lungsverzögerung wird. Völlig zu recht behauptet Connellan (1978, S. 112): „Receiving
information two month after... is somewhat analogous to asking atheletes to wait for two
weeks to find out how they performed." Der tägliche Qualitätsbericht („Daily Quality
Production Reporting") bei Ritz-Carlton stellt in dieser Hinsicht ein gelungenes Beispiel
schnellen Feedbacks dar.

Feedback stellt Information über geleistete Tätigkeiten dar, die von Mitarbeitern individuell unterschiedlich aufgenommen wird, da sie diese durch eine „subjektive Brille"
gefiltert aufnehmen. Jeder Mitarbeiter hat ein gewisses Bild von sich selbst (vgl. Korman 1970) auf das er seine Leistungen abstimmt und mit dem Feedback-Informationen
verglichen werden. So nehmen beispielsweise Personen mit hohem Selbstwertgefühl
Negativerlebnisse weniger deutlich wahr als positive Rückkopplungen (vgl. Mabe/West
1982, Northcraft/Ashford 1990). Individuen vermeiden es die eigene Selbsteinschätzung
nach unten zu korrigieren (vgl. Shavit/Shonval 1980) und verdrängen Negativerlebnisse
oder suchen die Schuld eher bei anderen, als sich selbst kritisch zu prüfen. Beim Vergleich des erhaltenen Feedbacks mit dem eigenen Selbstbild spielt die Glaubwürdigkeit
(„Feedback Accuracy") eine entscheidende Rolle (vgl. Hoxworth 1988). Positive Rückkopplungen werden immer akzeptiert und führen zur Stärkung des Selbstbewußtseins
mit entsprechend verbesserten Leistungsergebnissen; negatives Feedback bleibt unter
Umständen wirkungslos.

Diese Aussagen bestätigen die eindeutige Präferenz für positives Feedback (Lob) aus
Sicht der Verhaltenswissenschaften, dem eine Fokussierung oder zumindest Ergänzung
durch negatives Feedback (Tadel) aus Sicht der Kybernetik und einigen psychologischen Studien (vgl. Kirschenbaum/Karoly 1977, Tomarken/Kirschenbaum 1982) ge-
genübersteht, wonach durchaus ein leistungsschwächender Effekt durch positiv wirken-
de Rückkopplung festgestellt werden kann. Warum sollte sich ein Mitarbeiter, der ge-
lobt wurde und damit überdurchschnittliche Arbeit verrichtet hat, noch weiter anstrengen? Jourden (1993) faßt diese, auf den ersten Blick konträren Meinungen zusammen,
indem er feststellt, daß bei einfachen (routineartigen) Tätgkeiten negatives und im Rah-

men von komplexen (eher geistigen) Arbeiten positiv formuliertes Feedback eine sofortige Leistungsverbesserung bewirkt.

Nach Art der Darstellungsweise kommt Luthans (1991) zu dem Ergebnis, Feedback solle nach Möglichkeit entsprechend dem PIGS-Model erfolgen, wobei dies eine Abkürzung für „Positive, Immediate, Graphic and Specific" darstellt. Die Installation von Feedback-Systemen, wie etwa eines permanent aktualisierenden Zufriedenheitsbarometers in einer Autoreparatur-Werkstatt, eines Gästezufriedenheitsindex in einem Hotel oder Schautafeln über die aktuelle Besucherzufriedenheit in einem Vergnügungspark (am Personaleingang angebracht), erscheint deshalb besonders erfolgversprechend (vgl. Meyer 1992). Sowohl für die Mitarbeiter als auch für die Beurteilenden verbreitert und versachlicht sich die Diskussion der Leistungsbewertung. Dem häufig beobachteten Problem der Selbstüberschätzung eigener Leistungen (vgl. Anderson/Warner/Spencer 1984, DeNisi/Shaw 1977) wird eine weitere Beurteilung gegenübergestellt.

Der weit verbreiteten Auffassung, zusammen mit der Einführung von Feedback-Systemen organisatorische Umstrukturierungen im Sinne von Kleingruppenbildung zur besseren Leistungserbringung empfehlen zu müssen, wird in letzter Zeit durchaus widersprochen (vgl. Hill 1982, Hastie 1986, Druckman/Bjork 1991). Leistungsgruppen sind weniger streßanfällig, weisen tendenziell eine höhere Meinung über ihr Arbeitsergebnis aus und heben sich durch größere Zufriedenheit hervor (vgl. Stroebe/Diehl/Abakonmkin 1992), ihre Arbeitsleistung ist jedoch vielfach schlechter.

5. Zusammenfassung

Zur Steuerung der Qualität von Hotels sind Regelkreissysteme in besonderer Weise zu empfehlen, da diese Systeme Leistungsabweichungen zwischen Kundenerwartungen und tatsächlichem Erleben erfassen und korrigieren. Theoretisch wie praktisch sind damit sich selbst steuernde Mechanismen denkbar, die das Management zur Erledigung anderer Aufgaben freistellen und gleichzeitig dynamischen Veränderungen der Kundenwünsche Rechnung tragen. Anzuraten ist eine Messung der Qualität und die Rückkopplung der entsprechenden Werte für möglichst klar abgrenzbare Leistungsbereiche, um eine gezielte Motivierung durch Ergebnisrückkopplung zu erreichen. Um den Stellenwert einzelner Leistungsbereiche für die Gesamtqualität und die Gesamtzufriedenheit nicht aus den Augen zu verlieren, sollten diese aber um Globalwerte der Kundenzufriedenheit und -bindung ergänzt werden.

Als unabdingbare Vorbedingung für Informationsfeedback sollte die valide Erhebung der Gästemeinung mit unterschiedlichen Methoden und zu verschiedenen Zeitpunkten gesehen werden. Nur wenn die Ergebnisse auf allgemein akzeptierten Befragungen basieren und für jeden Mitarbeiter der Ablauf von der Kundenanalyse zum Feedback stimmig ist, kann eine Verhaltensbeeinflussung durch Rückkopplung angenommen werden.

Kombiniert man das Erreichen vorgegebener Zufriedenheitsquoten, die durch Indikator-Systeme ermittelt werden, mit materieller und immaterieller Anreizvergabe, ist eine zusätzliche Steigerung der Mitarbeiterbeeinflussung möglich. Genau wie bei der Feedback-Gewährung sind solche Prämiensysteme in ihrer Effektivität deutlich von der jeweiligen Umsetzung abhängig. Je nach Kreativität des Managements und der wirtschaftlichen Ausgangslage tragen solche Feedback- und Anreizsysteme hotelindividuelle Züge.

Hans G. Dünzl/ Lucie Kirylak

Fokussierung auf den Kunden
- Das Premier Customer Care-Programm von BMW in den USA

1. Kundenorientierung bei BMW

2. Strategische Zielvorgaben für BMW in Nordamerika

3. Das Premier Customer Care-Programm von BMW
   3.1 Das BMW Customer Satisfaction Center
   3.2 Das BMW Perfection Plus-Programm
   3.3 Die Performance Development Group

1. Kundenorientierung bei BMW

Der Automobilmarkt ist einer der wettbewerbsintensivsten, am härtesten umkämpftesten Märkte der heutigen Zeit. Er hat sich im Laufe der Zeit zu einem extrem kundenorientierten Markt entwickelt: Die Kunden reagieren sensibel auf jegliche Preisveränderungen, sie sind besser informiert, besser ausgebildet und wissen, was sie fordern können. Unternehmen, die sich auf solch einem Markt behaupten wollen, haben erfahren, daß es zwingender denn je ist, die Kundenbedürfnisse zu erfüllen, den Kunden die Qualität, die Sicherheit, den Service zu bieten, den sie erwarten. Es reicht für ein erfolgreiches Unternehmen heute nicht mehr aus, sich nur über seine Produkte und Dienstleistungen zu definieren. Es muß sich über die Bedürfnisse seiner Kunden definieren. Dies gilt nicht nur für die Automobilindustrie. Die ganze Umwelt befindet sich in einem Wandel zu einem immer intensiveren Wettbewerb. Man konkurriert nicht mehr nur mit Unternehmen seiner Branche. Das bedeutet, daß ein Automobilunternehmen nicht mehr nur mit einem anderen Automobilunternehmen konkurriert, auch andere Branchen, wie Kaufhäuser, Hotelketten, Fluglinien und Autoverleiher sind zu direkten Wettbewerbern geworden. Sie alle arbeiten an einem Ziel: den Kunden zufriedenzustellen, um ihn langfristig an sich zu binden.

Trotz all der Veränderungen und Hindernisse konnte BMW eines der stärksten Markenimages im U.S.-amerikanischen Automobilmarkt aufbauen. Der einzigartige Charakter der Fahrzeuge entstand durch die Verbindung von Herkunft und Tradition mit technologischem Design und der schlichten Eleganz ihres Designs. Ein BMW Auto wird als eine ideale Mischung von hoher Leistungsfähigkeit, Fahrvergnügen, Sicherheit und geräumiger Funktionalität verstanden. Als Ergebnis dessen haben BMW Kunden außergewöhnlich hohe Anforderungen an ihren Wagen. Sie erwarten von ihrem Automobil

– unverminderte Qualität und Zuverlässigkeit,
– überdurchschnittlich hohe Sicherheit,
– ein mit der Konkurrenz vergleichbares Preis-Leistungs-Verhältnis,
– eine zufriedenstellende Zusammenarbeit mit ihren BMW Händlern,
– eine verantwortungsvolle Kundenbetreuung und
– einen Wagen, der reibungsloses Fahrvergnügen mit funktionaler Eleganz verbindet.

Wie schafft es BMW nun, den hohen Ansprüchen seiner Kunden gerecht zu werden? Die Marktforschung und eigene Untersuchungen haben ergeben, daß eine Reihe von Erfolgskriterien existieren, die ein Unternehmen, das an der Spitze steht und dort auch bleiben will, berücksichtigen muß. Erfolg haben die Unternehmen, die

- kundenorientiert am Markt agieren,
- vorausschauend handeln, um schnellstmöglich auf sich verändernde Kundenbedürfnisse reagieren zu können,
- in den Augen der Kunden einen Zusatznutzen bieten,
- Kunden als langfristiges Investitionsobjekt betrachten,
- durch die langfristige Beziehung die Kundenbedürfnisse so genau kennen, daß sie ihre Produkte und Dienstleistungen optimal darauf abstimmen können,
- ihre Produkte und Dienstleistungen dem Lebensgefühl ihrer Kunden anpassen und
- sich sozial engagieren, z.B. durch recyclebare Autos oder durch Unterstützung karitativer Einrichtungen.

Es zeigt sich also, daß im Mittelpunkt aller Erfolgskriterien der Kunde steht. Ein aktiver Dialog mit dem Kunden hat obendrein einen positiven Einfluß auf die Loyalität und die Profitabilität, wie Untersuchungen von BMW gezeigt haben: Von den Autobesitzern, die nach dem Autokauf noch einmal kontaktiert wurden, kehren 49 % zum gleichen Händler zurück und sogar 90 % haben das Gefühl, daß der Händler Interesse daran hat, sie weiterhin zu seinen Kunden zu zählen. Lediglich 32 % der Kunden, die nicht kontaktiert wurden, bleiben ihrem Händler treu und nur 49 % haben das Gefühl, ihr Händler ist an einer längerfristigen Beziehung interessiert. Fazit: der permanente Dialog mit den Kunden stärkt die Beziehung zwischen Kunde und Händler.

Der Trend hin zu verstärkter Kundenorientierung, das sich verändernde Wettbewerbsklima sowie die Rezession haben die Unternehmen also gezwungen, ihre Beziehungen zu den Kunden noch einmal zu überdenken. Als Ergebnis hat sich der Kundendienst zum Werkzeug des strategischen Managements entwickelt. Wurde er bisher nur als Kostenverursacher gesehen, betrachtet man ihn nun als Mittel, um die Verkaufszahlen zu steigern und die Kosten zu senken. Als solches muß der Kundendienst effektiv und effizient gemanagt werden. Dies hat BMW beherzigt - und der Erfolg hat dem Unternehmen recht gegeben. Im Anschluß an die strategischen Zielvorgaben für BMW of North America soll daher das „Premier Customer Care"-Programm von BMW dargestellt werden, ein Programm, welches den Kunden in den Mittelpunkt stellt und nur ein Ziel verfolgt - dem Kunden zu dienen und ihn zufriedenzustellen.

2. Strategische Zielvorgaben für BMW in Nordamerika

Entgegen der allgemeinen wirtschaftlichen Situation geht es BMW of North America relativ gut. 1994 erreichten die Verkäufe eine Zahl von 84.501 Autos. Sie liegen damit um 56 % über den Verkaufszahlen von 1990 und um 8% über denen von 1993. Dies liegt vor allem an der konsequenten Verfolgung der strategischen Zielvorgaben von

BMW, die sich aus den oben genannten Anforderungen ergeben haben. Folgende strategische Imperative gelten für BMW of North America:

- Aufbau eines starken Images durch Höchstleistungen in den Gebieten, die für die Zielkundschaft von BMW am wichtigsten sind: Technologie und Leistung.
- Kontinuierliches Streben nach höchster Qualität und Zuverlässigkeit. Keinen Raum für Kompromisse lassen.
- Angebot eines attraktiven Preis-Leistungs-Verhältnisses im Vergleich zur Konkurrenz.
- Aufrechterhaltung der Leidenschaft für das Produkt BMW. Eine hohe Leistung ist die Seele von BMW.
- Erzielen von Bestleistungen im Kundendienst, d.h. anhaltend exzellente Kundenbetreuung durch die BMW Händler, um die Besitzerfahrung eines BMWs zu einer einzigartigen Erfahrung werden zu lassen.
- Fernhalten aller Probleme, die beim Besitz eines Autos entstehen könnte. BMW Fahrer erwarten reines Fahrvergnügen statt Ärger.

Nur durch das strenge Verfolgen der strategischen Zielvorgaben läßt sich die Zufriedenheit der Kunden dauerhaft sichern. Kundenzufriedenheit entsteht dabei nicht nur durch das Einhalten von Qualitätsstandards, wenn darunter das Einhalten von festgesetzten Toleranzgrenzen in der Produktion und Designstandards verstanden wird. Kundenzufriedenheit verlangt auch nach dem Erfüllen von Kundenbedürfnissen und -erwartungen. Jede noch so genaue Qualitätskontrolle in der Fabrik wird wertlos, verfehlt man die Bedürfnisse der Kunden. Dabei mögen BMW Kunden etwas toleranter sein, was die Probleme betrifft, die sich durch regelmäßigere Händlerbesuche lösen lassen. Was sie jedoch immer erwarten ist, daß das Konzept, das Design, die Leistung und die Zuverlässigkeit stimmen.

Zur Messung der Kundenzufriedenheit existieren in der Automobilbranche verschiedene Verfahren, die diese in den unterschiedlichen Phasen der Eigentumserfahrung messen. Beispiele hierfür sind:

- Zufriedenheitsmessungen, die die Zufriedenheit mit der Kauferfahrung und dem Liefervorgang des Neuwagens erfassen,
- Befragungen zur Produktqualität, die der Identifikation von Problemen dienen, die von den BMW Besitzern innerhalb von drei Monaten nach dem Kauf berichtet werden,
- Kundenzufriedenheitsuntersuchungen, die die Zufriedenheit der BMW Besitzer mit dem Wagen selbst, den Serviceerfahrungen und der Behandlung durch den BMW Händler innerhalb des ersten Jahres ermitteln,

– Studien, die sich drei bzw. fünf Jahre nach dem Kauf damit auseinandersetzen, ob die Erwartungen der Kunden bezüglich der Leistung und der Zuverlässigkeit der Wagen erfüllt wurden.

Der kombinierte Einsatz der verschiedenen Zufriedenheitsuntersuchungen ergab ein durchweg positives Bild von BMW: In den Bereichen „Umgang des Händlers mit dem Kunden", „Zuverlässigkeit/Service" und „Besitzerfahrung" konnte BMW Zufriedenheitswerte erreichen, die weit über dem Branchendurchschnitt liegen. Die Betreuung der Kunden nach dem Kauf hat dabei entscheidend zu diesen hohen Werten beigetragen. Es konnte festgestellt werden, daß eine gute Betreuung durch den Händler die Kundenbindung erhöht und zu Wiederkäufen führt. Deutlich wird, wie wichtig die Kenntnis der Kundenzufriedenheit wird, wenn es gilt, den Kunden langfristig an sich zu binden.

Daher ist BMW selbst zusätzlich in einer Reihe weiterer Initiativen zur Erhebung der Kundenzufriedenheit engagiert. Diese dienen dazu, die Zufriedenheit der Kunden nicht nur mit dem Produkt selbst sondern auch mit der Behandlung durch den Händler im Bereich Verkauf/Service zu vertiefen. Ziel ist es, die heutigen Kunden von BMW zu lebenslangen Kunden von BMW zu machen. Diese Initiativen werden unter dem Begriff „Premier Customer Care" bei BMW zusammengefaßt. Premier Customer Care, das Kernstück der Kundenzufriedenheitsphilosophie bei BMW, umfaßt eine Reihe von Programmen zur Erhaltung und Steigerung der Kundenzufriedenheit und soll im nächsten Kapitel ausführlicher dargestellt werden.

3. Das Premier Customer Care-Programm von BMW

Aus den vorangegangenen Ausführungen ist ersichtlich geworden, daß ein erstklassiger Kundendienst und ein exzellentes Produkt die Voraussetzung für den zukünftigen Erfolg auf dem Automobilmarkt sind. Um diesen Erfolg zu erreichen, hat BMW in den letzten Jahren mit der Einführung des Premier Customer Care-Programms einen Standard gesetzt. Premier Customer Care umfaßt eine Reihe von Programmen und Prozessen, von denen die in Abbildung 1 dargestellten drei Kundenzufriedenheitsinitiativen die „Säulen des Erfolgs" von BMW sind und daher in den folgenden Abschnitten eingehender erläutert werden sollen.

Zusätzlich werden dem Kunden unter dem Dach des Premier Customer Care weitere Leistungen angeboten:

- eine Vier-Jahres bzw. 50.000 Meilen-Garantie,
- ein in dieser Garantie enthaltener Straßenservice, z.B. Pannenhilfe,
- Qualitätskontrollen in sog. „Vehicle Preparation Centers", um sicherzustellen, daß die Autos in der Qualität bei den 352 BMW Händlern in Amerika ankommen, welche sie für die Ausstellungsräume des Händlers aufweisen müssen,
- Qualitätsprüfungen beim BMW Händler, bevor der Wagen dem Kunden ausgeliefert wird,
- ein integriertes Liefersystem, um einen professionellen Lieferprozeß zu gewährleisten,
- ein Leihwagenservice, um sicherzustellen, daß der Kunde auch über einen BMW verfügt, wenn sein Wagen in der Reparatur ist,
- ein BMW Wartungsprogramm,
- eine 24 Stunden Hotline, die sieben Tage in der Woche verfügbar ist,
- Weiterbetreuung der Kunden nach dem Kauf,
- eine Hotline für technische Anfragen,
- eine Hotline für die Ersatzteilversorgung,
- Computerinformationssysteme für BMW und BMW of North America Händler,
- einen BMW Finanzierungsservice, der sowohl Händlern als auch Kunden bei der Finanzierung hilft,
- die „Factory # 10" in Spartanburg, South Carolina, die erste vollausgestattete BMW-Fabrik auf dem nordamerikanischen Kontinent, um den Kunden die gewünschten Produkte näher zu bringen.

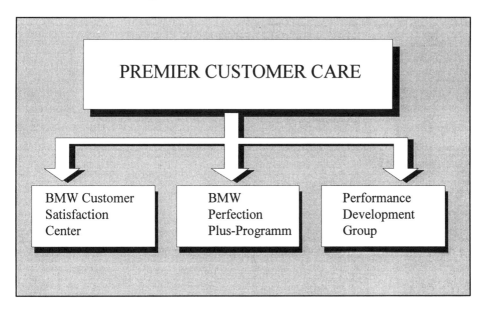

Abbildung 1: Das Premier Customer Care-Programm von BMW

Zusätzlich umfaßt das Spektrum an Kundendiensten natürlich noch alle Leistungen, die den BMW Kunden im Rahmen der drei wichtigsten Kundenzufriedenheitsinitiativen angeboten werden: dem „BMW Satisfaction Center", dem „BMW Perfection Plus"-Programm und der „Performance Development Group".

3.1 Das BMW Customer Satisfaction Center

Im Oktober 1993 eröffnete BMW das Customer Satisfaction Center in Woodcliff Lake, New Jersey. Der nur 25 Meilen von New York entfernte Ort ist auch der Standort der Zentrale von BMW of North America. Ziel der Eröffnung war es, direkt mit den Kunden kommunizieren zu können. Kunden, die Probleme mit bzw. Fragen zu ihrem Wagen haben oder einfach nicht mit den Dienstleistungen ihres BMW-Händlers zufrieden sind, können sich auf diesem Wege direkt an BMW wenden. Das Ziel scheint erreicht zu sein: Bis heute haben schon über 15.000 Kunden den Kontakt mit dem BMW Customer Satisfaction Center gesucht. Und hierbei hat sich der Großteil der kontaktsuchenden Kunden äußerst zufrieden mit BMW geäußert.

Die Funktionsweise des Customer Satisfaction Centers ist sehr einfach: Neben der direkten Hilfe bei Problemen durch das Personal des Service Centers und der Betreuung unzufriedener Kunden werden wöchentliche Berichte mit den aktuellen Zufriedenheitsinformationen erstellt. Diese umfassen die Kundenzufriedenheit bzw.- unzufriedenheit mit den Produkten von BMW, der Behandlung durch BMW of North America und den BMW-Händlern. Sie werden an die verantwortlichen Stellen weitergeleitet, um bei Problemen korrigierende Maßnahmen ergreifen zu können. Dies geschieht sowohl auf regionaler als auch auf nationaler Ebene, sowohl durch BMW-Händler als auch durch Ingenieure von BMW, Zulieferer und Subunternehmen.

Zusätzlich wird der Kundenkontakt dazu genutzt, die aktuellen Bedürfnisse und Wünsche der Kunden bezüglich einzelner Leistungskomponenten, der Funktionsweise und der Ausstattung von BMW Autos zu erfahren. So können die neuen Produkte optimal an individuelle Kundenbedürfnisse angepaßt werden.

3.2 Das BMW Perfection Plus-Programm

Im September 1991 wurde das Perfection Plus-Programm initiiert und 1993 um ein Bonussystem für Händler mit besonders gutem Kundenservice erweitert. Im Mittelpunkt des BMW Perfection Plus-Programms steht die telefonische Befragung von Kunden. Diese wird von einem unabhängigen Marktforschungsinstitut durchgeführt. Ungefähr 10 Tage nach der Auslieferung eines neuen Autos und 3-5 Tage nach jeder Inanspruchnahme des Serviceangebots werden die Kunden befragt. Das Feedback der Kunden wird in monatlichen Berichten für die Händler zusammengefaßt. Die Leistung der einzelnen Händler ist hier detailliert aufgelistet, ebenso wie die damit in Zusammenhang stehende Höhe des Bonus für besonders guten Kundendienst. Zusätzlich werden die positiven Kundenkommentare gesammelt und direkt beim Händler ausgehängt.

Daneben erlaubt das Perfection Plus-Programm BMW auch, kurzfristig auf Kundenbeschwerden zu reagieren: In kürzester Zeit kann BMW seinen Kunden bei Problemen das geeignete Feedback geben. Innerhalb von 24 Stunden nach dem ersten Kontakt des BMW Besitzers mit BMW of North America selbst oder einem seiner Händler werden dem Kunden vom Personal des Händlers Beschwerdelösungen angeboten. Falls notwendig, stehen zudem noch die „Area Teams" zur Unterstützung bereit. Ein Area Team ist jeweils 10-12 Händlern zugeteilt und besteht aus einem sog. „Area Manager", Vertriebs- und Marketingberatern, fachmännischen Beratern für den Dienstleistungs- und Ersatzteilebereich sowie technischen Spezialisten.

Der Grund für das Angebot eines kurzfristigen Hilfeprogramms ist folgender: Da festgestellt werden konnte, daß 95 % der Kunden zu ihrem Händler zurückkommen, wenn ihr Problem umgehend zufriedenstellend gelöst wurde, ist eine sofortige Reaktion auf die Beschwerden unbedingt notwendig. Dies wird insbesondere dann wichtig, wenn man sich vor Augen hält, daß der durchschnittliche Wert eines Autokunden über sein gesamtes Leben gerechnet bei US $ 332.000 liegt. Für BMW Kunden wird er noch weitaus höher geschätzt. Der Wert eines Kunden setzt sich dabei aus dem durchschnittlichem Rohgewinn pro verkauftem Neuwagen, der Anzahl der Autos, die ein Kunde über sein gesamtes Leben kauft, dem durchschnittlichen Bruttogewinn pro Kunde, der aus dem Kauf von Zubehör und Ersatzteilen und der Inanspruchnahme des Service resultiert und der Anzahl von Weiterempfehlungen zufriedener Kunden zusammen.

Inzwischen hat sich das BMW Perfection Plus Management-Programm als effizientes Management-Instrument herausgestellt. Das ganze BMW-Team wird darin einbezogen, eine hohe Kundenzufriedenheit in allen Phasen des Verkaufsprozesses zu fördern. Und es hat sich bereits gelohnt: Im Rahmen der BMW Händlerbewertung hat sich der Kundenzufriedenheitsindex (der höchste Wert liegt bei 100) von 88 (1992) auf 93 (1994) erhöht. Die besten Händler erreichten sogar ein Zufriedenheitsniveau von 97 bis 98.

3.3 Die Performance Development Group

Dritter wichtiger Bestandteil des Customer Care-Programms von BMW ist die Performance Development Group, die im September 1993 gegründet wurde. Hauptaufgabe der Gruppe ist der Aufbau einer engen und langfristigen Beziehung von BMW mit seinen

Händlern. Das Unternehmen BMW und seine Händler sollen sich als eine Einheit verstehen, die ein gemeinsames Ziel verfolgt: die Zufriedenstellung der BMW-Besitzer und den Aufbau langfristiger Geschäftsbeziehungen mit ihnen. Ein BMW-Besitzer von heute soll auch noch morgen ein BMW-Besitzer sein. Gemeinsam mit den Händlern und ihren Angestellten will die Performance Development Group zukünftige Verbesserungsmöglichkeiten entdecken und diese in einem engen Beratungsprozeß umsetzen.

Hierzu soll kurz die Form der Zusammenarbeit dargestellt werden: Jedem ausgewählten BMW Händler wird ein Beratungsteam zugeordnet, das aus zwei „Performance Development Managers" und einem unabhängigen Kultur- und Human Resources-Spezialisten besteht. Über einen Zeitraum von fünf Wochen ist das speziell ausgebildete Team direkt vor Ort. Dort wird jeder einzelne Aspekt des Verkausprozesses genauestens analysiert, immer aus der Sicht des Kunden, nicht des Herstellers. Dies umfaßt auch die Auseinandersetzung mit allen Leistungskomponenten, die das eigentliche Produkt, den BMW, umgeben. Das beginnt mit der Auseinandersetzung mit dem angebotenen Service, insbesondere der Einhaltung von Serviceterminen, sowie der Garantiehandhabung, läuft über die Handhabung des Ersatzteilgeschäfts und die Beobachtung der Eingangskontrolle und endet mit Nachfragen bei den Kunden über deren Zufriedenheit. Jeder einzelne Kontaktpunkt des BMW Händlers mit seinen Kunden wird auf Verbesserungsprozesse durchleuchtet. Zusätzlich werden dann noch „Customer Focus Groups" und Interviews mit den Kunden durchgeführt. Auf diese Weise können weitere Informationen über die Kunden gesammelt und das individuelle Zufriedenheitsniveau mit einem einzelnen Händler ermittelt werden.

Warum setzt sich BMW of North America so intensiv mit seinen Händlern auseinander? Da die Mitarbeiterzufriedenheit ein wichtiger Bestandteil der Kundenzufriedenheit ist, beginnt der Beratungsprozeß der Performance Development Group mit der Untersuchung der Mitarbeiterzufriedenheit, bevor sie sich mit der Kultur innerhalb des Unternehmens auseinandersetzt. Eine wichtige Informationsquelle sind hier Einzelinterviews mit den Mitarbeitern und den Mitgliedern des Managements sowie vertrauliche Meinungsbefragungen, denen alle Angestellten unterzogen werden. Daneben werden die Managementmethoden des Händlers bewertet. Diese umfassen den Führungsstil, Teamarbeit, Kommunikation, Belohnungen und Mitarbeiterentwicklung. Im Anschluß daran werden die Ergebnisse der Mitarbeiterbefragungen und der Customer Focus Groups sowie der eigenen Beobachtungen dem Management des Händlers präsentiert und Empfehlungen für ihn entwickelt. Wird ein Konsens gefunden und werden die Empfehlungen bzw. die Unterstützung von den BMW Händlern akzeptiert, kann der eigentliche Umsetzungsprozeß beginnen, in den jeder einzelne Mitarbeiter involviert wird.

Die Performance Development Group beginnt mit der Definition der Unternehmenskultur für das Händlerunternehmen. Gemeinsam mit dem Management werden Ziele gesetzt, Werte festgelegt, eine sog. „Vision" erarbeitet, der sich alle Angestellten des Unternehmens verpflichtet fühlen können. Solch eine Vision beschreibt, wie das Unternehmen in Zukunft geführt werden soll, welche Ziele es zu erreichen gilt. Sie beinhaltet Aussagen zu wichtigen Gebieten wie Kundenloyalität, Mitarbeiterloyalität, Marktwachstum und Profitabilität. Werte sind eine Reihe gemeinsamer Ideen, die das Verhalten aller Personen im Unternehmen in Richtung der Vision lenken sollen und in jedem einzelnen Mitarbeiter den Wunsch erwecken sollten, im Namen der Vision sein Bestes zu geben. Um diese Vision umzusetzen, bedarf es der Definition von Zielen. Für BMW Händler können beispielsweise folgende Ziele gelten:

– den höchsten Kundenzufriedenheitswert von allen BMW Händlern in der Umgebung zu erreichen,
– die Fluktuationsrate von Mitarbeitern zu senken,
– den höchsten Marktanteil der Gegend zu erreichen,
– die Profitabilität des Neu- und Gebrauchtwagenhandels um 5 % zu erhöhen und
– die Profitabilität des Servicebereichs und des Ersatzteilhandels um 8 % zu erhöhen.

Sind Werte, Ziele und die Vision festgelegt, wird über vier bis fünf Wochen mit allen Mitarbeitern des BMW Händlers ein „Premier Care Training" durchgeführt. Das Training versucht den Mitarbeitern zu vermitteln, daß es gerade *ihre* individuelle Leistung ist, die zu einer hohen Kundenzufriedenheit beiträgt. Zusätzlich werden aus den Mitarbeitern jeder Abteilung „Customer Satisfaction Improvement Teams" gebildet, die sich, zusammen mit dem Management des ausgesuchten BMW Händlers, in Ursachenanalyse und Problemlösung üben. Hiermit werden diese mit dem Handwerkszeug ausgestattet, dessen es bedarf, um die auftauchenden Probleme erfolgreich zu lösen. In dieser Phase steht den Teams vor allem der Human Resources Spezialist hilfreich zur Seite.

Abschließend ist festzuhalten, daß für 1995 geplant ist, jedem einzelnen Mitarbeiter eines jeden BMW Händlers, also nicht nur den ausgesuchten BMW Händlern, die dargestellte Philosophie von BMW zu vermitteln: das Commitment zur Kundenzufriedenheit. Erst wenn jeder einzelne lernt, daß Kundenzufriedenheit nicht nur gleichbedeutend mit „nett zum Kunden zu sein" ist, erst wenn die Zufriedenstellung der Kunden zur Einstellung des einzelnen, zur Kultur eines ganzen Unternehmens geworden ist, erst dann hat BMW sein Ziel erreicht.

Helmut Fahlbusch

Durch Kundenorientierung zur Kundenzufriedenheit - Das Total Customer Care-Programm bei Schott

1. Einleitung

Basis für erfolgreiche Unternehmen ist nicht mehr allein die Qualität der Produkte. Im internationalen Wettbewerb kann heute nur der bestehen, der Qualität über das Produkt hinaus in einem sehr umfassenden Sinn, das heißt in allen seinen Beziehungen zu den Kunden liefert.

Die Schott Gruppe, einer der international führenden Hersteller von Spezialgläsern und Glaskeramiken, hat sich zur Aufgabe gemacht, ihre Unternehmenskultur tiefgreifend und dauerhaft zu verändern. Jeder Mitarbeiter in den weltweit zirka 80 Organisationseinheiten - operative Unternehmen ebenso wie Servicebereiche - soll sich in seinem Denken und Handeln an den Anforderungen der Kunden orientieren. Das Konzept, mit dem diese Aufgabe erfüllt wird, wurde auf die Kurzformel TCC gebracht - Total Customer Care.

Darunter verstehen wir einerseits eine unzweideutige Geisteshaltung und verbindliche Verhaltensnormen, die sich insbesondere aus dem Gedankengut des Marketing sowie des Total Quality Management (TQM), aber auch aus den spezifischen Eigenheiten der Schott Gruppe, ihrer Geschichte und Unternehmenskultur ableiten. Andererseits umschreiben wir mit TCC Thema, Motiv und Ausrichtung eines aktuellen Unternehmensprojektes der Schott Gruppe zur Gestaltung bzw. weiteren Verbesserung operativer und strategischer Wettbewerbsvorteile.

Es ist hinreichend bekannt, daß Kundenorientierung nichts Originelles und Neues, sondern bei Aufbau, Ausbau und Pflege von Marktbeziehungen eigentlich etwas Selbstverständliches ist. Erfolgreiche Unternehmen kommen nicht ohne Kundenorientierung aus. Sie wissen sehr wohl, daß die Eigenschaften und Nutzen von Marktleistungen den individuellen Bedürfnissen und Erwartungen der Zielgruppe oder einer Einzelperson entsprechen müssen. Sie wissen auch, daß die angebotenen Leistungen aus der subjektiven Sicht der Kunden vorteilhaft und natürlich auch bezahlbar sein müssen. Dies betrifft nicht allein die „harten Fakten" von Produkten wie Werkstoff, Konstruktion, Design, Qualität, Funktion oder Preis-Nutzen-Relation, sondern dies gilt selbstverständlich auch für alle Leistungen rund um das Produkt. Dazu gehören beispielsweise Beratung, Logistik, Erreichbarkeit, Kundenservice oder Reklamationsbearbeitung vor und nach dem Kauf.

Strittig ist nicht, ob Kundenorientierung betrieben werden sollte, sondern höchstens, wie sie bestmöglich gestaltet werden kann. Diese Frage stellt sich auch für die Schott Gruppe.

2. Die Chronik des Unternehmens

Anläßlich der Verleihung des Deutschen Marketing-Preises 1984 an die Schott Glaswerke wurde in der Laudatio festgestellt, daß „das tradierte Produkt neun Jahrzehnte lang im Vordergrund der Unternehmenspolitik stand. Die Neuorientierung auf den Markt, die dann bewußt eingeleitet wurde, ist ein gewaltiges Unterfangen für ein so konservatives, am Rohstoff Glas orientiertes Unternehmen".

Als herausragendes Beispiel für die Veränderung von Schott in Richtung „konsequente Marktorientierung" stand die Systementwicklung rund um „Ceran" Glaskeramik-Kochflächen, von denen mittlerweile weltweit rund 25 Millionen Stück verkauft wurden. Ähnlich erfolgreich wirkte sich die konsequente Marktorientierung in den siebziger und achtziger Jahren bei einer Vielzahl anderer Geschäftseinheiten und Produktgruppen aus. Beispielsweise zählen dazu die Aktivitäten in den Bereichen Pharmarohr, Pharmaverpackung, Verkehrstechnik, Optoelektronik. Erwähnt sei auch der spektakuläre Erfolg bei der Herstellung der weltweit größten Spiegelträger für astronomische Teleskope.

Insgesamt standen die zahlreichen unternehmerischen Erfolge in unmittelbarem Zusammenhang mit der Systematik und Konsequenz der Marktorientierung. Insofern war es nur ein weiterer logischer Schritt, daß diese Prinzipien in den erstmals 1986 publizierten und verteilten Unternehmensleitlinien der Schott Gruppe ausdrücklich verankert wurden: Alle Schott-Mitarbeiter sind seither verpflichtet, ihre Arbeit „an den Bedürfnissen und Erwartungen unserer Märkte und Kunden zu orientieren". Außerdem wird die „konsequente Marktorientierung" als wesentliche Leitlinie zur Zukunftssicherung der Schott Gruppe verbindlich festgeschrieben. Ausschlaggebend für den unternehmerischen Erfolg ist aber letztendlich der Kunde, seine Meinung, seine Potenz, sein Verhalten. Diese Erkenntnis gebietet, möglichst umfassend, häufig und genau auch solche Daten zu erfassen, die den faktischen und potentiellen Kunden zum Gegenstand haben.

Die Schott Gruppe hat deshalb 1989/90 gemeinsam mit einem renommierten Marktforschungsinstitut in den bedeutsamsten Abnehmerländern eine Imagestudie durchgeführt. Diese Untersuchung war mehrstufig angelegt und basierte auf über 1600 persönlichen Interviews. Das Ergebnis fiel einerseits positiv aus. Insbesondere wurde bestätigt, daß die Produktqualität als wichtigstes Kriterium bei Kaufentscheidungen gilt und daß die Schott Gruppe dabei hervorragend abschneidet. Andererseits löste der Untersuchungsbefund aber keineswegs nur Applaus oder mentalen Aufwind aus: Denn immerhin wurde auch konstatiert, daß die konsequente Marktorientierung offensichtlich nicht vollumfänglich gelungen war. Als Verbesserungspotential eingestuft wurden insbesondere etliche „Soft Facts" - „strikte Einhaltung von Vereinbarungen", „jederzeitige Ansprechbarkeit" oder „flexible Reaktion auf Kundenwünsche". Derartige „weiche Fakten" bestimmen bekanntlich die Qualität der Kundenzufriedenheit und prägen damit auch die emotionale Bindung der Abnehmer-Lieferanten-Beziehungen in ihrer Festigkeit.

Nach dem Erkennen der Defizite und ersten Ansätzen zu deren Abbau schlug die Geburtsstunde der plakativen Formel „Total Customer Care", zunächst allerdings nur als Thema und Motiv einer Europatagung der Schott Gruppe im Frühjahr 1992. Am Ende der Tagung standen Forderungen und Versprechen der Gruppenleitung zu einem Aktionsprogramm. Gefordert und versprochen wurde dabei u.a., daß dieses Programm einer konsequenten Kundenorientierung unter Berücksichtigung äußerst unterschiedlicher Ausgangssituationen und Notwendigkeiten einzelner Glieder der Schott Gruppe - Geschäfts-, Servicebereiche oder Tochterunternehmen - kurzfristig vorbereitet und weltweit implementiert werden sollte.

Ergebnis ein in sich schlüssiges, abgerundetes, teilweise ausgetestetes TCC-Konzept, das gemeinsam mit einer auf die Entwicklung und Implementierung von TQM-Programmen spezialisierten Beratungsgesellschaft erarbeitet worden war. Die Umsetzung von TCC sollte dabei in die „normale" Geschäftstätigkeit integriert sein.

3. Das TCC-Konzept

Aus der Analyse des wettbewerblichen Umfeldes und den Ergebnissen der Imagestudie wurden folgende Verpflichtungen abgeleitet:

- Der Kunde mit seinen Bedürfnissen steht im Mittelpunkt der Arbeit.
- Schott richtet sein ganzes Handeln konsequent auf den Kunden aus.
- Schott liefert seine Produkte und Leistungen rechtzeitig in einwandfreier Qualität und zu den vereinbarten Bedingungen.
- Die Kunden sollen Schott stets als besonders kompetent, zuverlässig und freundlich erleben.

Diese Verpflichtungen sind Basis des TCC-Konzepts. Deutlich wird, daß TCC keine kurzlebige Managementmethode, sondern das Synonym für eine spezifische, langfristig orientierte Schott-Unternehmenskultur darstellt. Dabei bilden die in Abbildung 1 dargestellten sechs TCC-Grundsätze das „Herzstück" jener besonderen Kultur. Sie sollen im folgenden genauer erläutert werden.

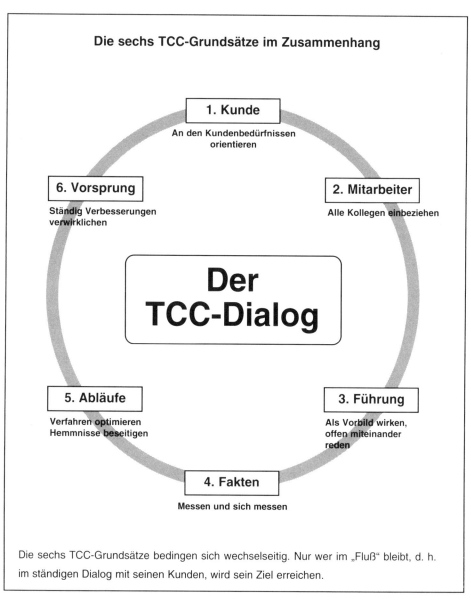

Abbildung 1: Der TCC-Dialog

Orientierung an den Kundenbedürfnissen: Kaum ein Kunde zahlt für ein Produkt an sich. Vielmehr dominieren bei Kaufentscheidungen der erwartete Produktnutzen, die nutzbare Produkteigenschaft, das Preis-Leistungs-Verhältnis. Kundenbedürfnisse, mögliche und bereits erfüllte Nutzenerwartungen, haben mithin Vorrang bei der Entwicklung von Produkten, bei der Vorbereitung von Produkteinführungen im Markt und auch bei der Kontrolle und Erforschung von Kundenreaktionen. So wird der Kunde zur Quelle von Innovationen. Möglich ist dies alles nur, wenn das ganze Geschäft mit den Augen des Kunden gesehen und gemessen wird. Das Verbesserungspotential liegt schlichtweg in der Systematik und Konsequenz, in der Umfassendheit, Häufigkeit und auch in der Genauigkeit qualifizierter Erhebungen über die Bedürfnisse, die Entscheidungskriterien sowie die Absichten und tatsächlichen Verhaltensweisen der faktischen und potentiellen Schott-Kunden. Zum Verbesserungspotential und zur Konsequenz gehören vor allem auch die Art und Weise, wie die erhobenen Daten genutzt werden.

Einbeziehen aller Mitarbeiter: Alle Initiatoren des TCC-Konzepts wissen, daß die erfolgreiche Implementierung entscheidend davon abhängt, ob und wie die einzelnen Mitarbeiter involviert werden. Auf der einen Seite soll deshalb bewußt gemacht werden, daß jeder Schottianer an der Leistungserstellung für Endkunden beteiligt ist. Andererseits soll begriffen und akzeptiert werden, daß jedermann - unabhängig von seiner tatsächlichen Entfernung zum Endabnehmer - in einem Wechselverhältnis „Kunde/Lieferant" steht. Erlernt und gelebt werden muß deshalb auch die Mitgliedschaft in der „Prozeßkette", primär innerbetrieblich ausgerichtet und zumeist nur indirekt mit Endkunden verbunden. Zusätzlich geht es darum, zu verdeutlichen, daß jeder Mitarbeiter besonders stark und erfolgreich ist, wenn er sich permanent sensibilisiert und auf die Belange seiner internen und externen Kunden konzentriert. Durch das Arbeiten im Team, durch abteilungs- und bereichsübergreifende Projekte soll dies sichergestellt werden. TCC erfordert die Zusammenarbeit aller Funktionen eines Unternehmens.

Vorbildfunktion und offene Kommunikation der Führungsebene: Entscheidend für den TCC-Erfolg sind Akzeptanz und Umsetzung der Grundsätze seitens der gesamten Belegschaft. Voraussetzung dafür ist, daß das obere Management Prinzipien nicht nur kommuniziert, sondern auch vorlebt. Zusätzlich gefördert werden terminierte Zielvorgaben für Veränderungen und Verbesserungen sowie daraus abgeleitete Beurteilungen, Beförderungen und Incentives.

Messung und Beurteilung der Fakten: Verbesserungen im TCC-Prozeß sowie in der Wettbewerbsposition werden plausibel, wenn die Ausgangslage gemessen und als Basis für Veränderungen definiert werden kann. Insofern hat die Leitung der Schott Gruppe Anfang 1993 festgelegt, daß die Zufriedenheit interner und externer Kunden genau und möglichst kontinuierlich erfaßt werden soll. Insbesondere sollten dabei folgende Kriterien berücksichtigt werden: Liefertermine und Liefertreue, Beratungs- und Produktqualität sowie die Abwicklung von Reklamationen. Zusätzlich sollten die Qualitätskosten der einzelnen Geschäftseinheiten sowie der jeweiligen Wettbewerber möglichst detailliert erfaßt werden. Die entsprechenden Vorarbeiten in den Piloteinheiten sind abgeschlossen bzw. in der Phase der Umsetzung.

Verfahrensoptimierung und Hemmnisbeseitigung bei den Abläufen: Dieser Grundsatz steht in mittelbarem Bezug zum zweiten Grundsatz, wonach alle Kollegen in den Prozeß einbezogen werden sollten. Jeder Mitarbeiter ist auf seine Weise an der Wertschöpfung in Richtung Endabnehmer beteiligt, jeder ist interner Kunde der vorgelagerten und zugleich Lieferant der nachgelagerten Stufe. Als Lieferant muß er die Bedürfnisse seiner internen Kunden möglichst genau kennen. Sein besonderes Bemühen muß der Verbesserung seines Leistungsbeitrages gelten. Vor allem hat er sich bezüglich Qualität, Zeitaufwand und Kosten seiner Leistung strikt an die Vereinbarung mit seinen internen Kunden zu halten. Verbesserungspotentiale werden nicht allein bei einzelnen Mitarbeitern innerhalb der Prozeßkette aufgedeckt, sondern insbesondere auch bei kompletten Arbeitsgruppen bzw. Funktionsbereichen (z.B. Auftragszentren, Qualitätskontrolle, Logistiksysteme).

Verwirklichung von ständiger Verbesserung: Die ersten fünf Grundsätze haben in ihrer Gesamtheit den Zweck, daß auch und vor allem der sechste Grundsatz verwirklicht wird. Andererseits bildet dieser sechste Grundsatz nicht nur die Basis für die Optimierung des „Betrieblichen Vorschlagwesens", sondern auch eine Verhaltensmaxime bei der Umsetzung der ersten fünf Grundsätze. Der Erfolg von TCC setzt mithin voraus, daß die Grundsätze nicht isoliert, sondern wechselseitig und zusammenhängend umgesetzt werden.

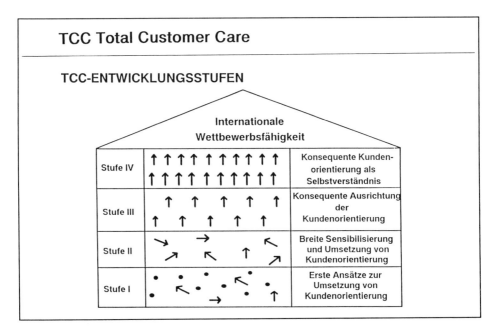

Abbildung 2: Die TCC-Entwicklungsstufen

Gekoppelt mit den sechs TCC-Grundsätzen und mit den jeweils zugeordneten Kernaufgaben ist - sowohl für die Analyse und Bestandsaufnahme als auch für die Festlegung der Verbesserungen - ein *stufenweises Bewertungsschema*.

Bei der Ist-Bestimmung und Soll-Festlegung sind insgesamt vier unterschiedliche Abstufungen möglich (vgl. Abbildung 2):

- Global wird die unterste Stufe damit umschrieben, daß „erste Ansätze zur Umsetzung von Kundenorientierung" erkennbar sind bzw. praktiziert werden,
- auf der nächsthöheren Stufe findet eine „breite Sensibilisierung und Umsetzung von Kundenorientierung" statt,
- darüber folgt eine „konsequente Ausrichtung der Kundenorientierung" und
- auf der höchsten Stufe steht schließlich die „konsequente Kundenorientierung als Selbstverständnis".

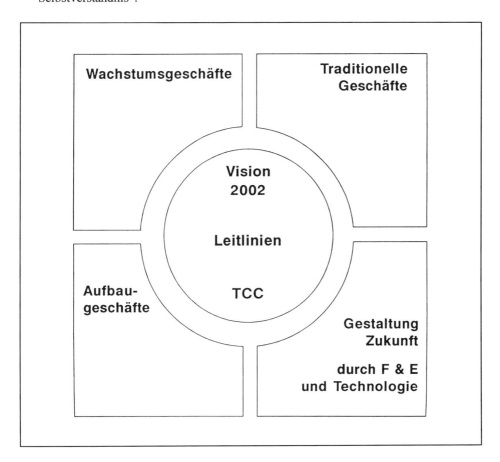

Abbildung 3: Strategische Soll-Struktur Schott

Von Anfang an beinhaltet der TCC-Prozeß mehr als die reine Veränderung der Geisteshaltung. TCC ist das Mittel zur Realisierung von Visionen und Zielsetzungen des Unternehmens. Daher steht TCC gleichberechtigt neben der Vision 2.002 und den Unternehmensleitlinien als Teil der strategischen Gesamtausrichtung der Schott Gruppe (vgl. Abbildung 3).

4. Begleitmaßnahmen des TCC-Konzepts

Um das erforderliche Ausmaß an Aufbruchstimmung in einem Unternehmen von der Größenordnung der Schott Gruppe mit rund 17.000 Mitarbeitern zu erzeugen, bedarf es einer wohldurchdachten, verständlichen und vor allem praxisnahen Anleitung. Dafür wurde „Das Kursbuch zur Kundenorientierung" erarbeitet und im Rahmen von Trainingsmaßnahmen an die Führungskräfte verteilt.

Diese Hilfestellung für die Umsetzung des TCC-Konzepts besteht aus drei Teilen: Zunächst erhält der Leser im ersten Teil - „Wegbeschreibung" - Informationen über das, was TCC bedeutet und welche Grundsätze zu befolgen sind. Der zweite Teil - „Anleitung zum Start" - gibt Hilfestellung für einen Auftaktworkshop der Führungskräfte mit den direkten Mitarbeitern. Schließlich wird der Leser im dritten Teil - „Dialogbogen" - dazu aufgefordert, seine persönliche Meinung zum Kursbuch zu äußern und eigene Verbesserungsvorschläge zu machen.

Während das Kursbuch zur Kundenorientierung spezifische Informationen für Führungskräfte der Schott Gruppe enthält, richtet sich die Broschüre „Alles für den Kunden" an die gesamte Belegschaft. Dabei werden die Ziele, die Vorgehensweise und vor allem die sechs TCC-Grundsätze auf wenigen Seiten in einer bilderreichen und bewußt einfach gehaltenen Sprache anschaulich dargestellt. Auf Details wurde gänzlich verzichtet, um nicht den Eindruck zu erwecken, daß Kundennähe abstrakt und theoretisch sei. Im Rahmen des Trainings werden dann später Erläuterungen und Beispiele aus dem Arbeitsgebiet und dem eigenen Erleben beigesteuert.

Über den aktuellen Stand der Implementierung von TCC informieren die TCC News. Diese mehrmals im Jahr erscheinende Informationsschrift mit Beispielen, Tips und Erfahrungsberichten wendet sich an alle Führungskräfte. Die übrige Belegschaft wird auf speziellen TCC-Seiten in den verschiedenen Werkszeitschriften informiert. Dort wird anhand konkreter Beispiele anschaulich aufgezeigt, wie TCC im operativen Bereich umgesetzt werden kann. Dies ist besonders wichtig, um auch die Mitarbeiter ohne direkten Bezug zu externen Kunden immer wieder auf die Bedeutung, Notwendigkeit und

Wirkungsweise von TCC aufmerksam zu machen. So sollen die vorhandenen Ideenpotentiale aller Mitarbeiter aktiviert werden.

5. Umsetzung des TCC-Konzepts

Ende 1992 wurde das TCC-Konzept fertiggestellt und präsentiert. Dieses erste Jahr stand vor allem in Zeichen der Überzeugungsarbeit nach dem Kaskadenprinzip - vom Vorstand nach unten. Daß die Unternehmensleitung mit gutem Beispiel voranging, förderte die allgemeine Akzeptanz.

Gleichzeitig wurde das Konzept bei sechs ausgewählten in- und ausländischen Geschäftsbereichen und Tochterunternehmen getestet und optimiert. Um die dazu erforderliche Hilfe und Beratung, aber auch das Messen der Erfolge zu organisieren, wurde ein TCC-Projektteam berufen, das in 1000 Tagen bei allen Einheiten der Schott Gruppe die Umsetzung von TCC aktiv voranbringen will. Die Piloteinheiten und 44 weitere Einheiten werden vom TCC-Projektteam direkt betreut. Die übrigen Einheiten der Schott Gruppe erhalten zunächst nur von Fall zu Fall Unterstützung, ehe auch sie voll in den Prozeß integriert werden.

Die Umsetzung von TCC erfolgt in den Einheiten, die vom Projektteam intensiv betreut werden, nach folgender Systematik (vgl. zum Ablauf des TCC-Programms Abbildung 4):

Phase A/Bestandsaufnahme (1.-3. Monat): Vorabgespräch mit dem Leiter der Einheit, Auftakt-Workshop für Top-Management, erste Information an alle Mitarbeiter, Bestandsaufnahme, Präsentation der Ergebnisse

Phase B/Ziel-Festlegung und Planung (3.-6. Monat): TCC-Workshop für Top-Mangement, TCC-Workshop für mittleres Management, zweite Information an alle Mitarbeiter

Phase C/Umsetzung von TCC und Training (6.-16. Monat): Training des Top-Managements der Einheit, Training von internen TCC-Trainern/Moderatoren, Training aller Führungskräfte und qualifizierter Fachkräfte, Training aller Meister, Training aller Mitarbeiter

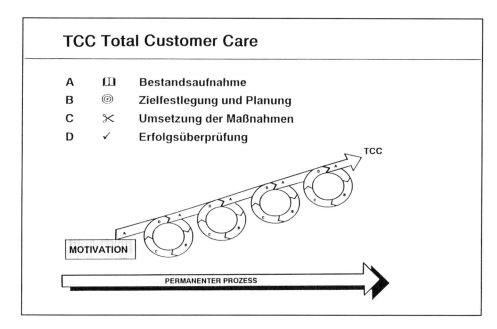

Abbildung 4: TCC-Programm / Ablaufschema

Zur Verbindlichkeit des TCC-Prozesses gehört auch die Benennung eines TCC-Koordinators. Mehr als die Hälfte der Schott-Einheiten ist soweit sensibilisiert, daß dort bereits ein solcher „Brückenkopf" zwischen TCC-Projektteam und der Unternehmenseinheit eingerichtet ist.

Im Sommer 1993 wurde die Konzeptphase abgeschlossen. Die erste der vier TCC-Entwicklungsstufen war erklommen. Ansätze zur konsequenten Kundenorientierung sind an vielen Stellen der Schott Gruppe unverkennbar. Gegenwärtig gilt es, für die zielgerichtete Umsetzung in allen Einheiten zu sorgen. In dieser Phase wird TCC zur Pflicht für alle Einheiten der Schott Gruppe.

Bis Ende des Geschäftsjahres 1994/95 werden weltweit bereits mehr als 40 Prozent aller Schott-Mitarbeiter in rund 30 Organisationseinheiten von der systematischen TCC-Umsetzung erfaßt und eingebunden sein. Ab diesem Zeitpunkt müssen alle Organisationseinheiten für die TCC-Aktivitäten einen Betrag budgetieren, der etwa zwei bis drei Prozent der jeweiligen Personalkosten entspricht.

Von zentraler Bedeutung ist in diesem Zusammenhang auch die Erfolgskontrolle. Um Veränderungen objektiv beurteilen zu können, müssen Erfolgsfaktoren bzw. Meßgrößen festgelegt und Ergebnisse erhoben und mit dem Ausgangswert verglichen werden. Das Projektziel ist erreicht, wenn unter anderem die Zufriedenheit interner und externer

Kunden auf einer Bewertungsskala einen Spitzenwert erreicht, die Mitarbeiterzufriedenheit deutlich gesteigert werden konnte, die Anzahl der Verbesserungsvorschläge pro Jahr mindestens 20 Prozent der Mitarbeiterzahl eines Funktionsbereiches erreicht und die Umsetzungsquote mindestens 50 Prozent beträgt sowie die Kosten und Bearbeitungsdauer der Reklamation um mindestens 50 Prozent gesenkt wird.

6. Status quo und Ziele

Ziele, Meilensteine und Organisation dieses Projekts sowie Engagement des Projektteams und Reaktionen im Umfeld lassen nach rund einem Jahr den Schluß zu, daß Schott in der Tat konsequent und systematisch eine Aufgabe zu bewältigen sucht, die zwar nie beendet sein wird, aber auch den Kunden bereits jetzt bewußt macht, daß ihnen besondere Vorteile geboten werden.

Extern kommuniziert wird der TCC-Gedanke auch in der neuen Unternehmenswerbung. Sie knüpft an die außerordentlich aufmerksamkeitsstarke Bionik-Kampagne der Schott Gruppe an, und verdeutlicht anhand von Phänomenen in der Tier- und Pflanzenwelt den Wert guter Zusammenarbeit (vgl. Abbildung 5).

TCC ist kein Allheilmittel gegen wirtschaftliche Probleme und Konkurrenzdruck. Es fördert aber Innovationskraft und Innovationsgeschwindigkeit. Daher sind kundenorientierte Unternehmen in der Regel stärker und wesentlich erfolgreicher als ihre Wettbewerber. Auch Schott wird mittels TCC Antriebskraft, Rüstzeug und kreativen Spielraum für eine künftig unverwechselbare Profilierung und Positionierung gewinnen.

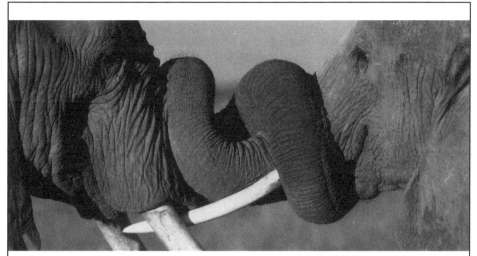

Zwei Elefanten bei der ersten Begegnung: Das Umschlingen der Rüssel dient als Begrüßung und bietet die Möglichkeit, den Artgenossen besser einzuschätzen.

Nichts ist natürlicher, als soziale Kontakte zu pflegen – besonders für Elefanten. Sie haben ein ganzes Spektrum an Verhaltensformen entwickelt, die für Zusammenhalt in der Gruppe und für gegenseitigen Respekt sorgen.

Gute Beziehungen brauchen viel Pflege. Wir nennen das "Total Customer Care".

Aus dieser Erkenntnis heraus haben wir für uns eine neue Herausforderung formuliert. Wir nennen sie "Total Customer Care". Denn ein Unternehmen, das im internationalen Wettbewerb erfolgreich bleiben will, kann mit hervorragenden Produkten allein heute keinem Kunden mehr gerecht werden. Mit anderen Worten: Die Anforderungen unserer Kunden werden künftig bei allem, was wir tun, noch stärker im Vordergrund stehen. Eine Aufgabe, die von uns Flexibilität, interdisziplinäres Denken und die Bereitschaft verlangt, immer wieder auf den Kunden einzugehen. Wenn Sie mehr über unser Unternehmen wissen möchten, schreiben Sie an: Schott Glaswerke, Frau Wippich, Postfach 24 80, 55014 Mainz. Wir haben nicht nur den Ehrgeiz, **Europas Nr.1 bei Spezialglas** zu bleiben, sondern auch bei der Kundenorientierung vorne zu liegen. **Wir suchen nach Wegen, die unsere Kunden weiterbringen.**

Abbildung 5: Werbebeispiel

Ernst Werner Mann/Michael Laker

Kundenorientierung eines Elektrizitätsversorgungsunternehmens

1. Charakteristika des Elektrizitätsversorgungsgeschäftes

Vor mehr als 110 Jahren wurde am 19. Februar 1882 mit der Belieferung und Versorgung eines Stadtteils von Berlin elektrischer Strom erstmalig in nennenswertem Umfang Gegenstand unternehmerischen Handelns. Von Anbeginn an weist die Ware „Strom" Produkteigenschaften auf, die zu Besonderheiten in der Entwicklung des Strommarktes führten. Diese Produkteigenschaften bedürfen einer Erläuterung, um die Kundenbeziehungen zu beschreiben, das Geschäft verstehen zu lernen und Hinweise für die Kundenorientierung zu erhalten.

1.1 Versorgung mit leitungsgebundener, elektrischer Energie

Der Begriff Versorgung wird umgangssprachlich mit einem Anspruch verbunden. Folgerichtig ist ein zunächst regulierender, wenngleich auch für die Bevölkerung unseres Landes sehr positiver Grundgedanke im Energiewirtschaftsgesetz (EnWG) enthalten, auf dessen Grundlage die Elektrizitätsversorgungsunternehmen, die EVU, tätig werden. Dieser Grundgedanke war auch schon Element des ersten Vertrages in Berlin: Jeder Einwohner hat Anspruch auf einen Stromanschluß und die jederzeit preiswerte, sichere und kostengünstige Versorgung mit elektrischen Strom. Im Gegenzug verpflichten sich die Städte und Gemeinden, nur den Unternehmen, die diesen Anspruch erfüllen wollen, und keinem anderen die Versorgung im Vertragsgebiet unter Benutzung des städtischen Wegerechtes zu gestatten. Für die Überlassung des Wegerechtes zahlt das jeweilige Unternehmen der Gebietskörperschaft ein Entgelt, Konzessionsabgabe genannt, dessen Höhe die Konzessionsabgabenverordnung (KAV) regelt. Durch den Abschluß von auf maximal 20 Jahren befristeten Gebietsschutzverträgen ist der direkte Wettbewerb zumindest begrenzt.

Auf der anderen Seite kann diese Begrenzung des direkten Wettbewerbs für einen bestimmten Zeitraum auch letztlich als die Notwendigkeit für das Energiewirtschaftsgesetz angesehen werden: Neben der schon erwähnten Versorgungspflicht unterwirft es die Elektrizitätsversorgungsunternehmen aufgrund ihrer besonderen Marktstellung weiterer staatlicher Aufsicht. So muß das EVU z.B. zu den sogenannten Tarifpreisen, die von den Wirtschaftsministern der Bundesländer genehmigt werden, jedermann zu jeder Zeit in seinem Versorgungsgebiet mit elektrischer Energie versorgen. Dies gilt für alle Kunden - „konsequenterweise" durch Gesetz zunächst „Abnehmer" genannt - zu gleichen Preisen, unabhängig davon wie weit sie sich von der Stromerzeugungsanlage entfernt befinden. Für das weitere Verständnis notwendig, sei noch ergänzt, daß das EVU in „seinem" Versorgungsgebiet neben der Versorgung von Tarifkunden auch im klassischen Sinne um Kunden werben kann. Dies geschieht durch das Angebot von Sonderverträgen, z.B. an Industriekunden. Diese unterliegen dann nicht der Preisaufsicht und auch nicht der gesetzlichen Lieferpflicht. Die Preise können also im Prinzip im Rahmen des Kartellrechts (GWB) frei verhandelt werden.

Im folgenden sollen einige Besonderheiten des Produktes Strom herausgestellt werden, die die Ausgestaltung der Kundenorientierung eines EVU maßgeblich bestimmen.

Elektrischer Strom ist *nicht speicherbar*. Er muß zum Zeitpunkt der Nachfrage sekundengleich erzeugt und geliefert werden. Auch wenn das EVU es wollte: Lieferzeiten gibt es nicht, es sei denn, bei technischer Störung kann überhaupt nicht geliefert werden. Rufen wir uns die Versorgungspflicht in Erinnerung, bedeutet dies, daß die Kapazitäten der Erzeugungs- und Transportanlagen auf den zeitgleich höchsten in einem Jahr auftretenden Bedarf ausgelegt sein und zugleich Reserven für unerwartete Nachfragesprünge und für Störungen und Wartungen enthalten müssen - mit allen Konsequenzen für die Fixkosten. Im unternehmerischen Sinne unterliegt das EVU somit nicht ausschließlich von ihm selbst bestimmten Investitionsentscheidungen.

Elektrischer Strom ist *leitungsgebunden*. Kraftwerke und Kunden sind jederzeit über fest installierte und kostspielige Leitungswege ständig miteinander verbunden. Eine grundsätzlich freie Entscheidung über den Umfang der Investitionstätigkeit kann ein EVU auch unter diesem Aspekt nicht durchführen, denn die Anlagen sind entsprechend der Versorgungspflicht auszulegen. Da der Bau von Kraftwerken und Leitungen einschließlich Planungs- und Errichtungszeiträume zehn Jahre und mehr in Anspruch nimmt, sind eine wirtschaftliche Nutzungsdauer der Anlagen von 20 Jahren und mehr und langfristige Rahmenbedingungen erforderlich. Hiervon profitieren insbesondere die Kunden, da sie in der Folge von einer gesicherten Belieferung ausgehen können. Kritisch zu hinterfragen wäre allenfalls, ob die heutigen Rahmenbedingungen noch adäquat ausgestaltet sind.

Das gesamte Energiewirtschaftsrecht unterliegt z.Zt. vielfältigen, tiefgreifenden Änderungsabsichten, die von politischen und gesellschaftlichen Strömungen begleitet werden.

Ohne an dieser Stelle auf die Einzelheiten einzugehen, kann man zusammenfassend wahrscheinlich davon ausgehen, daß zumindest die Ausnahmeregelungen im Kartellrecht entfallen oder geändert werden, wodurch der Gedanke gestärkt wird, daß EVU nicht Städte und Gemeinde versorgen, sondern einzelne Kunden in Gemeinden und Städten.

In allen Erörterungen um die gesetzlichen Rahmenbedingungen fällt auf, daß hierin der Kunde nur sehr indirekt vorkommt. Alle Bemühungen des Gesetzgebers dienen zwar vorrangig seinem Schutz und Nutzen, aber er wird nur anwaltlich vertreten: Sei es durch gesetzgeberische Institutionen im Sinne des Kunden als Bürger, sei es über gesellschaftliche Gruppen, wie Verbände, Verbraucherorganisationen und sei es nicht zuletzt über die EVU selbst, die nicht unbedingt die schlechtesten Anwälte der Belange ihrer Kunden sind, auch wenn ihnen Gegenteiliges allzugern und regelmäßig unterstellt wird.

Die aktuell herrschenden Rahmenbedingungen machen auch schon heute Kundenorientierung zwingend notwendig. Die in welcher Richtung und mit welcher „ideologisch vorgeprägten" Grundstimmung auch immer eintretenden Veränderungen werden an dieser Notwendigkeit nichts Grundlegendes ändern, sondern sie verstärken.

Allerdings ist nicht zu verkennen, daß zumindest in der Darstellung der Kundenorientierung nach außen Defizite vorhanden sind. In der Folge führt dies vor allem zu einer nicht gerade positiven Wahrnehmung des EVU durch seine Kunden.

Es wäre vielleicht sogar einer näheren Betrachtung wert, ob nicht gerade viele Elemente eines wohlverstandenen Einsatzes für langfristige Kundenbelange, die zwangsläufig mit den langfristigen Investitionen verbunden sind, auf dem Absatzmarkt zu gewissen Entfremdungen zwischen den Geschäftspartnern geführt haben. Das EVU erscheint dem Kunden nur begrenzt als Partner für die Lösung seiner alltäglichen Probleme und das „Produkt" des EVU, der elektrische Strom, hat seine Kraft verloren, persönliche Wünsche und Visionen zu verwirklichen. Darüber hinaus werden weder die Produktionsstätten noch die Transportwege, d.h. die Leitungen, „geliebt".

1.2 Das Produkt Strom

Gibt es aus der Sicht des Kunden überhaupt ein Produkt „Strom"? Dazu ein Blick in die Geschichte:

Als auf den Gleisen der Pferdebahnen die ersten elektrisch angetriebenen Fahrzeuge auftauchten, hieß dieses Transportmittel mit dem neuen, bis dahin nicht gekannten Komfort verheißungsvoll im allgemeinen Sprachgebrauch „die Elektrische". Wer nimmt dagegen heute wirklich bewußt wahr, daß die Fahrenergie der Straßenbahn Strom ist, allenfalls wird der Fahrdraht zur Versorgung als störend wahrgenommen. Die Straßenbahn selbst wird aber durchaus geliebt und sogar romantisch verklärt.

1881 begann in der englischen Stadt Godalming der Segenszug der öffentlichen elektrischen Beleuchtung. In den Wohnungen der gehobenen Gesellschaftsschicht wurde das Gaslicht durch die elektrische Beleuchtung ersetzt. Heute haben wir Beleuchtung, sie ist elektrisch, ohne daß man davon spricht. Trifft man noch auf eine Gaslaterne, auch trotz schlechtem Wirkungsgrad romantisch ins Stadtbild integriert, dann sagt man dies. Man spricht vom Laternenpfahl und nicht vom Pfahl einer elektrischen Laterne, obwohl es auch schon vorgekommen sein soll, daß berichtet wurde, jemand sei am Pfahl einer elektrischen Laterne verunglückt.

In den privaten Haushalten hielt der Strom Einzug. Man kochte mit Strom. Es war klar, daß die Waschmaschinen ihre Arbeitsentlastung durch Strom erbrachten. In Industrie und Gewerbe hielt die Elektrowärme ihren Einzug.

Was hat sich prinzipiell verändert? Aus Sicht des Kunden kommt Strom nicht mehr ins Haus, er ist da. Strom ist heute jederzeit mit hervorragender Spannungsqualität in jeder gewünschten Leistung verfügbar. Diese Qualität wird von jedem EVU in gleichem Maße geliefert, es handelt sich also um ein homogenes Produkt. Strom wird überwiegend indirekt wahrgenommen, „vornehmlich über die Rechnung" oder, soweit der Kunde Eigenheimbesitzer, Industrie- oder Gewerbebetrieb ist, nochmals zusätzlich über den Anschluß an das Versorgungsnetz. Der Strom als Ware ist aus Sicht des Kunden ein „Low Interest Product".

1.3 Die Energiedienstleistung

In der Tat braucht der Kunde keinen Strom an sich. Vielfach wurde auch in der Vergangenheit darüber gesprochen, daß die EVU kein Produkt herstellen, sondern eine Dienstleistung erbringen, nämlich die Bereithaltung von Versorgungskapazität, die im Sinne des Energiewirtschaftsgesetzes jederzeit jeden Bedarf befriedigt. Dies ist klassischerweise ein Produkt mit mehreren Angebots- und Lieferspezifikationen, die immer erfüllt werden und auch erfüllt werden müssen, sich aber der direkten Wahrnehmung durch den Kunden entziehen.

Gehen wir vom Kunden aus, ist Strom nur ein Mittel zum Zweck. Der Kunde wünscht einen Nutzen durch z.B. Strom. Und dieser Nutzen kann vom Strom allein nicht erbracht werden. Der Kunde im privaten Haushalt wünscht z.B. saubere Wäsche, einen beleuchteten Raum, gekühlte Speisen und Getränke, ein Bäcker möchte frische Brötchen verkaufen, ein Restaurantbesitzer wünscht sich Gäste. Ein Industrieunternehmen benötigt Käufer für seine Produkte, also noch nicht einmal Elektrowärme, es sei denn, sie verschafft ihm besondere Vorteile für den Absatz seines Produktes.

Zur Erreichung des Nutzens wird ein Gerät benötigt, das zusammen mit dem Strom erst die tatsächlich gewünschte Dienstleistung erbringt. So könnte man z.B. die Waschmaschine als Energiewandler für die mehr oder weniger unbewußt gekaufte Endenergie in die wahrgenommene Nutzenenergie bezeichnen. Das EVU ist wie der Hersteller der

Geräte Zulieferer für die vom Kunden erstellte und vom ihm gewünschte Dienstleistung.

Die Stromversorger sind deshalb als Dienstleister zu positionieren und können dabei alle Instrumente der Kundenorientierung nutzen (vgl. VDEW-Positionspapier 1988). Sie müssen dies allerdings mit einem ständig fortzuentwickelnden und an die tatsächlichen Bedürfnisse der Kunden angepaßten kommunikationspolitischen Instrumentarium tun: stetig, langfristig und konsequent.

1.4 Das enthomogenisierte Produkt

Es liegt zunächst sehr nahe, das Stromversorgungsgeschäft in den direkten Verkauf von Energiedienstleistungen zu überführen. Hierzu gibt es Beispiele, die auch fortentwicklungsfähig sind. Warum den Kunden überzeugen, daß er mit einer elektrischen Wärmepumpe solare Umweltwärme nutzen kann, der Energiedienstleister kann sie liefern. Er macht dem Kunden ein Angebot zur Wärmelieferung und betreibt selbst die Wärmepumpe. In Mehrfamilienhäusern kann er zusätzlich die Wärmeverteilung und deren Abrechnung mit den Mietern übernehmen. Wo es also klar abzugrenzenden Nutzenergiebedarf gibt, funktioniert dies leicht. Die Kraft- und Wärmelieferung aus dem Betrieb einer EVU-Anlage beim Kunden ist ein anderes Beispiel, die Übernahme der Straßenbeleuchtung für eine Kommune anstatt der Stromlieferung für die kommunale Beleuchtungsanlage (Licht ist auch eine Nutzenergieform) ein weiteres klassisches Beispiel.

In den meisten Fällen wird aber der Nutzen durch den Energiedienstleister nicht direkt zu erbringen sein. Saubere Wäsche kann er nicht in der Flexibilität und Intimität liefern, die der Kunde wünscht, selbst wenn er einen Waschsalon betriebe. In Gewerbe und Industrie verbietet sich die Erbringung einer solch umfassend verstandenen Energiedienstleistung, die nicht die Nutzenergien Kraft oder Wärme zum Inhalt hat, von selbst, da sonst das EVU wesentliche Teile des Herstellungsprozesses übernehmen würde.

Das EVU als Dienstleister muß demgemäß - bis auf wenige Ausnahmen - im Stromgeschäft anders vorgehen. Die Bereitstellung von elektrischer Arbeit und Leistung wird zu einem Sach- und Dienstleistungsbündel „angereichert" und damit letztlich in verschiedene Richtungen enthomogenisiert (vgl. Abbildung 1).

Kilowattstunden, obwohl physikalisch identisch, erhalten durch unterschiedliche Kompetenzen der EVU im Dienstleistungsbereich verschiedene Wertigkeiten. Dies klingt zunächst für das „Low Interest Product" Strom sehr abstrakt. Vielen Marktpartner von EVU, die homogene oder quasihomogene Produkte herstellen, ist es durch

„Anreicherungen" der Produkte durch Dienstleistungen gelungen, ihre Produkte zu enthomogenisieren.

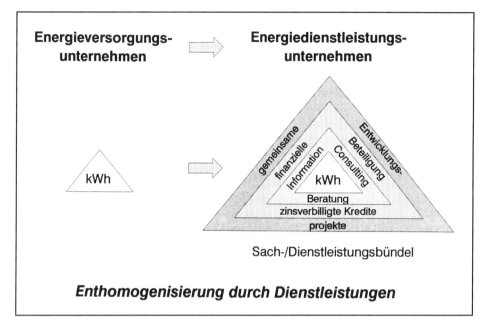

Abbildung 1: Enthomogenisierung durch Dienstleistungen

Um konsequent zunächst beim häufig bemühten Beispiel zu bleiben: Jede Waschmaschine liefert saubere Wäsche, sonst ist sie keine. Aber was ist sauber, sollte die Wäsche nicht lieber „rein" sein, um einen dritten Marktpartner als Beispiel der Enthomogenisierung zu erwähnen. Wird die Wäsche auch geschont, wird Energie gespart, hält die Waschmaschine auch ein Leben lang? Bei jeder Maschine wird die Antwort „Ja" vom Verkäufer lauten, „aber ..." und dann geht die Enthomogenisierung erst richtig los. Hier soll zwar nicht über Kundenorientierung von Waschmaschinenherstellern gesprochen werden, aber es gibt ca. 600 Modelle von „waschenden Energiewandlern", in der überwiegenden Mehrzahl hergestellt von ca. sechs Unternehmen.

Sollte es da nicht innovativen deutschen EVU gelingen, z.B. für den Haushalt wenigstens sechs Produktdifferenzierungen vorzunehmen und ihre Beratungskompetenz zur ergebnis- und energieeffizienten Erbringung der Dienstleistung beim Kunden einzusetzen?

Der Gedanke der Enthomogenisierung bedeutet: Wettbewerb kann nicht ausschließlich über das Kernprodukt erfolgen. Das Energieversorgungsunternehmen, das einem gewerblichen Kunden nicht Strom verkauft, sondern Know-how für den sinnvollen Umgang zur Erzielung eines Geschäftserfolges wird sich als Energiedienstleister positionieren und aus dem „Low Interest Product" Strom das Angebot „Strom-Dienstleistung" machen.

1.5 Wettbewerbssituation

Enthomogenisierung und Dienstleistungsgedanke bedeuten unzweifelhaft eine Imageverbesserung, aber das Image darf zunächst nicht Leitgedanke der Enthomogenisierung sein. Image kann man im wesentlichen nicht durch Absichten und Kampagnen, Darstellungen in der Öffentlichkeit erlangen, sondern durch Handlungen, also schlichtweg durch Kundenorientierung. Das beste und letztlich zwingende Motiv für Kundenorientierung ist Konkurrenz. Kundenorientierung bedeutet, sich beim Kunden gegenüber der Konkurrenz zu behaupten. Image dagegen ist eine abgeleitete Größe aus dem gesamten Auftreten des Unternehmens am Markt. Vielfach wird behauptet, daß zunächst überhaupt erst Rahmenbedingungen für mehr Wettbewerb geschaffen werden müssen, um Anreize für Konkurrenz mit den entsprechenden positiven Signalen für den Kunden zu geben (vgl. Cronenberg 1994). Es gibt auch heute schon eine große Zahl von Wettbewerbselementen unter den Rahmenbedingungen des EnWG und den Ausnahmebestimmungen im GWB (vgl. Kap. 1.1). Diese machen Kundenorientierung zwingend notwendig, weshalb sich auch viele EVU ein entsprechendes Instrumentarium zur Steigerung der Kundenorientierung geschaffen haben.

Wettbewerb gibt es um die Konzession: Welches Unternehmen wird in welchem Gebiet in welchem Zeitraum überhaupt Kunden haben? Wie die aktuelle Diskussion zeigt, wird auch hier der Wettbewerb nicht nur über Wirtschaftlichkeitsrechnungen zum Kernprodukt geführt: Vielmehr stehen Fragen der folgenden Art im Mittelpunkt: Wie erfüllt das EVU die Belange der Bürger des Versorgungsgebietes? Wie positioniert es sich in der Umweltdiskussion? Welche sonstigen Dienstleistungen bietet es an? Welche kommunalen Aufgaben ist es bereit mitzuerfüllen? Wie sieht es mit dem Einfluß der Bürger über die kommunalen Repräsentanten aus?

Im jeweiligen Versorgungsgebiet gibt es bei allen Verbrauchssektoren auch heute Wettbewerbselemente, die hier ebenfalls nur beispielhaft aufgezeigt werden können. Die vom Kunden gewünschten Dienstleistungen müssen nicht mit Strom bereitgestellt werden. Es gibt Elektro- und Gasherde, Warmwasser für Geschirrspül- und Waschmaschinen kann mit verschiedenen Energiearten bereitgestellt werden. Der Wettbewerb zwischen diesen Produkten verläuft hierbei vor allem unter Umweltgesichtspunkten, und hier bietet Strom viele Vorteile.

Ein weiterer Anreiz zu stärkerer Kundenorientierung ergibt sich aus dem Bestreben, zeitgleich mehrere Strom-Anbieter in einem Versorgungsgebiet zuzulassen.

Besonders deutlich ist der Wettbewerb zwischen den Energieträgern im Industrie- und Gewerbebereich, da der Kunde heute zwischen verschiedenen Energieträgern wählen kann. Bei leitungsgebundener Energie hat der Kunde aber - neben der prinzipiell möglichen Eigenerzeugung - keine Wahlmöglichkeit zwischen verschiedenen Lieferanten. Dies wird sich künftig möglicherweise ändern.

Zusammenfassend sprechen für die Notwendigkeit zu stärkerer Kundenorientierung deshalb sowohl gemeinwirtschaftliche, regulative Änderungsbestrebungen als auch vorrangig wettbewerbssorientierte Änderungen. Diese Änderungen werden Aussagen und Inhalte, Ziele und Absichten der Kundenorientierung verändern.

Die EVU begrüßen mehr Marktwirtschaft, wenn ein veränderter Ordnungsrahmen gleiche Wettbewerbsbedingungen schafft und für die EVU auch die Investitionsfreiheit erhält bzw. stärkt (vgl. Bierhoff 1992).

Für einen intensiveren Wettbewerb wird vorrangig der Wettbewerbsdruck auf alle Kosten, Preise und Margen ins Feld geführt. Im Sinne der Kundenorientierung kommen niedrigere Preise den Kunden entgegen. In vielen Marktsegmenten im Bereich der Sonderverträge ist Strom auch heute schon wegen der bestehenden Konkurrenz zwischen den Energieträgern und der Möglichkeit, die gesamte Produktherstellung in andere Länder zu verlagern, nur über den Preis abzusetzen.

2.   Die Kundenorientierung des EVU

2.1 Vom fremd- zum eigenbestimmten Kunden

Die Charakteristika des Stromversorgungsgeschäftes liefern die unternehmerischen Gründe für die Kundenorientierung und geben Hinweise auf die Zielrichtungen. Handlungen und Organisation müssen sich aber konkret am Kunden ausrichten.

Hier ist festzustellen, daß eine Tendenz bei vielen Kunden besteht, sich gar nicht als Kunden zu fühlen. Sie sind vielmehr Kunden über den Weg von Vertretungen geworden, nämlich über die Gebietskörperschaften, die über - zwar von ihnen gewählte - politische Repräsentanten im Sinne der Daseinsvorsorge einen Vertrag mit einem EVU zu ihrer Versorgung abgeschlossen haben.

Durch den Konzessionsvertrag hat das EVU den Repräsentanten in einem privatrechtlichen Vertrag die Zusage gegeben, die Bürger und Unternehmen in einer Gemeinde bestmöglich zu versorgen. Dies galt in der Vergangenheit und gilt um so mehr für die Gegenwart und die Zukunft. Kundenorientierung ist also auch heute schon eine Bringschuld aus dem Konzessionsvertrag. Nur durch Kundenorientierung wird der Versorger zum Unternehmer und über die Enthomogenisierung - durch die „angereicherte kWh" - zum Dienstleister.

Jede Kundenorientierung muß also daran ansetzen, zunächst den Kunden als solchen zu gewinnen, obwohl jeder ein solcher schon im streng privatrechtlichen Sinne ist.

Kein Bürger muß Stromkunde werden, er kann auf Strombezug verzichten oder ihn selbst erzeugen. Ersteres ist rein theoretisch, denn die Vorteile des Stroms werden sofort bei Verzicht auf diesen deutlich. Bis auf Ausnahmefälle dürfte niemand in unserem Lande auf ihn verzichten mögen. Selbst Strom zu erzeugen ist ebenfalls möglich. Dies ist u. a. eine Frage der Kosten - wie die heutige Eigenerzeugung z.B. der Industrie zeigt. Industrieunternehmen treten immer dann als Eigenerzeuger auf, wenn das EVU kein entsprechendes, auf die Kundenbedürfnisse angepaßtes Angebot macht oder machen kann.

Da der Kunde auch im gegenwärtigen gesetzlichen Orientierungsrahmen - und erst recht bei dessen Änderungen - Wahlmöglichkeiten hat, gilt es, ihn in seiner Ansicht zu bestärken, daß er nicht nur anwaltlich vertreten, also fremdbestimmt ist. Insofern wird ihm z.B. Wettbewerb das Gefühl der Fremdbestimmung nehmen.

Für die meisten Kunden dürfte gelten: Sie erkennen zwar, daß es ohne Strom nicht geht, wenn sie ihn aber haben, kommt er sprichwörtlich aus der Steckdose. Das heißt die Existenz von Strom wird nicht wahrgenommen, da es zwischen den meisten, wichtigen Geräten und dem Netz eine mehr oder weniger feste Verbindung und für die Beleuchtung Schalter gibt. Es verhält sich für den Kunden nicht so, wie es einmal der Physiker Werner Heisenberg formulierte: „Wenn Sie in ein leeres Zimmer hineinkommen und fassen neben der Tür an die Wand und drücken, und es bleibt dunkel, dann ist das normal! Wenn aber, sobald Sie gedrückt haben, helles Licht aufflammt, so ist das nicht viel weniger als ein Wunder". Für die Kunden ist dies fester Erfahrungsbestandteil des Lebens. Die Kunden wundern sich höchstens, wenn das Licht nicht angeht.

Ist der Weg der Enthomogenisierung aus Kundensicht wünschenswert? Diese Frage ist eindeutig zu bejahen. Dies gilt für alle im häuslichen und privaten Bereich gewünschten Energiedienstleistungen, wie die Nachfrage nach Beratung z.B. in den Dienstleistungszentren von RWE Energie zeigen: Fast eine Million Besucher in rund 100 Einrichtungen bei rund drei Millionen Kunden. Dies gilt ganz sicher auch für Industrie- und Gewerbekunden, wenn ihnen Dienstleistungen zum Strom angeboten werden, die den Geschäftserfolg sichern bzw. erhöhen.

Wettbewerb wird vom Kunden gewünscht. Bei einer Verstärkung des Wettbewerbs wird er ganz sicher den Anbieter bevorzugen, der kundenorientierter handelt, der seine Probleme besser löst und sich entsprechend positioniert. Hierzu gehört auch vor allem Kompetenz in den jeweils kundenrelevanten gesellschaftlichen Fragen. Ganz allgemein formuliert, bedeutet dies Unterstützung des Kunden bei seinen Bemühungen zur Schonung der Umwelt und seinen Anstrengungen zu ökologisch sinnvollem Verhalten.

Bezüglich dieses Aspektes dürften aus Sicht des Kunden auch bei einer Verstärkung des Wettbewerbs nicht ausschließlich der günstigere Preis, sondern die Qualität der Zusatzleistungen wichtig sein. Ökologie und Wettbewerb schließen sich nicht aus, wenn die Gesellschaft von ökologischen Handlungswünschen getragen wird. Damit wird Umweltschutz, den z.B. die RWE Energie in ihren Anlagen selbst betreibt, zum Markenzeichen der Versorgung durch RWE Energie.

Soll allerdings das EVU zum Vollstrecker politischer Willensbildungen gemacht werden, so ist hierfür zwar auch verstärkte Kundenorientierung nötig, weil es dann eine „andere Ware" zusätzlich verkaufen wird. Der Kunde wird aber in seinem Gefühl bestärkt, sich ein zusätzliches Element der Lieferung wiederum nicht aussuchen zu können. Es würde bedeuten, daß das Umweltschutzengagement wieder als im öffentlichen Auftrag betrieben angesehen würde.

2.2 Kundenorientierung über Marketing für Energiedienstleistungen

Kundenorientierung erfordert allgemein ein Denken in den Nutzenkategorien der Kunden, um die Leistungen anzubieten, die für den Kunden entscheidungsrelevant sind. Das Unternehmen muß Kundennähe realisieren, um langfristig erfolgreich im Markt zu bestehen (vgl. Peters/Waterman 1983). Es gilt, ein Marketing für Energiedienstleistungen aufzubauen, bei dem Energie, Gerät oder Anlage, der Nutzen aus beidem und vor allem der Kunde im Mittelpunkt stehen.

Kundenorientierte Dienstleistungen, welche die sinnvolle rationale Energieanwendung zum Inhalt haben, führen zu Nutzensteigerungen bei der Energieanwendung und können dem Energie-Dienstleistungsangebot von EVU den Status eines Markenartikels verleihen. Damit verbindet sich die Sicherung und Erhaltung des Absatzes, aber auch die systematische Erschließung neuer Absatzpotentiale (Ökowatts), bei denen gleichzeitig ein gesamtwirtschaftlicher oder ökologischer Nutzen gegeben ist.

Ziel einer stärkeren Kundenorientierung ist letztlich immer die bessere Befriedigung der Bedürfnisse im Wettbewerb. Hierzu ist es notwendig, das Handeln des EVU in bezug auf die Grundsätze des modernen Marketing zu überprüfen. Die zentrale Aufgabe des Marketing besteht darin, die Bedürfnisse der Kunden zu analysieren und das Unternehmen darauf auszurichten, die Bedürfnisse besser im Wettbewerb zu befriedigen. Daraus ergeben sich vier Wesensmerkmale des Marketing, die in Abbildung 2 kurz beispielhaft dargestellt werden: Nachfrageorientierung, Wettbewerbsorientierung, gesamtgesellschaftliche Orientierung und nicht zuletzt die strategisch/operative Orientierung.

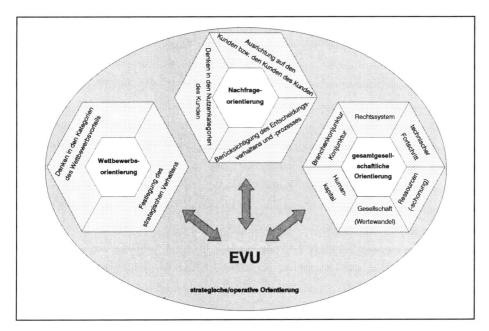

Abbildung 2: Marketingmerkmale für Energiedienstleistungen

In die Marketingstrategie des Energieversorgungsunternehmens werden nicht nur die direkt kundenorientierten Handlungen einbezogen, sondern darüber hinaus - deutlich und integriert - die möglichst umweltschonende Stromerzeugung. Für die Akzeptanz der EVU bei den Kunden gewinnt zunehmend der vorgelagerte Wertschöpfungsprozeß an Bedeutung. Diese Aspekte einer umweltorientierten Gesamtbetrachtung gehören zur Gesamtdarstellung eines EVU. Dies ist z.B. auch in der Chemie und Automobilindustrie zu beobachten. Insofern sind Wirkungsgradverbesserungen im Kraftwerksbereich, die dort durchgeführten Umweltschutzmaßnahmen, das Engagement in der sinnvollen Kraft-Wärme-Kopplung und die Entwicklungsaktivitäten für die regenerativen Energien auch gleichzeitig Elemente der Marketingstrategie. Hierbei muß allerdings für den Kunden die direkte Beziehung zu dem von ihm gekauften Produkt bestehen. Die Kommunikation über den vorgelagerten Wertschöpfungsprozeß macht erst dann Sinn, wenn auch beim Kunden die Produktsensibilität hergestellt ist und Aspekte der umweltschonenden Produktion für den Kunden entscheidungsrelevant sind.

2.3 Kundengruppenorientierte Dienstleistungsangebote

Die vorgenannten Wesensmerkmale sind wichtige Bestandteile der Marketing-Konzeption für das Energie-Dienstleistungsangebot der RWE Energie. Die Beratungs- und Dienstleistungsangebote erstrecken sich auf alle Kundengruppen, die entsprechend ihrem unterschiedlichen Anforderungsprofil in die Hauptgruppen private Haushalte, Gewerbe, Landwirtschaft, Industrie und kommunale Einrichtungen gegliedert werden können (vgl. Mann 1992).

a)   Beratungs- und Dienstleistungen für Haushaltskunden
In ihrem direkten Versorgungsgebiet bietet die RWE Energie den rund 2,7 Mio. Haushaltskunden über die Dienstleistungszentren (92 stationäre und 11 mobile) sachkundige Informationen und Problemlösungen zu haushaltsspezifischen Fragestellungen an. Dort sind Beratungskräfte mit hoher fachlicher Qualifikation für die Einzelberatung tätig, die mit einem Anteil von 77 % an den Beratungsleistungen insgesamt die am meisten in Anspruch genommene Form der Beratung ist. Die Einzelberatungen werden durch Gruppenberatungen (Kurse) ergänzt. Neben den speziell für diese Beratung eingesetzten Fachkräften in den Beratungsstellen vor Ort steht auch ein großer Teil der Mitarbeiter in den Hauptabteilungen „Marketing Tarifkunden" und „Marketing Großkunden" der einzelnen Regionalversorgungen vor Ort durch verschiedene Tätigkeiten in engem Kontakt zu den Haushaltskunden.

Die Dienstleistungsangebote orientieren sich an den Kundenbedürfnissen und erstrecken sich auf die Bauberatung einschließlich der Küchen- und Badplanung, Beleuchtungsberatung, Warmwasserversorgung und Raumheizung. Die in langjähriger Tradition durchgeführten Informationen über Haushaltsgeräte und Haushaltstechnik ergänzen die Tarifkundenberatung; mit Hilfe von Stromverbrauchsdiagnosen und computergesteuerten Hinweisen zur Geräteauswahl leistet die Tarifkundenberatung Hilfestellung bei der Auswahl energiesparender Verbrauchsgeräte und deren sinnvollem Einsatz. Wegen der heterogenen Zusammensetzung des Kundenkreises erfolgt die Beratung der Kunden durch RWE Energie zielgruppenorientiert unter Berücksichtigung der Lebensgewohnheiten der Kunden. Diese sogenannte Umfeldberatung wird in einem späteren Abschnitt zusammen mit den Instrumenten der Kundenkommunikation erläutert.

Unterstützung erfährt die Beratungstätigkeit zusätzlich durch umfangreiche Aktivitäten im Bereich der Schulinformation und -kontaktpflege.

b) Beratungs- und Dienstleistungen für Gewerbekunden

Die anwendungstechnische Beratung der gewerblichen Stromkunden richtet sich an Betriebe mit bis zu 20 Beschäftigten. Die Beratung erfolgt durch speziell ausgebildete Fachberater beispielsweise in den Bereichen Gastronomie, Großküchen, Fleischerei, Bäckerei, Friseurbetriebe und Chemische Reinigungen. Schwerpunkte liegen auf den Gebieten der Beleuchtung, Warmwasserbereitung, Geräteauswahl, Klimatechnik, Wärmerückgewinnung, Gebäudeteilen und - selbstverständlich - auf dem Gebiet der Tarifberatung. Im Interesse der Kundenorientierung ist die konsequente Antizipation der Beratungsthemen an die Produktionsprozesse der Gewerbebetriebe zwingend erforderlich.

Diese Beratung aus einer Hand ermöglicht z.B. in gewerblich genutzten Gebäuden die integrierte, anlagenübergreifende Energienutzung. Die durch Menschen und Maschinen im Produktionsprozeß abgegebene Wärme, eingestrahlte Sonnenenergie sowie Beleuchtungswärme werden nutzbringend eingesetzt; Kühl- und Heizfunktion lassen sich häufig so miteinander kombinieren, daß insgesamt ein möglichst geringer Restenergiebedarf verbleibt.

Die prozeßtechnische Beratung in Gewerbebetrieben umfaßt eine Unterstützung des Kunden, beginnend bei Vereinfachungen und Verbesserungen in Herstellungsverfahren bis hin zu Präsentationen des Produktes im Verkaufsraum. Insofern versteht sich die Gewerbeberatung auch als Brückenschlag zwischen Prozeßoptimierung unter der Prämisse rationeller Energieanwendung und aktiver Verkaufsförderung der Betriebe, die sich quasi bis zum „Point of Sale" erstreckt.

c) Beratungs- und Dienstleistungen für Landwirtschaftskunden

Die Landwirtschaftsberatung ist in ihrer langjährigen Tradition ursprünglich eng mit der Haushaltskundenberatung verknüpft gewesen, da im landwirtschaftlichen Großhaushalt die elektrische Gerätetechnik zur Arbeitserleichterung früh Einzug hielt. Mit zunehmender Technisierung und Automatisierung der landwirtschaftlichen Produktionsprozesse liegt heute ein weiterer Schwerpunkt in der Beratung über die Geräteauswahl und in der Optimierung landwirtschaftlicher Anlagen im Zusammenhang mit der Tarifkundenberatung.

Stallklimatisierung, rechnergesteuerte Fütterungsanlagen, die Lagerbelüftungstrocknung und der Einsatz moderner Fördereinrichtungen seien hier nur als Schlaglichter aktueller Beratungsschwerpunkte genannt. Aber auch Wärmerückgewinnung aus landwirtschaftlichen Prozessen und Nutzung von Biomasse zur Energiegewinnung erlangen zunehmende Bedeutung. Bei Gartenbaubetrieben liegt das Hauptaugenmerk der Beratung auf dem Gebiet der Heizungstechnik, der Computersteuerung von Gewächshäusern und der Pflanzenbelichtung.

d) *Beratungs- und Dienstleistungen für Industriekunden*

In jedem Industriebetrieb gibt es bestimmte technologische bzw. betriebliche Anforderungen und Fragestellungen, die einer speziellen, individuell zugeschnittenen Lösung bedürfen. Diese Anforderungen führen für den Bereich der Industrieberatung zur insgesamt am stärksten individualisierten Beratungsleistung, da hier gleichrangig eine Berücksichtigung des betrieblichen Umfeldes, des Produktionsprozesses und des jeweiligen verfahrenstechnischen Problems notwendig ist.

Die spezifische Preisgestaltung, die eine Vergleichmäßigung der Leistungsinanspruchnahme durch ihre Kunden fördert, soll dadurch sowohl bei der RWE Energie als auch bei den Kunden Kosten senken. Ergänzend hierzu bietet RWE Energie Dienstleistungen zur Vergleichmäßigung der Leistungsinanspruchnahme an. Maßnahmen zur Vergleichmäßigung der Leistungsinanspruchnahme bedingen zunächst industrielle Betriebsanalysen, daran anschließend die Beurteilung betriebswirtschaftlicher Aspekte bei veränderter Inanspruchnahme elektrischer Leistung durch die Verbrauchseinrichtungen. Eingeschlossen in diese Untersuchungen sind Vorschläge für einen optimierten, sinnvolleren und sparsameren Einsatz der elektrischen Energie, um damit mindestens den gleichen, meist sogar einen noch höheren Nutzen zu erzielen.

Eine derartig motivierte Industrieberatung setzt ein fundiertes und hochspezialisiertes Fachwissen über moderne Elektroprozeßwärmeverfahren bei den Beratern der RWE Energie voraus. Gleichzeitig sind bei den zu dieser Beratung eingesetzten Mitarbeitern Kenntnisse der verschiedensten Produktionsverfahren in der Vielfalt der unterstützten Industriebranchen erforderlich.

Allein die Aufzählung der Hauptgruppen von Elektroprozeßwärmeverfahren, wie z.B. Widerstandserwärmung, konduktive, induktive bzw. dielektrische Erwärmung, Erwärmung mit Hilfe von Infrarotstrahlung oder Mikrowellen, Elektronenstrahl- sowie Plasmaerwärmung, nicht zuletzt aber auch von modernen Bearbeitungs- und Vergütungsverfahren aus dem Bereich der Hochtechnologie wie Funkenerosion, Lasertechnologie und Plasma-Randschichtvergütung, zeigt, daß für diese Beratung ein Pool von Fachleuten zur Verfügung stehen muß.

Noch deutlicher werden die Anforderungen an eine auf hohem Niveau angebotene Industriekundenberatung, wenn man das nötige Fachwissen auf dem Gebiet der Elektroprozeßwärmeverfahren vor dem Hintergrund ebenfalls erforderlicher spezifischer Branchenkenntnisse betrachtet. Eine Mikrowellenerwärmung zur Pasteurisierung von Schnittbrot verlangt vollkommen andere Branchenkenntnisse als die Mikrowellenerwärmung zur Trocknung von Leimschichten in der Holzindustrie. Gleichermaßen erfordert die alternative Betrachtung verschiedener Erwärmungsverfahren bei einem einzigen

Produktionsschritt innerhalb einer einzigen Branche qualifizierte verfahrenstechnische Kenntnisse und gleichzeitig Wissen über die verschiedensten Erwärmungsverfahren.

Neben den Materialströmen sind in vielen Industriebereichen Stoffströme zu betrachten, so z.B. in der chemischen Industrie, in der Papierindustrie, in der Zuckerindustrie, in der Nahrungs- und Genußmittelindustrie. Schwerpunktmäßig geht es hier um Wärmerückgewinnung, Vermeidung von Abwärme, Abwärmenutzung, exergetische Aufwertung von Abwärme, um nur einige wesentliche Punkte zu nennen. Stoffströme verlangen überwiegend andere Erwärmungsverfahren als Materialströme.

Nicht erst anläßlich der aktuellen Abfallgesetzgebung haben Umwelttechnik und Recyclingverfahren erheblich an Bedeutung bei der Industriekundenberatung gewonnen. Die Ursache dafür ist einerseits in der Favorisierung ganzheitlicher Konzepte im Interesse von Energieeinsparung und Abfallvermeidung zu sehen, andererseits auch darin, daß die Realisierung entsprechender Wiederverwertungskonzepte häufig erheblichen Einfluß auf den Energieeinsatz, meist übrigens den Strombedarf, nimmt.

Zur Lösung von Fragen in Zusammenhang mit der Industriekundenberatung steht z.B. bei der RWE Energie ein Pool von hochspezialisierten Fachberatern zur Verfügung, die die Industriekundenberatung vor Ort durch die Regionalversorgungen ergänzen. Unsere Dienstleistungsangebote für Industriekunden haben den Inhalt „Mit Strom Kosten sparen". Dieser Industriekundenservice ist mit seiner Beratungsleistung inzwischen sogar nach DIN ISO 9000 ff zertifiziert.

e)   Beratungs- und Dienstleistungen für kommunale Einrichtungen
Kommunale Einrichtungen stellen eine heterogene Gruppe von Verwaltungsgebäuden, Schulen, Krankenhäusern, Freizeitzentren, Schwimmbädern, Ämtern zur Wahrnehmung kommunaler Aufgaben usw. dar. Die Kommune als Stromkunde verlangt demgemäß ein sehr breites Angebot an Dienstleistungen.

Dieser Beratung kommt neben der anwendungstechnischen Lösung der Probleme eine besondere Bedeutung zu, da die Kommune, wie unter Punkt 1 dargestellt, Vertragspartner beim Abschluß von Konzessionsverträgen ist. Darüber hinaus ist die Stadt selbst Betreiber der kommunalen Einrichtungen und damit gleichzeitig der Repräsentant aller Bürger der Kommune, d.h. aller Stromkunden aus allen anderen Bereichen.

2.4 Instrumente der Kundenkommunikation

Die Instrumente der Kundenkommunikation stellen die Wege dar, um die vorher beschriebenen Inhalte der Beratungs- und Dienstleistungen zielgerichtet zu adressieren.

Erst im Zusammenwirken der einzelnen Instrumente entsteht eine abgerundete Dienstleistung, die sich für sämtliche angesprochenen Kundengruppen entsprechend den aktuellen und individuellen Erfordernissen in einem ständigen Adaptionsprozeß befindet.

a) Persönliche Beratung

Die persönliche Beratung ist das wichtigste Instrument im direkten Auftritt gegenüber dem Kunden. Sie findet sowohl in der Beratungsstelle als auch vor Ort beim Kunden selbst statt, letzteres vor allem bei stärker individualisierten Beratungsleistungen im Gewerbe, in landwirtschaftlichen Betrieben, der Industrie und den Kommunen. Daneben eröffnet die mobile Beratung in Beratungsbussen zusätzliche persönliche Kontakt- und Beratungsmöglichkeiten im Umfeld des Kunden, um insbesondere in ländlichen Gebieten eine persönliche Beratung der Haushaltskunden zu gewährleisten. Dieses System wird durch die Einführung des „Ansprechpartners vor Ort" ergänzt. Mitarbeiter und Mitarbeiterinnen von der RWE Energie stellen sich am Wohnort als Ansprechpartner zur Verfügung, auch wenn sie im „normalen" Dienst keine direkt kundenbezogenen Aufgaben erfüllen.

b) Das Kundenforum, die Beratungsstelle

Durch die Beratungsstelle, heute als Schwellenangst abbauendes, modernes Kundenforum konzipiert, schafft die RWE Energie einen Treffpunkt mit den Kunden. Es ist die Visitenkarte, der Ort, der den Haushaltskunden für jeden Informationswunsch zur Verfügung steht. Deshalb muß die „Verpackung der Beratung" so gestaltet sein, daß sie Aufmerksamkeit und Interesse weckt. Dies geschieht z.B. durch abwechslungsreiche Gestaltung sowie periodisch aktualisierte Informationsangebote an Beratungsschwerpunkten. Gleichzeitig muß die Beratungsstelle einen angenehmen und funktionsorientierten Rahmen für die persönliche Atmosphäre der Beratung bilden. Die Beratungsstelle ist gleichzeitig das Vortrags- und Kommunikationszentrum für Einladungen an Gruppen, die gezielt zu Fragestellungen aus dem Themenkreis der Beratung von Haushaltskunden angesprochen werden. Durch diese Art der Veranstaltungen kann die Beratungsleistung gezielt verbessert und erhöht werden.

In nicht weniger als zwei Jahren hat sich das RWE Energie Industrieforum in Essen zu einer auch über die Grenzen Deutschlands bekannten Einrichtung für Fragen der industriellen Energieanwendung für seine Kunden entwickelt.

c) Umfeldberatung

Die Umfeldberatung ist ein probates Instrument, um aus der heterogen zusammengesetzten Gesamtheit individueller Kunden Themen herauszufiltern, durch die sich eine größere Zahl von Individuen angesprochen fühlt. Zielgruppen werden identifiziert und Problemkreise thematisiert.

So spricht z.B. die Ausstellung „Wohnen im Alter - heute schon an morgen denken" die Sorgen der Menschen für ein unbeschwertes Leben in den eigenen vier Wänden bis ins hohe Alter an. „Schrot und Korn" thematisiert als ein weiteres Beispiel für eine zielgruppenorientierte Kundenansprache die gesundheitsbewußte Ernährungsweise und unterstützt Menschen, die diese Form der Ernährung bevorzugen. Dies geschieht durch unsere Beratung in bezug auf zeitsparenden und qualitätssichernden Einsatz der Elektrogeräte für diese aufwendigere Ernährungsweise.

Die Durchführung der Umfeldberatung ist nicht auf die Beratungsstellen beschränkt, sondern findet darüber hinaus auch außerhalb durch Präsentation entsprechender Beratungsthemen in öffentlichen Einrichtungen, z.B. Rathäusern, Sparkassen usw. statt.

d)   Durchführung von und Beteiligung an öffentlichen Veranstaltungen
In regelmäßigen Abständen werden Kundentage z.B. für Industriekunden, branchenspezifisch und unter Beteiligung externer, anerkannter Fachleute durchgeführt. Dies geschieht, um über neuere Entwicklungen zu informieren und um Kontakte zu knüpfen und zu vertiefen. Die Vorträge werden veröffentlicht und unterstützen die Beratung auch außerhalb der Kundentage.

Die RWE Energie beteiligt sich gemeinsam mit anderen Unternehmen und Institutionen oder mit eigenen Ständen an den verschiedenartigsten Fachmessen, wie z.B. der Deubau, Hannover Messe, Thermprozeß, Didacta, Hogatec. Dies wird ergänzt durch die Präsenz bei regionalen Messen, Verbraucherausstellungen, Stadtfesten, Umwelttagen oder durch das Angebot von Tagen der offenen Tür.

e)   Angebot von Broschüren und Informationsmaterial
Durch das Angebot von Broschüren und anderem Informationsmaterial sollen die Beratungskräfte der RWE Energie bei ihrer Aufgabe unterstützt und den Kunden die Möglichkeit gegeben werden, sich in Ruhe tiefergehend zu informieren. Den Kunden von RWE Energie stehen etwa 600 verschiedene Informationsschriften zur Verfügung, die vom Hinweisblatt mit ersten Tips bis zu fachlich komplexeren Broschüren reichen.

f)   Angebot zusätzlicher Dienstleistungen
Neben der Beratungsleistung in ihren vielfältigen Formen werden auch zusätzliche Dienstleistungen angeboten wie z.B.:

–   Wärmebedarfs- und Wärmeverlustanalysen für Gebäude,
–   Heizanlagenberechnungen,
–   Verbrauchsdiagnosen für Elektrogeräte im Haushalt und
–   Verleih von Meßgeräten an den Kunden,

- Beratung über sicherheitsbezogene Maßnahmen einschließlich Gebäudesystemtechnik,
- Angebot von Finanzierungsleistungen für den Kauf energiesparender elektrischer Geräte und Anlagen.

Diese zusätzlichen Dienstleistungen sind Gegenstand ständiger Wandlung und Anpassung an aktuelle Kundenwünsche.

2.5 Beispiele für Marketing-Programme

Dienstleistungen müssen kommuniziert werden, damit sie zu einer größeren Kundennähe führen. Hierzu bieten sich Paketlösungen für Kunden bzw. Kundengruppen an, die es gestatten, das vorbeschriebene Instrumentarium sinnvoll zu nutzen.

So bietet die RWE Energie z.B. den von ihr versorgten Kommunen mit *ProKom* - unser Programm für Kommunen - ein Beratungs- und Finanzierungsprogramm zur rationellen Energieanwendung an, das mit insgesamt 100 Mio. DM ausgestattet ist. Im Laufe der nächsten Jahre bietet RWE Energie den Kommunen, die die rationelle Energieanwendung in den kommunalen Einrichtungen realisieren möchten, eine finanzielle Förderung von bis zu 50 % des jeweiligen Investitionsvolumens unter Berücksichtigung von maximalen Förderbeiträgen an. Mit ProKom beteiligt sich die RWE Energie an der Erstellung von Energiekonzepten, umweltgerechten rationellen Energieanwendungen in öffentlichen Gebäuden und Einrichtungen, Nahwärmeversorgung in Kommunen, Nutzung regenerativer Energiequellen und der Umweltentlastung im Straßenverkehr durch Elektrofahrzeuge.

Bis Ende Juni 1994 hatten sich über 3.500 Projekte konkretisiert, davon wurden bereits für fast 3.200 Projekte Fördervereinbarungen mit den Städten und Gemeinden unseres Versorgungsgebietes abgeschlossen. Dies entspricht einem Fördervolumen von rund 58 Mio. DM, das den Städten und Gemeinden von der RWE Energie zugesagt bzw. von ihnen abgerufen wurde. Diesen 58 Mio. DM entspricht auf kommunaler Seite ein Investitionsvolumen von rund 192 Mio. DM. Auf der Basis bisher begonnener Projekte werden damit fast 250 Mio. DM in die Planung und Verwirklichung von kommunalen Projekten der rationellen und sparsamen Energieanwendung investiert. ProKom macht gleichermaßen das Engagement für die Umwelt, die Vorsorge für die Bürger der Kommunen und die Pflege der kommunalen Partner als Mittler für unsere Kundenbeziehungen zu letztverbrauchenden Kunden deutlich.

KesS, der „Kunden Energie Spar Service" der RWE Energie, ist ein Angebot für die direkt versorgten Haushaltskunden, das wir am 15. Oktober 1992 gestartet haben. KesS beinhaltet

- ein breit angelegtes *Informationsprogramm* zu allen Fragen der rationellen Strom und Energieanwendung,
- ein *Finanzierungsprogramm* für den Kauf energiesparender Geräte mit niedrigen Zinsen und ohne Bearbeitungsgebühr,
- ein *Energiesparpreisausschreiben*, das die richtige Nutzung von Elektrogeräten fördern soll und
- ein *Zuschußprogramm* zur Förderung der Anschaffung energiesparender Elektrogeräte im Haushalt, das mit 100 Millionen DM ausgestattet ist.

RWE Energie fördert mit diesem Zuschußprogramm die Kunden, die sich beim Neukauf für überdurchschnittlich energiesparende Kühlschränke, Gefriergeräte, Waschmaschinen oder Geschirrspülmaschinen entscheiden. Der Zuschuß beträgt einmalig pro Gerätegruppe 100 DM.

Die genannten Gerätegruppen wurden aus dem Haushaltsbereich ausgewählt, da ihr Energieverbrauch in den letzten Jahren durch eine verbesserte Gerätetechnik merklich gesenkt werden konnte. Gerade hier gibt es Geräte, die besonders energiesparend sind. Durch die Zusammenarbeit mit den Herstellern von Elektrogeräten haben die Energieversorgungsunternehmen mit dazu beigetragen, daß Haushaltsgeräte heute bis zu fast 40 % weniger Strom verbrauchen als Modelle von 1978. Im einzelnen stellen sich die Verbrauchsreduktionen wie folgt dar: Waschmaschinen um 39 %, Kühlschränke um 34 %, Geschirrspülmaschinen und Gefriergeräte sogar um 42 %. Diese geförderten Gerätegruppen haben einen Anteil von über einem Drittel am haushaltstypischen Stromverbrauch. Darüber hinaus tragen sie nicht unerheblich zur Lastspitze bei.

Maßnahmen zur Lastvergleichmässigung sind traditionell Gegenstand von Marketing-Maßnahmen der RWE Energie, die heute häufig mit dem aus dem Amerikanischen entliehenen Namen „Demand Side Management" belegt werden. Ergänzend hierzu wird mit dieser an den Kunden gerichteten Maßnahme festgestellt werden, inwieweit sich „Investitionen" im Kundenbereich für das EVU zur Einsparung von Kraftwerksleistung darstellen und inwieweit die Volkswirtschaft ökologische Vorteile erfährt. Eins ist heute schon sicher: Die Kundenakzeptanz ist durch die Möglichkeit, selbst einen Beitrag zum Umweltschutz zu leisten, der von „ihrem" EVU unterstützt wird, sehr groß.

Abbildung 3: Anzeigenbeispiel

Die Energiesparaktion KesS für unsere Haushaltskunden ist zunächst auf drei Jahre angelegt. Die Aktion wird von einer breit angelegten Informationskampagne durch Anzeigen, Plakate und Rundfunkspots begleitet. Ein Ziel ist dabei auch, den Boden für eine Verhaltensänderung im Umgang mit Energie zu bereiten. Deshalb wurde eine Comic-Figur entwickelt, der „Power-Klauer", der die Kunden auffordert, ihn zu „fangen, zu jagen oder ihn hungern" zu lassen (vgl. Abbildung 3).

2.6 Entwicklungsarbeiten

Um eine praxisgerechte, zukunftsorientierte und vor allem fachlich fundierte Dienstleistung anbieten zu können, ist im Vorfeld die Erarbeitung von Grundlagen unerläßlich. Deshalb hat sich die RWE Energie in mehr als zwei Jahrzehnten intensiv bei der Entwicklung und Markteinführung von neuen Techniken engagiert. Die dadurch gewonnenen Erfahrungen stellen die wertvollen Grundlagen für eine fachlich und energietechnisch gut profilierte Beratungsarbeit dar und ermöglichen die Überprüfung von neuen Ideen und Anwendungen in bezug auf ihre Effektivität und Auswirkungen.

Rationelle Energieanwendung wird in der Öffentlichkeit - manchmal sogar bewußt fälschlicherweise - so dargestellt, als müsse man nur über die am Markt befindlichen Techniken sinnvoll verfügen. Dabei wird übersehen, daß es einer ständigen Weiterentwicklung in der Energieanwendung bedarf und daß vor allem ständig neue Lösungen durch die Grundlagenarbeit gefunden werden müssen. Es sei erinnert an die Speicherheizung, an die bivalente Wärmepumpe, an die Nutzung der Solarenergie über Sonnenkollektoren und Photovoltaik, energiesparende Hausgerätetechnik, Abwärmenutzung im Haushalt, Gewerbe und Dienstleistungsbereich, Schwimmbadtechnik, Kraft-Wärme-Kopplung und an viele industrielle Grundlagenentwicklungen. Die anwendungstechnische Entwicklung ist hierbei auf das engste gleichermaßen mit den Kunden wie auch den Herstellern verbunden.

Einen besonderen aktuellen Schwerpunkt stellt zur Zeit das Thema Niedrigenergiehaus dar, bei dem es vornehmlich auf eine integrierte Betrachtung der Einflußfaktoren Gebäudehülle, passive Solarenergienutzung, kontrollierte Lüftung mit Wärmerückgewinnung, Einbau eines energiesparenden Heizsystems, z.B. Wärmepumpe, in Verbindung mit den Nutzungsgewohnheiten der Bewohner ankommt. Schon vor etwa zehn Jahren wurden die Grundlagen für Niedrigenergie-Fertighäuser gelegt, deren Heizenergiebedarf gegenüber der heute üblichen Bauweise nur etwa ein Drittel beträgt.

3. Umsetzungsaspekte zu stärkerer Kundenorientierung

Aus den bisherigen Ausführungen lassen sich die wesentlichen Umsetzungsaspekte quasi automatisch ableiten. An dieser Stelle sollen daher nur einige für EVU spezifische Umsetzungsaspekte hervorgehoben werden.

Die Umsetzung hin zu einer stärkeren Kundenorientierung in einem Elektrizitätsunternehmen muß vor allem vor den spezifischen Geschäftscharakteristika gesehen werden. Die wichtigsten umsetzungsrelevanten Geschäftscharakteristika eines Elektrizitätsunternehmens sind die folgenden:

- Das Geschäft ist gekennzeichnet durch Langfristigkeit und hohe Kontinuität.
- Die Entscheidungszeiträume im Rahmen der Konzessionsverträge liegen zwischen 10 und 20 Jahren.
- Insbesondere Strom wird als Produkt nicht wahrgenommen, wahrgenommen werden lediglich die Service-/Beratungsleistungen.
- Die Preisgestaltungsmöglichkeiten sind aufgrund rechtlicher Reglementierung eingeschränkt.
- Energienutzer und Entscheider sind häufig nicht die gleichen Personen.

Bei der Umsetzung muß darüber hinaus berücksichtigt werden, welche Stellen/Bereiche in direktem Kundenkontakt stehen. Bei einem Elektrizitätsunternehmen sind diese Bereiche mit Kundenkontakt derart vielfältig und vielschichtig, daß hier nur exemplarisch einige Beispiele aufgelistet werden können, um die Bandbreite der Kundenkontakte aufzuzeigen. Die Kundenkontakte reichen von der Energieabrechnung bis zur Zähleranmeldung und -abmeldung, von der Energieberatung bis zum Netzbau, von der Öffentlichkeitsarbeit bis zur Aushandlung von Konzessionsverträgen mit Kommunen, von Präsentationen/Veranstaltungen bis zu Kraftwerksbesichtigungen. Von der Umsetzung sind demzufolge extrem viele Bereiche betroffen.

Aus dem Spannungsfeld „hohe Kontinuität des Geschäfts" einerseits und „hohe Bandbreite der von der Umsetzung betroffenen Bereiche" andererseits ergibt sich eine große Herausforderung für die Umsetzung, d.h. für Organisation, Führungs-/Unternehmenskultur, Mitarbeiterverhalten. Auf diese Besonderheiten soll im folgenden kurz eingegangen werden.

3.1 Organisation

Die besonderen Anforderungen an die Organisation leiten sich ab aus

- der geringen Kontaktintensität pro Kunde,
- der breiten Kontaktwirkung,
- der Heterogenität der Kundensegmente - vom großindustriellen Unternehmen über Gewerbekunden bis hin zu privaten Haushalten,
- der Vielschichtigkeit der Inhalte der Kundenkontakte - von der normalen Abbuchung der Energierechnung bis hin zur Aushandlung von Konzessionsverträgen, von der Energieberatung von Industrieunternehmen bis hin zur Erstellung von Hausanschlüssen, von der Preisverhandlung mit Industrieunternehmen bis hin zur Abwicklung von privaten Barzahlern.

Diese Gegenüberstellungen verdeutlichen, daß allgemeingültige Empfehlungen zu einer kundenorientierten Organisation eines Energieversorgungsunternehmens nicht gegeben werden können. Die folgenden - erfahrungsgestützten Aspekte - sollten jedoch berücksichtigt werden.

- Die Kompetenzen sollten soweit wie möglich an die dezentralen Einheiten gegeben werden. Dies trifft insbesondere für sämtliche kundenkontaktbezogene Aufgaben im Haushaltskunden- und gewerblichen Geschäft zu.

- Zweitens hat sich bewährt, zentrale Kompetenz-Center einzurichten. In diesen Kompetenz-Centern sollten die Aufgaben gebündelt werden, die durch einen hohen Spezialisierungsgrad gekennzeichnet sind.

- Die Vielschichtigkeit der Kundenkontakte erfordert drittens eine Kundenmanagement-Organisation. Im Geschäft mit der Großindustrie und den Kommunen sind dies klassische Key-Accounts, im Massengeschäft mit den privaten Haushalten wird dies z.B. erreicht über die Nennungen eines zentralen Ansprechpartners, dessen Name auf der Energieabrechnung aufgedruckt ist oder eines „Ansprechpartners" vor Ort.

Mindestens ebenso wichtig wie diese aufbauorganisatorischen Maßnahmen sind die folgenden ablauforganisatorischen Umsetzungsaspekte:

- Nicht zuletzt bedingt durch die hohe Kontinuität des Geschäftes verlaufen heute viele Organisationsprozesse noch so wie vor 20 Jahren. Demzufolge sind historisch gewachsene Abläufe grundsätzlich neu zu überdenken. So vergingen vor einigen Jahren von dcm Antrag zur Erstellung eines Hausanschlusses bis zur letztendlichen Erstellung und Abnahme mehrere Wochen. Dies ist erstens im Sinne der Kundenorientie-

rung kontraproduktiv und beansprucht zweitens unnötig hohe Kosten. Durch Bündelung sämtlicher Aufgaben in einer organisatorischen Einheit konnte diese Zeit bis auf
wenige Tage verkürzt werden.

– Ablauforganisatorische Maßnahmen betreffen aber auch augenscheinlich banale
Dinge wie z.B. telefonische Erreichbarkeit und interne Kommunikation. Hinsichtlich
der telefonischen Erreichbarkeit sind klare Vertretungsregelungen zu treffen, die
Zentrale mit unternehmenserfahrenen Mitarbeitern zu besetzen, die bei Anfragen
zum Teil selbst Auskunft geben könnten, in allen anderen Fällen jedoch an einen
kompetenten Ansprechpartner weiterleiten können. Hinsichtlich der internen Kommunikation haben sich sowohl bereichsübergreifende Kommunikationszirkel wie
auch ein computergestütztes Informationssystem bewährt.

3.2 Mitarbeiterverhalten und -führung

Durch die hohe Kontinuität des Geschäftes einerseits und der hohen Breitenwirkung in
der Öffentlichkeit andererseits kommt der kundenorientierten Ausrichtung von Mitarbeiterverhalten und -führung eine zentrale Schlüsselposition zu.

Die Mitarbeiter eines Energieversorgungsunternehmens repräsentieren ihr Unternehmen
in einem kaum vergleichbaren Maße in der Öffentlichkeit. Die Menschen in ihrer täglichen Umwelt - privat wie beruflich - sind gleichzeitig auch Kunden des Unternehmens.
Die Aufgabe besteht demzufolge darin, dieses Bewußtsein in den Köpfen sämtlicher
Mitarbeiter zu verankern. Erreicht wird dieses einmal über Schulungen der Mitarbeiter
in Seminaren und Workshops. So bietet die RWE Energie seit ca. 2 Jahren auch für lei-
tende Führungskräfte dreitägige Workshops an, in denen konkrete Aktio-
nen/Maßnahmen zur Steigerung der Kundenorientierung erarbeitet werden. In der Folge
werden diese Ergebnisse mit den Mitarbeitern diskutiert und auf ihre spezifischen Aufgaben „übersetzt". Dies ist ein langwieriger Prozeß, denn die Auswirkungen einer stärkeren Kundenorientierung zeigen sich insbesondere in einem Energieversorgungsunternehmen eher mittelfristig. Auf der anderen Seite kann der Stellenwert von kunden-
freundlichem Mitarbeiterverhalten nicht hoch genug eingeschätzt werden, trägt dieses
doch maßgeblich zu einer höheren Kundenbindung bei. Von dem Verlust einer Gebiets-
versorgung z.B. sind nicht nur drei oder vier Mitarbeiterstellen, sondern unter Umständen gleich 100 Mitarbeiter betroffen. Nicht zuletzt vor diesem Hintergrund setzt die
RWE Energie alles daran, die Kundenorientierung permanent zu steigern.

Literaturverzeichnis

Adams, J. (1968), Response Feedback and Learning, Psychological Bulletin, 70, 6, 486-504.

Albrecht, K. (1988), At America´s Service - How Corporations can Revolutionize the Way they Treat their Customers, Homewood.

Ammons, R. (1956), Effects of Knowledge on Performance: A Survey and Tentative Theoretical Formation, The Journal of General Psychology, 54, 279-299.

Ananth, M., DeMicco, F., Moreo, P., Howey, R. (1992), Marketplace Lodging Needs of Mature Travellers, The Cornell Hotel and Restaurant Administration Quarterly, 33, 4, 12-24.

Anderson, C., Warner, J., Spencer, C. (1984), Inflation Bias in Self-Assessment Examinations: Implications for Valid Employee Selection, Journal of Applied Psychology, 69, 4, 574-580.

Anderson, E., Fornell, C. (1994), A Customer Satisfaction Research Prospectus, in: Rust, R., Oliver, R. (Hrsg.): Service Quality: New Directions in Theory and Practice, Thousand Oaks, 241-269.

Anderson, E., Fornell, C., Lehmann, D. (1992), Perceived Quality, Customer Satisfaction, Market Share, and Profitability, Arbeitspapier, The University of Michigan.

Anderson, E., Fornell, C., Lehmann, D. (1993), Customer Satisfaction, Market Share, and Profitability: Findings from Sweden, Arbeitspapier, National Quality Research Center, The University of Michigan.

Anderson, E., Fornell, C., Lehmann, D. (1994), Customer Satisfaction, Market Share, and Profitability: Findings from Sweden, Journal of Marketing, 58 (July), 53-66.

Anderson, E., Sullivan, M. (1993), The Antecedents and Consequences of Customer Satisfaction for Firms, Marketing Science, 12, 125-142.

Anderson, R. (1973), Consumer Dissatisfaction: The Effect of Disconfirmed Expectancy on Perceived Product Performance, Journal of Marketing Research, 10 (February), 52-59.

Andrasik, F., McNamara, J. (1977), Optimizing Staff Performance in an Institutional Behavior Change System - A Pilot Study, Behavior Modification, 1, 2, 235-248.

Andreasen, A. (1977), A Taxonomy of Consumer Satisfaction, Dissatisfaction Measures, in: Hunt, K. (Hrsg.): Conceptualization and Measurement of Consumer Satisfaction and Dissatisfaction, Cambridge, 10-35.

Andreasen, A. (1982), Verbraucherzufriedenheit als Beurteilungsmaßstab für die unternehmerische Marktleistung, in: Hansen, U. et al. (Hrsg.): Marketing und Verbraucherpolitik, Stuttgart, 182-195.

Andreasen, A. (1985), Consumer Responses to Dissatisfaction in Loose Monopolies, Journal of Consumer Research, 12 (September), 135-141.

Andreasen, A., Best, A. (1977), Consumers Complain - Does Business Respond?, Harvard Business Review, 55 (July/August), 93-101.

Andreasen, A., Manning, J. (1990), The Dissatisfaction and Complaining Behavior of Vulnerable Consumers, Journal of Consumer Satisfaction, Dissatisfaction and Complaining Behavior, 3, 12-20.

Annett, J. (1969), Feedback and Human Behavior: the Effects of Knowledge of Results, Incentives and Reinforcement on Learning and Performance, Baltimore.

Ashby, W. (1985), Einführung in die Kybernetik, 2. Auflage, Frankfurt a.M.

Backhaus, K. (1992), Investitionsgütermarketing, 3. Auflage, München.

Backhaus, K., Erichson, B., Plinke, W., Weiber, R. (1994), Multivariate Analysemethoden, 7. Auflage, Berlin.

Backhaus, K., Günter, B. (1976), A Phase-Differentiated Approach to Industrial Marketing Decisions, Industrial Marketing Management, 5, 255-270.

Backhaus, K., Weiber, R. (1993), Das industrielle Anlagengeschäft - ein Dienstleistungsgeschäft?, in: Simon, H. (Hrsg.): Industrielle Dienstleistungen, Stuttgart, 67-84.

Bartlett, Ch., Ghoshal, P. (1993), Beyond the M-Form: Toward a Managerial Theory of the Firm, Strategic Management Journal, 14, 23-46.

Bateson, E., Wirtz, J. (1991), Modeling Consumer Satisfaction - A Review, Arbeitspapier, Centre for Business Strategy, London Business School.

Bateson, J. (1991), Managing Services Marketing: Text and Readings, 2. Auflage, Orlando.

Bayus, B. (1994), Are Product Life Cycles Really Getting Shorter?, Journal of Product Innovation Management, 300-308.

Bearden, W., Teel, J. (1983), Selected Determinants of Consumer Satisfaction and Complaint Reports, Journal of Marketing Research, 20 (February), 21-28.

Beer, (1981), Brain of the Firm: the Managerial Cybernetics of Organizations, New York.

Berekoven, L., Eckert, W., Ellenrieder, P. (1993), Marktforschung, 6. Auflage, Wiesbaden.

Berger, R. (1993), Orientierung von Unternehmenszielen und Zeitbildern, Auf der Suche nach Europas Stärken, Regensburg.

Berry, L., Parasuraman, A. (1991), Marketing Service Competing Through Quality, New York.

Bertalanffy, L. von (1950), The Theory of Open Systems in Physics and Biology, Science, 3 (January), 23-29.

Bierhoff, R. (1992), Die künftigen Aufgaben der deutschen Elektrizitätswirtschaft - Europa, Elektizitätswirtschaft, 91, 11, 12.

Bilodeau, E., Bilodeau, I. (1961), Motorskills Learning, Annual Review of Psychology, 12, 243-280.

Bingham, F., Raffield, B. (1990), Business to Business Marketing Management, Homewood.

Bitner, M. (1993), Managing the Evidence of Service, in: Scheuing, E., Christopher, W. (Hrsg.): The Service Quality Handbook, New York, 358-370.

Bitner, M., Booms, B., Tetreault, M. (1990), The Service Encounter: Diagnosing Favorable and Unfavorable Incidents, Journal of Marketing, 54 (January), 71-84.

Bitner, M., Hubbert, A. (1994), Encounter Satisfaction versus Overall Satisfaction versus Quality: The Customer's Voice, in: Rust, R., Oliver, R. (Hrsg.): Service Quality: New Directions in Theory and Practice, Thousand Oaks, 72-94.

Bitner, M., Nyquist, J., Booms, B. (1985), The Critical Incident as a Technique for Analyzing the Service Encounter, in: Bloch, T., Upah, G., Zeithaml, V. (Hrsg.): Services Marketing in a Changing Environment, Proceedings Series, AMA, Chicago, 7-11.

Bitzer, M. (1991), Intrapreneurship - Unternehmertum in der Unternehmung, in: Entwicklungstendenzen im Management, 5.

Bleicher, K. (1990), Zukunftsperspektiven organisatorischer Entwicklung, Zeitschrift Führung und Organisation, 59, 3, 152-161.

Bleicher, K. (1991), Organisation: Kundenorientierte Strukturen verstärken, IBM-Nachrichten, 41, 304, 15-23.

Bolfing, C., Woodruff, R. (1988), Effects of Situational Involvement on Consumers' Use of Standards in Satisfaction, Dissatisfaction Processes, Journal of Consumer Satisfaction, Dissatisfaction and Complaining Behavior, 1, 16-24.

Bonoma, T. (1982), Major Sales: Who Really does the Buying, Harvard Business Review, May-June, 111-119.

Botschen, G., Bstieler, L., Woodside, A. (1993), Sequence-Oriented Problem Identification within Service Encounters, Manuskript.

Boulding, W., Kalra, A., Staelin, R., Zeithaml, V. (1993), A Dynamic Process Model of Service Quality: From Expectations to Behavioral Instructions, Journal of Marketing Research, 30 (February), 7-27.

Brand, G. (1972), The Industrial Buying Decision, London.

Buzzell, R., Gale, B. (1987), The PIMS Principles, Linking Strategy to Performance, New York.

Cadotte, E., Woodruff, R., Jenkins, R. (1987), Expectations and Norms in Models of Consumer Satisfaction, Journal of Marketing Research, 24 (August), 305-314.

Callan, R. (1992), Quality Control at Avant Hotels - The Debut of BS 5750, The Service Industries Journal, 12, 1, 17-33.

Cannon, W. (1932), The Wisdom of the Body, New York.

Cardozo, R. (1965), An Experimental Study of Customer Effort, Expectation, and Satisfaction, Journal of Marketing Research, 2 (August), 244-249.

Carlzon, J. (1992), Alles für den Kunden, 5. Auflage, Frankfurt a.M.

Chase, B., Garvin, D. (1989), The Service Factory, Harvard Business Review, 67, 4, 61-69.

Chmielewicz, K., Schweitzer, M. (1993), Handwörterbuch des Rechnungswesens, 3. Auflage, Stuttgart.

Churchill, G. (1991), Marketing Research - Methodological Foundations, 5. Auflage, Fort Worth.

Churchill, G., Surprenant, C. (1982), An Investigation into the Determinants of Customer Satisfaction, Journal of Marketing Research, 19 (November), 491-504.

Connellan, T. (1978), How to Improve Human Performance, Behaviorism in Business and Industry, New York.

Connor, M. (1993), Services Research Should Focus on Service Management, Marketing News (13. September), 36, 41.

Cronenberg, M. (1994), Elektrizitätsbinnenmarkt und deutscher Ordnungsrahmen, Energiewirtschaftliche Tagesfragen, 44, 1, 2.

Cronin, J., Taylor, S. (1992), Measuring Service Quality: A Re-Examination and Extension, Journal of Marketing, 56, 3, 55-68.

Crosby, L. (1992), Some Factors Affecting the Comparability of Multicountry CSM Information, in: Edvardsson, B., Scheuing, E. (Hrsg.): Proceedings from QUIS 3 (Quality in Services), Karlstad.

Crusco, A., Wetzel, C. (1984), The Midas Touch: The Effects of Interpersonal Touch on Restaurant Tipping, Personality and Social Psycholgy Bulletin, 10 (December), 512-517.

Danaher, P., Mattsson, J. (1994), Customer Satisfaction During the Service Delivery Process, European Journal of Marketing, 28, 5, 4-16.

Day, R. (1977), Toward a Process Model of Consumer Satisfaction, in: Hunt, H. (Hrsg.): Conzeptualization and Measurement of Consumer Satisfaction and Dissatisfaction, Cambridge, Massachusetts, 153-183.

Day, R. (1982), The Next Step: Commonly Accepted Constructs for Satisfaction Research in: Day, R., Hunt, H. (Hrsg.): International Fare in Consumer Satisfaction and Complaining Behavior, School of Business, Indiana University, Bloomington, IN, 113-117.

Day, R. (1984), Modeling Choices Among Alternative Responses to Dissatisfaction, in: Kinnear, T. (Hrsg.): Advances in Consumer Research, Ann Arbor, MI, 496-499.

Day, R., Bodur, M. (1977), Consumer Response to Dissatisfaction with Services and Intangibles, in: Hunt, H. (Hrsg.): Advances in Consumer Research, Proceedings, 5, Ann Arbor, 263-272.

Day, R., Grabicke, K., Schaetzle, T., Staubach, F. (1981), The Hidden Agenda of Consumer Complaining, Journal of Retailing, 57, 3, 86-106.

Deming, W. (1991), Out of the Crisis, 13. Auflage, Cambridge.

DeNisi, A., Shaw, J. (1977), Investigation of the Uses of Self-Reports of Abilities, Journal of Applied Psychology, 62, 5, 641-644.

Desphande, R., Farley, J., Webster, F. (1993), Corporate Culture, Customer Orientation, and Innovativeness in Japanese Firms: A Quadrad Analysis, Journal of Marketing, 57 (January), 23-37.

Deutsch, K. (1948), Toward a Cybernetic Model of Man and Society, Synthese, 7, 506-533.

Dichtl, E., Engelhardt, W. (1980), Industriegütermarketing, Wirtschaftswissenschaftliches Studium, 4 (April), 145-153.

Diller, H. (1991), Entwicklungstrends und Forschungsfelder der Marketing-Organisation, Marketing ZFP, 13, 3, 156-163.

Diller, H., Kusterer, M. (1988), Beziehungsmanagement, Marketing ZFP, 10, 211-220.

Dimitroff, G. (1993), Critical Look at the Baldrige Award, Human Systems Management, 12, 89-95.

Domizlaff, H. (1982), Markentechnik - Die Gewinnung des öffentlichen Vertrauens, Hamburg.

Doyle, P., Woodside, A., Michell, P.(1979), Organizations Buying in New Task and Rebuy Situations, Industrial Marketing Managment, 8, 7-11.

Druckman, D., Bjork, R. (1991), In the Mind's Eye: Enhancing Human Performance, Washington.

Dutka, A. (1993), AMA Handbook for Customer Satisfaction, American Marketing Association (Hrsg.), Chicago.

Dwyer, R., Schurr, P., Oh, S. (1987), Developing Buyer-Seller Relationships, Journal of Marketing, 51 (April), 11-27.

Eckert, S. (1994), Kundenbindung - Konzeptionelle Grundlagen und Praxisbeispiele aus Dienstleistungsunternehmen, Thexis, 367-385.

Engelhardt, W., Günter B. (1981), Investitionsgüter-Marketing, Stuttgart.

Engelhardt, W., Kleinaltenkamp, M., Reckenfelderbäumer, M. (1993), Leistungsbündel als Absatzobjekte, Zeitschrift für betriebswirtschaftliche Forschung, 45, 395-426.

Engelhardt, W., Schütz, P. (1991), Total Quality Management, Wirtschaftswissenschaftliches Studium, 8 (August), 394-399.

Erevelles, S., Leavitt, C. (1992), A Comparison of Current Models of Consumer Satisfaction, Dissatisfaction, Journal of Consumer Satisfaction, Dissatisfaction and Complaining Behavior, 5, 104-114.

Espejo, R., Schwaninger, M. (1992), Organizational Fitness and Corporate Effectiveness through Management Cybernetics, Frankfurt a.M.

Feigenbaum, A. (1983), Total Quality Control, New York.

Festinger, L. (1957), A Theory of Cognitive Dissonance, New York.

Fieten, R. (1994), Integrierte Materialwirtschaft - Stand und Entwicklungstendenzen, 3. Auflage, Leinfelden-Echterdingen.

Finkelman, D., Cetlin, R. Wenner, D. (1992), Making Customer Satisfaction Pay Off, Telephony, March.

Finkelman, D., Goland, A. (1990a), How not to Satisfy your Customers, The McKinsey Quarterly, 2-12.

Finkelman, D., Goland, A. (1990b), The Case of the Complaining Customer, Harvard Business Review, (May, June), 9-25.

Fisk, R. (1981), Toward a Consumption, Evaluation Process Model for Services, in: Donelly, J., George, W. (Hrsg.): Marketing of Services, Proceedings Series, AMA, Chicago, 191-195.

Fisk, R., Young, C. (1985), Disconfirmation of Equity Expectations: Effects on Consumer Satisfaction with Services, in: Hirschman, E., Holbrook, H. (Hrsg.): Advances in Consumer Research, Ann Arbor, MI, 340-345.

Flanagan, J. (1954), The Critical Incident Technique, Psychological Bulletin, 51(July), 327-358.

Folkes, V. (1984), Consumer Reactions to Product Failure: An Attributional Approach, Journal of Consumer Research, 10 (March), 398-409.

Folkes, V. (1988), Recent Attribution Research in Consumer Behavior: A Review and New Directions, Journal of Consumer Research, 14 (March), 548-565.

Fornell, C. (1992), A National Customer Satisfaction Barometer: The Swedish Experience, Journal of Marketing, 56 (January), 6-21.

Fornell, C., Wernerfelt, B. (1987), Defensive Marketing Strategy by Customer Complaint Management, A Theoretical Analysis, Journal of Marketing Research, 24 (November), 337-346.

Fornell, C., Westbrook, R. (1984), The Vicious Circle of Consumer Complaints, Journal of Marketing, 48 (Summer), 68-78.

Forrester, J. (1972), Grundzüge einer Systemtheorie, Wiesbaden.

Förster, H., Syska, A. (1985), CIM: Schwerpunkte, Trends, Probleme, VDI-Z, 127, 17, 649-652.

Forster, K. (1991), Corporate Hotel Users in the UK, London.

Frazier, G., Spekman, R., O'Neal, C. (1987), Just-in-Time Exchange Relationships in Industrial Markets, Journal of Marketing, 52 (October), 52-67.

Freese, E., Werder, A. von (1989), Kundenorientierung als organisatorische Gestaltungsoption der Informationstechnologie, Zeitschrift für Betriebswirtschaft, Sonderheft, 25, 1-23.

Garvin, D., (1988), Die acht Dimensionen der Produktqualität, HAVARDmanager 3.

460

Gierl, H., Höser, H. (1992), Patientenzufriedenheit, der markt, 31, 21, 78-85.

Gierl, H., Sipple, H. (1993), Zufriedenheit mit dem Kundendienst, Jahrbuch der Absatz- und Verbrauchsforschung, 39, 3, 239-260.

Gödel, K. (1931), Über formal unentscheidbare Sätze der Principia Mathematica und verwandter Systeme, Monatshefte für Mathematik und Physik, 38, 173-198.

Goldman, A., McDonald (1987), The Group Depth Interview, Englewood Cliffs, NJ.

Goodman, J., Malech, A., Marra, T. (1987), Beschwerdepolitik unter Kosten, Nutzen-Gesichtspunkten - Lernmöglichkeiten aus den USA, in: Hansen, U., Schoenheit, I. (Hrsg.): Verbraucherzufriedenheit und Beschwerdeverhalten, Frankfurt a.M., 165-203.

Gordon, W., Langmaid, R. (1988), Qualitative Market Research: A Practitioner´s and Buyer´s Guide, Aldershot, England.

Green, P., Srinivasan, V. (1990), Conjoint-Analysis in Marketing: New Developments with Implications for Research and Practice, Journal of Marketing (Oktober), 3-19.

Greenbaum, T. (1993), The Handbook for Focus Group Research, New York.

Grönroos, C. (1990), Service Management and Marketing: Managing the Moments of Truth in Service Competition, Lexington.

Grönroos, C. (1993), Toward a Third Phase in Service Quality Research: Challenges and Future Directions, in: Swartz, T., Bowen, D., Brown, W. (Hrsg.): Advances in Services Marketing and Management, Research and Practice, 1, London, 49-64.

Grönroos, C. (1994), From Marketing-Mix to Relationship Marketing: Toward a Paradigm Shift in Marketing, Management Decision, 32, 2, 4-20.

Grün, K. von der, Wolfrum, B. (1994), Marktforschung in der Industriegüterindustrie, Thexis, Sonderheft Marktforschung, 182-194.

Gummesson, E. (1993), Quality Management in Service Organizations, ISQA.

Gummesson, E., Kingman-Brundage, J. (1992), Service Design and Quality: Applying Service Blueprinting and Service Mapping to Railroad Services, in: Kunst, P., Lemmink, J. (Hrsg.): Quality Management in Services, Assen, Maastricht, 101-114.

Gundlach, G., Murphy, P. (1993), Ethical and Legal Foundations of Relational Marketing Exchanges, Journal of Marketing, 57 (October), 35-46.

Günter, B., Platzek, T. (1992), Management von Kundenzufriedenheit - zur Gestaltung des After-Sales-Netzwerkes, Marktforschung & Management 36, 3, 109-114.

Günter, B., Platzek, T. (1994), Informationsselektion im After-Sales-Network, in: Sydow, J., Windeler, A. (Hrsg.): Management interorganisationaler Beziehungen, Opladen, 298-321.

Gupta, A., Raj, P., Wilemon, D. (1986), A Model for Studying R&D-Marketing Interface in the Product Innovation Process, Journal of Marketing, 50, 7-17.

Haag, J. (1982), Marketing-Controlling aus der Sicht eines Marketing-Managers, in: Goetzke, W., Sieben, G. (Hrsg.): Marketing-Controlling, Köln, 61-77.

Haas, R. (1989), Business Marketing Management, 5. Auflage, Boston.

Hakansson, H. (1982), International Marketing and Purchasing of Industrial Goods, Chichester.

Hall, A. D. (1962), A Methodology for Systems Engineering, Princeton.

Halstead, D. (1992), The Expectations-Satisfaction Relationship Revisted: An Empirical Test and Directions for Future Research, AMA Winter Educators´ Conference, August, 1-19.

Halstead, D., Dröge, C., Cooper, M. (1993), Product Warranties and Post-purchase Service: A Model of Consumer Satisfaction with Complaint Resolution, Journal of Services Marketing, 7, 1, 33-40.

Halstead, D., Page, J. (1992), The Effects of Satisfaction and Complaining Behavior on Consumer Repurchase Intentions, Journal of Consumer Satisfaction, Dissatisfaction and Complaining Behavior, 5, 1-11.

Hammann, P., Erichson, B. (1990), Marktforschung, 2. Auflage, Stuttgart.

Hammer, M., Champy, J. (1993), Reengineering the Corporation - A Manifest for Business Revolution, New York.

Hansen, U., Jeschke, K. (1992), Nachkaufmarketing, Marketing ZFP, 14, 2, 88-97.

Hanser, P. (1992), Wie sich Unternehmen neu organisieren, Absatzwirtschaft 7, 8 und 9.

Hastie, R. (1986), Experimental Evidence on Group Accuracy, in: Grofman, G., Owen, G. (Hrsg.): Decision Research, 2, Greenwich, 129-157.

Hauser, J., Clausing, D. (1988), The House of Quality, Harvard Business Review, 66, 63-73.

Heckert, J., Willson J. (1963), Controllership, 2. Auflage, New York.

Heigl, A. (1978), Controlling - Interne Revision, Stuttgart.

Helson, H. (1964), Adaptation-Level Theory, New York.

Henderson, B. (1974), Die Erfahrungskurve in der Unternehmensstrategie, Frankfurt a.M.

Hentschel, B. (1990), Die Messung wahrgenommener Dienstleistungsqualität mit SERVQUAL, Marketing ZFP, 4, 4, 230-240.

Hentschel, B. (1992), Dienstleistungsqualität aus Kundensicht: Vom merkmalsorientierten zum ereignisorientierten Ansatz, Wiesbaden.

Herzberg, F. (1964), The Motivation-Hygiene Concept and Problems of Manpower, Personnel Administration, 27, 3-7.

Herzberg, F. (1966), Work and the Nature of Man, Cleveland, Ohio.

Herzberg, F. (1986), One More Time: How Do You Motivate Employees?, Harvard Business Review, 46 (January), 53-62.

Herzberg, F., Mausner, B., Snyderman, B. (1959), The Motivation to Work, New York.

Heskett, J. (1986), Managing in the Service Economy, Boston.

Heskett, J., Hart, C., Sasser, W. (1991), Bahnbrechender Service - Standards für den Wettbewerb von morgen, Frankfurt a.M.

Heskett, J., Sasser, W., Hart, C. (1990), Service Breakthrough Changing the Rules of the Game, New York.

Hilker, J. (1993), Marketingimplementierung: Grundlagen und Umsetzung am Beispiel ostdeutscher Unternehmen, Wiesbaden.

Hill, D. (1986), Satisfaction and Consumer Research, in: Lutz, R. (Hrsg.): Advances in Consumer Research, Association of Consumer Research, Provo, 13, 311-315.

Hill, G. (1982), Group Versus Individual Performance: Are N+1 Heads Better than One?, Psychological Bulletin, 91, 3, 517-539.

Hill, R. (1993), When the Going Gets Rough: A Baldrige Award Winner on the Line, Academy of Management Executive, 7, 3, 75-79.

Hippel, E. von (1988), Sources of Innovation, New York, Oxford.

Hiromoto, T. (1988), Another Hidden Edge - Japanese Management Accounting, Harvard Business Review, 66, 4, 22-26.

Hirschman, A. (1970), Exit, Voice, and Loyality, Cambridge.

Hirschman, A. (1974), Abwanderung und Widerspruch, Tübingen.

Hoffmann, A. (1990), Die Erfolgskontrolle von Beschwerdemanagement-Systemen, Frankfurt a.M.

Holbrook, M. (1984), Situation-Specific Ideal Points and Usage of Multiple Dissimilar Brands, Sheth, J. (Hrsg.): Research in Marketing, Greenwich, CT, 7, 93-112.

Homans, G. (1961), Social Behavior: Its Elementary Forms, New York.

Homburg, Ch. (1994a), Baldrige Award, Die Botschaften der Sieger, Absatzwirtschaft, 37, 5, 102-108.

Homburg, Ch. (1994b), Die Grenzen der ISO-9000-Normen, Blick durch die Wirtschaft, 13.07.1994.

Homburg, Ch. (1994c), Kundenorientiertes Qualitätsmanagement in den USA, io management 6, 24-27.

Homburg, Ch. (1994d), Produktivitätssteuerung in Marketing und Vertrieb, Controlling, 6, 3, 140-146.

Homburg, Ch. (1995), Kundennähe von Industriegüterunternehmen - Konzeption-Erfolgsauswirkungen-Determinanten, Wiesbaden.

Homburg, Ch., Garbe, B. (1995), Industrielle Dienstleistungen: Bestandsaufnahme und Entwicklungsrichtungen, erscheint in: Zeitschrift für Betriebswirtschaft.

Homburg, Ch., Rudolph, B. (1995), Wie zufrieden sind Ihre Kunden tatsächlich?: Kundenzufriedenheit richtig messen und managen - kein Buch mit sieben Siegeln, HARVARDmanager, 17, 1, 43-50.

Homburg, Ch., Sütterlin, S. (1990), Kausalmodelle in der Marketingforschung, Marketing ZFP, 12, 3, 181-192.

Hornik, J. (1992), Tactile Stimulation and Consumer Response, Journal of Consumer Research, 19 (December), 449-458.

Horváth, P. (1978), Entwicklung und Stand einer Konzeption zur Lösung der Adaptions- und Koordinationsprobleme der Führung, Zeitschrift für Betriebswirtschaft, 48, 194-208.

Horváth, P. (1994), Controlling, 5. Auflage, München.

Hoxworth, T. (1988), The Impact of Feedback Sign and Type on Perceived Feedback Accuracy, Self-Ratings, and Performance, unpublished disseration, Fort Collins.

Hunt, H. (1977), CS/D - Overview and Future Research Direction, in: Hunt, H. (Hrsg.): Conceptualization and Measurement of Consumer Satisfaction, Dissatisfaction, Marketing Science Institute, Cambridge, MA, 455-488.

Hutt, M., Speh, T. (1992), Business Marketing Management, 4. Auflage, Fort Worth.

Ishikawa, K. (1985), What is Total Quality Control? The Japanese Way, Englewood Cliffs.

Jarillo, J. (1988), On Strategic Networks, Strategic Management Journal, 9, 31-41.

Jayanti, R., Jackson, A. (1991), Service Satisfaction: An Exploratory Investigation of Three Models, in: Holman, R., Solomon, M. (Hrsg.): Advances in Consumer Research, 18, 603-610.

John, N., Wheeler, K., (1991), Productivity and Performance Measurement and Monitoring, in: Teare, R., Boer, A. (Hrsg.): Strategic Hospitality Management - Theory and Practice for the 1990s, London, 45-71.

Johnston, R. (1994), Managing the Zone of Tolerance: Some Propositions, International Quality in Services Conference OUIS IV, Selected Presentations, July 7, Norwalk USA, 92-105.

Johnston, W. (1981), Patterns in Industrial Buying Behavior, Chicago.

Jones, P., Ioannon, A. (1993), Measuring Guest Satisfaction in UK-Based International Hotel Chains: Principles and Practice, International Journal of Contemporary Hospitality Management, 5, 5, 27-31.

Jourden, F. (1993), When Being Told You're Bad Can Be Good: the Influence of Feedback Sign and Task Complexity on Self-Regulatory Factors and Performance, Chicago.

Kaas, K., Runow, H. (1984), Wie befriedigend sind die Ergebnisse der Forschung zur Verbraucherzufriedenheit?, Die Betriebswirtschaft, 3, 451-460.

Kaas, K., Runow, H. (1987), Wie befriedigend sind die Ergebnisse der Forschung zur Verbraucherzufriedenheit?, in: Hansen, U., Schoenheit, I. (Hrsg.): Verbraucherzufriedenheit und Beschwerdeverhalten, Frankfurt a.M., 79-98.

Katz, D., Kahn, R. (1978), The Social Psychology of Organizations, 2. Auflage, New York.

Kelley, H. (1972), Causal Schemata and the Attribution Process, in: Jones, E. (Hrsg.): Attribution: Perceiving the Causes of Behavior, Morristown, NJ, 151-174.

Kermack, W., McKendrick, A. (1927), Contributions to the Mathematical Theory of Epidemics, Proceedings of the Royal Statistical Society, 115, 700-721.

Kingman-Brundage, J. (1989), The ABC's of Service System Blueprinting, in: Bitner, M., Crosby, L. (Hrsg.): Designing a Winning Service Strategy, Proceedings Series, AMA, Chicago, 30-33.

Kirschenbaum, D., Karoly, P. (1977), When Self-Regulation Fails: Tests of Some Prelimary Hypotheses, Journal of Consulting and Clinical Psychology, 45, 6, 1116-1125.

Kleinaltenkamp, M. (1993), Typologien von Business-to-Business-Transaktionen, Arbeitspapier, Institut für Allgemeine Betriebswirtschaftlehre, Freie Universität Berlin.

Knotts, U., Parrish, L., Evans, C. (1993), What Does the U.S. Business Community Really Think about the Baldrige Award?, Quality Progress, May, 49-53.

Knutson, B. (1988), Frequent Travellers: Making Them Happy and Bringing Them Back, The Cornell Hotel and Restaurant Administration Quarterly, 29, 1, 83-87.

Köhler, R. (1982), Marketing-Controlling, Funktionale und institutionale Gesichtspunkte der marktorientierten Unternehmenssteuerung, Die Betriebswirtschaft, 42, 197-215.

Köhler, R., (1994), Target-Marketing, Die Betriebswirtschaft, 54, 1, 121-123.

Kohli, A., Jaworski, B. (1990), Market Orientation: The Construct, Research Propositions, and Managerial Implications, Journal of Marketing, 54 (April), 1-18.

Kokta, T. (1993), Industrielle Dienstleistungen, Total Quality Management und Kundenzufriedenheit, in: Simon, H. (Hrsg.): Industrielle Dienstleistungen, Stuttgart, 175-186.

Komaki, J., Blood, M., Holder, D. (1980), Fostering Friendliness in a Fast Food Franchise, Journal of Organizational Behavior Management, 2, 3, 151-164.

Komaki, J., Waddell, W., Pearce, M. (1977), The Applied Behavior Analysis Approach and Individual Employees: Improving Performances in Two Small Businesses, Organizational Behavior and Human Performance, 19, 337-352.

Korman, A. (1970), Toward an Hypothesis of Work Behavior, Journal of Applied Psychology, 54, 1, 31-41.

Korman, A. (1976), A Hypothesis of Work Behavior Revisited and an Extension, The Academy of Management Review, 1, 1, 50-63.

Kotler, P. (1982), Marketing-Management, Stuttgart.

Krishnan, S. Valle, V. (1979), Dissatisfaction Attributions and Consumer Complaint Behavior, in: Wilkie, W. (Hrsg.): Advances in Consumer Research, Ann Arbor, MI, 445-449.

Kroeber-Riel, W. (1992), Konsumentenverhalten, 5. Auflage, München.

Kucher E., Simon, H. (1987), Conjoint-Measurement - Durchbruch bei der Preisentscheidung, HARVARDmanager (März).

465

Küpper, H. (1987), Konzeption des Controlling in betriebswirtschaftlicher Sicht, in: Scheer, A. (Hrsg.): Rechnungswesen und EDV, 8. Saarbrücker Arbeitstagung, Heidelberg, 82-116.

LaBarbera, P., Mazursky, D. (1983), A Longitudinal Assessment of Consumer Satisfaction, Dissatisfaction: The Dynamic Aspect of the Cognitive Process, Journal of Marketing Research, 20 (November), 393-404.

Laczniak, R. (1979), An Empirical Study of Hospital Buying, Industrial Marketing Managment, 8, 57-62.

Laker, M. (1993), Was darf ein Produkt kosten?, Gablers Magazin (März), 61-63.

Landsberg, G. von, Mayer, E. (1988), Berufsbild des Controllers, Stuttgart.

Laszlo, E., Leonhardt (1994), Marketing in instabilen Systemen, Absatzwirtschaft, 7, 36.

Latham, G., Wexley, K. (1981), Increasing Productivity Through Performance Appraisal, Reading.

LaTour, Peat, N. (1979), Conceptual and Methodological Issues in Consumer Satisfaction Research, in: Wilkie, W. (Hrsg.): Advances in Consumer Research, Ann Arbor, MI, 431-437.

Lay, G. (1992), CIM-Projekte in der Bundesrepublik Deutschland: Ziele, Schwerpunkte, Vorgehen, VDI-Z, 134, 3, 20-30.

Lazarsfeld, P. (1944), The Controversy Over Detailed Interviews - An Offer for Negotiation, Public Opinion Quarterly, 8, 38-80.

Leavitt, C. (1977), Consumer Satisfaction and Dissatisfaction: Bipolar or Independent, in: Hunt, H. (Hrsg.): Conceptualization and Measurement of Consumer Satisfaction, Dissatisfaction, Marketing Science Institute, Cambridge, MA, 132-149.

Lewin, K. (1947), Frontiers in Group Dynamics, Human Relations, 1, 143-153.

Lewis, R. (1983), When Guests Complain, The Cornell Hotel and Restaurant Administration Quarterly, 24, 4, 23-31.

Lewis, R. (1985), Predicting Hotel Choice: The Factors Underlying Perception, The Cornell Hotel and Restaurant Administration Quarterly, 26, 4, 82-96.

Lewis, R., Booms, B. (1983), The Marketing Aspects of Service Quality, in: Berry, L., Shostack, G., Upah, G. (Hrsg.): Emerging Perspectives on Services Marketing, Chicago, 99-104.

Lewis, R., Chambers, R. (1989), Marketing Leadership in Hospitality: Foundations and Practices, New York.

Lewis, R., Klein, D. (1987), The Measurement of Gaps in Service Quality, in: Czepiel, J., Congram, C., Shanahan, J. (Hrsg.): The Service Challenge: Integrating for Competitive Advantage, Chicago, 33-38.

Lewis, R., Pizam, A. (1981), Guest Surveys: A Missed Opportunity, The Cornell Hotel and Restaurant Administration Quarterly, 22, 3, 37-44.

Liefeld, J., Edgecombe, F., Wolfe, L. (1975), Demographic Charactersistics of Canadian Consumer Complainers, Journal of Consumer Affairs, 9, 1, 73-89.

Liljander, V., Strandvik, T. (1992), The Relation Between Service Quality, Satisfaction and Intentions, Arbeitspapier, Swedish School of Economics and Business Administrations, Helsinki, Finnland.

Liljander, V., Strandvik, T. (1993), Estimating Zones of Tolerance in Perceived Service Quality and Perceived Service Value, International Journal of Service Industry Management, 4, 2, 6-28.

Liljander, V., Strandvik, T. (1994), The Nature of Relationship Quality-Workshop on Quality Management, in: Services IV, Proceedings Part II, Marne-la-Vallee, France.

Lingen, Th. von (1994), Zufriedenheitsmanagement, Planung und Analyse, 1, 5-13.

Lingenfelder, M., Schneider, W. (1991), Die Zufriedenheit von Kunden - Ein Marketingziel? Marktforschung & Management, 35, 1, 29-34.

Link, J. (1982), Die methodologischen, informationswirtschaftlichen und führungspolitischen Aspekte des Controlling, Zeitschrift für Betriebswirtschaft, 52, 261-279.

Lotka, A. (1925), Elements of Physical Biology, Baltimore.

Lovelock, C. (1991), The Customer Experience, in: Lovelock, C. (Hrsg.): Services Marketing, 2. Auflage, Englewood Cliffs, 12-23.

Ludwig, W. (1992), Mit schlanken Teams in Kundennähe, Absatzwirtschaft, Sondernummer (Oktober), 92-97.

Ludwig, W. (1993), Mit Vertriebstargeting und schlanken Teams zu mehr Kundennähe, Strategien für Investitionsgütermärkte, Landsberg, 419-430.

Luthans, F. (1991), Improving the Delivery of Quality Service: Behavioral Management Techniques, Leadership and Organization Development Journal, 12, 2, 3-6.

Luthans, F., Waldersee, R. (1992), A Micro-Management Approach to Quality Service: Steps for Implementing Behavioral Management, in: Swartz, T., Bowen, D. E., Brown, W. (Hrsg.): Advances in Services Marketing and Management, Research and Practice, 1, Greenwich, 277-296.

Lutz, J., Ryan, C. (1993), Hotels and the Businesswoman: An Analysis of Businesswomen's Perceptions of Hotel Services, Tourism Management, 14, 5, 349-356.

Mabe, P., West, G. (1982), Validity of Self-Evaluation of Ability: A Review of Meta-Analysis, Journal of Applied Psychology, 67, 3, 280-296.

Macbeth, D. (1994), The Role of Purchasing in a Partnering Relationship, European Journal of Purchasing and Supply Management, 1, 1, 19-25.

Maddox, R. (1981), Two-Factor Theory and Consumer Satisfaction: Replication and Extension, Journal of Consumer Research, 8 (Juni), 97-102.

Mahajan, V., Sharma, S., Netemeyer, R. (1992), Should We Expect the Baldrige Award to Predict a Company's Financial Success?, Technological Forecasting and Social Change, 42, 325-334.

Mann, E. (1992), Das Beratungsangebot der Elektrizitätsversorgungsunternehmen, elektrowärme international, 50, B2.

McCleary, K., Weaver, P. (1992), Simple and Safe, Hotel and Motel Management, 207, 12, 23-26.

McCracken, G. (1988), The Long Interview, Newbury Park.

McCullock, W., Pitts, W. (1943), A Logical Calculus of the Ideas Immanent in Nervous Activity, Bulletin of Mathematical Biophysics, 5, 115-133.

McNeal, J. (1969), Consumer Satisfaction: The Measure of Marketing Effectiveness, MSU Business Topics, Summer, 31-35.

McNeal, J., Lamb, C. (1979), Consumer Satisfaction as a Measure of Marketing Effectiveness, Akron Business und Economic Review, 10 (Spring), 41-45.

McQuarrie, E. (1993), Customer Visits: Building a Better Market Focus, Newbury Park, CA.

McQuarrie, E., McIntyre, F. (1990a), Implementing the Marketing Concept through a Program of Consumer Visits (Report 90-107), Marketing Science Institute, Cambridge, MA.

McQuarrie, E., McIntyre, H. (1990b), Contribution of the Group Interview to Research of Consumer Phenomenology, in: Hirschman, E. (Hrsg.): Advances in Consumer Behavior, Greenwich, CT, 165-194.

McQuarrie, E., McIntyre, H. (1992), The Consumer Visit: An Emerging Practice in Business-to-Business Marketing (Report 92-114), Marketing Science Institute, Cambridge, MA.

Meffert, H., Bruhn, M. (1981), Beschwerdeverhalten und Zufriedenheit von Kunden, Die Betriebswirtschaft, 41, 597-613.

Mehta, C., Vera, A. (1990), Segmentation in Singapore, in: The Cornell Hotel and Restaurant Administration Quarterly, 31, 1, 80-87.

Meyer, A. (1990), Dienstleistungsmarketing - Erkenntnisse und praktische Beispiele, Augsburg.

Meyer, A. (1992), Kommunikationspolitik von Dienstleistungsunternehmen, in: Berndt, R., Hermanns, A. (Hrsg.): Handbuch Marketing-Kommunikation, Wiesbaden, 896-921.

Meyer, A. (1994), Dienstleistungs-Marketing - Erkenntnisse und praktische Beispiele, 6. Auflage, München.

Meyer, A., Dornach, F. (1992a), Feedback für strategische Vorteile, Was leistet das Deutsche Kundenbarometer?, Absatzwirtschaft, Sondernummer (Oktober), 120-135.

Meyer, A., Dornach, F. (1992b), Qualität und Kundenzufriedenheit als Basis für strategische Vorteile im Wettbewerb, Absatzwirtschaft, 35, 10, 120-135.

Meyer, A., Dornach, F. (1993a), Das Deutsche Kundenbarometer 1993 - Qualität und Zufriedenheit, in: Deutsche Marketing-Vereinigung e. V. und Deutsche Post AG (Hrsg.), Düsseldorf.

Meyer, A., Dornach, F. (1993b), Kundenzufriedenheit und Kundenbindung in der DIY-Branche, in: Bundesverband Deutscher Heimwerker-, Bau- und Gartenbaumärkte e.V (Hrsg).

Meyer, A., Dornach, F. (1994a), Das Deutsche Kundenbarometer 1994 - Qualität und Zufriedenheit, in: Deutsche Marketing-Vereinigung e. V. und Deutsche Post AG (Hrsg.), Düsseldorf.

Meyer, A., Dornach, F. (1994b), Kundenzufriedenheitsmessung - Kundenbarometer, in: Bruhn, M., Stauss, B. (Hrsg.): Dienstleistungsqualität - Konzepte-Methoden-Erfahrungen, 2. Auflage, Wiesbaden.

Meyer, A., Westerbarkey, P (1991), Bedeutung der Kundenbeteiligung für die Qualitätspolitik von Dienstleistungsunternehmen, in: Bruhn, M., Stauss, B. (Hrsg.): Dienstleistungsqualität - Konzepte-Methoden-Erfahrungen, Wiesbaden, 83-103.

Meyer, A., Westerbarkey, P. (1994), Hotel Guest Satisfaction: Measurement and Implications, Arbeitspapiere Schwerpunkt Marketing, 60, München.

Miles, M., Huberman, A. (1994), Qualitative Data Analysis: An Expanded Sourcebook, 2. Auflage, Newbury Park.

Miller, J. (1977), Studying Satisfaction, Modifying Models, Eliciting Expectations, Posing Problems, and Making Meaningful Measurements, in: Hunt, K. (Hrsg.): Conceptualization and Measurement of Consumer Satisfaction and Dissatisfaction, School of Business, Indiana University, Bloomington, 72-91.

Moeller, K, Lethinen, J., Rosenquist, G., Storbacka, K (1985), Segmenting Hotel Business Customers: A Benefit Clustering Approach, in: Bloch, T., Upah, G., Zeithaml, V. (Hrsg.), Services Marketing in a Changing Environment, Chicago, 72-76.

Mohr, L., Bitner, M. (1991), Mutual Understanding between Customers and Employees in Service Encounters, in: Holman, R., Solomon, M. (Hrsg.), Advances in Consumer Research, Provo, 19, 611-617.

Momberger, W. (1991), Qualitätssicherung als Teil des Dienstleistungsmarketing - das Steigenberger Qualitäts- und Beschwerdemanagement, in: Bruhn, M., Stauss, B. (Hrsg.): Dienstleistungsqualität - Konzepte-Methoden-Erfahrungen, Wiesbaden, 366-378.

Morgan, D. (1993), Successful Focus Groups: Advancing the State of the Art, Newbury Park, CA.

Morris, S. (1985), The Relationship Between Company Complaint Handling and Consumer Behavior, unpublished master's thesis, Amherst.

Mowen, J., Grove, (1983), Search Behavior, Price Paid, and the „Comparison Other" - An Equity Theory Analysis of Post Purchase Satisfaction, in: Day, R., Hunt, H. (Hrsg.): International Fare in Consumer Satisfaction and Complaining Behavior, Bloomington, 17-19.

Muchna, C. (1984), Stand und Entwicklungstendenzen in der Industriegütermarktforschung, Marketing ZFP, 3 (August), 195-202.

Müller, W. (1990), Kundenzufriedenheit ist oberstes Ziel, Gabler's Magazin, 99, 9, 41-46.

Müller, W., Riesenbeck, H. (1991), Wie aus zufriedenen Kunden auch anhängliche werden, HARVARDmanager, 3, 67-79.

Narver, J., Slater, F. (1990), The Effect of a Market Orientation on Business Profitability, Journal of Marketing, 54, 20-35.

Neuberger, O. (1974), Theorien der Arbeitszufriedenheit, Stuttgart.

Newby, T., Robinson, P. (1983), Effects of Group and Individual Feedback on Retail Employees' Performances, Journal of Organizational Behavior Management, 5, 2, 51-69.

Nieschlag, R., Dichtl, E., Hörschgen, H. (1994), Marketing, 17. Auflage, Berlin.

Nightingale, M. (1983), Determinants and Control of Quality Standards in Hospitality Services, unpublished M. Phil. thesis, Surrey.

NIST (National Institute of Standards and Technology) (1994), Malcolm Baldrige National Quality Award: 1994 Award Criteria, Gaithersburg.

Northcraft, G., Ashford, J. (1990), The Preservation of Self in Everyday Life: The Effects of Performance Expectations and Feedback Context on Feedback Inquiriy, Organizational Behavior and Human Decision Processes, 47, 1, 42-64.

Nyquist, J., Bitner, M., Booms, B. (1985), Identifying Communication Difficulties in the Service Encounter: A Critical Incident Approach, in: Czepiel, J., Solomon, M., Surprenant, C. (Hrsg.): The Service Encounter: Managing Employee, Customer Interaction in Service Businesses, Lexington, 195-212.

Ölander, F. (1977), Consumer Satisfaction - A Skeptic's View, in: Hunt, H. (Hrsg,): Conceptualization and Measurement of Consumer Satisfaction, Dissatisfaction, Marketing Science Institute, Cambridge, MA, 409-452.

Oess, A. (1991), Total Quality Management, 2. Auflage, Wiesbaden.

Ohmae, K. (1990), Strategic Alliances in a Borderless World, in: Backhaus, K., Piltz, K. (Hrsg.): Strategische Allianzen, ZfbF-Sonderheft, 27, 11-20.

Oliva, T., Oliver, R., MacMillan, I. (1992), A Catastrophe Model for Developing Service Satisfaction Strategies, Journal of Marketing, 56 (July), 83-95.

Oliver, R. (1977), Effects of Expectation and Disconfirmation on Postexposure Product Evaluations: An Alternative Interpretation, Journal of Applied Psychology, 62, 4, 480-486.

Oliver, R. (1980), A Cognitive Model of the Antecedents and Consequences of Satisfaction Decisions, Journal of Marketing Research, 17 (September), 460-469.

Oliver, R. (1981), Measurement and Evaluation of Satisfaction Process in Retail Setting, Journal of Retailing, 57 (Fall), 25-48.

Oliver, R. (1993), A Conceptual Model of Service Quality and Service Satisfaction: Compatible Goals, Different Concepts, in: Swartz, T., Bowen, D., Brown, W. (Hrsg.): Advances in Services Marketing and Management, 2, 65-85.

Oliver, R., DeSarbo, W. (1988), Response Determinants in Satisfaction Judgments, Journal of Consumer Research, 14 (March), 495-507.

Oliver, R., Swan, J. (1989a), Consumer Perceptions of Interpersonal Equity and Satisfaction in Transaction: A Field Survey Approach, Journal of Marketing, 53 (April), 21-35.

Oliver, R., Swan, J. (1989b), Equity and Disconfirmation Perceptions as Influences on Merchant and Product Satisfaction, Journal of Consumer Research, 16 (December), 372-383.

Olshavsky, R., Miller, J. (1972), Consumer Expectations, Product Performance, and Perceived Product Quality, Journal of Marketing Research, 9 (February), 19-21.

Olson, J., Dover, P. (1979), Disconfirmation of Consumer Expectations Through Product Trial, Journal of Applied Psychology, 64, 179-189.

Orly, C. (1988), Quality Circles in France: Accor's Experience in Self-Management, The Cornell Hotel and Restaurant Administration Quarterly, 29, 3, 50-57.

Oshikawa, S: (1968), The Theory of Cognitive Dissonance and Experimental Research, Journal of Marketing Research, 5 (November), 429-430.

Parasuraman, A., Berry, L., Zeithaml, V. (1985), A Conceptual Model of Service Quality and Its Implications for Future Research, Journal of Marketing, 49 (Fall), 41-50.

Parasuraman, A., Berry L., Zeithaml, V. (1991), Understanding Customer Expectations of Service, Sloan Management Review, 32, 3, 39-48.

Parasuraman, A., Berry, L., Zeithaml, V. (1994), Reassessment of Expectations as a Comparison Standard in Measuring Service Quality: Implications for Future Research, Journal of Marketing, 58, 1, 111-124.

Parasuraman, A., Zeithaml, V., Berry, L. (1988), SERVQUAL: A Multiple-Item Scale for Measuring Consumer Perceptions of Service Quality, Journal of Retailing, 64 (Spring), 12-40.

Peters, T., Waterman, R. (1983), Auf der Suche nach Spitzenleistungen, Landsberg a. Lech, 189-234.

Peterson, R., Wilson, W. (1992), Measuring Customer Satisfaction: Fact and Artefact, Journal of the Academy of Marketing Science, 20, 1, 61-71.

Ping, R. (1993), The Effects of Satisfaction and Structural Constraints on Retailer Exiting, Voice, Loyalty, Opportunism, and Neglect, Journal of Retailing, 69, 3 (Fall), 320-352.

Plinke, W. (1989), Die Geschäftsbeziehung als Investition, in: Specht, G., Silberer, G., Engelhardt, W. (Hrsg.), Marketing-Schnittstellen, 119-134.

Plinke W. (1991), Industriegütermarketing, Marketing ZFP, 3, 3, 172-177.

Prakash, V. (1991), Intensity of Dissatisfaction and Consumer Complaint Behaviors, Journal of Consumer Satisfaction, Dissatisfaction and Complaining Behavior, 4, 110-122.

Prue, D., Fairbank, J., (1981), Performance Feedback in Organizational Behavior Management: A Review, Journal of Organizational Behavior Management, 3, 1, 1-16.

Rapp, R. (1992), Qualitatives Controlling durch Kundenzufriedenheitsmessung, Arbeitspapier, Universitätsseminar Schloß Gracht.

Reichheld, F., Sasser, W. (1991), Zero-Migration: Dienstleister im Sog der Qualitätsrevolution, HARVARDmanager, 13, 4, 108-116.

Richardson, G. (1991), Feedback Thought in Social Science and Systems Theory, Philadelphia.

Richins, M. (1983), Negative Word-of-Mouth by Dissatisfied Consumers: A Pilot Study, Journal of Marketing, 47 (Winter), 68-78.

Richins, M. (1985), Factors Affecting the Level of Consumer-Initiated Complaints to Marketing Organizations, in: Hunt, H., Day, R. (Hrsg.): Consumer Satisfaction, Dissatisfaction and Complaining Behavior, Indiana University, Bloomington, IN, 82-85.

Riedlinger, P. (1988), Activity Accounting - Kostenrechnung für die moderne Fabrik, in: Wildemann, H. (Hrsg.): Die modulare Fabrik, Fachtagung, 22.-23. November, München, 49-67.

Ring, P., Van de Ven, A. (1992), Structuring Cooperative Relationships Between Organizations, Strategic Management Journal, 13, 483-498.

Robinson, L., Berl, R. (1980), What About Compliments?: A Follow-up Study on Customer Complaints and Compliments, in: Hunt, H., Day, R. (Hrsg.): Refining Concepts and Measures of Consumer Satisfaction and Complaining Behavior, Bloomington, 144-148.

Robinson, P., Faris, C., Wind, Y. (1967), Industrial Buying and Creative Marketing, Boston.

Ruekert, R. (1992), Developing a Market Orientation: An Organizational Strategy Perspective, International Journal of Research in Marketing, 9, 3, 225-245.

Rust, R., Zahorik, A. (1993), Customer Satisfaction, Customer Retention and Market Share, Journal of Retailing, 69, 2 (Summer), 193-215.

Saleh, F., Ryan, C. (1991), Analysing Service Quality in the Hospitality Industry Using the SERVQUAL Model, The Service Industries Journal, 11, 3, 324-343.

Schmidt, A. (1986), Das Controlling als Instrument zur Koordination der Unternehmensführung, Frankfurt a.M.

Schonberger, R. (1990), Building a Chain of Customers: Linking Business Functions to Create the World Class Company, New York.

Schumpeter, J. (1942), Kapitalismus, Sozialismus und Demokratie.

Schunk, D. (1983), Progress Self-Monitoring: Effects of Children's Self-Efficacy and Achievement, Journal of Experimental Education, 51, 89-93.

Schütze, R. (1992), Kundenzufriedenheit - After-Sales-Marketing auf industriellen Märkten, Wiesbaden.

Seashore, H., Barelas, A. (1941), The functioning of Knowledge of Results in Thorndike's Line-Drawing Experiment, Psychological Review, 48, 155-164.

Sebastian, K., Hilleke, K. (1994), Rückzug ohne Risiko, Absatzwirtschaft, 1, 50-55, Absatzwirtschaft, 2, 45-49.

Sebastian, K., Lauszus, D. (1994), Value Marketing: Höherer Kundenwert und höhere Gewinne, Gabler's Magazin, 2.

Seidenschwarz, W. (1993), Target Costing, München.

Senge, P. (1990) The Fifth Discipline - The Art & Pratice of The Learning Organization, New York.

Shapiro, B. (1988), What the Hell is 'Market Oriented'?, Harvard Business Review (November/Dezember), 119-125.

Shavit, H., Shonval, R. (1980), Self-esteem and Cognitive Consistency Effects on Self-Other Evaluation, Journal of Experimental Social Psychology, 16, 5, 417-425.

Sherif, M., Hovland, C. (1961), Social Judgements: Assimilation and Contrast Effects in Communication and Attitude Change, New Haven, Connecticut.

Sheth, J., Parvatiyar, A. (Hrsg.) (1994), Relationship Marketing: Theory, Methods and Applications, Atlanta.

Shook, G., Johnston, C., Uhlmann, W. (1978), The Effect of Response Effort Reduction, Instructions, Group and Individual Feedback, and Reinforcement on Staff Performance, Journal of Organizational Behaviour Management, 1, 3, 206-215.

Shostack, G. (1985), Planning the Service Encounter, in: Czepiel, J., Solomon, M., Surprenant, C. (Hrsg.): The Service Encounter, Lexington, 243-253.

Shostack, G. (1987), Service Positioning Through Structural Change, Journal of Marketing, 51, 134-43.

Simon, H. (1985), Goodwill und Marketingstrategie, Wiesbaden.

Simon, H. (1991), Kundennähe als Wettbewerbsstrategie und Führungsherausforderung, in: Kistner K., Schmidt, R. (Hrsg.): Unternehmensdynamik: Horst Albach zum 60. Geburtstag, Wiesbaden, 253-273.

Simon, H. (Hrsg.) (1993a), Industrielle Dienstleistungen und Wettbewerbsstrategie, in: Simon, H. (Hrsg.), Industrielle Dienstleistungen, Stuttgart.

Simon, H. (1993b), Preispolitik für industrielle Dienstleistungen, in: Simon, H. (Hrsg.): Industrielle Dienstleistungen, Stuttgart, 187-218.

Simon, H. (1995a), Preismanagement kompakt, Wiesbaden.

Simon, H. (1995b), Hysterese in Marketing und Wettbewerb, Zeitschrift für Betriebswirtschaft.

Simon, H., Kucher, E. (1988), Die Bestimmung empirischer Preisabsatzfunktionen-Methoden, Befunde, Erfahrungen, Zeitschrift für Betriebswirtschaft, (Januar), 171-183.

Singh, J. (1988), Consumer Complaint Intentions and Behavior: Definitional and Taxonomical Issues, Journal of Marketing, 52 (January), 93-107.

Sirgy, M. (1983), Social Cognition and Consumer Behavior, New York.

Sirgy, M. (1984), A Social Cognition Model of CS, D: An Experiment, Psychology and Marketing, 1 (Summer), 27-44.

Sommerhoff, G. (1950), Analytical Biology, New York.

Spiegel Verlag (1988), Geschäftsreisen, Hamburg.

Standop, D., Hesse, H. (1985), Zur Messung der Kundenzufriedenheit mit Kfz-Reparaturen, Osnabrück.

Stauss, B. (1991a), „Augenblicke der Wahrheit" in der Dienstleistungserstellung: Ihre Relevanz und ihre Messung mit Hilfe der Kontaktpunkt-Analyse, in: Bruhn, M., Stauss, B. (Hrsg.): Dienstleistungsqualität. Konzepte-Methoden-Erfahrungen, Wiesbaden, 345-365.

Stauss, B. (1991b), Beschwerdepolitik als Instrument des Dienstleistungsmarketing, Jahrbuch der Absatz- und Verbrauchsforschung, 137, 41-62.

Stauss, B. (1992), Internes Marketing, in: Corsten, H. (Hrsg.): Lexikon der Betriebswirtschaftslehre, München, 360-364.

Stauss, B. (1994a), Förderung des Qualitätsmanagements durch Information und Wettbewerb, München.

Stauss, B. (1994b), Total Quality Management und Marketing, Marketing-Zeitschrift für Forschung und Praxis, 16, 3, 149-159.

Stauss, B. (1994c), Der Einsatz der „Critical Incident Technique" im Dienstleistungsmarketing, in: Tomczak, T., Belz, Ch. (Hrsg.): Kundennähe realisieren, St. Gallen, 233-250.

Stauss, B., Hentschel, B. (1990a), Die Qualität von Dienstleistungen: Konzeption, Messung und Management, Ingolstadt.

Stauss, B., Hentschel, B. (1990b), Verfahren der Problemdeckung und -analyse im Qualitätsmanagement von Dienstleistungsunternehmen, Jahrbuch der Absatz- und Verbrauchsforschung, 36, 3, 232-259.

Stauss, B., Hentschel, B. (1992a), Attribute-Based versus Incident-Based Measurement of Service Quality: Results of an Empirical Study in the German Car Service Industry, in: Kunst, P., Lemmink, J. (Hrsg.): Quality Management in Services, Assen, 1-22.

Stauss, B., Hentschel, B. (1992b), Messung von Kundenzufriedenheit, Marktforschung & Management, 36, 3, 115-122.

Stauss, B., Schulze, H. (1990), Internes Marketing, Marketing ZFP, 12, 3, 149-157.

Stephen, R., Zweigenhaft, R. (1986), The Effect on Tipping of a Waitress Touching Male and Female Customers, Journal of Social Psychology, 126 (February), 141-142.

Stroebe, W., Diehl, M., Abakonmkin, G. (1992), The Illusion of Group Effectivity, Personality and Social Psychology Bulletin, 18, 5, 643-650.

Swan, J., Trawick, I. (1981), Disconfirmation of Expectations and Satisfaction with a Retail Service, Journal of Retailing, 57 (Fall), 49-67.

Teare, R. (1991), Consumer Strategies for Assessing and Evaluating Hotels, in: Teare, R., Boer, A. (Hrsg.): Strategic Hospitality Management - Theory and Practice for the 1990s, London, 120-143.

Teas, R. (1993), Expectations, Performance Evaluation, and Consumers´ Perceptions of Quality, Journal of Marketing, 57, 4, 18-34.

Thibaut, J., Kelley, H. (1959), The Social Psychology of Groups, New York.

Thorndike, E. (1927), The Law of Effect, American Journal of Psychology, 39, 212-222.

Tolman, E. (1932), Purposive Behavior in Animals and Men, New York.

Tomarken, A., Kirschenbaum, D. (1982), Self-Regulatory Failure: Accentuate the Positive?, Journal of Personality and Social Psychology, 43, 3, 584-597.

Tomczak, T. (1994), Relationship-Marketing - Grundzüge eines Modells zum Management von Kundenbeziehungen, in: Tomczak, T., Belz, C. (Hrsg.), Kundennähe realisieren, St. Gallen, 193-215.

Touzin, M. (1986), The Sheraton Guest Experience, in: Moore, B. (Hrsg.): Are They Being Served ?, Oxford, 181-192.

Trawick, I., Swan, J. (1980), Inferred and Perceived Disconfirmation in Consumer Satisfaction in Consumer Satisfaction, in: Bagozzi, R. (Hrsg.): Marketing in the 80´s, Chicago, 97-100.

Trice, A., Layman, W. (1984), Improving Guest Surveys, The Cornell Hotel and Restaurant Administration Quarterly, 25, 6, 10-13.

Trowbridge, M., Cason, H. (1932), An Experimental Study of Thorndike's Theory of Learning, Journal of General Psychology, 7, 245-269.

Tse, D., Wilton, P. (1985), History and Future of Consumer Satisfaction Research, in: Sheth, N., Tan, C. (Hrsg.): Historic Perspective in Consumer Research: National and International Perspectives, Proceedings of the Association of Consumer Research: Annual Conference, National University of Singapore, 251-256.

Tse, D., Wilton, P. (1988), Models of Consumer Satisfaction Formation: An Extension, Journal of Marketing Research, 25 (May), 204-212.

Turnbull, P., Wilson, D. (1989), Developing and Protecting Profitable Customer Relationships, Industrial Marketing Management, 18, 233-238.

VDEW (Hrsg.) (1988), Die Stromversorger als Dienstleistungspartner, VDEW-Positionspapier, Frankfurt a.M.

Waack, K. (1978), Hotel-Marketing. Der Schlüssel zur erfolgreichen Hotelführung, Wiesbaden.

Walterspiel, G. (1969), Einführung in die Betriebswirtschaftslehre des Hotels, Wiesbaden.

Weber, J. (1988), Einführung in das Controlling, Stuttgart.

Weber, J. (1992), Die Koordinationssicht des Controlling, in: Spremann, K., Zur, E. (Hrsg.): Controlling - Grundlagen-Informationssysteme-Anwendung, Wiesbaden, 169-183.

Weber, J. (1993), Controlling, Informations- und Kommunikationsmanagement-Grundsätzliche begriffliche und konzeptionelle Überlegungen, Betriebswirtschaftliche Forschung und Praxis, 46, 628-649.

Weber, J. (1994), Einführung in das Controlling, 5. Auflage, Stuttgart.

Weber, J., Bültel, D. (1992), Controlling - Ein eigenständiges Aufgabenfeld in den Unternehmen der Bundesrepublik Deutschland - Ergebnisse einer Auswertung von Stellenanzeigen aus den Jahren 1949 bis 1989, Die Betriebswirtschaft, 52, 535-546.

Webster, F. (1991), Industrial Marketing Strategy, 3. Auflage, New York.

Webster, F., Wind Y. (1972), Organizational Buying Behavior, Englewood Cliffs, N.J.

Weiner, B. (1985), An Attributional Theory of Achievement Motivation and Emotion, Psychological Review, 92 (October), 548-573.

Westbrook, R. (1987), Product, Consumption-Based Affective Responses and Postpurchase Processes, Journal of Marketing Research, 14 (August), 258-270.

Westbrook, R., Reilly, M. (1983), Value-Percept Disparity: An Alternative to the Disconfirmation of Expectations Theory of Consumer Satisfaction, in: Bagozzi, R., Tybout, A. (Hrsg.): Advances in Consumer Research, Ann Arbor, MI, 256-261.

Wiener, N. (1968), Kybernetik - Regelung und Nachrichtenübertragung in Lebewesen und Maschine, Reinbek.

Wild, J. (1974), Betriebswirtschaftliche Führungslehre und Führungsmodelle, in: Wild, J. (Hrsg.): Unternehmungsführung - Festschrift für Erich Kosiol zu seinem 75. Geburtstag, Berlin, 141-179.

Wildemann, H. (1990), Die Fabrik als Labor, in: Zeitschrift für Betriebswirtschaft, 60, 7, 611-630.

Wildemann, H. (1991), Einführungsstrategien für eine Just-In-Time Produktion und Logistik, Zeitschrift für Betriebswirtschaft, 61, 2, 149-169.

Wildemann, H. (1992), Das Just-In-Time-Konzept, 3. Auflage, München.

Wildemann, H. (1993a), Entwicklungsstrategien für Zulieferunternehmen im europäischen Markt: Ergebnisse einer Delphi-Studie, München.

Wildemann, H. (1993b), Fertigungsstrategien, Einführungsstrategien für eine schlanke Produktion und Zulieferung, 2. Auflage, München.

Wildemann, H. (1994), Die Modulare Fabrik: Kundennahe Produktion durch Fertigungssegmentierung, 4. Auflage, München.

Wilkie, W. (1990), Consumer Behavior, New York.

Wilton, P., Nicosia, F. (1986), Emerging Paradigms of the Study of Consumer Satisfaction, European Research, 14, 4-11.

Wirtz, J. (1993), A Critical Review of Models in Consumer Satisfaction, Asian Journal of Marketing (December).

Wittink, D., Vriens, M., Burhenne, W. (1992), Commercial Use of Conjoint Analysis in Europe: Results and Critical Reflections, Arbeitspapier.

Woodruff, R., Cadotte, E., Jenkins, R. (1983), Modeling Consumer Satisfaction Processes Using Experience-Based Norms, Journal of Marketing Research, 20 (August), 296-304.

Woodruff, R., Cadotte, E., Jenkins, R. (1987), Expectations and Norms in Models of Consumer Satisfaction, Journal of Marketing Research, 24 (August), 305-314.

Woodruff, R., Clemons, D., Schumann, D., Gardial, S., Burns, M. (1991), The Standards Issue in CS, D Research: A Historical Perspective, Journal of Consumer Satisfaction, Dissatisfaction and Complaining Behavior, 4, 103-109.

Woodside, A., Frey, L., Daly, R. (1989), Linking Service Quality, Customer Satisfaction, and Behavioral Intention, Journal of Health Care Marketing, 9, 4, 5-17.

Yi, Y. (1989), A Critical Review of Consumer Satisfaction, in: Zeithaml, V. (Hrsg.): Review of Marketing, 1, Chicago, 68-123.

Zaichkowsky, J., Liefeld, J. (1977), Personality Profiles of Consumer Complaint Letter Writers, in: Day, R. L. (Hrsg.): Consumer Satisfaction, Dissatisfaction and Complaning Behavior, Proccedings of the 2nd annual CS, D and CB conference, Bloomington, 124-129.

Zeithaml, V. (1994), Setting and Measuring Customer-Defined Service Standards, International Quality in Services Conference OUIS IV, Selected Presentations, July 8, Norwalk USA, 1-11.

Zeithaml, V., Berry, L., Parasuraman, A. (1993), The Nature and Determinants of Customer Expectations of Service, Journal of the Academy of Marketing Science, 21, 1, 1-12.

Autorenverzeichnis

Felix Bagdasarjanz, 1945 in der Schweiz geboren, hat seine jetzige Position als Geschäftsführer der ABB Industrie AG, Baden-Dättwil, seit 1994 inne. Er erwarb sein Diplom in Elektrotechnik an der Eidg. Technischen Hochschule Zürich. Sowohl dort als auch am Forschungslabor der Philips N.V. arbeitete er als Assistent und hatte einen Lehrauftrag an der ETH. Nach Erlangen des Doktortitels durchlief er mehrere Tätigkeiten: 1975-1985 war er Abteilungsleiter der Abteilung Entwicklung bei BBC Baden, danach wechselte er von 1985 bis 1989 als Bereichsleiter Entwicklung zur Contraves AG. Von 1989 bis 1991 war er Geschäftsbereichsleiter bei der Oerlikon-Contraves AG, 1992-1994 Geschäftsführer der ABB Drives AG.

Don Clausing ist Professor für neue Fertigungstechnik am Massachusetts Institute of Technology. 1984 führte er bei Ford und dessen Zulieferbetrieben Quality Function Deployment (QFD) ein.

William H. Davidow ist geschäftsführender Gesellschafter des jungen kalifornischen Hightech-Unternehmens Mohr, Davidow Ventures.

Frank Dornach ist geschäftsführender Gesellschafter eines Beratungsunternehmens. Seit 1992 ist er für Konzeption und Projektcontrolling der jährlichen Studie „Das Deutsche Kundenbarometer - Qualität und Zufriedenheit" zuständig. Desweiteren begleitet er als Customer Care-Consultant Unternehmen auf dem Weg zur Verbesserung der Kundenorientierung. Nach dem Studium der Wirtschaftswissenschaften an der Universität Augsburg und anschließender Promotion sammelte er vier Jahre Praxiserfahrung in einem Marktforschungsinstitut. Daran schlossen sich universitäre Forschungsprojekte, Lehraufträge und die Tätigkeit für eine internationale Unternehmensberatung mit den Schwerpunkten Markt- und Meinungsforschung sowie Strategieentwicklung für Serviceanbieter an.

Hans G. Dünzl ist Vice-President von BMW of North America.

Helmut Fahlbusch, 1933 in Hannover geboren, gehört seit 1988 dem Schott-Vorstand an, dessen Sprecher er seit Anfang 1993 ist. Er durchlief nach seiner kaufmännischen Ausbildung verschiedene Vertriebsfunktionen bei Continental, bevor er 1970 Geschäftsführer wurde. 1979 trat er als Leiter des Zentralbereiches Marketing bei Schott ein und übernahm dort weitere Verantwortungsbereiche. Über die Schott Gruppe hinaus ist er u.a. tätig im Präsidium des Bundesverbandes Glasindustrie und Mineralfaserindustrie,

Düsseldorf, sowie als Vorstandsmitglied im Markenverband, Wiesbaden, und in der Zukunftsinitiative Rheinland-Pfalz.

Bernd Günter, Jahrgang 1946, ist seit Herbst 1991 Professor für Betriebswirtschaftslehre, insbesondere Marketing, an der Heinrich-Heine-Universität Düsseldorf. Er absolvierte sein Studium an den Universitäten Münster und Bochum, welches er 1972 mit dem Examen zum Diplomökonom an der Ruhr-Universität Bochum abschloß. 1978 folgte die Promotion an dieser Universität, wo er ab 1979 Geschäftsführer des Instituts für Unternehmensführung wurde. Von 1989 bis 1991 hatte er eine Professur für Allgemeine Betriebswirtschaftslehre und die Leitung des Weiterbildenden Studiums Technischer Vertrieb an der Freien Universität Berlin inne.

John R. Hauser ist Professor für Betriebswirtschaftslehre an der Sloan School of Mangement des Massachusetts Institute of Technology. Sein besonderes Forschungsinteresse gilt der Beziehung von Markt und Technologie.

Kurt Hochreutener ist Vizedirektor und Leiter Customer Focus und Qualitätsmanagement der ABB Industrie AG in Dättwil. Bis 1993 war er Leiter der Logistik und des Customer Focus-Programmes der ABB Drives AG in Turgi, er war zuvor Abteilungsleiter sowie Senior Consultant für Fertigungsplanung und Logistik der ABB Produktionstechnik AG.

Christian Homburg, Jahrgang 1962, ist seit März 1995 Universitätsprofessor und Inhaber des Lehrstuhls für Betriebswirtschaftslehre, insbesondere Marketing (Otto-Beisheim-Stiftungslehrstuhl) an der Wissenschaftlichen Hochschule für Unternehmensführung (WHU) Koblenz. Nach dem Studium der Wirtschaftsmathematik an der Universität Karlsruhe promovierte er dort 1988 zum Dr. rer. pol. Von 1989 bis 1992 war er bei der KSB AG, Frankenthal tätig und dort zuletzt als Direktor für die Bereiche Marketing, Controlling und Strategische Planung verantwortlich. 1993 wechselte er an den Lehrstuhl für Betriebswirtschaftslehre und Marketing (Prof. Dr. Hermann Simon) der Universität Mainz, wo Anfang 1995 die Habilitation in Betriebswirtschaftslehre erfolgte. Seine Forschungsschwerpunkte sind: Kundennähe und Kundenzufriedenheit, Industriegütermarketing, Total Quality Management und Kostenmanagement. Neben seiner Hochschultätigkeit ist er Geschäftsführender Gesellschafter der MDC, Management Development & Consulting, einer Managementberatung an der WHU Koblenz, die zahlreiche Großunternehmen im Zusammenhang mit Kundennähe weltweit berät.

Helmut Jung, geboren 1946, ist seit 1985 Geschäftsführer des Markt- und Meinungsforschungsinstituts BASISRESEARCH GmbH, Frankfurt und Direktor der MRB Group Ltd., London. Seinem Studium der Wirtschafts- und Sozialwissenschaften in Köln bis 1971 folgte die Mitarbeit im Sozialwissenschaftlichen Forschungsinstitut der Konrad-Adenauer-Stiftung bis 1979. Während dieser Zeit hatte er Lehraufträge an der Universität Köln inne, absolvierte ein Postgraduate Studium an der Ann Arbor Universität, Michigan, und promovierte 1978 an der Universität Freiburg. Von 1979 bis 1984 war er bei Contest Census, Gesellschaft für Markt- und Meinungsforschung mbH tätig, zuletzt als Geschäftsführer. Des weiteren ist er ehrenamtlicher Präsident der ESOMAR und hat einen Lehrauftrag an der Universität Gießen.

Lucie D. Kirylak steht in den Diensten von BMW of North America und ist als Managerin im Bereich „Customer Satisfaction" tätig.

Hemjö Klein, geboren 1941 in Lindlar, ist seit 1993 Mitglied des Vorstandes der Deutschen Lufthansa AG und zuständig für das Ressort Passage. Außerdem ist er Mitglied der Aufsichtsräte mehrerer in der Touristikbranche tätiger Unternehmen. Im Anschluß an eine Ausbildung als Luftverkehrskaufmann und Auslandsaufenthalte übernahm er die Aufgabe des Verkehrsleiters für Nord- und Osteuropa. Von 1969 bis 1972 war er Assistent des Vorstandes im Ressort Verkauf, Verkehr, Marketing und Außenorganisation. 1975 wurde er Geschäftsführer der Lufthansa Service GmbH und wechselte 1981 als Vorstandsmitglied für das Ressort Marketing und Vertrieb zur Neckermann Versand AG. 1982 wurde er Vorstandsmitglied der Deutschen Bundesbahn.

Michael Laker ist Partner der Prof. Simon & Partner GmbH Strategy & Marketing Consultants in Bonn. Er studierte Volkswirtschaftslehre an der Universität Bielefeld und legte 1984 seine Prüfung als „Diplom-Volkswirt" ab. 1988 promovierte er an der Universität Bielefeld. Seine Dissertation wurde mit dem Universitätspreis der Universität Bielefeld ausgezeichnet. Dr. Lakers Spezialgebiete sind die Entwicklung und Umsetzung strategischer Planung, von Preis- und Marketingstrategien und Organisations-/Wertschöpfungskonzepten. Er hat nationale und europa-/weltweite Beratungsprojekte für eine Vielzahl von Firmen, u.a. MTU GmbH, Gerling-Konzern, Bayer AG, Siemens AG., RWE Energie AG durchgeführt. Außerdem leitet er Management-Seminare und ist häufiger Referent am USW Universitätsseminar der Wirtschaft, Schloß Gracht/Köln.

Dieter Lauszus ist Consultant bei der Prof. Simon & Partner GmbH Strategy & Marketing Consultants in Bonn, nachdem er 1990 seine Tätigkeit als Business Analyst begann. Er beendete 1981 seine Berufsausbildung zum Industriekaufmann. An der Universität Bielefeld studierte er Betriebswirtschaftslehre und legte 1989 seine Prüfung als „Diplom-Kaufmann" mit dem Schwerpunkt Marketing ab. Von 1984 bis 1986 studierte er Volkswirtschaftslehre an der University of Georgia, USA. Das Auslandsstudium beendete er mit dem „Masters-Degree in Economics". Dieter Lauszus Spezialgebiete liegen in den Bereichen der Preisoptimierung, der kundenorientierten Neuprodukt- bzw. Produktweiterentwicklung sowie der generellen Marketingstrategie. Beratungsprojekte führte er insbesondere für Firmen der Automobilindustrie wie Volkswagen AG oder BMW AG durch.

Werner F. Ludwig, Jahrgang 1938, ist Vorsitzender der Geschäftsführung und persönlich haftender Gesellschafter der WILO GmbH, Dortmund, verantwortlich für die Bereiche Unternehmensentwicklung, Personal und Vertrieb, und seit 1991 stellvertretender Vorsitzender der OPLAENDER GmbH. Nach seinem Studium zum Diplom-Wirtschaftsingenieur von 1957 bis 1962 an der TU Berlin promovierte er 1966 zum Dr. rer. pol. und trat der Bremshey AG, Solingen, bei. Dort war er u.a. zuständig für die Gründung und Leitung einer Vertriebstochtergesellschaft in Paris und bis 1979 Spartenleiter mit weltweiter Umsatzverantwortung im Markenartikelsektor. Zu seinen ehrenamtlichen Tätigkeiten gehören ein Lehrauftrag an der Universität Köln, die Tätigkeit im Marketingausschuß sowie im Wirtschaftsausschuß Fachgemeinschaft Pumpen des VDMA und die Präsidentschaft in der VdZ (Zentralgemeinschaft der deutschen Zentralheizungswirtschaft e.V.).

Ernst W. Mann, geboren 1944, ist Bereichsdirektor der RWE Energie AG, Essen. Er ist seit 1975 in diesem Unternehmen tätig. Im Jahr 1990 wurde er Leiter des Bereiches Anwendungstechnik mit den Aufgaben Forschung, Entwicklung, Beratung und Marketing auf den Gebieten der Energieanwendung. Darüber hinaus ist er in mehreren nationalen und internationalen Gremien der Energieanwendung tätig. Nach dem Studium der Verfahrenstechnik an der TH Aachen folgten die Promotion und ein betriebswirtschaftliches Aufbaustudium, woran sich eine Stellung bei der Steag AG in Essen anschloß.

Edward F. McQuarrie, geboren 1953 in Massachusetts, ist Associate Professor im Department of Marketing der Santa Clara University, San Jose Kalifornien. Über seine Tätigkeit als Professor hinaus berät er Unternehmen wie Hewlett-Packard, Sun Microsystems, Compaq Computer, Apple Computer, Digital Equipment, Lotus Development. Außerdem schreibt er Artikel für Zeitschriften wie Journal of Consumer Research, Marketing Research, u.a.. Seine Forschungstätigkeit wird unterstützt vom Marketing Science Institute.

Anton Meyer ist Ordinarius für Betriebswirtschaftslehre und Marketing an der Ludwig-Maximilians-Universität München. Nach dem Studium der Betriebswirtschaftslehre, das er 1979 als Dipl. oec. abschloß, folgte in 1983 die Promotion und 1989 die Habilitation. Von 1990 bis 1993 war er Professor für Betriebswirtschaftslehre und Marketing an der Johannes Gutenberg-Universität Mainz. Neben seiner Lehrtätigkeit ist er Sprecher des Vorstandes der Fördergesellschaft Marketing (FGM) e.V., Leiter der Forschungsgruppe

Finanz-Marketing an der Ludwig-Maximilians-Universität München und Wissenschaftlicher Leiter des Projektes „Das Deutsche Kundenbarometer - Qualität und Zufriedenheit".

Rainer Paffrath ist seit 1993 bei Prof. Simon & Partner GmbH Strategy & Marketing Consultants in Bonn als Analytiker tätig. Schwerpunkte seiner Arbeit bei UNIC sind quantitative Analysen in den Bereichen Produkt- und Dienstleistungsgestaltung vor allem in den Branchen chemische Industrie und Maschinenbau. Er studierte an der Universität Bonn Volkswirtschaftslehre mit den Schwerpunkten Marketing, Statistik und Organisation/EDV. Während des Studiums war er als Mitarbeiter an den betriebswirtschaftlichen Instituten von Prof. Dr. J. Reese (Produktion und EDV) und Prof. Dr. H. Sabel (Marketing) tätig. Im Jahr 1993 schloß er sein Studium als Diplom Volkswirt ab.

Bettina Rudolph, geboren 1968 in Hamburg, studierte Betriebswirtschaftslehre an der Universität Hamburg und ist seit 1993 wissenschaftliche Mitarbeiterin mit dem Spezialgebiet Kundenzufriedenheit am Lehrstuhl für Betriebswirtschaftslehre, insbesondere Marketing an der Wissenschaftlichen Hochschule für Unternehmensführung, Koblenz. Sie ist Projektleiterin bei der MDC (Management Development & Consulting) Managementberatung an der Wissenschaftlichen Hochschule für Unternehmensführung, Koblenz und hat in dieser Funktion mehrere internationale Kundenzufriedenheitsmessungen durchgeführt.

Ton Runneboom, Jahrgang 1944, ist seit 1989 Commercial Director für TWARON bei der AKZO NOBEL in Arnheim, NL. Der diplomierte Chemiker (Breda) und MBA (Den Haag) war bei DOW Chemical weltweit in wechselnden Funktionen tätig: Mgt. Operations, Planning and Economic Evaluation in Belgien bis 1974. Mgt. Material & Logistic in Italien bis 1978. Von 1978-82 Mgt. Operations Mittlerer Osten und Afrika. Von 1986-89 Business Manager für Speciality Chemicals, DOW Europe in Zürich.

Karl-Heinz Sebastian, ist Partner der Prof. Simon & Partner GmbH Strategy & Marketing Consultants in Bonn, der er seit 1985 angehört. Er studierte Volkswirtschaftslehre an den Universitäten Siegen und Bonn. Von 1980 bis 1985 war er wissenschaftlicher Mitarbeiter am Lehrstuhl für Betriebswirtschaftslehre und Marketing von Prof. Dr. Hermann Simon an der Universität Bielefeld wo er 1985 promovierte. In den Jahren 1982/83 war er Visiting Research Scholar an der Graduate School of Management der University of California Los Angeles. Seine Beratungsschwerpunkte liegen im Bereich Marktsegmentierung und strategische Positionierung, Marktstrukturanalysen für Investitionsgüter (Competitive and Customer Intelligence) und im Dienstleistungsbereich. Beratungsprojekte führte er u. a. bei Unternehmen wie General Motors Europe, Leybold AG, Schott Glaswerke und Volkswagen AG durch. Darüber hinaus leitet er unternehmensinterne Workshops und Seminare.

Wolfgang Seidel, studierte Betriebswirtschaftslehre an den Universitäten Regensburg und Bayreuth. Seit Anfang 1992 ist er Wissenschaftlicher Mitarbeiter am Lehrstuhl für Allgemeine Betriebswirtschaftslehre, Absatzwirtschaft und Marketing an der Wirtschaftswissenschaftlichen Fakultät Ingolstadt der Katholischen Universität Eichstätt. Die Forschungsschwerpunkte sind Beschwerdemanagement, Dienstleistungsmanagement, Kundenbindung und Kundenzufriedenheit.

Hermann Simon, Jahrgang 1947, ist seit 1995 Vorsitzender der Geschäftsführung der Prof. Simon & Partner GmbH Strategy & Marketing Consultants in Bonn. Von 1989 bis 1995 war er Professor für Betriebswirtschaftslehre und Marketing an der Johannes Gutenberg-Universität Mainz. Nach dem Studium in Köln und Bonn promovierte und habilitierte er an der Universität Bonn. Er hatte Gastprofessuren an der Harvard Business School, der Keio-Universität Tokio sowie INSEAD, Fontainebleau inne. Von 1985 bis 1988 war er Wissenschaftlicher Direktor des USW Universitätsseminar der Wirtschaft und von 1980 bis 1989 Professor an der Universität Bielefeld. Er hat eine Gastprofessur an der London Business School inne und ist Mitglied mehrerer Aufsichtsräte.

Bernd Stauss, ist seit 1989 Inhaber des Lehrstuhls für Allgemeine Betriebswirtschaftslehre, Absatzwirtschaft und Marketing an der Wirtschaftswissenschaftlichen Fakultät Ingolstadt der Katholischen Universität Eichstätt. Er schloß sein Studium der Betriebswirtschaftslehre an der Universität Hamburg mit der Prüfung zum Diplom-Kaufmann ab und wurde dann Assistent, später Akademischer Rat am Lehrstuhl Markt und Konsum der Universität Hannover. Promotion und Habilitation folgten an dieser Universität. Seine heutigen Forschungsschwerpunkte sind Dienstleistungsmarketing, insbesondere Dienstleistungsqualität, Total Quality Management im Dienstleistungsbereich, Kundenbindung und Kundenzufriedenheit.

Bro Uttal steht als Berater in den Diensten von McKinsey & Co.

Knut Weinke, geboren 1943, ist seit 1992 Leiter des Ressorts Logistik (Einkauf, Lager- und Transportwesen) und Mitglied des Direktoriums bei der Henkel KGaA, Düsseldorf. Nach einem Studium der Betriebswirtschaftslehre an der Universität zu Köln trat er 1969 in die Henkel KGaA ein und durchlief mehrere Funktionen in Produktion, Verwaltung, Planung, Verkaufsleitung, Produktmanagement bis hin zu Marketingleitung Cosmetics Deutschland.

Jürgen Weber, geboren 1953 in Holzminden, ist seit 1986 Universitätsprofessor im Privatdienst an der Wissenschaftlichen Hochschule für Unternehmensführung in Koblenz, wo er den Lehrstuhl für Betriebswirtschaftslehre, insbesondere Rechnungswesen/Controlling inne hat. Dem Studium der Betriebswirtschaftslehre an der Universität Göttingen bis 1978 folgte 1981 die Promotion an der Universität Dortmund und 1986

484

die Habilitation an der Universität Erlangen-Nürnberg. Neben seiner Tätigkeit als Professor an der WHU (Wahlpflichtfächer Rechnungswesen/Controlling und Produktionsmanagement) war er von 1988 bis 1990 Prorektor und von 1990 bis 1992 Rektor der WHU. 1992 gründete er die Forum Mittelstand GmbH, die sich dem Transfer von Managementwissen in mittelständische Unternehmen widmet. Außerdem bietet er eine eigene praxisorientierte Controllingausbildung und -beratung (ctcon GmbH) an.Weiterhin war er 1990 Gastprofessor an der Universität Wien.

Harald Werner, geboren 1967 in Schweinfurt, studierte Betriebswirtschaftslehre an der Universität Würzburg und ist seit 1993 wissenschaftlicher Mitarbeiter am Lehrstuhl für Betriebswirtschaftslehre, insbesondere Marketing an der Wissenschaftlichen Hochschule für Unternehmensführung, Koblenz. Er ist Projektleiter bei der MDC (Management Development & Consulting) Managementberatung an der Wissenschaftlichen Hochschule für Unternehmensführung, Koblenz und hat in dieser Funktion mehrere internationale Kundenzufriedenheitsmessungen durchgeführt.

Peter Westerbarkey, geboren 1961 in Gütersloh, studierte Volkswirtschaftslehre an der Johannes Gutenberg-Universität Mainz und ist Doktorand am Lehrstuhl für Betriebswirtschaftslehre von Professor Meyer an der Ludwig-Maximilians-Universität München. Außerdem leitet er verschiedene Management-Seminare und ist Autor diverser Fachveröffentlichungen im Bereich Marketing.

Horst Wildemann, geboren 1942 in Lodz, lehrt seit 1980 als ordentlicher Professor für Betriebswirtschaftslehre in Bayreuth, Passau und an der TU München. Er studierte in Aachen und Köln Maschinenbau (Dipl.-Ing.) und Betriebswirtschaftslehre (Dipl.-Kfm.). Nach mehrjähriger praktischer Tätigkeit als Ingenieur in der Automobilindustrie promovierte er 1974 zum Dr. rer. pol.. Auslandsaufenthalte am Internationalen Management Institut in Brüssel und an amerikanischen Universitäten schlossen sich an. 1980 habilitierte er an der Universität zu Köln. Neben seiner Lehrtätigkeit steht Horst Wildemann einem Forschungsinstitut der TU München für Unternehmensplanung und Logistik mit über 50 Mitarbeitern vor. Für führende Unternehmen ist er als Berater, Aufsichts- und Beiratsmitglied tätig.

Sachwortregister

In der Reihe „Betriebswirtschaftslehre und Praxis" erschienene Bücher (Auswahl)

Aaker, David A.
Strategisches Markt-Management
1989, 379 Seiten,
Geb. DM 98,–
ISBN 3-409-13339-9

Bleicher, Knut/Leberl, Diethard/Paul, Herbert
Unternehmungsverfassung und Spitzenorganisation
1989, 297 Seiten,
Geb. DM 98,–
ISBN 3-409-13340-2

Bruhn, Manfred (Hrsg.)
Internes Marketing
1995, 714 Seiten,
Geb. DM ca. 168,–
ISBN 3-409-13241-4

Bruhn, Manfred/Stauss, Bernd (Hrsg.)
Dienstleistungsqualität
2., überarb. und erw. Auflage
1995, 604 Seiten,
Geb. DM 168,–
ISBN 3-409-23655-4

Fieten, Robert
Erfolgsstrategien für Zulieferer
1991, 222 Seiten,
Geb. DM 138,–
ISBN 3-409-13944-3

Heskett, James L.
Management von Dienstleistungsunternehmen
1988, VI, 214 Seiten,
Geb. DM 89,–
ISBN 3-409-13328-3

Hofstede, Geert
Interkulturelle Zusammenarbeit
1993, 328 Seiten,
Geb. DM 128,–
ISBN 3-409-13157-4

Klemmer, Paul/Meuser, Thomas (Hrsg.)
EG-Umweltaudit
1995, 367 Seiten,
Geb. DM 98,–
ISBN 3-409-13240-6

Krystek, Ulrich
Unternehmungskrisen
1987, XIX, 327 Seiten,
Geb. DM 98,–
ISBN 3-409-13963-X

Laub, Ulf D. / Schneider, Dietram (Hrsg.)
Innovation und Unternehmertum
1991, 367 Seiten,
Geb. DM 148,–
ISBN 3-409-13215-5

March, James G. (Hrsg.)
Entscheidung und Organisation
1990, 516 Seiten,
Geb. DM 198,–
ISBN 3-409-13125-6

Mayer, Elmar (Hrsg.)
Controlling-Konzepte
3., vollst. überarb. und erw. Aufl. 1993, 372 Seiten,
Geb. DM 138,–
ISBN 3-409-33004-6

Mintzberg, Henry
Mintzberg über Management
1991, 382 Seiten,
Geb. DM 128,–
ISBN 3-409-13217-1

Porter, Michael (Hrsg.)
Globaler Wettbewerb
1989, XII, 660 Seiten,
Geb. DM 148,–
ISBN 3-409-13332-1

Reichwald, Ralf (Hrsg.)
Marktnahe Produktion
Lean Production –
Leistungstiefe –
Time to Market-Vernetzung –
Qualifikation
1992, X, 357 Seiten,
Geb. DM 89,–
ISBN 3-409-13156-6

Simon, Hermann/Homburg, Christian (Hrsg.)
Kundenzufriedenheit
1995, 471 Seiten,
Geb. ca. DM 128,–
ISBN 3-409-13785-8

Simon, Hermann/Wiltinger, Kai/Sebastian, Karl-Heinz/Tacke, Georg (Hrsg.)
Effektives Personalmarketing
1995, 264 Seiten,
Geb. ca. DM 98,–
ISBN 3-409-13864-1

Walldorf, Erwin G.
Auslands-Marketing
1987, 571 Seiten,
Geb. DM 198,–
ISBN 3-409-13003-9